数学 I+A+II+B+ベクトル

上級問題精講

改訂版

長崎憲一　著

Advanced Exercises in Mathematics I + A + II + B + Vectors

旺文社

はじめに

本書は，学習指導要領改訂に伴う『数学Ⅰ＋A＋Ⅱ＋B 上級問題精講』の改訂版であり，その編集方針は以下の通りで変わりません。

数学的に内容のある良問を演習することによって，難関大学受験に対応できる数学Ⅰ＋A＋Ⅱ＋B＋ベクトル の実力を養成することを目的としています。

これらの大学においては，入学生としてふさわしい人を選抜するために，数学の実力を的確に判定するのに適した出題がなされます。つまり，単純な計算だけで済むとか，どこかで覚えた解法がそのまま適用できるという問題は少なく，いくつかの基本事項を適切に組み合わせたり，あるいは，高校数学に現れる考え方を少しだけ発展させたりして，その場で解法を自分の頭で構成することによってはじめて解決するような問題が主流だということです。

そのような問題に対処するには，日頃の問題演習において個々の解法を丸暗記するのではなく，問題解決の基礎となっている考え方は何かを自分で確認しておくことが大切です。そこで，過去の入試問題を中心に，目を通した多数の問題のなかから，特に，

自分の頭で考える，あるいは，そのための土台を築くのに適した問題

を精選しましたので，実際に紙と鉛筆を用意して，じっくり考えて取り組んでください。問題文からだけではなかなか解法が思いつかないときには，解答の前にある精講を，何をどのように考えるかのヒントにしてください。また，解答においては，

高校数学から見て標準的で，自然な考えに基づく解答

を取り上げて，それぞれの問題で理解し，身につけてほしい必須事項をわかりやすいように示すと同時に，論証が必要な部分では，同種の問題に対して自力で論述するときの参考になるように丁寧な記述を心掛けました。反面，特殊で，汎用性のない別解などで無用な時間をとらせることは避けるようにしました。

最後に，受験数学などという特別な数学はありません。本書によって，

高校数学をまともに学び，そこから考える楽しみを味わう

ことができる受験生が増えるならば，著者の喜びとするところです。

長崎　憲一

本書の特長とアイコン説明

時間をかけてじっくり考える価値のある問題を精選しています。

問題編では扱われている問題を把握しやすいように一覧として並べています。

解答編では，一部の問題については出題大学名を表示しています。なお，出題された問題を学習効果の面から改題した場合には*の印をつけています。

また，難易度の参考として，特に難しいと思われる問題には☆をつけました。

精講　問題を解くための考え方を示し，必要に応じて基本事項の確認や重要事項の解説などを加えています。

解答　標準的で，自然な考え方に基づく解答を取り上げました。読者が自力で解き，解答としてまとめるときの助けになるように丁寧な記述による説明を心掛けています。

解答における計算上の注意，説明の補足などを行います。

参考　解答の途中の別な処理法および別な方針による解答，問題の掘り下げた解説，解答と関連した入試における必須事項などを示しています。

研究　数学的に興味を持てるような発展的な事項を扱っています。

類　題　主に，分野は関連しているが考え方が異なるような問題を選んでいます。力試しのつもりで取り組んでください。

第 11 章 ベクトルについて　「ベクトル」は数学Cの内容の１つですが，理系に限らず文系でも共通試験および難関大２次入試において必要とされるので取り上げることにしました。なお，第１章から第 10 章までは，「ベクトル」と関連する記述を避けましたので，数学ＩＡⅡＢの範囲で理解できるような構成になっています。

著者紹介

長崎憲一（ながさき・けんいち） 先生は，函館で過ごした高校生時代に数学の問題を解くのが楽しかったという単純な思いのままに，東京大学理学部数学科に進学したそうです。東京大学理学系大学院修士・博士課程を終えられたあと，千葉工業大学に勤められて非線形関数解析の研究（理学博士）と数学基礎教育に携わっていらっしゃいました。また，大学院生時代から長年にわたり駿台予備学校において大学受験生のための数学指導を続けていらっしゃいました。

著書には，大学受験参考書としては，『数学Ｉ＋Ａ＋Ⅱ＋Ｂ上級問題精講』，『数学Ⅲ 上級問題精講』（旺文社），『大学への数学ニューアプローチ』シリーズ（研文書院・共著），大学教科書としては，『明解微分方程式』，『明解微分積分』，『明解複素解析』，『明解線形代数』（培風館・共著）があります。

目　次

第6章　数　列

第7章　場合の数と確率

第8章　統計的な推測

逆引き索引

大学入試において頻出する次のような事項をまとめて勉強したいというときに便利なように，それらの事項と関連する問題番号を一覧にして示しておきます。

	問題番号
■２次方程式の解の配置	101，102，210，411，416
■２次関数の値域	103，108，109，110，111，112
■相加平均・相乗平均の不等式	113，203，612，1101
■図形の性質	201，204，207，208，209，212，213，401，402，611，1101
■立体図形の計量	209，210，211，507，508，1104，1106
■軌跡・通過領域	405，408，409，410，411，412，413，414
■２変数・２動点問題	110，111，112，203，205，410，413，414，415，416，507，1102
■数列とその応用	601～613，704，714，715，716，801，803，915，916
■数学的帰納法	104，612，613，913，915，916，1002
■整数と有理数・無理数	102，304，601，611，613，701，901～916，1001，1004
■背理法	903，916，1001，1004
■二項定理と二項係数の性質	115，303，613，708，803，902，913，914

問題編

第1章 方程式と不等式・いろいろな式

101 →解答 p.60

xy 平面上の原点と点 $(1,\ 2)$ を結ぶ線分（両端を含む）を L とする。曲線 $y=x^2+ax+b$ が L と共有点をもつような実数の組 $(a,\ b)$ の集合を ab 平面上に図示せよ。

102 →解答 p.63

整数 m に対し，$f(x)=x^2-mx+\dfrac{m}{4}-1$ とおく。

(1) 方程式 $f(x)=0$ が，整数の解を少なくとも1つもつような m の値を求めよ。

(2) 不等式 $f(x)\leqq 0$ を満たす整数 x が，ちょうど4個あるような m の値を求めよ。

103 →解答 p.67

$f(x)=x(4-x)$ とする。$0\leqq a_1\leqq 4$ に対して，$a_2=f(a_1)$，$a_3=f(a_2)$ と定める。

(1) $a_1\neq a_2$，$a_1=a_3$ となるときの a_1 の値をすべて求めよ。

(2) $0\leqq a_3\leqq \dfrac{20}{9}$ となるような a_1 の値の範囲を求めよ。

104 → 解答 p.69

$\alpha=\sqrt[3]{7+5\sqrt{2}}$，$\beta=\sqrt[3]{7-5\sqrt{2}}$ とおく。すべての自然数 n に対して，$\alpha^n+\beta^n$ は自然数であることを示せ。

105 → 解答 p.72

実数を係数とする x についての方程式 $x^3+ax^2+bx+c=0$ が異なる 3 つの解 α, β, γ をもち，それらの 2 乗 α^2, β^2, γ^2 が方程式
$x^3+bx^2+ax+c=0$ の 3 つの解となるとき，定数 a, b, c の値および，方程式 $x^3+ax^2+bx+c=0$ の 3 つの解を求めよ。

106 → 解答 p.74

実数を係数とする 3 次式 $f(x)=x^3+ax^2+bx+c$ に対し，次の条件を考える。
(A) 方程式 $f(x)=0$ の解であるすべての複素数 α に対し，α^3 もまた $f(x)=0$ の解である。
(B) 方程式 $f(x)=0$ は虚数解を少なくとも 1 つもつ。
この 2 つの条件(A), (B)を同時に満たす 3 次式をすべて求めよ。

107 → 解答 p.76

区間 $1\leqq x\leqq 3$ において関数 $f(x)$ を $f(x)=\begin{cases} 1 & (1\leqq x\leqq 2) \\ x-1 & (2\leqq x\leqq 3) \end{cases}$ によって定義する。いま実数 a に対して，区間 $1\leqq x\leqq 3$ における関数 $f(x)-ax$ の最大値から最小値を引いた値を $V(a)$ とおく。

a がすべての実数にわたって動くとき，$V(a)$ の最小値と最小値を与える a の値を求めよ。

108 →解答 p.78

t の関数 $f(t)$ を $f(t)=2+2\sqrt{2}at+b(2t^2-1)$ とおく。区間 $-1 \leqq t \leqq 1$ のすべての t に対して $f(t) \geqq 0$ であるような a, b を座標とする点 (a, b) の存在する範囲を図示せよ。

☆109 →解答 p.80

区間 $[a, b]$ が関数 $f(x)$ に関して不変であるとは,

$a \leqq x \leqq b$ ならば, $a \leqq f(x) \leqq b$

が成り立つこととする。$f(x)=4x(1-x)$ とするとき, 次の問いに答えよ。

(1) 区間 $[0, 1]$ は関数 $f(x)$ に関して不変であることを示せ。

(2) $0<a<b<1$ とする。このとき, 区間 $[a, b]$ は関数 $f(x)$ に関して不変ではないことを示せ。

110 →解答 p.82

x, y の関数 $f(x, y)=8x^2-8xy+5y^2+24x-10y+18$ がある。

(1) x, y が実数であるとき, $f(x, y)$ の最小値を求めよ。

(2) $x \geqq 0$, $y \geqq 0$ のとき, $f(x, y)$ の最小値を求めよ。

(3) x, y が整数であるとき, $f(x, y)$ の最小値を求めよ。

111 →解答 p.84

定数 a を 0 でない実数とする。座標平面上の点 (x, y) に対して定義された関数 $f(x, y)=ax^2+2(1-a)xy+4ay^2$ を考える。すべての点 (x, y) に対して, 不等式 $f(x, y) \geqq 0$ が成立するための必要十分条件を求めよ。

112 →解答 p.85

すべての正の実数 x，y に対し $\sqrt{x}+\sqrt{y} \leqq k\sqrt{2x+y}$ が成り立つような実数 k の最小値を求めよ。

113 →解答 p.88

Pは x 軸上の点で x 座標が正であり，Qは y 軸上の点で y 座標が正である。直線PQは原点Oを中心とする半径1の円に接している。また，a，b は正の定数とする。P，Qを動かすとき，$a\mathrm{OP}^2+b\mathrm{OQ}^2$ の最小値を a，b で表せ。

114 →解答 p.90

等式 $f(x)$ を $(x+1)^2$ で割ったときの余りは $2x+3$ であり，$(x-1)^2$ で割ったときの余りは $6x-5$ である。

(1) $f(x)$ を $(x+1)^2(x-1)$ で割った余りを求めよ。

(2) $f(x)$ が3次式であるとき，$f(x)$ を求めよ。

115 →解答 p.92

n を自然数とする。

(1) $\sum_{k=1}^{n} k{}_n\mathrm{C}_k$ を求めよ。

☆(2) $\sum_{k=0}^{n-1} \dfrac{{}_{2n}\mathrm{C}_{2k+1}}{2k+2}$ を求めよ。

第2章 三角比・三角関数と図形問題

201 →解答 p.94

四角形ABCDは半径1の円に内接し，対角線AC，BDの長さはともに$\sqrt{3}$で，Aは短い方の弧$\overset{\frown}{\mathrm{BD}}$上にあり，Bは短い方の弧$\overset{\frown}{\mathrm{AC}}$上にあるものとするとき，四角形の4辺の長さの和AB+BC+CD+DAをLとする。

(1) $\angle \mathrm{ABD}=\theta$ とするとき，Lをθを用いて表せ。

(2) Lの最大値を求めよ。また，Lが最大となるとき，四角形ABCDの面積Sを求めよ。

202 →解答 p.96

α，βが $\alpha>0^\circ$，$\beta>0^\circ$，$\alpha+\beta<180^\circ$ かつ $\sin^2\alpha+\sin^2\beta=\sin^2(\alpha+\beta)$ を満たすとき，$\sin\alpha+\sin\beta$の取りうる範囲を求めよ。

203 →解答 p.98

3辺の長さが1，1，a である三角形の面積を，周上の2点を結ぶ線分で2等分する。それらの線分の長さの最小値を a を用いて表せ。

204 →解答 p.100

円に内接する四角形ABCDにおいて，4辺の長さは $\mathrm{AB}=a$，$\mathrm{BC}=b$，$\mathrm{CD}=c$，$\mathrm{DA}=d$ である。また，対角線の長さは $\mathrm{AC}=x$，$\mathrm{BD}=y$ である。

(1) x^2，y^2 を a，b，c，d で表せ。

(2) $xy=ac+bd$ が成り立つことを示せ。

☆(3) 四角形ABCDの面積を S とし，$s=\frac{1}{2}(a+b+c+d)$ とするとき，

$S=\sqrt{(s-a)(s-b)(s-c)(s-d)}$ が成り立つことを示せ。

205 →解答 p.103

$0 \leqq \theta < 2\pi$ を満たす θ と正の整数 m に対して，$f_m(\theta)$ を次のように定める。

$$f_m(\theta)=\sum_{k=0}^{m} \sin\left(\theta+\frac{k}{3}\pi\right)$$

(1) $f_5(\theta)$ を求めよ。

(2) θ が $0 \leqq \theta < 2\pi$ の範囲を動くとき，$f_4(\theta)$ の最大値を求めよ。

(3) m がすべての正の整数を動き，θ が $0 \leqq \theta < 2\pi$ の範囲を動くとき，$f_m(\theta)$ の最大値を求めよ。

206 → 解答 p.106

2つの関数を $t=\cos\theta+\sqrt{3}\sin\theta$,
$y=-4\cos 3\theta+\cos 2\theta-\sqrt{3}\sin 2\theta+2\cos\theta+2\sqrt{3}\sin\theta$ とする。

(1) $\cos 3\theta$ を t の関数で表せ。

(2) y を t の関数で表せ。

(3) $0\leqq\theta\leqq\pi$ のとき，y の最大値，最小値とそのときの θ の値を求めよ。

207 → 解答 p.108

k は $0<k<\dfrac{1}{2}$ を満たす実数とする。△ABC の3辺 BC，CA，AB 上にそれぞれ点 L，M，N を

$$\frac{\mathrm{BL}}{\mathrm{BC}}=\frac{\mathrm{CM}}{\mathrm{CA}}=\frac{\mathrm{AN}}{\mathrm{AB}}=k$$

となるようにとり，AL と CN の交点を P，AL と BM の交点を Q，BM と CN の交点を R とする。

(1) CP：PN$=t:1-t$ とするとき，t を k を用いて表せ。

(2) △PQR の面積が △ABC の面積の $\dfrac{1}{2}$ となるような k の値を求めよ。

208 → 解答 p.110

△ABC において，AB$=3$，AC$=7$，∠BAC$=90^\circ$ のとき，辺 AB を $1:2$ に内分する点を R，辺 AC を $1:6$ に内分する点を Q，3点 B，Q，R を通る円 O と辺 AC の交点で Q と異なる点を P とする。線分 BP と線分 CR の交点を S，円 O と線分 CR の交点を T とするとき，次の問いに答えよ。

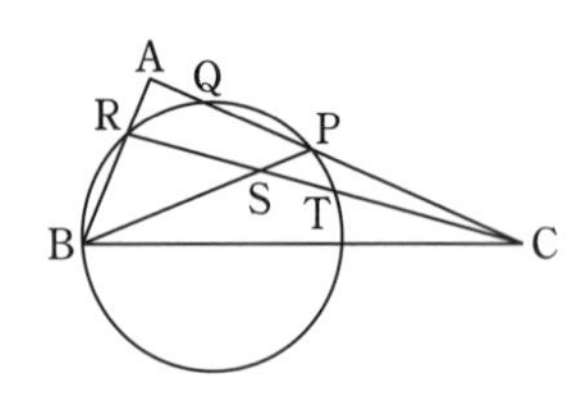

(1) CS：SR を求めよ。

(2) 線分 ST の長さを求めよ。

(3) △PST の面積を求めよ。

209 → 解答 p.112

1 辺の長さ 2 の正四面体 ABCD の表面上にあって $\angle APB > 90°$ を満たす点 P 全体のなす集合を M とする。

(1) △ABC 上にある M の部分を図示し，その面積を求めよ。

(2) M の面積を求めよ。

☆210 → 解答 p.114

右の図のような三角形 ABC を底面とする三角柱 ABC-DEF を考える。

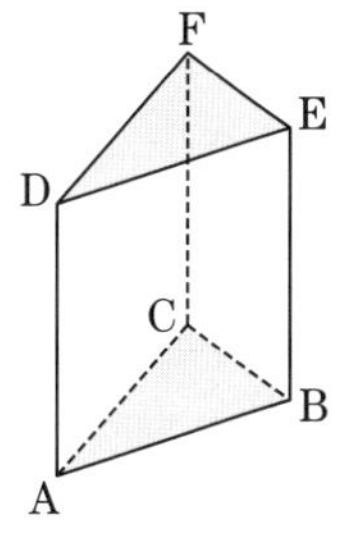

(1) AB＝AC＝5，BC＝3，AD＝10 とする。三角形 ABC と三角形 DEF とに交わらない平面 H と三角柱との交わりが正三角形となるとき，その正三角形の面積を求めよ。

(2) 底面がどのような三角形であっても高さが十分に高ければ，三角形 ABC と三角形 DEF とに交わらない平面 H と三角柱との交わりが正三角形となりうることを示せ。

211 →解答 p.117

半径 r の球面上に4点A，B，C，Dがある。四面体ABCDの各辺の長さは，$AB=\sqrt{3}$，$AC=AD=BC=BD=CD=2$ を満たしている。このとき r の値を求めよ。

212 →解答 p.119

四面体OABCについて，次の条件1，条件2を考える。

条件1：頂点A，B，Cからそれぞれの対面を含む平面へ下ろした垂線は対面の重心を通る。

条件2：頂点A，B，Cからそれぞれの対面を含む平面へ下ろした垂線は対面の外心を通る。

ただし，四面体のある頂点の対面とは，その頂点を除く他の3つの頂点がなす三角形のことをいう。

(1) 四面体OABCが条件1を満たすならば，それは正四面体であることを示せ。

(2) 四面体OABCが条件2を満たすならば，それは正四面体であることを示せ。

☆213 →解答 p.121

平面上の鋭角三角形△ABCの内部(辺や頂点は含まない)に点Pをとり，A′をB，C，Pを通る円の中心，B′をC，A，Pを通る円の中心，C′をA，B，Pを通る円の中心とする。このときA，B，C，A′，B′，C′が同一円周上にあるための必要十分条件はPが△ABCの内心に一致することであることを示せ。

第3章 指数関数と対数関数

301

→解答 p.124

(1) a を実数とする。x に関する方程式 $\log_3(x-1)=\log_9(4x-a-3)$ が異なる2つの実数解をもつとき，a のとりうる値の範囲を求めよ。

(2) a を実数とする。x についての方程式 $\log_2(a+4^x)=x+1$ の実数解をすべて求めよ。

302

→解答 p.126

実数 a は $a>0$, $a\neq 1$ を満たすとする。このとき，不等式

$$\log_a(x+a)<\log_{a^2}(x+a^2)$$

を満たす x の値の範囲を a を用いて表せ。

303

→解答 p.128

(1) k, n は不等式 $k\leqq n$ を満たす自然数とする。このとき，
$2^{k-1}n(n-1)(n-2)\cdots(n-k+1)\leqq n^k k!$ が成り立つことを示せ。

(2) 自然数 n に対して，$\left(1+\dfrac{1}{n}\right)^n<3$ が成り立つことを示せ。

(3) $\log_{10}3>\dfrac{9}{19}$ を示せ。

(4) $3^5<250$, $2^{10}>1000$ を用いて，$\log_{10}3<\dfrac{12}{25}$ を示せ。

304 →解答 p.130

次の問いに答えよ。ただし，$0.3010<\log_{10}2<0.3011$ であることは用いてよい。

(1) 100 桁以下の自然数で，2 以外の素因数をもたないものの個数を求めよ。

(2) 100 桁の自然数で，2 と 5 以外の素因数をもたないものの個数を求めよ。

305 →解答 p.132

(1) 2^{555} を十進法で表したときの桁数と最高位（先頭）の数字を求めよ。ただし，$\log_{10}2=0.3010$ とする。

☆(2) 集合 $\{2^n \mid n$ は整数で $1\leqq n\leqq 555\}$ の中に，十進法で表したとき最高位の数字が 1 となるもの，4 となるものはそれぞれ何個あるか。

306 →解答 p.134

x，y は $x\neq 1$，$y\neq 1$ を満たす正の数で，不等式

$$\log_x y+\log_y x>2+(\log_x 2)(\log_y 2)$$

を満たすとする。このとき x，y の組 $(x,\ y)$ の範囲を座標平面上に図示せよ。

第4章 図形と方程式

401

→ 解答 p.136

座標平面上において，3直線 $x+3y-7=0$，$x-3y-1=0$，$x-y+1=0$ によって囲まれた三角形を T とする。

(1) T の外心の座標と T の外接円の半径 R を求めよ。

(2) T の内心の座標と T の内接円の半径 r を求めよ。

402

→ 解答 p.139

xy 平面の放物線 $y=x^2$ 上の3点P，Q，Rが次の条件を満たしている。

△PQRは1辺の長さ a の正三角形であり，点P，Qを通る直線の傾きは $\sqrt{2}$ である。このとき，a の値を求めよ。

403

→ 解答 p.142

2つの円 C_1：$x^2+y^2-4y+3=0$，C_2：$x^2+y^2-6x-2ay+9=0$ が異なる2点P，Qで交わっている。

(1) 定数 a の値の範囲を求めよ。

(2) 2交点P，Qを通る直線の方程式を求めよ。

(3) 線分PQの長さが $\sqrt{2}$ となるときの a の値を求めよ。

404 →解答 p.146

原点を中心とする半径rの円と放物線 $y=\frac{1}{2}x^2+1$ との両方に接する直線のうちに，たがいに直交するものがある。rの値を求めよ。

405 →解答 p.149

xy平面上で，円 $C：x^2+y^2=1$ の外部にある点P$(a,\ b)$を考える。点Pから円Cに引いた2つの接線の接点を$\mathrm{Q_1}$，$\mathrm{Q_2}$とし，線分$\mathrm{Q_1Q_2}$の中点をQとする。点Pが円Cの外部で，$x(x-y+1)<0$ を満たす範囲にあるとき，点Qの存在する範囲を図示せよ。

406 →解答 p.153

放物線 $y=x^2$ 上に，直線 $y=ax+1$ に関して対称な位置にある異なる2点P，Qが存在するようなaの範囲を求めよ。

407 →解答 p.155

cを $c>\frac{1}{4}$ を満たす実数とする。xy平面上の放物線 $y=x^2$ をAとし，直線 $y=x-c$ に関してAと対称な放物線をBとする。点Pが放物線A上を動き，点Qが放物線B上を動くとき，線分PQの長さの最小値をcを用いて表せ。

408 → 解答 p.157

時刻 $t\ (0 \leqq t \leqq 2\pi)$ における座標がそれぞれ $(\cos t,\ 2+\sin t)$, $(2\sqrt{3}+\sin t,\ -\cos t)$ で表される動点 P, Q について，線分 PQ の中点を R とする。

(1) 点 R の描く図形の方程式を求めよ。

(2) 点 R が原点 O から最も遠ざかるときの時刻 t を求めよ。

409 → 解答 p.160

a を実数とするとき，2 直線

$l\ :(a-1)x-(a+1)y+a+1=0$

$m : ax-y-1=0$

の交点を P とする。

(1) a がすべての実数値をとるとき，P の軌跡を図示せよ。

(2) a がすべての正の値をとるとき，P の軌跡を図示せよ。

410 → 解答 p.164

曲線 $x^2+y^2=100\ (x \geqq 0$ かつ $y \geqq 0)$ を C とする。点 P, Q は C 上にあり，線分 PQ の中点を R とする。ただし，点 P と点 Q が一致するときは，点 R は点 P に等しいものとする。

(1) 点 P の座標が $(6,\ 8)$ であり，点 Q が C 上を動くとき，点 R の軌跡を求めよ。

☆(2) 点 P, Q が C 上を自由に動くとき，点 R の動く範囲を図示し，その面積を求めよ。

411 →解答 p.166

実数 t が $t \geqq 0$ を動くとき，直線 $l_t : y = tx - t^2 + 1$ が通り得る範囲 D を図示せよ。

412 →解答 p.168

$0 \leqq t \leqq 1$ を満たす実数 t に対して，xy 平面上の点 A，B を
$A\left(\dfrac{2(t^2+t+1)}{3(t+1)},\ -2\right)$，$B\left(\dfrac{2}{3}t,\ -2t\right)$ と定める。t が $0 \leqq t \leqq 1$ を動くとき，直線 AB の通り得る範囲を図示せよ。

413 →解答 p.170

a，b を実数とする。座標平面上の放物線 $C : y = x^2 + ax + b$ は放物線 $y = -x^2$ と 2 つの共有点をもち，一方の共有点の x 座標は $-1 < x < 0$ を満たし，他方の共有点の x 座標は $0 < x < 1$ を満たす。

(1) 点 $(a,\ b)$ のとりうる範囲を座標平面上に図示せよ。

(2) 放物線 C の通りうる範囲を座標平面上に図示せよ。

414 → 解答 p.172

座標平面上で，連立不等式 $y-5x \leqq -28$, $2y+5x \leqq 34$, $y \geqq -3$ の表す領域を A，不等式 $x^2+y^2 \leqq 2$ の表す領域を B とする。

(1) 点 $(x,\ y)$ が領域 A を動くとき，$y-2x$ の最大値と最小値を求めよ。

(2) k を実数とし，点 $(x,\ y)$ が領域 A を動くときの $y-kx$ の最小値と点 $(x,\ y)$ が領域 B を動くときの $y-kx$ の最大値が同じ値 m であるとする。このとき，k と m の値を求めよ。

415 → 解答 p.174

a を正の実数とする。次の 2 つの不等式を同時に満たす点 $(x,\ y)$ 全体からなる領域を D とする。

$$y \geqq x^2,\quad y \leqq -2x^2+3ax+6a^2$$

領域 D における $x+y$ の最大値，最小値を求めよ。

416 → 解答 p.176

実数 x, y が $x^2+y^2 \leqq 1$ を満たしながら変化するとする。

(1) $s=x+y$, $t=xy$ とするとき，点 $(s,\ t)$ の動く範囲を st 平面上に図示せよ。

(2) 負でない定数 m をとるとき，$xy+m(x+y)$ の最大値，最小値を m を用いて表せ。

第5章 微分積分

501

→解答 p.178

関数 $f(x)=x^3-3ax^2+3bx$ の極大値と極小値の和および差がそれぞれ -18, 32 であるとき，定数 a, b の値を求めよ。

502

→解答 p.180

a を定数とし，$f(x)=x^3-3ax^2+a$ とする。$x\leqq 2$ の範囲で $f(x)$ の最大値が 105 となるような a をすべて求めよ。

503

→解答 p.182

a, b は実数の定数とする。3 次方程式 $2x^3-3ax^2+3b=0$ が，$(\alpha-1)(\beta-1)(\gamma-1)<0$ であるような 3 つの異なる実数解 α, β, γ をもつために a, b の満たすべき条件を求めよ。また，その条件を満たす a, b を座標とする点 $(a,\ b)$ の存在範囲を図示せよ。

504

→ 解答 p.184

関数 $f(x)$，$g(x)$，$h(x)$ を次で定める。

$$f(x)=x^3-3x,\quad g(x)=\{f(x)\}^3-3f(x),\quad h(x)=\{g(x)\}^3-3g(x)$$

このとき，以下の問いに答えよ。

(1) a を実数とする。$f(x)=a$ を満たす実数 x の個数を求めよ。

(2) $g(x)=0$ を満たす実数 x の個数を求めよ。

(3) $h(x)=0$ を満たす実数 x の個数を求めよ。

☆505

→ 解答 p.186

3 次関数 $y=x^3+kx$ のグラフを考える。連立不等式 $y>-x$，$y<-1$ が表す領域を A とする。A のどの点からもこの 3 次関数のグラフに接線が 3 本引けるための，k についての必要十分条件を求めよ。

506

→ 解答 p.188

関数 $y=x(x-1)(x-3)$ のグラフを C，原点Oを通る傾き t の直線を l とし，C と l がO以外に共有点をもつとする。C と l の共有点を O，P，Q とし，線分 OP と OQ の長さの積を $g(t)$ とおく。ただし，それら共有点の 1 つが接点である場合は，O，P，Q のうちの 2 つが一致して，その接点であるとする。関数 $g(t)$ の増減を調べ，その極値を求めよ。

507 →解答 p.190

⑴ 底面の半径が a, 高さが $2a$ の直円錐を考える。この直円錐と軸が一致する直円柱で, 直円錐に内接するものの体積 U の最大値を求めよ。

⑵ 底面の半径が 1, 高さが 2 の直円錐を考える。この直円錐と軸が一致する 2 つの直円柱 A, B において, 直円柱 A は直円錐に内接し, 直円柱 B は, 下底が直円柱 A の上底面上にあり, 上底の周の円は直円錐面上にあるとする。

この 2 つの直円柱 A, B の体積の和 V の最大値を求めよ。

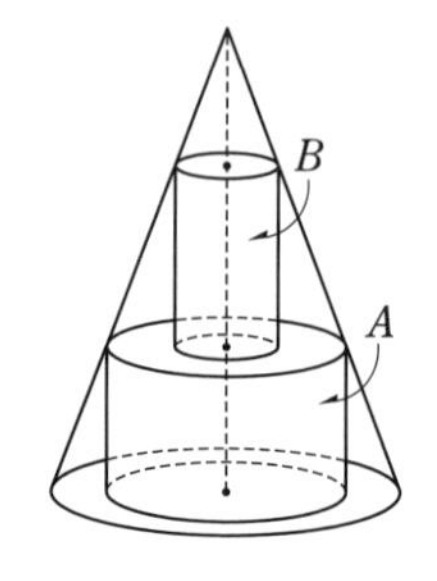

508 →解答 p.192

四角形 ABCD は半径 1 の円 O に内接し, AB=AD, CB=CD を満たしている。

⑴ 線分 AC は円 O の直径であることを示せ。

辺 CB, CD の中点をそれぞれ M, N とする。四角形 ABCD を線分 AM, AN, MN に沿って折り曲げて点 B, C, D を重ね, 四面体 AMNC をつくる。x=CM $(0<x<1)$ とおく。

⑵ 四面体 AMNC の体積 V を x を用いて表し, $0<x<1$ における V の最大値を求めよ。

509 →解答 p.194

円Cは放物線 $P：y=x^2$ と点$\mathrm{A}\left(\dfrac{\sqrt{3}}{2},\ \dfrac{3}{4}\right)$において共通の接線をもち，さらに$x$軸と $x>0$ の部分で接している。

(1) 円Cの中心Bの座標を求めよ。

(2) 円C，放物線Pとx軸とによって囲まれて，円Cの外部にある部分の面積Sを求めよ。

510 →解答 p.196

xy平面において，曲線 $C：y=|x^2+2x-3|$ と点$\mathrm{A}(-3,\ 0)$を通る傾きmの直線lがA以外の異なる2点で交わっている。

(1) mの値の範囲を求めよ。

(2) (1)のmの値の範囲において，Cとlで囲まれる図形の面積Sをmの式で表せ。さらに，Sが最小となるときのmの値を求めよ。

511 →解答 p.199

$f(x)=x^3-3x+2$ とする。また，αは1より大きい実数とする。曲線$C：y=f(x)$ 上の点$\mathrm{P}(\alpha,\ f(\alpha))$における接線と$x$軸の交点をQとする。点Qを通る$C$の接線の中で傾きが最小のものを$l$とする。

(1) lとCの接点のx座標をαの式で表せ。

(2) $\alpha=2$ とする。lとCで囲まれた部分の面積を求めよ。

512 → 解答 p.201

pを実数とする。関数 $y=x^3+px^2+x$ のグラフ C_1 と関数 $y=x^2$ のグラフ C_2 は，$x>0$ の範囲に共有点を2個もつとする。

(1) このような p の値の範囲を求めよ。

(2) C_1 と C_2 の $x>0$ の範囲にある共有点の x 座標をそれぞれ α，$\beta\,(\alpha<\beta)$ とし，$0\leqq x\leqq\alpha$ と $\alpha\leqq x\leqq\beta$ の範囲で C_1 と C_2 が囲む部分の面積をそれぞれ S_1，S_2 とする。$S_1=S_2$ となるような p の値を求めよ。また，このときの S_1 の値を求めよ。

513 → 解答 p.203

関数 $f(x)=x^4+2x^3-3x^2$ について

(1) 直線 $y=ax+b$ が曲線 $y=f(x)$ と相異なる2点で接するような a，b の値を求めよ。

(2) (1)で求めた直線 $y=ax+b$ と曲線 $y=f(x)$ とで囲まれた部分の面積 A を求めよ。

514 → 解答 p.205

$x\geqq0$ において，$f(x)=\displaystyle\int_0^x|t^2-4t+3|\,dt$ とする。

(1) $f(x)$ を x の式で表せ。

(2) $f(x)=2$ を満たす x を求めよ。

515 → 解答 p.207

(1) 関数 $f(x)$ が $f(x)=x^2-x\int_0^2|f(t)|dt$ を満たしているとする。このとき，$f(x)$ を求めよ。

(2) 次の関係式を満たす定数 a および関数 $g(x)$ を求めよ。

$$\int_a^x\{g(t)+tg(a)\}dt=x^2-2x-3$$

516 → 解答 p.210

2 つの関数 $f(x)=ax^3+bx^2+cx$，$g(x)=px^3+qx^2+rx$ が次の 5 つの条件を満たしているとする。

$$f'(0)=g'(0),\ f(-1)=-1,\ f'(-1)=0,\ g(1)=3,\ g'(1)=0$$

ここで，$f(x)$，$g(x)$ の導関数をそれぞれ $f'(x)$，$g'(x)$ で表している。

このような関数のうちで，定積分

$$\int_{-1}^0\{f''(x)\}^2dx+\int_0^1\{g''(x)\}^2dx$$

の値を最小にするような $f(x)$ と $g(x)$ を求めよ。ただし，$f''(x)$，$g''(x)$ はそれぞれ $f'(x)$，$g'(x)$ の導関数を表す。

第6章 数列

601

→ 解答 p.212

初項 $a_1=1$，公差 4 の等差数列 $\{a_n\}$ を考える。

(1) $\{a_n\}$ の初項から第 600 項のうち，7 の倍数である項の個数を求めよ。

(2) $\{a_n\}$ の初項から第 600 項のうち，7^2 の倍数である項の個数を求めよ。

☆(3) 初項から第 n 項までの積 $a_1a_2\cdots a_n$ が 7^{45} の倍数となる最小の自然数 n を求めよ。

602

→ 解答 p.214

数列 a_1，a_2，…，a_n，… は，初項 a，公差 d の等差数列であり，$a_3=12$ かつ $S_8>0$，$S_9\leqq 0$ を満たす。ただし，$S_n=a_1+a_2+\cdots+a_n$ である。

(1) 公差 d がとる値の範囲を求めよ。

(2) $a_n\,(n>3)$ がとる値の範囲を，n を用いて表せ。

(3) $a_n>0$，$a_{n+1}\leqq 0$ となる n の値を求めよ。

(4) S_n が最大となるときの n の値をすべて求めよ。また，そのときの S_n を d の式で表せ。

603 →解答 p.216

n を正の整数とするとき，次の数列の和をそれぞれ求めよ。

(1) $S_n=\sum_{k=1}^{n} k2^k$　(2) $T_n=\sum_{k=1}^{n} k^2 2^k$　(3) $U_n=\sum_{k=1}^{3n} 2^k \cos\frac{2k\pi}{3}$

604 →解答 p.218

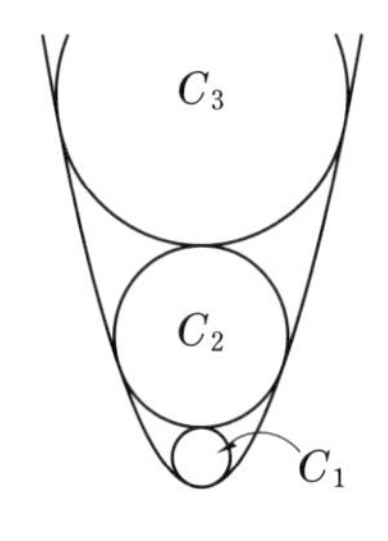

座標平面上で不等式 $y \geqq x^2$ の表す領域を D とする。D 内にあり y 軸上に中心をもち原点を通る円のうち，最も半径の大きい円を C_1 とする。自然数 n について，円 C_n が定まったとき，C_n の上部で C_n に外接する円で，D 内にあり y 軸上に中心をもつもののうち，最も半径の大きい円を C_{n+1} とする。C_n の半径を r_n とし，中心を $\mathrm{A}_n(0,\ a_n)$ とする。

(1) r_1 を求めよ。

(2) r_n，a_n を n の式で表せ。

605 →解答 p.220

数列 $\{a_n\}$ を $a_1=5$，$a_{n+1}=2a_n+3^n$ $(n=1,\ 2,\ \cdots)$ で定める。

(1) a_n を求めよ。

(2) $a_n<10^{10}$ を満たす最大の正の整数 n を求めよ。ただし，$\log_{10}2=0.3010$，$\log_{10}3=0.4771$ としてよい。

606 → 解答 p.222

数列 $\{a_n\}$ の初項 a_1 から第 n 項 a_n までの和 S_n が，$S_1=0$，$S_{n+1}-3S_n=n^2$ $(n=1, 2, 3, \cdots)$ を満たす。

(1) 数列 $\{a_n\}$ が満たす漸化式を a_n と a_{n+1} の関係式で表せ。

(2) 一般項 a_n を求めよ。

607 → 解答 p.224

文字 A，B，C を重複を許して横一列に並べてできる列のうち同じ文字が隣り合わないものを考える。文字 A，B，C を合わせて n 個使って作られるこのような列のうち，両端が同じ文字である列の個数を a_n とし，両端が異なる文字である列の個数を b_n とする。ただし，$n \geqq 2$ とする。

(1) a_{n+1}，b_{n+1} を a_n，b_n を用いて表せ。

(2) a_n，b_n を求めよ。

608 → 解答 p.227

数列 $\{a_n\}$ を次のように定める。

$$a_1=1,\quad a_{n+1}=\begin{cases} a_n-1 & (a_n>0 \text{ のとき}) \\ n & (a_n \leqq 0 \text{ のとき}) \end{cases} \quad (n=1, 2, 3, \cdots)$$

(1) $a_n=100$ となる最小の n の値を求めよ。

(2) (1)で求めた n の値を N とするとき，数列 $\{a_n\}$ の初項から第 N 項までの和 S を求めよ。

問題編

609

→解答 p.229

数列 1, 1, 3, 1, 3, 5, 1, 3, 5, 7, 1, 3, 5, 7, 9, 1, … において，次の問いに答えよ。ただし，k, n は自然数とする。

(1) $(k+1)$ 回目に現れる 1 は第何項か。

(2) 第 400 項を求めよ。

(3) 初項から第 n 項までの和を S_n とするとき，$S_n>2700$ となる最小の n を求めよ。

610

→解答 p.231

x を実数とする。関数

$$f(x)=\sum_{k=1}^{100}|kx-1|=|x-1|+|2x-1|+|3x-1|+\cdots+|100x-1|$$

を最小にする x の値と最小値を求めよ。

611

→解答 p.233

n を正の整数とする。

(1) 周の長さが $12n$ である三角形の 3 辺の長さを x, y, z（ただし，$x\geqq y\geqq z$）とおくとき，このような x, y を座標とする点 $(x,\ y)$ の存在範囲を xy 平面に図示せよ。

(2) 周の長さが $12n$ で，各辺の長さが整数である三角形のうち，互いに合同でないものは全部で何個あるか。

☆612 →解答 p.235

n 個の正の数 x_1，x_2，…，x_n が $x_1x_2\cdots x_n=1$ を満たしているとき，

$$x_1+x_2+\cdots+x_n \geqq n$$

が成り立つことを示せ。ただし，$n\geqq 2$ とする。

613 →解答 p.239

正の整数 $n=2^ab$（ただし a は 0 以上の整数で b は奇数）に対して $f(n)=a$ とおくとき，次の問いに答えよ。

(1) 正の整数 k，m に対して $f(km)=f(k)+f(m)$ であることを示せ。

(2) $f(3^n+1)$ $(n=0,\ 1,\ 2,\ \cdots)$ を求めよ。

☆(3) $f(3^n-1)-f(n)$ $(n=1,\ 2,\ 3,\ \cdots)$ を求めよ。

第7章 場合の数と確率

701

→ 解答 p.242

次の条件を満たす正の整数全体の集合をSとおく。

「各桁の数字は互いに異なり，どの 2 つの桁の数字の和も 9 にならない。」

ただし，Sの要素は 10 進法で表す。また，1 桁の正の整数はSに含まれるとする。

(1) Sの要素でちょうど 4 桁のものは何個あるか。

(2) 小さい方から数えて 2000 番目のSの要素を求めよ。

702

→ 解答 p.244

縦 4 個，横 4 個のマス目のそれぞれに 1，2，3，4 の数字を入れていく。このマス目の横の並びを行といい，縦の並びを列という。どの行にも，どの列にも同じ数字が 1 回しか現れない入れ方は何通りあるか求めよ。右図はこのような入れ方の 1 例である。

1	2	3	4
3	4	1	2
4	1	2	3
2	3	4	1

703 → 解答 p.246

図１と図２は碁盤の目状の道路とし，すべて等間隔であるとする。

(1) 図１において，点Ａから点Ｂに行く最短経路は全部で何通りあるか求めよ。

(2) 図１において，点Ａから点Ｂに行く最短経路で，点Ｃと点Ｄのどちらも通らないものは全部で何通りあるか求めよ。

(3) 図２において，点Ａから点Ｂに行く最短経路は全部で何通りあるか求めよ。ただし，斜線の部分は通れないものとする。

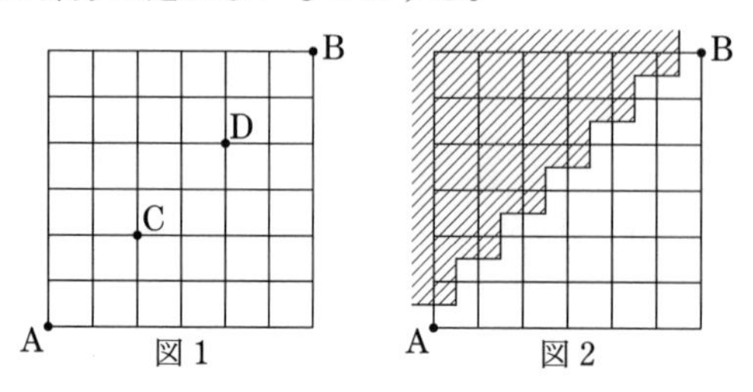

図１　図２

704 → 解答 p.248

nを正の整数とし，１からnまで異なる番号のついたn個のボールを３つの箱に分けて入れる問題を考える。ただし，１個のボールも入らない箱があってもよいものとする。次の場合について，それぞれ相異なる入れ方の総数を求めたい。

(1) A，B，C と区別された３つの箱に入れる場合，その入れ方は全部で何通りあるか。

(2) 区別のつかない３つの箱に入れる場合，その入れ方は全部で何通りあるか。

705 → 解答 p.250

nを正の整数とし，互いに区別のつかないn個のボールを3つの箱に分けて入れる問題を考える。ただし，1個のボールも入らない箱があってもよいものとする。次の場合について，それぞれ相異なる入れ方の総数を求めたい。

(1) A，B，Cと区別された3つの箱に入れる場合，その入れ方は全部で何通りあるか。

☆(2) nが6の倍数$6m$であるとき，区別のつかない3つの箱に入れる場合，その入れ方は全部で何通りあるか。

706 → 解答 p.254

nは2以上の整数とする。座標平面上の，x座標，y座標がともに0から$n-1$までの整数であるようなn^2個の点のうちから，異なる2個の点$(x_1,\ y_1)$，$(x_2,\ y_2)$を無作為に選ぶ。

(1) $x_1 \neq x_2$ かつ $y_1 \neq y_2$ である確率を求めよ。

(2) $x_1+y_1=x_2+y_2$ である確率を求めよ。

707 → 解答 p.256

nを3以上の自然数とする。1個のさいころをn回投げるとき，次の確率を求めよ。

(I)(1) 出る目の最小値が2である確率p

(2) 出る目の最小値が2かつ最大値が5である確率q

(II)(1) 1の目が少なくとも1回出て，かつ2の目も少なくとも1回出る確率r

(2) 1の目が少なくとも2回出て，かつ2の目が少なくとも1回出る確率s

708 → 解答 p.258

最初，n 人 $(n \geqq 3)$ でじゃんけんをする。

勝者が 1 人だけのときには，そこで終了する。勝者が 2 人以上のときには勝者だけで，また，誰も勝たないときには全員で，2 回目のじゃんけんをする。ただし，各人はじゃんけんでグー，チョキ，パーをどれも確率 $\frac{1}{3}$ で出すものとする。

(1) 最初のじゃんけんで k 人 $(1 \leqq k \leqq n-1)$ が勝つ確率を P_k とする。P_1，P_k $(2 \leqq k \leqq n-1)$ をそれぞれ求めよ。

(2) 最初のじゃんけんで誰も勝たない確率を求めよ。

☆(3) 2 回目までのじゃんけんで勝者が 1 人に決まる確率を求めよ。

709 → 解答 p.260

「1つのサイコロを振り，出た目が 4 以下ならばAに 1 点を与え，5 以上ならばBに 1 点を与える」という試行を繰り返す。

(1) AとBの得点差が 2 になったところでやめて得点の多いほうを勝ちとする。n 回以下の試行でAが勝つ確率 p_n を求めよ。

(2) Aの得点がBの得点より 2 多くなるか，またはBの得点がAの得点より 1 多くなったところでやめて，得点の多いほうを勝ちとする。n 回以下の試行でAが勝つ確率 q_n を求めよ。

710 →解答 p.262

2地点間を，ある通信方法を使って，A，Bという2種類の信号を送信側から受信側へ送るとする。この通信方法では，送信側がAを送ったとき，受信側がこれを正しくAと受け取る確率は $\frac{4}{5}$，誤ってBと受け取る確率は $\frac{1}{5}$ である。また，送信側がBを送ったとき，受信側は確率 $\frac{9}{10}$ で正しくBと受け取り，確率 $\frac{1}{10}$ で誤ってAと受け取る。いま，送信側が確率 $\frac{4}{7}$ でAを，確率 $\frac{3}{7}$ でBを受信側へ送るとき，次の確率を求めよ。

(1) 受信側がAという信号を受け取る確率

(2) 受信側が信号を誤って受け取る確率

(3) 受信側が受け取った信号がAのとき，それが正しい信号である確率

711 →解答 p.264

$3n$ 個 $(n \geqq 3)$ の小箱が1列に並んでいる。おのおのの小箱には小石を1個だけ入れることができる。1番目，2番目，3番目の3個の小箱の中にあわせて2個の小石が入っている状態を A，2番目，3番目，4番目の3個の小箱の中にあわせて2個の小石が入っている状態を B で表す。このとき，次の問いに答えよ。

(1) $3n$ 個の小箱において，おのおのに小石が入っているかどうかを独立試行とみなすことができるとし，各小箱に確率 $\frac{1}{3}$ で小石が入っているとする。事象 A と B がともに起こっているとき，2番目の小箱に小石の入っている確率を求めよ。

(2) $3n$ 個の小箱から無作為に選ばれた n 個の小箱に小石が入っているとする。事象 A と B がともに起こっているとき，2番目の小箱に小石の入っている確率を求めよ。

712 → 解答 p.266

袋の中に白球10個，黒球60個が入っている。この袋の中から1球ずつ40回取り出すとき，次の各場合において，白球が何回取り出される確率がもっとも大きいか。

(1) 取り出した球をもとに戻すとき

(2) 取り出した球をもとに戻さないとき

☆713 → 解答 p.268

A，Bの2人がいる。投げたとき表裏の出る確率がそれぞれ $\frac{1}{2}$ のコインが1枚あり，最初はAがそのコインを持っている。次の操作を繰り返す。

(i) Aがコインを持っているときは，コインを投げ，表が出ればAに1点を与え，コインはAがそのまま持つ。裏が出れば，両者に点を与えず，Aはコインを B に渡す。

(ii) Bがコインを持っているときは，コインを投げ，表が出ればBに1点を与え，コインはBがそのまま持つ。裏が出れば，両者に点を与えず，Bはコインを A に渡す。

そしてA，Bのいずれかが2点を獲得した時点で，2点を獲得した方の勝利とする。たとえば，コインが表，裏，表，表と出た場合，この時点でAは1点，Bは2点を獲得しているのでBの勝利となる。

A，Bあわせてちょうど n 回コインを投げ終えたときにAの勝利となる確率 $p(n)$ を求めよ。

714 → 解答 p.270

2つの箱A，Bのそれぞれに赤玉が1個，白玉が3個，合計4個ずつ入っている。1回の試行で箱Aの玉1個と箱Bの玉1個を無作為に選び交換する。この試行をn回繰り返した後，箱Aに赤玉が1個，白玉が3個入っている確率p_nを求めよ。

715 → 解答 p.271

1個のサイコロを投げて，5または6の目が出れば2点，4以下の目が出れば1点の得点が与えられる。サイコロを繰り返し投げるとき，得点の合計が途中でちょうどn点となる確率をp_nとする。

(1) $p_{n+2}=\frac{2}{3}p_{n+1}+\frac{1}{3}p_n$ が成立することを示せ。

(2) $p_{n+1}-p_n$ をnの式で表し，p_nを求めよ。

(3) 得点の合計が途中でn点とならないで$2n$点となる確率を求めよ。

716 → 解答 p.272

片面を白色に，もう片面を黒色に塗った正方形の板が3枚ある。この3枚の板を机の上に横に並べ，次の操作を繰り返し行う。

さいころを振り，出た目が1，2であれば左端の板を裏返し，3，4であればまん中の板を裏返し，5，6であれば右端の板を裏返す。

たとえば，最初，板の表の色の並び方が「白白白」であったとし，1回目の操作で出たさいころの目が1であれば，色の並び方は「黒白白」となる。更に，2回目の操作を行って出たさいころの目が5であれば，色の並び方は「黒白黒」となる。

(1) 「白白白」から始めて，3回の操作の結果，色の並び方が「黒白白」となる確率を求めよ。

(2) 「白白白」から始めて，n 回の操作の結果，色の並び方が「黒白白」または「白黒白」または「白白黒」となる確率を p_n とする。
p_{2k+1} (k は自然数) を求めよ。

717 → 解答 p.274

1枚の硬貨を10回投げる。$(k-1)$ 回目，および k 回目がともに表であるような k が存在するとき，k の最小値を X とする。このような k が存在しないときは $X=10$ とする。例えば，投げた結果が

裏裏表裏表表裏表表表

のときは $X=6$ であり，

裏表裏表裏裏裏表裏裏

のときは $X=10$ である。

(1) $X=n$ となる場合の数を a_n とするとき，a_5，a_6，a_7 をそれぞれ求めよ。

(2) $X=10$ となる確率を求めよ。

(3) X の期待値を求めよ。

第8章 統計的な推測

801

→ 解答 p.276

nは2以上の整数とする。箱の中に数字1, 2, …, nが書かれたカードが1枚ずつ合計n枚入っている。この箱の中から2枚のカードを取り出し，2枚のカードに書かれた2数の差を確率変数Xとし，2数それぞれを2乗して得られる2数の差を確率変数Yとする。

(1) Xの平均$E(X)$と分散$V(X)$を求めよ。

(2) Yの平均$E(Y)$を求めよ。

802

→ 解答 p.279

xy平面上で点$P_n(X_n,\ Y_n)$, $(n=0,\ 1,\ 2,\ \cdots)$を次のように定める。

$P_0(0,\ 0)$であり，$n=1,\ 2,\ \cdots$ に対して，点P_{n-1}が決まったあと，4枚のカード[1], [2], [3], [4]が入った箱Bから無作為に取り出した1枚のカードが[1], [2], [3], [4]であるときそれぞれ，点P_{n-1}をx軸方向に $+1$ だけ移動した点，x軸方向に -1 だけ移動した点，y軸方向に $+1$ だけ移動した点，y軸方向に -1 だけ移動した点を$P_n(X_n,\ Y_n)$とする。

(1) $S=\sqrt{X_3^2+Y_3^2}$ とするとき，確率変数Sの平均$E(S)$を求めよ。

(2) 確率変数U_k $(k=1,\ 2,\ \cdots,\ n)$を次のように定める。

点P_{k-1}が決まったあと，箱Bから取り出した1枚のカードが[1]のときは$U_k=1$, [2]のときは $U_k=-1$, [3], [4]のときは $U_k=0$ とする。

このとき，確率変数X_nをU_k $(1\leqq k\leqq n)$を用いて表せ。

(3) $T_n=X_n^2+Y_n^2$ とするとき，確率変数T_nの平均$E(T_n)$がnであることを示せ。

803 →解答 p.283

n 個のさいころがある。1 回目の試行では n 個すべてのさいころを振る。2 回目の試行では 1 回目の試行で 1 以外の目が出たさいころだけを振る。1 回目および 2 回目の試行で 1 の目が出たさいころの個数の合計を表す確率変数を X とする。

(1) 確率 $P(X=n)$ を求めよ。

(2) 確率 $P(X=k)$ $(k=0,\ 1,\ 2,\ \cdots,\ n)$ を求めよ。

(3) 確率変数 X の平均 $E(X)$ と標準偏差 $\sigma(X)$ を求めよ。

804 →解答 p.286

(1) 離散型確率変数 X のとる値は x_1, x_2, $\cdots$, x_n であり, X の平均 $E(X)$ を m, 分散 $V(X)$ を σ^2 とする。任意の正の数 ε に対して,

$$P(|X-m| \geqq \varepsilon) \leqq \frac{\sigma^2}{\varepsilon^2}$$

が成り立つことを示せ。

(2) どの目も出る確率が $\frac{1}{6}$ であるさいころを n 回投げるときに 1 の目が出る回数を確率変数 Y とする。$n \geqq 50000$ のとき,

$$P\left(\left|\frac{Y}{n}-\frac{1}{6}\right|<\frac{1}{60}\right) \geqq 0.99$$

が成り立つことを示せ。

805 →解答 p.289

(1) ある改良新薬を作っている工場で，大量の製品全体の中から無作為に1000個を抽出し検査を行ったところ，20個の不良品があった。この工場で作られる製品の不良率 p に対する信頼度95%の信頼区間を求めよ。

(2) この改良新薬を無作為に抽出された400人の患者に用いたら，8人に副作用が発生した。従来から用いていた薬の副作用の発生する割合を4%とするとき，この改良新薬は従来から用いていた薬に比べて，副作用が発生する割合が低下したといえるか。有意水準5%，1%それぞれで検定せよ。必要ならば，$\sqrt{6}=2.449$，$\sqrt{10}=3.162$ とし，以下の正規分布表を利用せよ。

z	0.00	0.01	0.02	0.03	0.04	0.05	0.06	0.07	0.08	0.09
1.6	0.4452	0.4463	0.4474	0.4484	0.4495	0.4505	0.4515	0.4525	0.4535	0.4545
1.7	0.4554	0.4564	0.4573	0.4582	0.4591	0.4599	0.4608	0.4616	0.4625	0.4633
1.8	0.4641	0.4649	0.4656	0.4664	0.4671	0.4678	0.4686	0.4693	0.4699	0.4706
1.9	0.4713	0.4719	0.4726	0.4732	0.4738	0.4744	0.4750	0.4756	0.4761	0.4767
2.0	0.4772	0.4778	0.4783	0.4788	0.4793	0.4798	0.4803	0.4808	0.4812	0.4817
2.1	0.4821	0.4826	0.4830	0.4834	0.4838	0.4842	0.4846	0.4850	0.4854	0.4857
2.2	0.4861	0.4864	0.4868	0.4871	0.4875	0.4878	0.4881	0.4884	0.4887	0.4890
2.3	0.4893	0.4896	0.4898	0.4901	0.4904	0.4906	0.4909	0.4911	0.4913	0.4916
2.4	0.4918	0.4920	0.4922	0.4925	0.4927	0.4929	0.4931	0.4932	0.4934	0.4936
2.5	0.4938	0.4940	0.4941	0.4943	0.4945	0.4946	0.4948	0.4949	0.4951	0.4952

第9章 整数の性質

901 →解答 p.292

任意の整数nに対して，n^9-n^3 は 72 で割り切れることを示せ。

902 →解答 p.294

(I)　4 個の整数 $n+1$, n^3+3, n^5+5, n^7+7 がすべて素数となるような正の整数nは存在しないことを示せ。

(II)　素数 p, q を用いて p^q+q^p と表される素数をすべて求めよ。

903 →解答 p.296

(I)　kは正の整数とする。方程式 $x^2-y^2=k$ が整数 x, y の解 (x, y) をもつための必要十分条件を求めよ。

(II)　a, b は正の整数で，$a<b$ とするとき，a 以上 b 以下の整数の総和を S とする。

(1)　$S=500$ を満たす組 (a, b) をすべて求めよ。

(2)　kを正の整数とするとき，$S=2^k$ を満たす組 (a, b) は存在しないことを示せ。

904 → 解答 p.298

(I) 正の約数の個数が 28 個である最小の正の整数を求めよ。

(II) 2021 以下の正の整数で，すべての正の約数の和が奇数であるものの個数を求めよ。

905 → 解答 p.300

直角三角形の 3 辺の長さがすべて整数であるとき，面積は 6 の倍数であることを示せ。

906 → 解答 p.303

p を素数とし，a は p では割り切れない正の整数とする。

(1) $k=1,\ 2,\ \cdots,\ p-1$ に対して，ka を p で割った余りを r_k とする。$i,\ j$ を $1 \leqq i < j \leqq p-1$ を満たす整数とするとき，$r_i \neq r_j$ を示せ。

(2) $a^{p-1}-1$ は p で割り切れることを示せ。

907 → 解答 p.305

(1) 方程式 $65x+31y=1$ の整数解をすべて求めよ。

(2) $65x+31y=2016$ を満たす正の整数の組 $(x,\ y)$ を求めよ。

(3) 2016 以上の整数 m は，正の整数 $x,\ y$ を用いて $m=65x+31y$ と表せることを示せ。

908 → 解答 p.309

正の整数Nは10進法で$a_na_{n-1}\cdots a_1a_0$（a_n，a_{n-1}，…，a_1，a_0は0以上，9以下の整数で，$a_n\neq 0$）と表されている。このとき，

$$\alpha=a_n+a_{n-1}+\cdots+a_1+a_0$$

$$\beta=(-1)^n a_n+(-1)^{n-1}a_{n-1}+\cdots-a_1+a_0$$

とする。

(1) Nが99で割り切れるための必要十分条件は，αが9で割り切れ，かつβが11で割り切れることであることを示せ。

(2) αを9で割った余りが6，βを11で割った余りが3であるとき，Nを99で割った余りを求めよ。

☆909 → 解答 p.313

Aを100以下の自然数の集合とする。また，50以下の自然数kに対し，Aの要素でその奇数の約数のうち最大のものが$2k-1$となるものからなる集合をA_kとする。

(1) Aの各要素は，A_1からA_{50}までの50個の集合のうちのいずれか1つに属することを示せ。

(2) Aの部分集合Bが51個の要素からなるとき，$\dfrac{y}{x}$が整数となるようなBの異なる要素x，yが存在することを示せ。

(3) 50個の要素からなるAの部分集合Cで，その中に$\dfrac{y}{x}$が整数となるような異なる要素x，yが存在しないものを1つ求めよ。

910 →解答 p.315

3次方程式 $x^3-12x^2+41x-a=0$ の3つの解がすべて整数となるような定数 a と，そのときの3つの解を求めよ。

911 →解答 p.317

(1) 不等式 $\dfrac{1995}{n}-\dfrac{1995}{n+1}\geqq 1$ を満たす最大の正の整数 n を求めよ。

(2) 次の1995個の整数の中に異なる整数は何個あるか。その個数を求めよ。

$$\left[\frac{1995}{1}\right],\ \left[\frac{1995}{2}\right],\ \left[\frac{1995}{3}\right],\ \cdots,\ \left[\frac{1995}{1994}\right],\ \left[\frac{1995}{1995}\right]$$

ここに，$[x]$ は，x を超えない最大の整数を表す（たとえば，$[2]=2$，$[2.7]=2$）。

912 →解答 p.319

x，y，z は正の整数とする。

(1) $\dfrac{1}{x}+\dfrac{1}{y}+\dfrac{1}{z}=1$ を満たす x，y，z の組 $(x,\ y,\ z)$ は何通りあるか。

☆(2) r を正の有理数とするとき，$\dfrac{1}{x}+\dfrac{1}{y}+\dfrac{1}{z}=r$ を満たす x，y，z の組 $(x,\ y,\ z)$ は有限個しかないことを証明せよ。ただし，そのような組が存在しない場合は0個とし，有限個であるとみなす。

913 → 解答 p.322

自然数 $m \geqq 2$ に対し，$m-1$ 個の二項係数

$${}_m\mathrm{C}_1,\ {}_m\mathrm{C}_2,\ \cdots,\ {}_m\mathrm{C}_{m-1}$$

を考え，これらすべての最大公約数を d_m とする。すなわち d_m はこれらすべてを割り切る最大の自然数である。

(1) m が素数ならば，$d_m=m$ であることを示せ。

(2) すべての自然数 k に対し，k^m-k が d_m で割り切れることを，k に関する数学的帰納法によって示せ。

(3) m が偶数のとき d_m は 1 または 2 であることを示せ。

☆914 → 解答 p.324

(1) 正の奇数 K, L と正の整数 A, B が $KA=LB$ を満たしているとする。K を 4 で割った余りが L を 4 で割った余りと等しいならば，A を 4 で割った余りは B を 4 で割った余りと等しいことを示せ。

(2) 正の整数 a, b が $a>b$ を満たしているとする。このとき，$A={}_{4a+1}\mathrm{C}_{4b+1}$, $B={}_a\mathrm{C}_b$ に対して $KA=LB$ となるような正の奇数 K, L が存在することを示せ。

(3) a, b は(2)の通りとし，さらに $a-b$ が 2 で割り切れるとする。${}_{4a+1}\mathrm{C}_{4b+1}$ を 4 で割った余りは ${}_a\mathrm{C}_b$ を 4 で割った余りと等しいことを示せ。

(4) ${}_{2021}\mathrm{C}_{37}$ を 4 で割った余りを求めよ。

915 →解答 p.328

整数からなる数列 $\{a_n\}$ を漸化式

$$a_1=1,\ a_2=3,\ a_{n+2}=3a_{n+1}-7a_n \quad (n=1,\ 2,\ \cdots)$$

によって定める。

(1) a_n が偶数となることと，n が3の倍数となることは同値であることを示せ。

(2) a_n が10の倍数となるための条件を(1)と同様の形式で求めよ。

☆916 →解答 p.332

n を2以上の自然数とし，整式 x^n を $x^2-6x-12$ で割った余りを a_nx+b_n とする。

(1) a_{n+1}，b_{n+1} を a_n と b_n を用いて表せ。

(2) 各 n に対して，a_n と b_n の公約数で素数となるものをすべて求めよ。

第10章 論　証

1001 → 解答 p.334

n を1以上の整数とするとき，次の2つの命題はそれぞれ正しいか。正しいときは証明し，正しくないときはその理由を述べよ。

命題 p：ある n に対して，$\sqrt{n}$ と $\sqrt{n+1}$ はともに有理数である。

命題 q：すべての n に対して，$\sqrt{n+1}-\sqrt{n}$ は無理数である。

☆1002 → 解答 p.336

$a_1>a_2>\cdots>a_n$ および $b_1>b_2>\cdots>b_n$ を満たす $2n$ 個の実数がある。集合 $\{a_1,\ a_2,\ \cdots,\ a_n\}$ から要素を1つ，集合 $\{b_1,\ b_2,\ \cdots,\ b_n\}$ から要素を1つ取り出して掛け合わせ，積を作る。どの要素も一度しか使わないこととし，この操作を繰り返し n 個の積を作る。それら n 個の積の和を S とする。

(1) $n=2$ のとき，S の最大値と最小値を求めよ。

(2) n が2以上のとき，S の最大値と最小値を求めよ。

1003 → 解答 p.338

a，b を正の実数とする。

(1) $0<a<1$ を満たすどのような a に対しても $|4x-1|\leqq a$ かつ $|4y-1|\leqq a$ が $|x-y|\leqq b$ かつ $|x+y|\leqq b$ であるための十分条件であるという。そのような b の最小値を求めよ。

(2) a を $1<a$ とする。$|4x-1|\leqq a$ かつ $|4y-1|\leqq a$ が $|x-y|\leqq 1$ かつ $|x+y|\leqq 1$ であるための必要条件であるという。そのような a の最小値を求めよ。

1004 →解答 p.340

xy 平面上の点 $(a,\ b)$ は，a と b がともに有理数のときに有理点と呼ばれる。xy 平面において，3つの頂点がすべて有理点である正三角形は存在しないことを示せ。ただし，必要ならば $\sqrt{3}$ が無理数であることを証明せずに用いてもよい。

1005 →解答 p.342

座標平面上の点の集合 S を

$$S=\{(a-b,\ a+b)\,|\,a,\ b\text{ は整数}\}$$

とするとき，次の命題が成り立つことを証明せよ。

(1) 座標平面上の任意の点Pに対し，S の点QでPとQの距離が1以下となるものが存在する。

(2) 1辺の長さが2より大きい正方形は，必ずその内部に S の点を含む。

1006 →解答 p.344

(1) 円周上に m 個の赤い点と n 個の青い点を任意の順序に並べる。これらの点により，円周は $(m+n)$ 個の弧に分けられる。このとき，これらの弧のうち両端の点の色が異なるものの数は偶数であることを証明せよ。ただし，$m \geqq 1$，$n \geqq 1$ であるとする。

(2) n，k は自然数で $k \leqq n$ とする。穴のあいた $2k$ 個の白玉と $(2n-2k)$ 個の黒玉にひもを通して輪を作る。このとき適当な2箇所でひもを切って n 個ずつの2組に分け，どちらの組も白玉 k 個，黒玉 $(n-k)$ 個からなるようにできることを示せ。

第11章 ベクトル

1101 → 解答 p.346

s を正の実数とする。鋭角三角形 ABC において，辺 AB を $s:1$ に内分する点をDとし，辺 BC を $s:3$ に内分する点をEとする。線分 CD と線分 AE の交点をFとする。

(1) $\overrightarrow{AF}=\alpha\overrightarrow{AB}+\beta\overrightarrow{AC}$ とするとき，α と β を求めよ。

(2) F から辺 AC に下ろした垂線を FG とする。FG の長さが最大となるときの s を求めよ。

1102 → 解答 p.348

平面上に △OAB があり，OA=5，OB=6，AB=7 を満たしている。s，t を実数とし，点Pを $\overrightarrow{OP}=s\overrightarrow{OA}+t\overrightarrow{OB}$ によって定める。

(1) △OAB の面積を求めよ。

(2) s，t が $s\geqq0$，$t\geqq0$，$1\leqq s+t\leqq2$ を満たすとき，点Pが存在しうる部分の面積を求めよ。

(3) s，t が $s\geqq0$，$t\geqq0$，$1\leqq 2s+t\leqq2$，$s+3t\leqq3$ を満たすとき，点Pが存在しうる部分の面積を求めよ。

1103 → 解答 p.351

半径1の円周上に3点 A，B，C がある。内積 $\overrightarrow{AB}\cdot\overrightarrow{AC}$ の最大値と最小値を求めよ。

1104 →解答 p.354

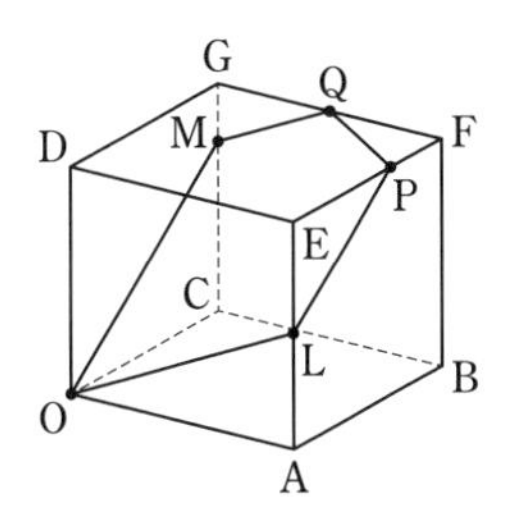

右図のように，1辺の長さが1の立方体DEFG-OABCがある。点Lは線分AEを1：1に，点Mは線分CGを3：1に内分する点である。また，3点O，L，Mを通る平面Tは，辺EFおよび辺GFと2点P，Qで交わる。$\overrightarrow{\mathrm{OA}}=\vec{a}$，$\overrightarrow{\mathrm{OC}}=\vec{c}$，$\overrightarrow{\mathrm{OD}}=\vec{d}$とするとき，次の問いに答えよ。

(1) $\overrightarrow{\mathrm{OL}}$，$\overrightarrow{\mathrm{OM}}$，$\overrightarrow{\mathrm{OP}}$，$\overrightarrow{\mathrm{OQ}}$を，それぞれ$\vec{a}$，$\vec{c}$，$\vec{d}$を用いて表せ。

(2) 五角形OLPQMの面積Sを求めよ。

(3) 点Dから平面Tに垂線DHを下ろすとき，$\overrightarrow{\mathrm{OH}}$を$\vec{a}$，$\vec{c}$，$\vec{d}$を用いて表せ。

(4) 点Dを頂点とし，五角形OLPQMを底面とする五角錐D-OLPQMの体積Vを求めよ。

1105 →解答 p.358

点A(1，2，4)を通り，ベクトル$\vec{n}=(-3,\ 1,\ 2)$に垂直な平面をαとする。平面αに関して同じ側に2点B$(-2,\ 1,\ 7)$，C(1，3，7)がある。

(1) 平面αに関して点Bと対称な点Dの座標を求めよ。

(2) 平面α上の点Pで，BP+CPを最小にする点Pの座標とそのときの最小値を求めよ。

1106 →解答 p.361

xyz 空間に 3 点 A(1, 0, 0), B(−1, 0, 0), C(0, $\sqrt{3}$, 0) をとる。△ABC を 1 つの面とし，$z \geqq 0$ の部分に含まれる正四面体 ABCD をとる。さらに△ABD を 1 つの面とし，点Cと異なる点Eをもう 1 つの頂点とする正四面体 ABDE をとる。

(1) 点Eの座標を求めよ。

(2) 正四面体 ABDE の $y \leqq 0$ の部分の体積を求めよ。

1107 →解答 p.364

座標空間内の 2 つの球面

$S_1 : (x-1)^2+(y-1)^2+(z-1)^2=7$, $S_2 : (x-2)^2+(y-3)^2+(z-3)^2=1$

を考える。S_1 と S_2 の共通部分を C とする。このとき以下の問いに答えよ。

(1) S_1 との共通部分が C となるような球面のうち，半径が最小となる球面の方程式を求めよ。

(2) S_1 との共通部分が C となるような球面のうち，半径が $\sqrt{3}$ となる球面の方程式を求めよ。

解答編

101 2次方程式の解の配置

xy 平面上の原点と点 (1, 2) を結ぶ線分 (両端を含む) を L とする。曲線 $y=x^2+ax+b$ が L と共有点をもつような実数の組 $(a,\ b)$ の集合を ab 平面上に図示せよ。 (京都大)

精講 L を含む直線と曲線の方程式から y を消去して得られる2次方程式が，$0\leqq x\leqq 1$ に解をもつ条件に帰着します。

ここで，2次方程式

$$ax^2+bx+c=0 \quad \cdots\cdots(*)$$

の解の存在範囲について復習しておきましょう。

$f(x)=ax^2+bx+c$ とおいて，放物線 $y=f(x)$ と x 軸との共有点の存在範囲に帰着させて考えるとよいでしょう。

以下では，$a>0$ とし，$k<l$ とする。

・$(*)$ の1解は $k<x<l$ にあり，他の解は $x<k$ または $x>l$ にある
$\iff f(k)\cdot f(l)<0$

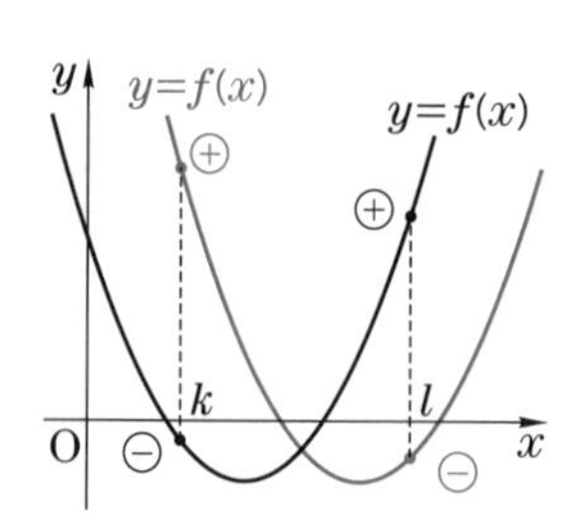

・“$(*)$ の2解 (重解を含む) がいずれも $k<x<l$ にある”……(☆) のは，$y=f(x)$ すなわち，

$$y=a\left(x+\frac{b}{2a}\right)^2-\frac{b^2-4ac}{4a}$$

のグラフが右図のようになるときである。

したがって，

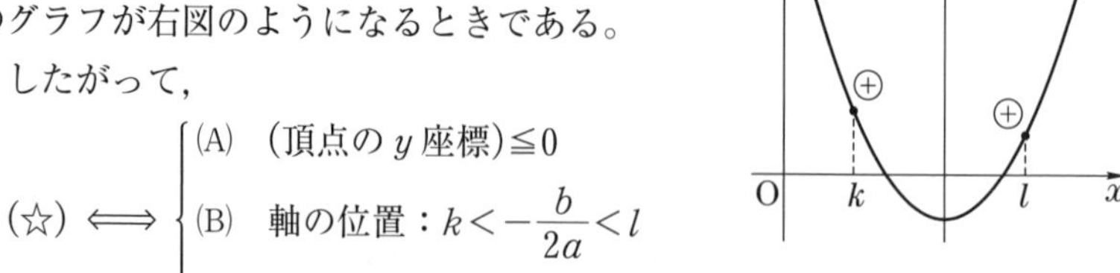

$$(☆)\iff\begin{cases}\text{(A)} & (\text{頂点の } y \text{ 座標})\leqq 0\\ \text{(B)} & \text{軸の位置：} k<-\dfrac{b}{2a}<l\\ \text{(C)} & \text{区間の端点での値：} f(k)>0,\ f(l)>0\end{cases}$$

ここで，(A)は $(*)$ の判別式 $b^2-4ac\geqq 0$ と同値である。

本問において，これらをどのように適用するとよいでしょうか。

解答 $L: y=2x$ ……① かつ $0 \leqq x \leqq 1$ ……②
と曲線 $y=x^2+ax+b$ ……③ が共有点をもつのは，"①，③から得られる2次方程式

$$2x=x^2+ax+b$$

$$\therefore \quad x^2-(2-a)x+b=0 \quad \cdots\cdots ④$$

が②の範囲に少なくとも1つの解をもつ"……(＊)
ときである。さらに，(＊)は

(i) $0<x<1$ に1解を，$x<0$ または $x>1$ に他の解をもつ
(ii) $x=0$ または1が解である
(iii) $0<x<1$ に2解をもつ

のいずれかである。

④の左辺を $f(x)$ とおくと，

$$f(x)=\left(x-\frac{2-a}{2}\right)^2-\frac{(2-a)^2}{4}+b$$

であり，$y=f(x)$ のグラフを考えると，それぞれの条件は

(i) $f(0)\cdot f(1)<0 \quad \therefore \quad b(b+a-1)<0$ ⬅注1°参照。

(ii) $f(0)\cdot f(1)=0 \quad \therefore \quad b(b+a-1)=0$

(iii)
- 頂点の y 座標：$-\dfrac{(2-a)^2}{4}+b \leqq 0$
- 軸の位置：$0<\dfrac{2-a}{2}<1$ ⬅注2°参照。
- 区間の端点での値：$f(0)>0$，$f(1)>0$
  $\therefore \quad b>0, \ b+a-1>0$

である。これらをまとめると

$$b(b+a-1) \leqq 0 \quad \text{または}$$

$$\text{“}b \leqq \frac{1}{4}(a-2)^2 \text{ かつ } 0<a<2, \ b>0 \text{ かつ } b+a-1>0\text{”}$$

となる。

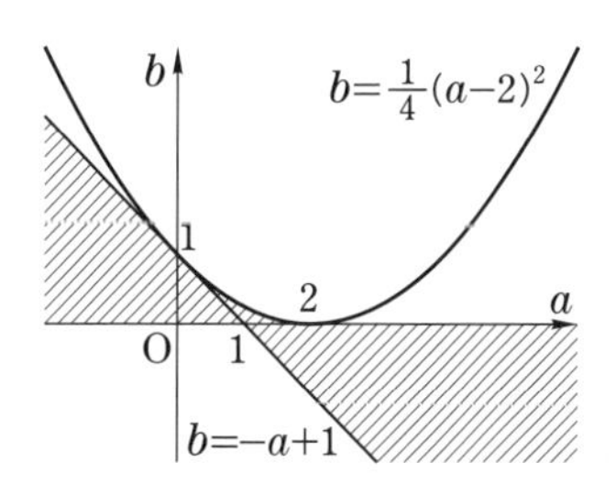

これより，求める (a, b) の集合は右図の斜線部分（境界を含む）である。

注 **1°** (i)が成り立つ条件は右図からわかるように，$f(0)$ と $f(1)$ が異符号であることである。

また，$y=f(x)$ が下に凸である放物線であるから，一般に，2 次方程式 $f(x)=0$ が $x>k$，$x<k$ の範囲に解を 1 つずつもつための条件が

$$f(k)<0$$

であることもわかる。

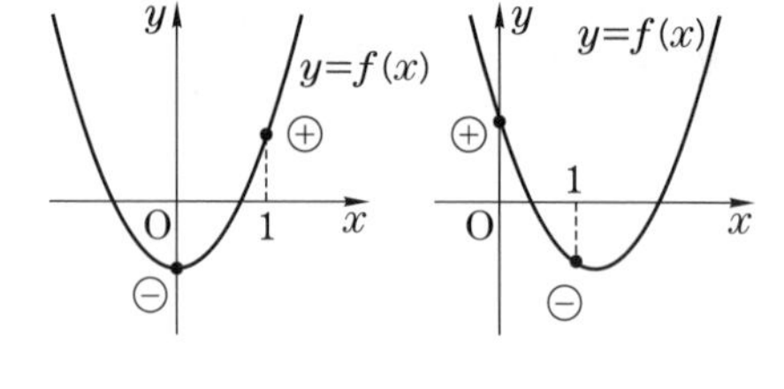

2° (iii)，つまり，2 次方程式がある区間に 2 つの解をもつための条件を求めるには，精講 にあるように

(A) 頂点の y 座標の符号（判別式の符号）

(B) 放物線の軸の位置

(C) 区間の端点での値の符号

の 3 つを調べなければならない。

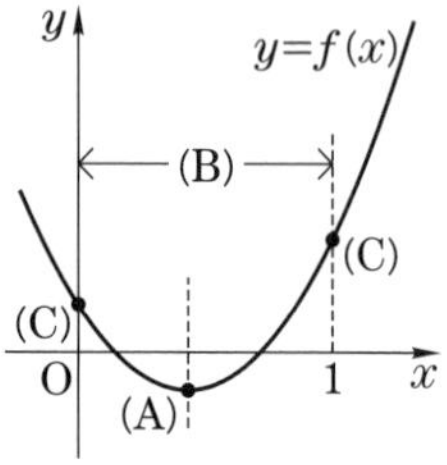

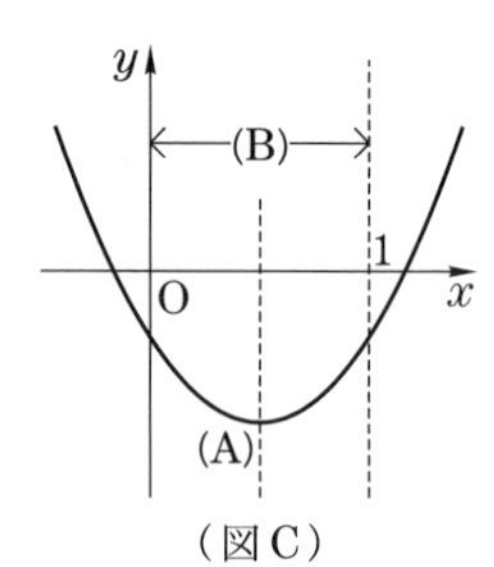

(A)，(B)，(C)の 1 つを忘れた場合には，それぞれ次の（図A），（図B），（図C）のような場合が起こり得るので，これらの条件はいずれも欠かすことができない。

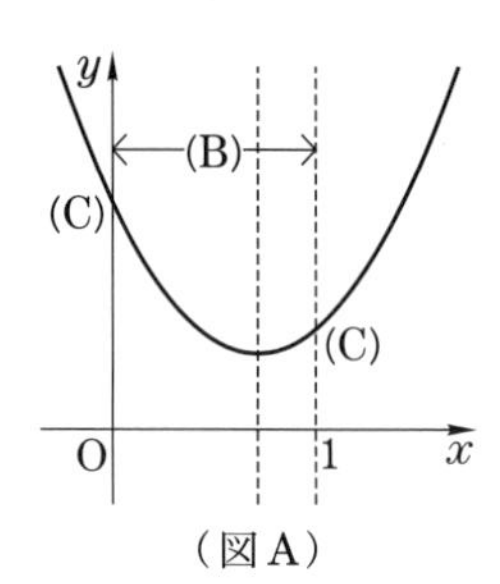

（図A）

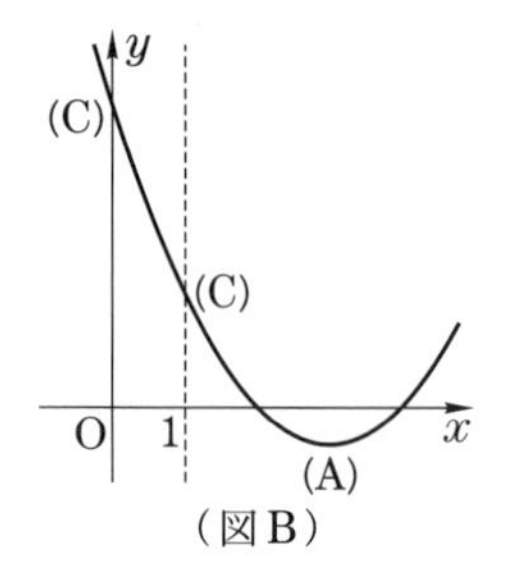

（図B）

（図C）

類題 1 → 解答 p.366

a を実数とする。x の 2 次方程式 $x^2+(a+1)x+a^2-1=0$ について，次の問いに答えよ。

(1) この 2 次方程式が異なる 2 つの実数解をもつような a の値の範囲を求めよ。

(2) a を(1)で求めた範囲で動かすとき，この 2 次方程式の実数解がとりうる値の範囲を求めよ。 （神戸大）

102 2次方程式・2次不等式の整数解

整数mに対し，$f(x)=x^2-mx+\frac{m}{4}-1$ とおく。

(1) 方程式 $f(x)=0$ が，整数の解を少なくとも1つもつようなmの値を求めよ。

(2) 不等式 $f(x)\leqq 0$ を満たす整数xが，ちょうど4個あるようなmの値を求めよ。

(秋田大)

精講 $f(x)$の式にはmの1次の項しか含まれていないことに着目すると，$f(x)=0$，$f(x)\leqq 0$ は“パラメタの分離”によって，放物線 $y=x^2-1$ と直線 $y=m\left(x-\frac{1}{4}\right)$ の関係に帰着されます。

また，整数問題とみなすと，(1)では解と係数の関係を利用して2つの整数解の満たすべき関係式が導かれます。(2)では，不等式 $f(x)\leqq 0$ を満たす整数がちょうど4個であるとき，不等式の解の区間幅からmを絞りこむ方法もあります。

解答 (1) 2次方程式 $f(x)=0$，つまり

$$x^2-mx+\frac{m}{4}-1=0 \qquad \cdots\cdots①$$

$$\therefore \quad x^2-1=m\left(x-\frac{1}{4}\right)$$

の実数解は放物線 $y=x^2-1$ ……② と直線 $y=m\left(x-\frac{1}{4}\right)$ ……③ の共有点のx座標に等しい。

①において，(2解の和)$=m$ が整数であるから，解の1つが整数のとき，他の解も整数である。したがって，“②，③が2つの共有点をもち，それらのx座標が整数である”……(＊) ようなmの値を求めるとよい。

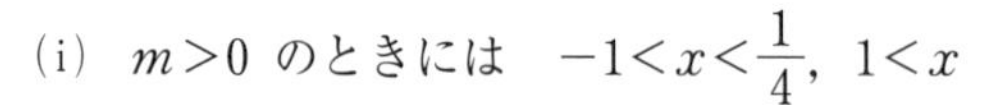

③は点 $\mathrm{A}\left(\frac{1}{4},\ 0\right)$ を通り，傾きが m の直線であるから，右図より②，③の２つの共有点は

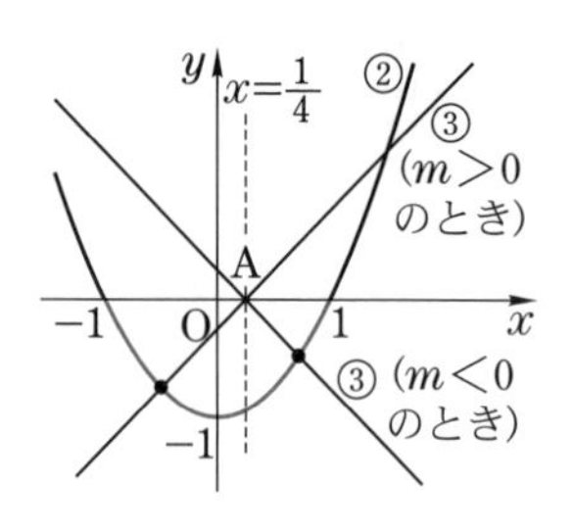

(i)　$m>0$ のときには　$-1<x<\frac{1}{4}$，$1<x$

(ii)　$m<0$ のときには　$x<-1$，$\frac{1}{4}<x<1$

(iii)　$m=0$ のときには　$x=-1$，1

にある。これより，

(i)のとき，$-1<x<\frac{1}{4}$ にある整数は $x=0$ で，共有点は $(0,\ -1)$ であるから，$m=4$ であり，①の２解が 0，4 となるので，(＊)を満たす。

(ii)のとき，$\frac{1}{4}<x<1$ には整数はないので，(＊)を満たさない。

(iii)のときは，(＊)を満たす。

以上から，**$m=0$，4** である。

(2)　$f(x)\leqq 0$，つまり，

$$x^2-1\leqq m\left(x-\frac{1}{4}\right) \quad \cdots\cdots④$$

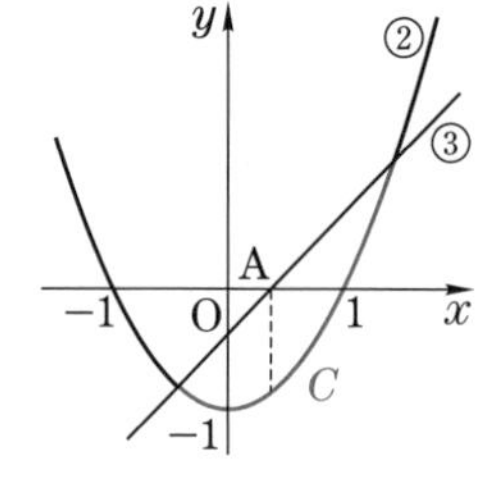

を満たす x は，放物線②の直線③より下方（端点を含む）にある部分 C にある点の x 座標に等しい。したがって，“C 上に x 座標が整数である点がちょうど４個ある”……(☆)　ような m の値を求めるとよい。

ここで，(1)より④を満たす整数 x は $m=0$ のときは $x=-1$，0，1 で，$m=4$ のときは，$x=0$，1，2，3，4 でいずれも(☆)を満たさない。

⬅ まず，C の両端の点の x 座標が整数となる場合（つまり，(1)の場合）を調べている。

したがって，グラフより(☆)が成り立つときの

４個の点の x 座標は

(I)　$m>4$ のとき　　　$x=1$，2，3，4

(II)　$0<m<4$ のとき　$x=0$，1，2，3

(III)　$m<0$ のとき　　　$x=0$，-1，-2，-3

に限られることがわかる。これより，m の満たすべ

き条件は

(I)　$m>4$ のとき，②上の点 $(5,\ 24)$ が③より上方にあること，つまり，

$$24>m\left(5-\frac{1}{4}\right)\qquad \therefore\quad 4<m<\frac{96}{19}$$

であり，これを満たす整数 m は $m=5$ である。

(II)　$0<m<4$ のとき，②上の点 $(3,\ 8)$ が③より下方，または③上にあること，つまり，

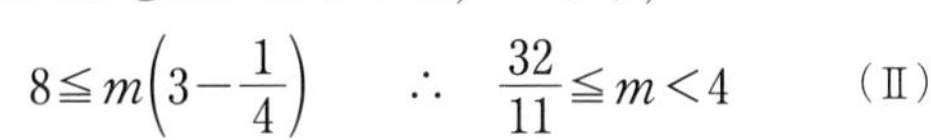

$$8\leqq m\left(3-\frac{1}{4}\right)\qquad \therefore\quad \frac{32}{11}\leqq m<4$$

であり，これを満たす整数 m は $m=3$ である。

(III)　$m<0$ のとき，②上の点 $(-3,\ 8)$ は③より下方，または③上にあって，点 $(-4,\ 15)$ は③より上方にあること，つまり，

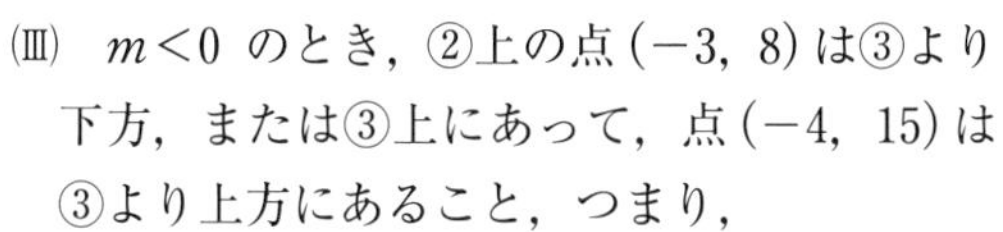

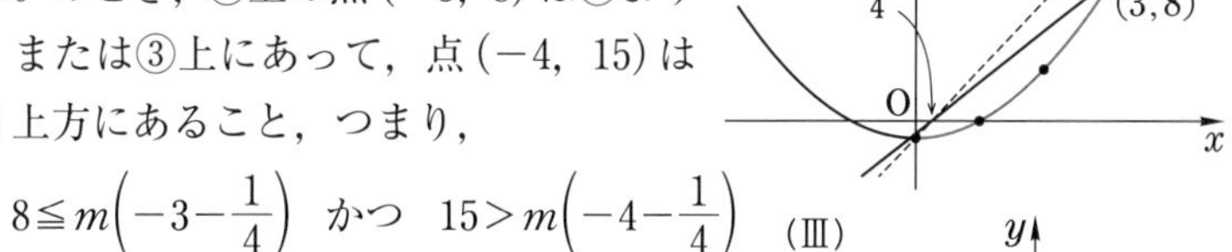

$$8\leqq m\left(-3-\frac{1}{4}\right)\ \text{かつ}\ 15>m\left(-4-\frac{1}{4}\right)$$

$$\therefore\quad -\frac{60}{17}<m\leqq-\frac{32}{13}$$

であり，これを満たす整数 m は $m=-3$ である。

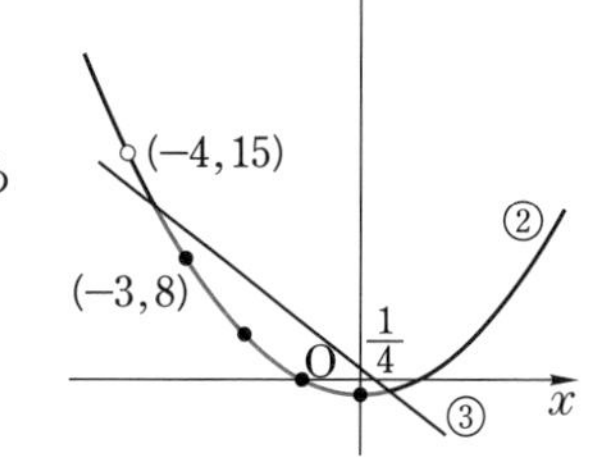

(I)，(II)，(III)より求める m の値は

$$\boldsymbol{m=5,\ 3,\ -3}$$

である。

別解

(1)　$f(x)=0$ の 2 つの解を $\alpha,\ \beta\ (\alpha\leqq\beta$ ……⑤$)$ とすると，解と係数の関係より

⬅ 1つの解が整数のとき，2つの解はいずれも実数である。

$$\alpha+\beta=m,\qquad \alpha\beta=\frac{m}{4}-1\qquad\cdots\cdots⑥$$

である。2解の和 m が整数であるから，$\alpha,\ \beta$ の一方が整数ならば，他方も整数である。

⑥の 2 式から m を消去すると

$$\alpha\beta=\frac{1}{4}(\alpha+\beta)-1$$

$\therefore\quad (4\alpha-1)(4\beta-1)=-15$

となる。⑤のもとでは

$(4\alpha-1,\ 4\beta-1)$

$=(-15,\ 1),\ (-5,\ 3),\ (-3,\ 5),\ (-1,\ 15)$

となるが，α，β が整数であることより

$(\alpha,\ \beta)=(-1,\ 1),\ (0,\ 4)$

である。したがって，$m=\alpha+\beta$ より

$m=0,\ 4$

である。

⬅ $\left(\alpha-\frac{1}{4}\right)\left(\beta-\frac{1}{4}\right)=-\frac{15}{16}$ として，両辺に16をかけた。

⬅ $(-15,\ 1)$ のとき，$(\alpha,\ \beta)=\left(-\frac{7}{2},\ \frac{1}{2}\right)$
$(-3,\ 5)$ のとき，$(\alpha,\ \beta)=\left(-\frac{1}{2},\ \frac{3}{2}\right)$

(2)　$f(x)\leqq 0$　……⑦　の解は $\alpha\leqq x\leqq\beta$　……⑧　である。

"⑧を満たす整数 x がちょうど 4 個である"　……(☆☆)

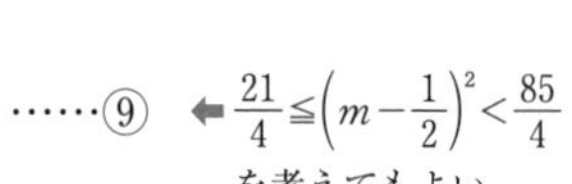

(• は整数)

とき，

$3\leqq\beta-\alpha<5$

であることが必要である。これより，

$3^2\leqq(\beta-\alpha)^2<5^2$

$\therefore\quad 9\leqq(\alpha+\beta)^2-4\alpha\beta<25$

であり，⑥を代入すると

$9\leqq m^2-m+4<25$

$\therefore\quad 5\leqq m(m-1)<21$　……⑨

⬅ $\frac{21}{4}\leqq\left(m-\frac{1}{2}\right)^2<\frac{85}{4}$ を考えてもよい。

となる。⑨を満たす整数 m は

$m=-4,\ -3,\ -2,\ 3,\ 4,\ 5$　……⑩

である。⑩の m に対して，⑦の解を調べると，(☆☆) を満たす m は

$m=-3,\ 3,\ 5$

である。

⬅ m が偶数のとき，区間⑧は $x=\frac{m}{2}$（整数）に関して対称であり，⑧を満たす整数 x は奇数個であるから，$m=-4,\ -2,\ 4$ は不適であることがわかる。

類題 2　→ 解答 p.366

p，q を整数とする。2 次方程式 $x^2+px+q=0$ が異なる 2 つの実数解 α，β $(\alpha<\beta)$ をもち，区間 $[\alpha,\ \beta]$ には，ちょうど 2 つの整数が含まれているとする。α が整数でないとき，$\beta-\alpha$ の値を求めよ。

第1章

103 2次関数 $f(x)$ の合成関数

$f(x)=x(4-x)$ とする。$0 \leqq a_1 \leqq 4$ に対して，$a_2=f(a_1)$，$a_3=f(a_2)$ と定める。

(1) $a_1 \neq a_2$，$a_1=a_3$ となるときの a_1 の値をすべて求めよ。

(2) $0 \leqq a_3 \leqq \dfrac{20}{9}$ となるような a_1 の値の範囲を求めよ。（一橋大）

精講 $a_3=f(a_2)=f(f(a_1))$ ですが，$f(f(x))$ を x の式（4次式）で表す必要はありません。(1) $a_3=a_1$ より a_1 と a_2 だけの連立方程式を解くことになります。そのとき，a_1 と a_2 に関する対称性に着目しましょう。(2) a_3 の範囲から a_2 の範囲を求め，そのあとで a_1 の範囲を定めると考えると，$y=f(x)$ のグラフを考えるだけで解決します。

解答 (1) $0 \leqq a_1 \leqq 4$ ……① であり，

$$a_2=f(a_1)=a_1(4-a_1) \quad \cdots\cdots②$$

$$a_3=f(a_2)=a_2(4-a_2) \quad \cdots\cdots③$$

である。$a_1=a_3$ のとき，③は

$$a_1=a_2(4-a_2) \quad \cdots\cdots④$$

となるので，②，④を解く。

②－④ より

$$a_2-a_1=4(a_1-a_2)-(a_1{}^2-a_2{}^2)$$

$$\therefore \quad (a_1-a_2)(a_1+a_2-5)=0$$

となる。$a_1 \neq a_2$ ……⑤ より

$$a_1+a_2=5 \quad \cdots\cdots⑥$$

となるので，$a_2=5-a_1$ を②に代入して　← 注 参照。

$$5-a_1=a_1(4-a_1)$$

$$\therefore \quad a_1{}^2-5a_1+5=0$$

となる。これより

$$\boldsymbol{a_1=\frac{5\pm\sqrt{5}}{2}} \quad \left(a_2=\frac{5\mp\sqrt{5}}{2}\ (\text{複号同順})\right)$$

であり，これは①，⑤を満たす。

(2)　$0 \leqq x \leqq 4$ における

$$y = f(x),\ つまり,\ y = x(4-x)$$

のグラフを参考にすると,

$$0 \leqq a_3 \leqq \frac{20}{9},\ つまり,\ 0 \leqq f(a_2) \leqq \frac{20}{9}$$

となる a_2 の範囲は $f(x) = \frac{20}{9}$ の解が $x = \frac{2}{3}$, $\frac{10}{3}$ であることから,

$$0 \leqq a_2 \leqq \frac{2}{3} \quad または \quad \frac{10}{3} \leqq a_2 \leqq 4 \qquad \cdots\cdots⑦$$

である。さらに, ⑦, つまり

$$0 \leqq f(a_1) \leqq \frac{2}{3} \quad または \quad \frac{10}{3} \leqq f(a_1) \leqq 4$$

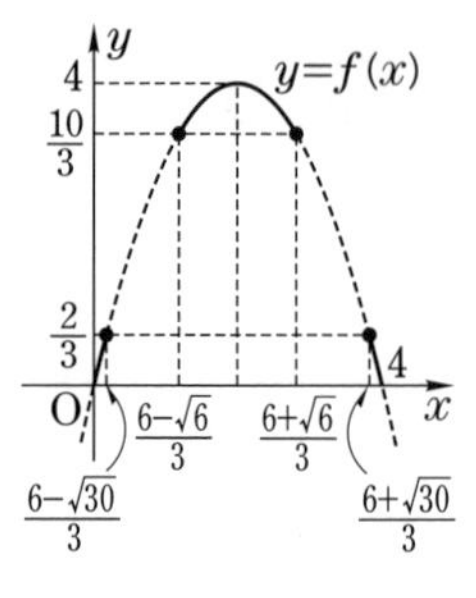

となる a_1 の範囲は, 同様に $f(x) = \frac{2}{3}$ の解が $x = \frac{6 \pm \sqrt{30}}{3}$, $f(x) = \frac{10}{3}$ の解が $x = \frac{6 \pm \sqrt{6}}{3}$ であることから,

$$\boldsymbol{0 \leqq a_1 \leqq \frac{6-\sqrt{30}}{3},\ \frac{6-\sqrt{6}}{3} \leqq a_1 \leqq \frac{6+\sqrt{6}}{3}}$$

$$\textbf{または} \quad \boldsymbol{\frac{6+\sqrt{30}}{3} \leqq a_1 \leqq 4}$$

である。

注　②, ④は, a_1, a_2 に関して対称であるから, ②−④ から⑥を導いたあと, ②+④ より

$$a_1 + a_2 = 4(a_1 + a_2) - (a_1^2 + a_2^2)$$
$$(a_1 + a_2)^2 - 2a_1a_2 - 3(a_1 + a_2) = 0$$
$$5^2 - 2a_1a_2 - 3 \cdot 5 = 0$$
$$\therefore \quad a_1a_2 = 5 \quad \cdots\cdots⑧$$

となる。⑥, ⑧より, a_1, a_2 は $x^2 - 5x + 5 = 0$ の 2 解として求まる。

類題 3　→ 解答 p.367

a を 2 以上の実数とし, $f(x) = (x+a)(x+2)$ とする。このとき $f(f(x)) > 0$ がすべての実数 x に対して成り立つような a の範囲を求めよ。

(京都大)

104　3次方程式の解の表現

$\alpha=\sqrt[3]{7+5\sqrt{2}}$，$\beta=\sqrt[3]{7-5\sqrt{2}}$ とおく。すべての自然数nに対して，$\alpha^n+\beta^n$ は自然数であることを示せ。　　（一橋大）

精講　$\alpha^n+\beta^n$ はα，βの対称式ですから，基本対称式$\alpha+\beta$，$\alpha\beta$に着目します。$\alpha\beta$の値は簡単ですが，$\alpha+\beta$の値はすぐにはわかりません。そこで，$\alpha^3+\beta^3$ の値を利用して$\alpha+\beta$の値を求めます。

次に，数学的帰納法を用いることになりますが，$n=k$，$k+1$ での成立から $n=k+2$ での成立を示すタイプです。

解答　$\alpha=\sqrt[3]{7+5\sqrt{2}}$，$\beta=\sqrt[3]{7-5\sqrt{2}}$　より

$$\alpha\beta=\sqrt[3]{7^2-(5\sqrt{2})^2}=\sqrt[3]{-1}=-1 \quad \cdots\cdots①$$

$$\alpha^3+\beta^3=7+5\sqrt{2}+7-5\sqrt{2}=14 \quad \cdots\cdots②$$

である。さらに，②を

$$(\alpha+\beta)^3-3\alpha\beta(\alpha+\beta)=14$$

と表して，①を代入すると

$$(\alpha+\beta)^3+3(\alpha+\beta)-14=0$$

となる。$\alpha+\beta=x$ とおくと

$$x^3+3x-14=0$$

$$\therefore\quad (x-2)(x^2+2x+7)=0$$

← $x^2+2x+7=(x+1)^2+6>0$

となるが，$x=\alpha+\beta$ は実数であるから，

$$x=2 \qquad \therefore\quad \alpha+\beta=2 \quad \cdots\cdots③$$

である。

①，③を用いて，$u_n=\alpha^n+\beta^n$ $(n=1,\ 2,\ \cdots)$ が自然数であることを数学的帰納法によって示す。

(I)　$u_1=\alpha+\beta=2$

$$u_2=\alpha^2+\beta^2=(\alpha+\beta)^2-2\alpha\beta=2^2-2\cdot(-1)=6$$

より，u_1，u_2 は自然数である。

← (II)ではu_k，u_{k+1}が自然数であることからu_{k+2}が自然数であることを示すことになるので，(I)においてはu_1だけではなく，u_2についても調べておく必要がある。

(II)　u_k，u_{k+1}（kは自然数）が自然数であるとすると

$$u_{k+2}=\alpha^{k+2}+\beta^{k+2}$$
$$=(\alpha+\beta)(\alpha^{k+1}+\beta^{k+1})-\alpha\beta(\alpha^k+\beta^k)$$
$$=2u_{k+1}+u_k$$

← 注 参照。

より，u_{k+2} も自然数である。

以上，(I)，(II)より，$u_n=\alpha^n+\beta^n$ $(n=1,\ 2,\ \cdots)$ は自然数である。　　　　　　　　　　　　　　（証明おわり）

注 ③，①より α，β は x についての2次方程式 $x^2-2x-1=0$ ……④ の2解であるから，

$$\alpha^2-2\alpha-1=0 \quad \cdots\cdots⑤, \qquad \beta^2-2\beta-1=0 \quad \cdots\cdots⑥$$

が成り立つ。⑤$\times\alpha^k$＋⑥$\times\beta^k$ より

$$\alpha^{k+2}+\beta^{k+2}-2(\alpha^{k+1}+\beta^{k+1})-(\alpha^k+\beta^k)=0$$

$$\therefore \quad u_{k+2}-2u_{k+1}-u_k=0 \qquad \therefore \quad u_{k+2}=2u_{k+1}+u_k$$

が成り立つとしてもよい。

研究

104 は3次方程式の一般的な解法に基づいた問題である。ここでは，その解法について説明しておこう。

3次方程式

$$x^3+ax^2+bx+c=0 \quad (a,\ b,\ c \text{は実数}) \quad \cdots\cdots㋐$$

は

$$\left(x+\frac{a}{3}\right)^3+\left(b-\frac{a^2}{3}\right)\left(x+\frac{a}{3}\right)+\frac{2}{27}a^3-\frac{1}{3}ab+c=0$$

となるので，

$$b-\frac{a^2}{3}=3p,\ \frac{2}{27}a^3-\frac{1}{3}ab+c=q$$

となる p，q をとり，$x+\dfrac{a}{3}$ を新しく x と置き換えると，

$$x^3+3px+q=0 \qquad \cdots\cdots㋑$$

となる。そこで，㋑を解くために，

$$u^3+v^3=q,\ uv=-p \qquad \cdots\cdots㋒$$

を満たす u，v を考えると，㋑は

$$x^3+u^3+v^3-3xuv=0$$

$$\therefore \quad (x+u+v)(x^2+u^2+v^2-ux-vx-uv)=0 \quad \cdots\cdots㋓$$

となる。㋓の解の1つは

$$x=-(u+v)$$

であり，残りの解は

$$x^2-(u+v)x+u^2+v^2-uv=0$$

から得られることになる。このようにして，3次方程式㋐の解が求まることがわかる。

ここで，㋒より

$$u^3+v^3=q,\ u^3v^3=-p^3$$

であるから，u^3，v^3 は X の2次方程式

$$X^2-qX-p^3=0$$

の2解であり，u，v はその3乗根で，$uv=-p$ を満たすものである。

解答 に現れる3次方程式

$$x^3+3x-14=0 \quad \cdots\cdots ㋔$$

においては，㋑で $p=1$，$q=-14$ が対応するので，

$$u^3+v^3=-14,\ u^3v^3=(-1)^3=-1$$

であり，u^3，v^3 は

$$X^2+14X-1=0$$

の2解と一致するから，

$$(u^3,\ v^3)=(-7\pm5\sqrt{2},\ -\sqrt{7}\mp5\sqrt{2}) \text{（複号同順）}$$

である。したがって，㋔の解の1つとして

$$x=-(u+v)=-(\sqrt[3]{-7-5\sqrt{2}}+\sqrt[3]{-7+5\sqrt{2}})$$
$$=\sqrt[3]{7+5\sqrt{2}}+\sqrt[3]{7-5\sqrt{2}}$$

が得られることになる。

また，㋔は

$$(x-2)(x^2+2x+7)=0$$

となるので，㋔の実数解は $x=2$ に限ることから，

$$\sqrt[3]{7+5\sqrt{2}}+\sqrt[3]{7-5\sqrt{2}}=2$$

であることがわかる。

実際，α，β は 注 の2次方程式④の2解 $x=1\pm\sqrt{2}$ と等しいことより

$$\alpha=\sqrt[3]{7+5\sqrt{2}}=1+\sqrt{2},\ \beta=\sqrt[3]{7-5\sqrt{2}}=1-\sqrt{2}$$

である。

類題4 →解答 p.368

$\alpha=\sqrt[3]{\sqrt{\dfrac{28}{27}}+1}-\sqrt[3]{\sqrt{\dfrac{28}{27}}-1}$ とする。

(1) 整数を係数とする3次方程式で，α を解にもつものがあることを示せ。

(2) α は整数であることを示せ。また，その整数を答えよ。

105 3次方程式の解と係数の関係

実数を係数とするxについての方程式 $x^3+ax^2+bx+c=0$ が異なる3つの解α, β, γをもち，それらの2乗α^2, β^2, γ^2が方程式
$x^3+bx^2+ax+c=0$ の3つの解となるとき，定数a, b, cの値および，方程式
$x^3+ax^2+bx+c=0$ の3つの解を求めよ。

精講 3次方程式 $ax^3+bx^2+cx+d=0$ の3つの解をα, β, γとするとき，

$$ax^3+bx^2+cx+d=a(x-\alpha)(x-\beta)(x-\gamma)$$

となりますから，右辺を展開して，両辺の係数を比較することによって，3次方程式の解と係数の関係：

$$\alpha+\beta+\gamma=-\frac{b}{a},\ \alpha\beta+\beta\gamma+\gamma\alpha=\frac{c}{a},\ \alpha\beta\gamma=-\frac{d}{a}$$

が導かれます。本問ではこの関係を利用することになります。

解答 2つの3次方程式

$$x^3+ax^2+bx+c=0 \quad \cdots\cdots(*)$$
$$x^3+bx^2+ax+c=0$$

の解と係数の関係から

$$\begin{cases}\alpha+\beta+\gamma=-a & \cdots\cdots① \\ \alpha\beta+\beta\gamma+\gamma\alpha=b & \cdots\cdots② \\ \alpha\beta\gamma=-c & \cdots\cdots③\end{cases} \qquad \begin{cases}\alpha^2+\beta^2+\gamma^2=-b & \cdots\cdots④ \\ \alpha^2\beta^2+\beta^2\gamma^2+\gamma^2\alpha^2=a & \cdots\cdots⑤ \\ \alpha^2\beta^2\gamma^2=-c & \cdots\cdots⑥\end{cases}$$

が成り立つ。

③を⑥に代入すると，

$$(-c)^2=-c \qquad \therefore \quad c(c+1)=0$$

となるので，$c=0$, -1 である。

(i) $c=0$ のとき

$\alpha\beta\gamma=0$ より $\gamma=0$ とすると，α, β, γが異なることより，$\alpha\beta\neq0$ ……⑦ であり，①，②は

$$\alpha+\beta=-a,\ \alpha\beta=b \qquad \cdots\cdots⑧$$

となる。④，⑤はそれぞれ

$$\alpha^2+\beta^2=-b,\ \alpha^2\beta^2=a$$
$$\therefore \quad (\alpha+\beta)^2-2\alpha\beta=-b,\ (\alpha\beta)^2=a$$

⬅①～⑥はα, β, γに関して対称であるから，$\gamma=0$ としてよい。

となり，⑧を代入すると，それぞれ

$$(-a)^2-2b=-b,\ b^2=a$$

$$\therefore\ a^2=b,\ b^2=a$$

となる。2式から b を消去すると，

$$(a^2)^2=a \quad \therefore\ a(a-1)(a^2+a+1)=0$$

⬅ $a^2+a+1=0$ を満たす実数 a はない。

となるが，a は実数であり，⑦より

$a=\alpha^2\beta^2\neq0$ であるから，$(a,\ b)=(1,\ 1)$ である。

このとき，(＊)の解は

$$x^3+x^2+x=0 \text{ より } \quad x=0,\ \frac{-1\pm\sqrt{3}i}{2}$$

⬅ $x(x^2+x+1)=0$

である。

(ii) $c=-1$ のとき

$\alpha\beta\gamma=1$ ……⑨ であるから，④，⑤を

$$\begin{cases}(\alpha+\beta+\gamma)^2-2(\alpha\beta+\beta\gamma+\gamma\alpha)=-b\\(\alpha\beta+\beta\gamma+\gamma\alpha)^2-2\alpha\beta\gamma(\alpha+\beta+\gamma)=a\end{cases}$$

⬅ $(\alpha\beta+\beta\gamma+\gamma\alpha)^2=\alpha^2\beta^2+\beta^2\gamma^2+\gamma^2\alpha^2+2\alpha\beta\cdot\beta\gamma+2\beta\gamma\cdot\gamma\alpha+2\gamma\alpha\cdot\alpha\beta$ より。

と変形して，①，②，⑨を代入すると

$$\begin{cases}(-a)^2-2b=-b\\b^2-2\cdot1\cdot(-a)=a\end{cases} \quad \therefore\ \begin{cases}b=a^2\\a=-b^2\end{cases}$$

となる。2式から，b を消去すると

$$a=-(a^2)^2 \quad \therefore\ a(a+1)(a^2-a+1)=0$$

⬅ $a^2-a+1=0$ を満たす実数 a はない。

となるが，a は実数であるから $a=0,\ -1$ であり，$(a,\ b)=(0,\ 0),\ (-1,\ 1)$ である。このとき，(＊)の解はそれぞれ

$$x^3-1=0 \text{ より } \quad x=1,\ \frac{-1\pm\sqrt{3}i}{2}$$

⬅ $(x-1)(x^2+x+1)=0$

$$x^3-x^2+x-1=0 \text{ より } \quad x=1,\ \pm i$$

⬅ $(x-1)(x^2+1)=0$

である。

以上より，

$$\begin{cases}\boldsymbol{(a,\ b,\ c)=(1,\ 1,\ 0)},\ \text{3解は } \boldsymbol{x=0,\ \frac{-1\pm\sqrt{3}i}{2}}\\\boldsymbol{(a,\ b,\ c)=(0,\ 0,\ -1)},\ \text{3解は } \boldsymbol{x=1,\ \frac{-1\pm\sqrt{3}i}{2}}\\\boldsymbol{(a,\ b,\ c)=(-1,\ 1,\ -1)},\ \text{3解は } \boldsymbol{x=1,\ \pm i}\end{cases}$$

である。

106 解の3乗も解である3次方程式の決定

実数を係数とする3次式 $f(x)=x^3+ax^2+bx+c$ に対し，次の条件を考える。

(A) 方程式 $f(x)=0$ の解であるすべての複素数αに対し，α^3 もまた $f(x)=0$ の解である。

(B) 方程式 $f(x)=0$ は虚数解を少なくとも1つもつ。

この2つの条件(A)，(B)を同時に満たす3次式をすべて求めよ。 (京都大)

精講 ここでは，次のことを思い出しましょう。

"実数係数のn次方程式 $a_nx^n+a_{n-1}x^{n-1}+\cdots+a_1x+a_0=0$ (a_n, a_{n-1}, $\cdots$, a_1, a_0 は実数，$a_n\neq 0$) が虚数解αをもつとき，αと共役な複素数$\overline{\alpha}$も解である。"

解答 条件(A)，(B)のもとで，3次方程式

$f(x)=x^3+ax^2+bx+c=0$ ……①

← a, b, c は実数である。

の虚数解の1つをαとおくと，共役な複素数$\overline{\alpha}$も解である。残りの解をγとおくと，解と係数の関係から，

$$\alpha+\overline{\alpha}+\gamma=-a \qquad \therefore \quad \gamma=-a-(\alpha+\overline{\alpha})$$

← $\alpha+\overline{\alpha}$ は実数である。

であり，γは実数である。したがって，γ^3 は実数であり，条件(A)より，①の解であるから，

$$\gamma^3=\gamma \qquad \therefore \quad \gamma(\gamma-1)(\gamma+1)=0$$

← ①の実数解はγに限るので。

より，$\gamma=0$, 1, または -1 である。

(A)より，α^3 も①の解 α, $\overline{\alpha}$, γ のいずれかであるが，$\alpha^3\neq\alpha$ であるから，$\alpha^3=\overline{\alpha}$ または $\alpha^3=\gamma$ である。

← $\alpha^3=\alpha$ ならば，$\alpha=0$, ± 1 となり，αが虚数であることに反する。

(i) $\gamma=0$ のとき

αは虚数で，$\alpha^3\neq\gamma=0$ であるから，$\alpha^3=\overline{\alpha}$ …②

である。$\alpha=p+qi$ (p, q は実数，$q\neq 0$) とおき，②に代入すると，

$$(p+qi)^3=p-qi$$

$$\therefore \quad p(p^2-3q^2-1)+q(3p^2-q^2+1)i=0$$

より

$p(p^2-3q^2-1)=0$ …③，$q(3p^2-q^2+1)=0$ …④

となる。$q\neq 0$ であるから，④より

$$q^2=3p^2+1$$

であり，③に代入して整理すると

$$p(2p^2+1)=0$$

となる。p は実数であるから，$p=0$ であり，$q^2=1$ より，$q=\pm1$ である。つまり，

$$\alpha=\pm i,\ \overline{\alpha}=\mp i\ (\text{複号同順})$$

であり，$(\overline{\alpha})^3=\alpha$ も成り立つ。よって，

$$f(x)=x(x-\alpha)(x-\overline{\alpha})=x(x-i)(x+i)$$
$$=x(x^2+1)=x^3+x$$

である。

⬅ $\alpha^3=\overline{\alpha}$，$(\overline{\alpha})^3=\alpha$ より条件(A)が満たされる。

(ii) $\gamma=1$ のとき

$\alpha^3=\overline{\alpha}$ ならば，(i)と同様に，α，$\overline{\alpha}$ は $\pm i$ である。よって，

$$f(x)=(x-1)(x-i)(x+i)=x^3-x^2+x-1$$

である。

⬅ $(x-i)(x+i)=x^2+1$

$\alpha^3=\gamma=1$ ならば，虚数 α が $(\alpha-1)(\alpha^2+\alpha+1)=0$ を満たすことから，α，$\overline{\alpha}$ は $x^2+x+1=0$ の2つの解である。よって，

$$f(x)=(x-1)(x^2+x+1)=x^3-1$$

である。

⬅ α が $x^3=1$ の虚数解であるから，$\overline{\alpha}$ も解であり，$(\overline{\alpha})^3=1$ である。

(iii) $\gamma=-1$ のとき

$\alpha^3=\overline{\alpha}$ ならば，(i)と同様に，α，$\overline{\alpha}$ は $\pm i$ である。よって，

$$f(x)=(x+1)(x-i)(x+i)=x^3+x^2+x+1$$

である。

$\alpha^3=\gamma=-1$ ならば，虚数 α が $(\alpha+1)(\alpha^2-\alpha+1)=0$ を満たすことから，α，$\overline{\alpha}$ は $x^2-x+1=0$ の2つの解である。よって，

$$f(x)=(x+1)(x^2-x+1)=x^3+1$$

である。

⬅ (ii)と同様に考えると，$(\overline{\alpha})^3=-1$ である。

以上より，条件を満たす $f(x)$ は

$$f(x)=\boldsymbol{x^3+x},\ \boldsymbol{x^3-1},\ \boldsymbol{x^3+1},$$
$$\boldsymbol{x^3-x^2+x-1},\ \boldsymbol{x^3+x^2+x+1}$$

の5つである。

107 1次関数の区間における最大・最小

区間 $1 \leqq x \leqq 3$ において関数 $f(x)$ を $f(x)=\begin{cases} 1 & (1 \leqq x \leqq 2) \\ x-1 & (2 \leqq x \leqq 3) \end{cases}$ によって定義する。いま実数 a に対して，区間 $1 \leqq x \leqq 3$ における関数 $f(x)-ax$ の最大値から最小値を引いた値を $V(a)$ とおく。

a がすべての実数にわたって動くとき，$V(a)$ の最小値と最小値を与える a の値を求めよ。 (東京大*)

精講 1次関数 $h(x)=ax+b$ ($a=0$ の場合も含める。以下も同様。) の区間 $x_1 \leqq x \leqq x_2$ における最大値を M，最小値を m とすると，右のグラフから，

(i) $a \geqq 0$ のとき

$$M=h(x_2),\quad m=h(x_1)$$

(ii) $a<0$ のとき

$$M=h(x_1),\quad m=h(x_2)$$

であることがわかります。いずれの場合にも，最大値，最小値は区間の端点 $x=x_1$，x_2 における $h(x)$ の値であることを覚えておきましょう。

(i)
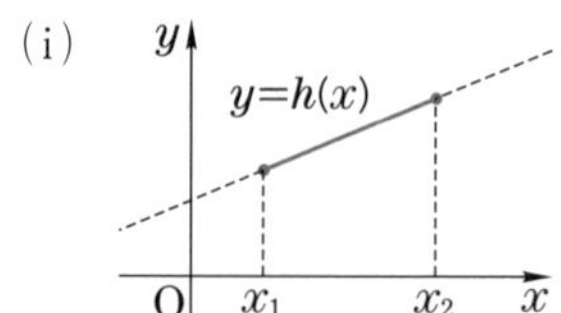

(ii)
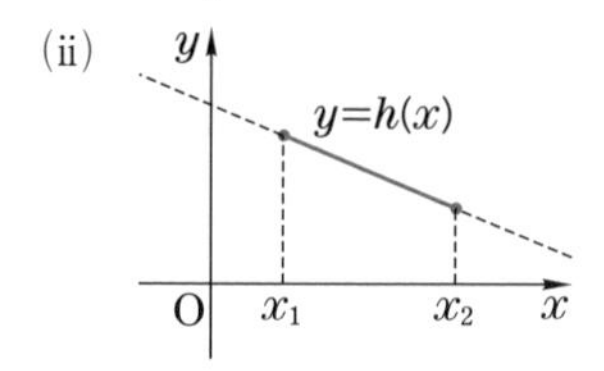

本問では，$f(x)-ax$ は区間 $1 \leqq x \leqq 2$，$2 \leqq x \leqq 3$ において，それぞれ1次式で表されるので，上の事実を利用することになります。

解答 $g(x)=f(x)-ax$ とおくと，

$$g(x)=\begin{cases} 1-ax=-ax+1 & (1 \leqq x \leqq 2) \\ x-1-ax=(1-a)x-1 & (2 \leqq x \leqq 3) \end{cases}$$

である。$g(x)$ は区間

$1 \leqq x \leqq 2$ ……① $2 \leqq x \leqq 3$ ……②

それぞれでは，1次式で表されるから，$g(x)$ の

①における最大値，最小値は $g(1)$ または $g(2)$

であり，

②における最大値，最小値は $g(2)$ または $g(3)$

である。

したがって，①，②を合わせた区間

$$1 \leqq x \leqq 3$$

における最大値M，最小値mはそれぞれ

$$g(1)=1-a,\ g(2)=1-2a,\ g(3)=2-3a$$

の最大値，最小値と一致するから，

グラフより

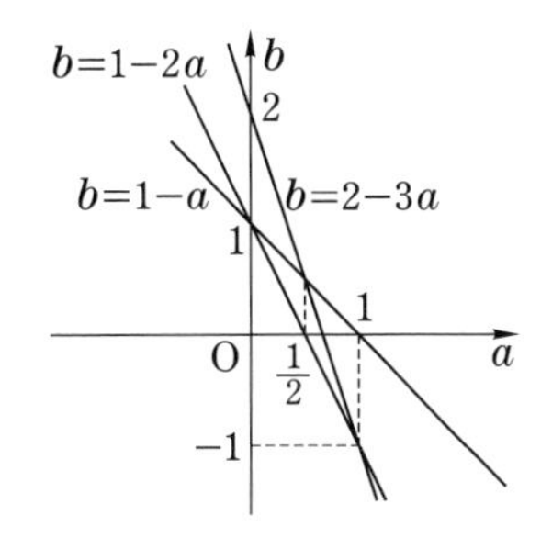

$a \leqq 0$ のとき

$M=2-3a,\ m=1-a$

$\therefore\ V(a)=M-m=1-2a$

$0 \leqq a \leqq \frac{1}{2}$ のとき

$M=2-3a,\ m=1-2a$

$\therefore\ V(a)=1-a$

$\frac{1}{2} \leqq a \leqq 1$ のとき

$M=1-a,\ m=1-2a$

$\therefore\ V(a)=a$

$a \geqq 1$ のとき

$M=1-a,\ m=2-3a$

$\therefore\ V(a)=2a-1$

である。

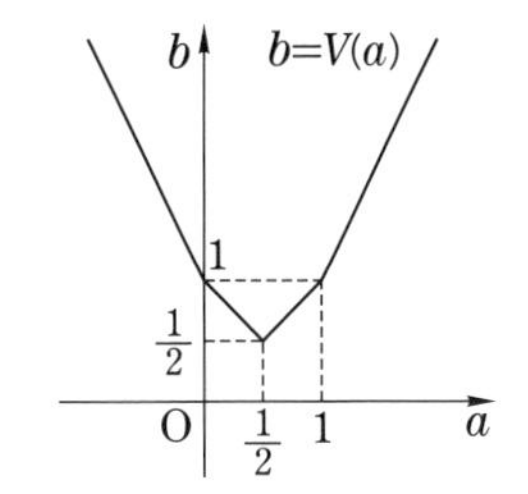

以上より，$b=V(a)$ のグラフは右のようになるから，$V(a)$ は

$\boldsymbol{a=\frac{1}{2}}$ **のとき，最小値** $\boldsymbol{\frac{1}{2}}$

をとる。

類題 5 → 解答 p.368

xy 平面内の領域 $-1 \leqq x \leqq 1,\ -1 \leqq y \leqq 1$ において

$$1-ax-by-axy$$

の最小値が正となるような定数a，bを座標とする点$(a,\ b)$の範囲を図示せよ。

（東京大）

108 2次関数の区間における最大・最小

t の関数 $f(t)$ を $f(t)=2+2\sqrt{2}at+b(2t^2-1)$ とおく。区間 $-1\leqq t\leqq 1$ のすべての t に対して $f(t)\geqq 0$ であるような a, b を座標とする点 $(a,\ b)$ の存在する範囲を図示せよ。　（東京大*）

精講　$u=f(t)$ のグラフを考えましょう。$b>0$ のときにはグラフは下に凸な放物線ですから，軸と区間 $-1\leqq t\leqq 1$ の位置関係によって場合分けをすることになります。一方，$b\leqq 0$ のときにはグラフは上に凸な放物線か直線になりますから，次の事実を利用できます。

一般に，$y=g(x)$ のグラフが区間 $I：a\leqq x\leqq b$ において，上に凸（あるいは線分）であるとき，

$$I \text{ において } g(x)\geqq 0 \iff \text{“}g(a)\geqq 0 \text{ かつ } g(b)\geqq 0\text{”}$$

が成り立つ。また，I において下に凸（あるいは線分）であるとき，

$$I \text{ において } g(x)\leqq 0 \iff \text{“}g(a)\leqq 0 \text{ かつ } g(b)\leqq 0\text{”}$$

が成り立つ。

解答

$$f(t)=2+2\sqrt{2}at+b(2t^2-1)$$
$$=2bt^2+2\sqrt{2}at+2-b$$

において，

“$-1\leqq t\leqq 1$ のすべての t に対して $f(t)\geqq 0$ である”……(＊)

ための a, b の条件を tu 平面における $u=f(t)$ ……①

のグラフを利用して求める。

(i)　$b\leqq 0$ のとき

$b<0$ のとき，①は上に凸な放物線であり，$b=0$ のときは直線であるから，

$$(＊) \iff f(-1)\geqq 0 \text{ かつ } f(1)\geqq 0$$

$$\therefore\ b\geqq 2\sqrt{2}a-2 \text{ かつ } b\geqq -2\sqrt{2}a-2$$

である。

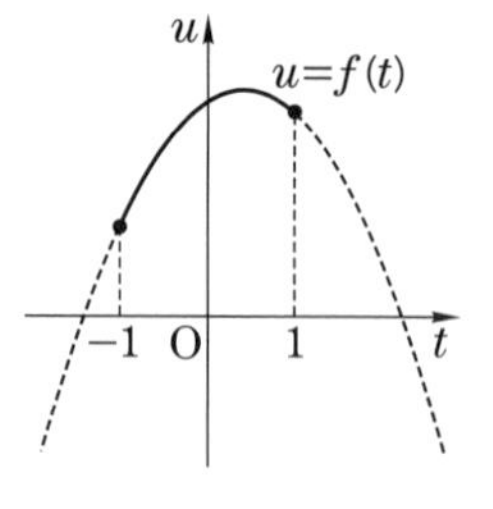

(ii)　$b>0$ のとき

$$f(t)=2b\left(t+\frac{\sqrt{2}a}{2b}\right)^2-\frac{a^2}{b}+2-b$$

であり，①は下に凸な放物線で，軸は $t=-\dfrac{\sqrt{2}\,a}{2b}$

である。したがって

・$-\dfrac{\sqrt{2}\,a}{2b} \leqq -1$　つまり　$b \leqq \dfrac{\sqrt{2}}{2}a$ のとき

$(*) \iff f(-1) \geqq 0 \qquad \therefore\ \ b \geqq 2\sqrt{2}\,a-2$

・$-1 \leqq -\dfrac{\sqrt{2}\,a}{2b} \leqq 1$　つまり

$b \geqq -\dfrac{\sqrt{2}}{2}a$ かつ $b \geqq \dfrac{\sqrt{2}}{2}a$ のとき

$(*) \iff f\left(-\dfrac{\sqrt{2}\,a}{2b}\right) \geqq 0$

$\therefore\ \ -\dfrac{a^2}{b}+2-b \geqq 0$

$\therefore\ \ a^2+(b-1)^2 \leqq 1$

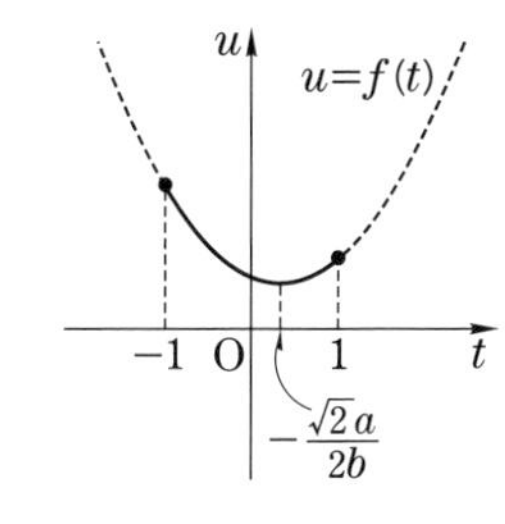

・$-\dfrac{\sqrt{2}\,a}{2b} \geqq 1$　つまり　$b \leqq -\dfrac{\sqrt{2}}{2}a$ のとき

$(*) \iff f(1) \geqq 0 \qquad \therefore\ \ b \geqq -2\sqrt{2}\,a-2$

である。

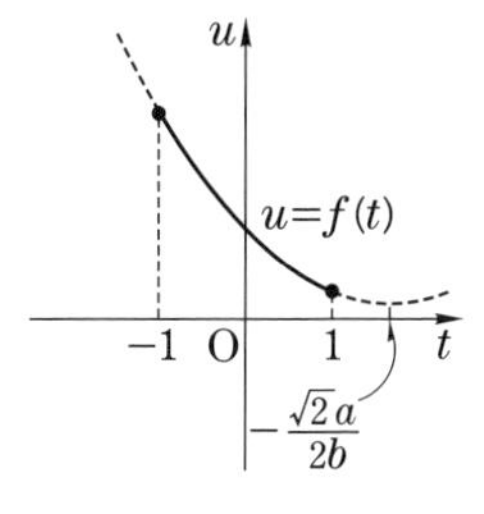

(i)，(ii)より，$(*)$ のための条件は

$b \leqq 0$ のとき

$b \geqq 2\sqrt{2}\,a-2$ かつ $b \geqq -2\sqrt{2}\,a-2$,

$b>0$ のとき

“$b \leqq \dfrac{\sqrt{2}}{2}a$ かつ $b \geqq 2\sqrt{2}\,a-2$”,

または “$b \geqq -\dfrac{\sqrt{2}}{2}a$ かつ $b \geqq \dfrac{\sqrt{2}}{2}a$

かつ $a^2+(b-1)^2 \leqq 1$”

または “$b \leqq -\dfrac{\sqrt{2}}{2}a$ かつ $b \geqq -2\sqrt{2}\,a-2$”

であるから，点 $(a,\ b)$ の存在する範囲は右図の斜線部分（境界を含む）である。

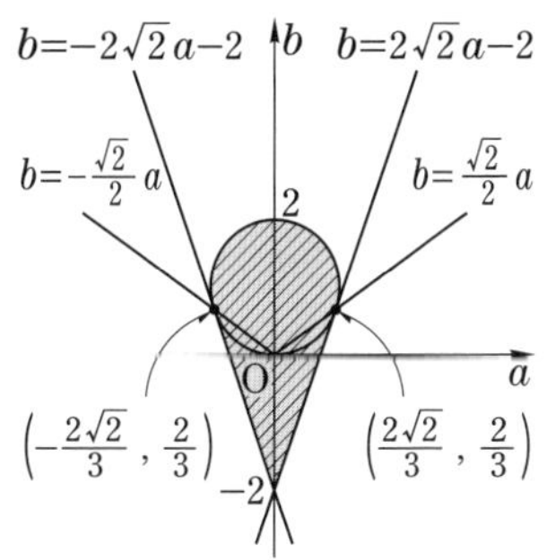

注 直線 $b=\pm 2\sqrt{2}\,a-2$ は円 $a^2+(b-1)^2=1$ とそれぞれ点 $\left(\pm\dfrac{2\sqrt{2}}{3},\ \dfrac{2}{3}\right)$（複号同順）で接している。

☆

109 2次関数の定義域と値域の関係

区間 $[a,\ b]$ が関数 $f(x)$ に関して不変であるとは，

$a \leqq x \leqq b$ ならば，$a \leqq f(x) \leqq b$

が成り立つこととする。$f(x)=4x(1-x)$ とするとき，次の問いに答えよ。

(1) 区間 $[0,\ 1]$ は関数 $f(x)$ に関して不変であることを示せ。

(2) $0<a<b<1$ とする。このとき，区間 $[a,\ b]$ は関数 $f(x)$ に関して不変ではないことを示せ。　(九州大)

精講　(2) $0<a<b<1$ のもとでは，$f\left(\dfrac{1}{2}\right)=1 \notin [a,\ b]$ となりますから，$[a,\ b]$ が $f(x)$ に関して不変であるときには，$\dfrac{1}{2}$ は $[a,\ b]$ に含まれないことがわかります。これを利用して，議論を進めましょう。

解答　(1) $f(x)=4x(1-x)=-4\left(x-\dfrac{1}{2}\right)^2+1$

のグラフ(右図)から，$0 \leqq x \leqq 1$ において，$0 \leqq f(x) \leqq 1$ であり，区間 $[0,\ 1]$ は $f(x)$ に関して不変である。　(証明おわり)

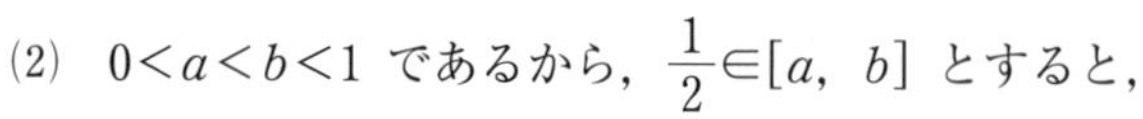

(2) $0<a<b<1$ であるから，$\dfrac{1}{2} \in [a,\ b]$ とすると，

$f\left(\dfrac{1}{2}\right)=1 \notin [a,\ b]$ となるので区間 $[a,\ b]$ は不変ではない。したがって，$\dfrac{1}{2} \notin [a,\ b]$ の場合，つまり，

$$0<a<b<\frac{1}{2} \quad \cdots\cdots ①,\quad \frac{1}{2}<a<b<1 \quad \cdots\cdots ②$$

それぞれの場合を調べると十分である。

①のとき，右のグラフより

$b<f(b)$，したがって，$f(b) \notin [a,\ b]$

であるから，$[a,\ b]$ は不変ではない。

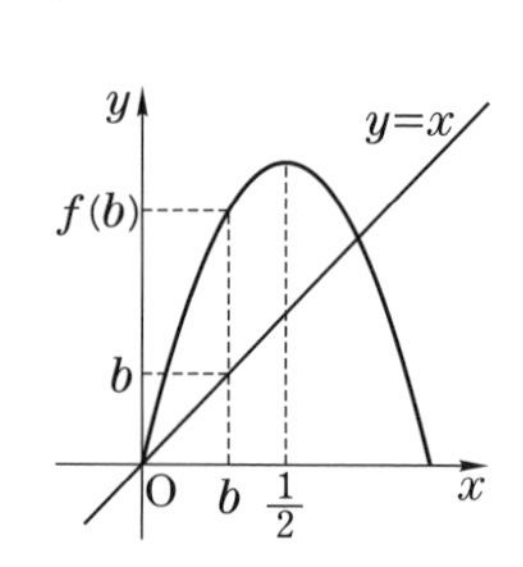

②のとき，$y=f(x)$ は区間 $[a,\ b]$ では減少であり，$f(b) \leqq f(x) \leqq f(a)$ であるから，不変であるためには

$a \leqq f(b)$ かつ $f(a) \leqq b$

$\therefore$ $a \leqq 4b(1-b)$ …③ かつ $4a(1-a) \leqq b$ …④

でなければならない。

③は $b=\dfrac{1}{2}$ を軸とする放物線 $a=4b(1-b)$ の左方を表すから，③かつ④を満たす領域は右図の青の部分であり，②の表す領域(斜線部分)と共有点をもたないので，この場合も区間 $[a,\ b]$ は不変ではない。 (証明おわり)

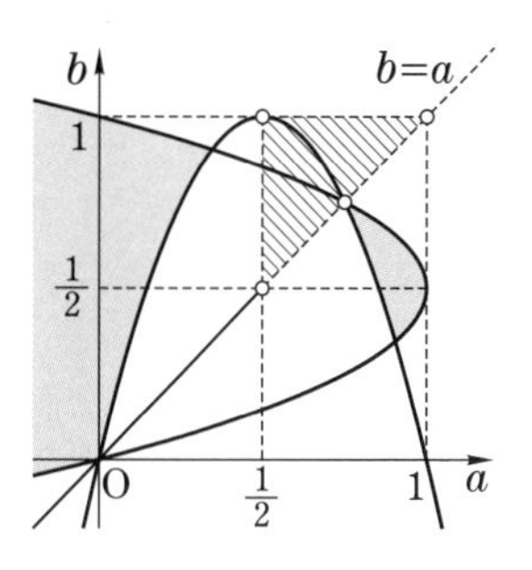

参考

(2)では，$[a,\ b]$ が不変となるためには，

"$f(a),\ f(b) \in [a,\ b]$ より $a \leqq f(a),\ f(b) \leqq b$"

でなければならない。このことから，以下のような証明も考えられる。

別解

区間 $[a,\ b]$ が不変であるとき，

$a \leqq f(a)$ かつ $f(b) \leqq b$

$\therefore$ $a(4a-3) \leqq 0$ かつ $b(4b-3) \geqq 0$

であるから，$0<a<b<1$ と合わせると

$$0<a \leqq \frac{3}{4} \quad \text{かつ} \quad \frac{3}{4} \leqq b<1 \qquad \cdots\cdots ⑤$$

である。また，$\dfrac{1}{2} \in [a,\ b]$ とすると，

$f\left(\dfrac{1}{2}\right)=1 \notin [a,\ b]$ となるので，$\dfrac{1}{2} \notin [a,\ b]$ である。

したがって，⑤と合わせると

$$\frac{1}{2}<a \leqq \frac{3}{4} \leqq b<1 \qquad \cdots\cdots ⑥$$

でなければならないが，このとき，

$$\left|\frac{f(b)-f(a)}{b-a}\right|=4(b+a-1)>4\left(\frac{3}{4}+\frac{1}{2}-1\right)=1$$

⬅ ⑥のもとでは，$a \leqq x \leqq b$ における平均変化率の絶対値が1より大きいだろうと予想して計算している。

$\therefore$ $f(a)-f(b)>b-a=([a,\ b]$ の区間の幅$)$

となり，$f(a),\ f(b)$ の少なくとも一方は，$[a,\ b]$ に含まれない。したがって，$[a,\ b]$ は不変ではない。

(証明おわり)

110 2次関数 $f(x,\ y)$ の範囲つきの最大・最小

$x,\ y$ の関数 $f(x,\ y)=8x^2-8xy+5y^2+24x-10y+18$ がある。

(1) $x,\ y$ が実数であるとき，$f(x,\ y)$ の最小値を求めよ。

(2) $x\geqq 0,\ y\geqq 0$ のとき，$f(x,\ y)$ の最小値を求めよ。

(3) $x,\ y$ が整数であるとき，$f(x,\ y)$ の最小値を求めよ。

精講 2変数の最大最小問題の解法の1つは，「まず一方を固定して他方の変数だけの関数として最小値，最大値を求めて，次に固定しておいた変数を変化させる」ことです。

本問でも，まず y を固定して，$f(x,\ y)$ を x の2次関数と考えて平方完成します。

解答 (1) $f(x,\ y)$

$=8x^2-8(y-3)x+5y^2-10y+18$

$=8\left(x-\dfrac{y-3}{2}\right)^2+3y^2+2y$

$=8\left(x-\dfrac{y-3}{2}\right)^2+3\left(y+\dfrac{1}{3}\right)^2-\dfrac{1}{3}$ …①

となるから，$f(x,\ y)$ は

$$x-\frac{y-3}{2}=0,\ y+\frac{1}{3}=0$$

$$\therefore\quad x=-\frac{5}{3},\ y=-\frac{1}{3}$$

のとき，最小値 $\boldsymbol{-\dfrac{1}{3}}$ をとる。

⇐ まず，y を固定して（定数と考えて），x の関数と考えると，$x=\dfrac{y-3}{2}$ のとき最小値 $3y^2+2y$ をとる。次に，y を変化させると，$y=-\dfrac{1}{3}$ のとき最小値 $-\dfrac{1}{3}$ をとる。

(2) $y(\geqq 0)$ を固定して，x だけを $x\geqq 0$ の範囲で変化させたときの $f(x,\ y)$ の最小値を $m(y)$ とおく。

①より，

(i) $\dfrac{y-3}{2}<0$，つまり，$0\leqq y<3$ のとき

$m(y)=f(0,\ y)$

$=5y^2-10y+18$

$=5(y-1)^2+13$

⇐ x の2次関数①を最小にする $x=\dfrac{y-3}{2}$ が $x\geqq 0$ の範囲に
(i) 含まれない場合
(ii) 含まれる場合
に分けて調べる。

(ii) $\dfrac{y-3}{2} \geqq 0$，つまり，$y \geqq 3$ のとき

$$m(y)=f\left(\frac{y-3}{2},\ y\right)$$
$$=3\left(y+\frac{1}{3}\right)^2-\frac{1}{3}$$

である。

次に，y を(i)，(ii)それぞれの範囲で変化させたときの $m(y)$ の最小値は

(i)のとき　$m(1)=13$

(ii)のとき　$m(3)=33$

であるから，求める最小値は**13**である。

⬅ $x=0$，$y=1$ のときである。

(3) 整数 y を固定して，整数 x を変化させたときの $f(x,\ y)$ の最小値を $M(y)$ とおく。①において，$\dfrac{y-3}{2}$ が整数であるかどうかで場合分けをして調べる。

(iii) $\dfrac{y-3}{2}$ が整数である，つまり，y が奇数のとき

$$M(y)=f\left(\frac{y-3}{2},\ y\right)=3\left(y+\frac{1}{3}\right)^2-\frac{1}{3}$$

となるから，$M(y)$ は $y=-1$ のとき最小値 1 をとる。

⬅ $-\dfrac{1}{3}$ に最も近い奇数 y は $y=-1$ であり，対応する x は $x=-2$ となる。

(iv) $\dfrac{y-3}{2}$ が整数でない，つまり，y が偶数のとき

$$M(y)=f\left(\frac{y-3}{2}\pm\frac{1}{2},\ y\right)$$
$$=8\left(\pm\frac{1}{2}\right)^2+3\left(y+\frac{1}{3}\right)^2-\frac{1}{3}$$
$$=3\left(y+\frac{1}{3}\right)^2+\frac{5}{3}$$

⬅ $\dfrac{y-3}{2}=(\text{整数})+\dfrac{1}{2}$ に最も近い整数は $\dfrac{y-3}{2}\pm\dfrac{1}{2}$ である。

となるから，$M(y)$ は $y=0$ のとき最小値 2 をとる。

⬅ $-\dfrac{1}{3}$ に最も近い偶数 y は $y=0$ であり，対応する x は $x=-1$，-2 となる。

以上より，求める最小値は**1**である。

111 2次関数 $f(x,\ y)$ がつねに0以上である条件

定数 a を 0 でない実数とする。座標平面上の点 $(x,\ y)$ に対して定義された関数 $f(x,\ y)=ax^2+2(1-a)xy+4ay^2$ を考える。すべての点 $(x,\ y)$ に対して，不等式 $f(x,\ y)\geqq 0$ が成立するための必要十分条件を求めよ。（慶應大*）

精講　2つの変数 x，y に関する問題の処理法の1つに，まず x，y のいずれか一方を固定して考える方法があります。本問でも，まず y を固定すると，$f(x,\ y)$ は x の2次関数となります。そこで，次のことを思い出しましょう。

> a，b，c を実数の定数とするとき，
> 　すべての実数 x に対して $ax^2+bx+c\geqq 0$ である
> $\Longleftrightarrow$ “$a>0$ かつ $b^2-4ac\leqq 0$” または “$a=b=0$ かつ $c\geqq 0$”

解答　“すべての実数 x, y に対して $f(x,\ y)\geqq 0$ である”……(＊) ための条件を求める。

← $f(x,\ y)\geqq 0$ は $y=0$ のとき $ax^2\geqq 0$ となる。
また，$y\neq 0$ のとき，両辺を y^2 で割ると
$a\left(\dfrac{x}{y}\right)^2+2(1-a)\cdot\dfrac{x}{y}+4a\geqq 0$
となる。これを利用して a の条件を求めてもよい。

まず，y を固定して考えると，$a\neq 0$ より

$$f(x,\ y)=ax^2+2(1-a)yx+4ay^2$$

は x の2次関数である。

すべての実数 x に対して $f(x,\ y)\geqq 0$ であるための条件は，

$$\begin{cases}(x^2\text{ の係数})=a>0\\ \dfrac{1}{4}(\text{判別式})=\{(1-a)y\}^2-4a^2y^2\leqq 0\end{cases}$$

$$\therefore\quad a>0\quad\text{かつ}\quad (3a^2+2a-1)y^2\geqq 0\qquad\cdots\cdots①$$

が成り立つことである。

したがって，(＊) が成り立つための必要十分条件は，①がすべての実数 y に対して成り立つことであるから，

$$a>0\quad\text{かつ}\quad 3a^2+2a-1\geqq 0$$

← $3a^2+2a-1=(a+1)(3a-1)$

$$\therefore\quad \boldsymbol{a\geqq\dfrac{1}{3}}$$

である。

第1章

112 正の数 x, y に関してつねに成り立つ不等式

すべての正の実数 x, y に対し $\sqrt{x}+\sqrt{y} \leqq k\sqrt{2x+y}$ が成り立つような実数 k の最小値を求めよ。 (東京大)

精講 この問題の処理においては，両辺が x, y の式として“同次”であること，すなわち，両辺を $\sqrt{x}$ あるいは $\sqrt{y}$ で割ることによって1変数の問題に帰着できることに気がつかないと面倒なことになります。

さらに，両辺を2乗して根号を取り除いて問題を簡単化して考えます。

解答 $x>0$, $y>0$ であるから，

$$\sqrt{x}+\sqrt{y} \leqq k\sqrt{2x+y} \quad \cdots\cdots ①$$

は，両辺を $\sqrt{x}$ で割った不等式

$$1+\sqrt{\frac{y}{x}} \leqq k\sqrt{2+\frac{y}{x}} \quad \cdots\cdots ①'$$

と同値である。ここで，$t=\sqrt{\frac{y}{x}}$ とおくと

$$1+t \leqq k\sqrt{2+t^2} \quad \cdots\cdots ②$$

となるので，$t>0$ ……③ において，②が成り立つための k の範囲を調べる。まず，

$$k>0 \quad \cdots\cdots ④$$

← ③のもとで，②の左辺は正であるから。

でなければならない。このとき，②は

$$(1+t)^2 \leqq (k\sqrt{2+t^2})^2$$

$$\therefore \quad (k^2-1)t^2-2t+2k^2-1 \geqq 0 \quad \cdots\cdots ⑤$$

と同値であるから，⑤の左辺を $f(t)$ とおくとき，

← $f(t)=(k^2-1)t^2-2t+2k^2-1$

“③において，$f(t) \geqq 0$ である” ……(＊)

ような k の条件を調べる。

(t^2 の係数)$=k^2-1=0$ つまり，$k=1$ のとき

$$f(t)=-2t+1$$

となるので，(＊)は成り立たない。したがって，

$$k^2-1>0$$

$$\therefore \quad k>1 \quad \cdots\cdots ⑥$$

← 注 参照。

でなければならない。このとき，

$$f(t)=(k^2-1)\left(t-\frac{1}{k^2-1}\right)^2-\frac{1}{k^2-1}+2k^2-1$$

は③においては，$t=\dfrac{1}{k^2-1}$ のとき最小となるから，

(＊) の条件は

$$k>1 \quad \text{かつ} \quad f\left(\frac{1}{k^2-1}\right)=-\frac{1}{k^2-1}+2k^2-1\geqq 0$$

⬅分母を払うと
$-1+(2k^2-1)(k^2-1)\geqq 0$

$$\therefore \quad k>1 \quad \text{かつ} \quad k^2(2k^2-3)\geqq 0$$

$$\therefore \quad k\geqq\sqrt{\frac{3}{2}}$$

である。

したがって，求める最小値は $\boldsymbol{k=\sqrt{\dfrac{3}{2}}}$ である。

注 $k>1$ ……⑥ のもとで，放物線 $u=f(t)$ の軸は $t>0$ ……③ の範囲にあるので，(＊) が成り立つ条件は，

$$\frac{1}{4}(\text{判別式})=1-(k^2-1)(2k^2-1)\leqq 0$$

$$\therefore \quad k^2(2k^2-3)\geqq 0$$

であると考えてもよい。

参考

1° 〈解答〉で④を導いたあと，いわゆる，“パラメタの分離”を思い出すと，次のように処理できる。

[④以下の〈別解〉]

③，④のもとでは，②は

$$\frac{1+t}{\sqrt{2+t^2}}\leqq k$$

$$\therefore \quad \frac{(1+t)^2}{2+t^2}\leqq k^2 \qquad \cdots\cdots ⑦$$

と同値であるから，k^2 が⑦の左辺 $F=\dfrac{(1+t)^2}{2+t^2}$ の最大値以上であるとよい。

⬅分数関数の微分を知っているときには，$t>0$ における F の増減を調べて，F の最大値を求めるとよい。

F の最大値を求めるために，$t+1=s$ と置き換えると，③より

$$s>1 \qquad \cdots\cdots ⑧$$

であり，

$$F=\frac{s^2}{2+(s-1)^2}=\frac{s^2}{s^2-2s+3}$$
$$=\frac{1}{1-\frac{2}{s}+\frac{3}{s^2}}=\frac{1}{3\left(\frac{1}{s}-\frac{1}{3}\right)^2+\frac{2}{3}}$$

← このままでは分子，分母がともに変化するので，一方だけが変化するように工夫した。代わりに $\frac{1}{F}$ を考えてもよい。

となる。これより，分母は

$$\frac{1}{s}-\frac{1}{3}=0 \qquad \therefore \quad s=3$$

のとき最小となり，Fは最大値 $\frac{3}{2}$ をとる。

したがって，k についての条件は

$$\frac{3}{2}\leqq k^2 \qquad \therefore \quad k\geqq\sqrt{\frac{3}{2}}$$

であり，求める k の最小値は $\sqrt{\frac{3}{2}}$ である。

2° 解答 で③を導いたあと $\sqrt{2+t^2}$ の根号をはずすことを考えると次のような変数変換が有効であるが，少し特殊すぎる解法である。

[③以下の 別解]

③より

$$t=\sqrt{2}\tan\theta \quad \left(0<\theta<\frac{\pi}{2} \quad \cdots\cdots⑨\right)$$

とおくと，②は

$$1+\sqrt{2}\tan\theta\leqq k\sqrt{2(1+\tan^2\theta)}$$

← $\sqrt{2(1+\tan^2\theta)}=\frac{\sqrt{2}}{\cos\theta}$

$$\therefore \quad \cos\theta+\sqrt{2}\sin\theta\leqq\sqrt{2}k$$

より

$$\sqrt{3}\sin(\theta+\alpha)\leqq\sqrt{2}k \qquad \cdots\cdots⑩$$

となる。ここで，α は $\sin\alpha=\frac{1}{\sqrt{3}}$，$\cos\alpha=\frac{\sqrt{2}}{\sqrt{3}}$

を満たす鋭角である。したがって，⑨において⑩が成り立つ条件は

← $\sin(\theta+\alpha)$ は $\theta=\frac{\pi}{2}-\alpha$ のとき，最大値1をとる。

$$\sqrt{3}\leqq\sqrt{2}k \qquad \therefore \quad \sqrt{\frac{3}{2}}\leqq k$$

であるから，求める最小値は $k=\sqrt{\frac{3}{2}}$ である。

113 相加平均・相乗平均の不等式

Pはx軸上の点でx座標が正であり，Qはy軸上の点でy座標が正である。直線PQは原点Oを中心とする半径1の円に接している。また，a，bは正の定数とする。P，Qを動かすとき，$a\mathrm{OP}^2+b\mathrm{OQ}^2$の最小値を$a$，$b$で表せ。

（一橋大）

精講 変数のとり方はいくつかありますが，結局は相加平均・相乗平均の不等式に帰着するはずです。

相加平均・相乗平均の不等式

正の数a，bに対して，$\dfrac{a+b}{2}\geqq\sqrt{ab}$ が成り立つ。

等号は $a=b$ のときに限って成り立つ。

以下に示されるように，多くの場合

$$a+b\geqq2\sqrt{ab}$$

の形で応用されます。

解答 直線PQの方程式を，正の実数m，nを用いて $y=-mx+n$ ……① と表すとき，PQが原点Oを中心とする半径1の円に接することから，

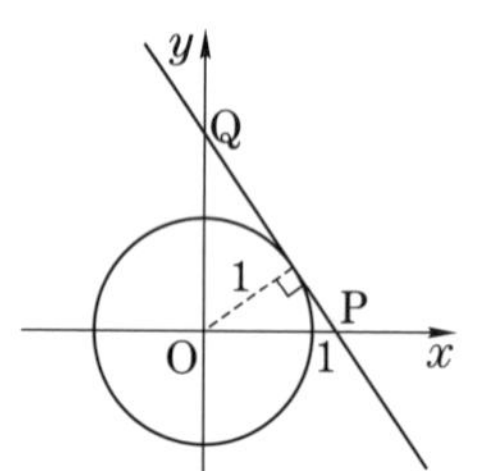

(原点Oから①までの距離)=(円の半径)

$$\frac{n}{\sqrt{1+m^2}}=1 \qquad \therefore\quad n^2=1+m^2 \qquad \cdots\cdots②$$

である。また，$\mathrm{P}\left(\dfrac{n}{m},\ 0\right)$，$\mathrm{Q}(0,\ n)$であるから，

$$a\mathrm{OP}^2+b\mathrm{OQ}^2=a\left(\frac{n}{m}\right)^2+bn^2$$

$$=a\cdot\frac{1+m^2}{m^2}+b(1+m^2)=\frac{a}{m^2}+bm^2+a+b$$ ⬅②を代入した。

$$\geqq2\sqrt{\frac{a}{m^2}\cdot bm^2}+a+b \qquad \cdots\cdots③$$ ⬅(相加平均)≧(相乗平均)より。

$$=2\sqrt{ab}+a+b=(\sqrt{a}+\sqrt{b})^2$$

が成り立ち，さらに，③の等号は，

$$\frac{a}{m^2}=bm^2 \text{ つまり } m=\sqrt[4]{\frac{a}{b}}$$

のとき成り立つ。これより，$a\mathrm{OP}^2+b\mathrm{OQ}^2$ の最小値は $(\sqrt{\boldsymbol{a}}+\sqrt{\boldsymbol{b}})^2$ である。

← 等号が成立することを必ず確認しなければならない。

参考

単位円の接線の公式を利用して，次のように解くこともできる。

別解

PQ が単位円：$x^2+y^2=1$ と点 $(\cos\theta,\ \sin\theta)$ $\left(0<\theta<\frac{\pi}{2}\right)$ で接しているとすると，

$$\mathrm{PQ}:\ x\cos\theta+y\sin\theta=1$$

である。これより，

$$\mathrm{P}\left(\frac{1}{\cos\theta},\ 0\right),\ \mathrm{Q}\left(0,\ \frac{1}{\sin\theta}\right)$$

← 円 $x^2+y^2=r^2$ $(r>0)$ 上の点 $(x_1,\ y_1)$ における接線の方程式は
$x_1x+y_1y=r^2$
である。

であり，

$$\begin{aligned}
&a\mathrm{OP}^2+b\mathrm{OQ}^2\\
&=\frac{a}{\cos^2\theta}+\frac{b}{\sin^2\theta}\\
&=a(1+\tan^2\theta)+b\left(1+\frac{1}{\tan^2\theta}\right)\\
&=a+b+a\tan^2\theta+\frac{b}{\tan^2\theta}\\
&\geqq a+b+2\sqrt{a\tan^2\theta\cdot\frac{b}{\tan^2\theta}}\\
&=(\sqrt{a}+\sqrt{b})^2
\end{aligned}$$

← $\cos^2\theta+\sin^2\theta=1$ に $\frac{1}{\cos^2\theta}$，$\frac{1}{\sin^2\theta}$ をかけた式を用いた。

← (相加平均)≧(相乗平均)より。

である。不等号における等号は

$$a\tan^2\theta=\frac{b}{\tan^2\theta} \text{ つまり } \tan\theta=\sqrt[4]{\frac{b}{a}}$$

のとき成り立つので，求める最小値は $(\sqrt{a}+\sqrt{b})^2$ である。

第1章

114 剰余の定理

等式 $f(x)$ を $(x+1)^2$ で割ったときの余りは $2x+3$ であり，$(x-1)^2$ で割ったときの余りは $6x-5$ である。

(1) $f(x)$ を $(x+1)^2(x-1)$ で割った余りを求めよ。

(2) $f(x)$ が3次式であるとき，$f(x)$ を求めよ。

精講 $f(x)$ を $(x+1)^2$ で割った式

$$f(x)=(x+1)^2A(x)+2x+3$$

を利用して，$f(x)$ を $(x+1)^2(x-1)$ で割った余りを求めることになります。そこで

剰余の定理

整式 $P(x)$ を1次式 $x-\alpha$ で割ったときの余りは $P(\alpha)$ である。

また，$P(x)$ を1次式 $ax+b$ で割ったときの余りは $P\left(-\dfrac{b}{a}\right)$ である。

を適用して，$A(x)$ を $x-1$ で割った式を考えることになります。

解答 (1) $f(x)$ を $(x+1)^2$，$(x-1)^2$ で割ったときの商をそれぞれ $A(x)$，$B(x)$ とすると

$$f(x)=(x+1)^2A(x)+2x+3 \quad \cdots\cdots①$$

$$f(x)=(x-1)^2B(x)+6x-5 \quad \cdots\cdots②$$

となる。①，②で $x=1$ とおいた式より

⬅①より $f(1)=4A(1)+5$
②より $f(1)=1$

$$4A(1)+5=1$$

$$\therefore \quad A(1)=-1$$

であるから，$A(x)$ を $x-1$ で割った商を $P(x)$ とすると，

$$A(x)=(x-1)P(x)-1$$

である。①に代入すると，

$$f(x)=(x+1)^2\{(x-1)P(x)-1\}+2x+3$$

$$=(x+1)^2(x-1)P(x)-x^2+2 \quad \cdots\cdots③$$

となるので，求める余りは $\boldsymbol{-x^2+2}$ である。

(2) ①，②それぞれで $x=-1$ とおいた式より

$$1=4B(-1)-11$$

$$\therefore\quad B(-1)=3$$

であるから，$B(x)$ を $x+1$ で割ったときの商を $Q(x)$ とすると，

$$B(x)=(x+1)Q(x)+3$$

である。②に代入すると

$$f(x)=(x-1)^2\{(x+1)Q(x)+3\}+6x-5$$
$$=(x-1)^2(x+1)Q(x)+3x^2-2 \quad \cdots\cdots ④$$

となる。

←①より $f(-1)=1$
②より
$f(-1)=4B(-1)-11$

$f(x)$ が 3 次式のとき，③，④において $P(x)$，$Q(x)$ は 0 以外の定数であり，それらは $f(x)$ の x^3 の係数であるから互いに等しい。したがって，$P(x)=Q(x)=a$（定数）とすると，③，④より

$$f(x)=a(x+1)^2(x-1)-x^2+2$$
$$=a(x^3+x^2-x-1)-x^2+2 \quad \cdots\cdots ⑤$$
$$f(x)=a(x-1)^2(x+1)+3x^2-2$$
$$=a(x^3-x^2-x+1)+3x^2-2 \quad \cdots\cdots ⑥$$

となる。⑤，⑥が一致することから，定数項に着目すると，

$$-a+2=a-2 \qquad \therefore\quad a=2$$

である。このとき，⑤，⑥は一致して

$$\boldsymbol{f(x)=2x^3+x^2-2x}$$

である。

類題 6 → 解答 p.369

n を自然数とし，多項式 $P(x)$ を $P(x)=(x+1)(x+2)^n$ と定める。

(1) $P(x)$ を $x-1$ で割ったときの余りを求めよ。

(2) $(x+2)^n$ を x^2 で割ったときの余りを求めよ。

(3) $P(x)$ を x^2 で割ったときの余りを求めよ。

(4) $P(x)$ を $x^2(x-1)$ で割ったときの余りを求めよ。 （神戸大）

115 二項係数と二項定理

n を自然数とする。

(1) $\displaystyle\sum_{k=1}^{n} k\,{}_n\mathrm{C}_k$ を求めよ。

☆ (2) $\displaystyle\sum_{k=0}^{n-1} \frac{{}_{2n}\mathrm{C}_{2k+1}}{2k+2}$ を求めよ。 (横浜市大*)

精講 まず，二項定理

$$(a+b)^n=\sum_{k=0}^{n} {}_n\mathrm{C}_k a^{n-k}b^k \quad \cdots\cdots(*)$$

の証明の1つを復習しておきましょう。

$$(a+b)^n=(a+b)(a+b)\cdots(a+b)$$

と考えて，右辺を a，b の積の順序を入れ換えずに展開すると，a，b の重複を許した n 個の順列とみなせる項(たとえば，$\underbrace{aba\cdots a}_{n\text{個}}$) がちょうど 2^n 個現れる。

これらの中で，積の順序を入れ換えると $a^{n-k}b^k$ となるものは，$(n-k)$ 個の a と k 個の b を含む順列に対応する項であり，順列において b の現れる位置を考えると，${}_n\mathrm{C}_k$ 個ある。したがって，$(a+b)^n$ の展開式における $a^{n-k}b^k$ の係数は ${}_n\mathrm{C}_k$ であり，$(*)$ が成り立つ。

$(*)$ で，特に，$a=b=1$，$a=1$ かつ $b=-1$ とおくと，それぞれ

$$2^n=\sum_{k=0}^{n} {}_n\mathrm{C}_k, \qquad 0=\sum_{k=0}^{n} {}_n\mathrm{C}_k(-1)^k \quad \cdots\cdots(**)$$

が得られます。(1)，(2)のいずれにおいても，$(**)$ の利用を考えましょう。

解答 (1) $k=1,\ 2,\ \cdots,\ n$ のとき，

⬅ 参考 のような解法も考えられる。

$$k\,{}_n\mathrm{C}_k=k\cdot\frac{n!}{k!(n-k)!}$$

$$=n\cdot\frac{(n-1)!}{(k-1)!(n-k)!}$$

$$=n\,{}_{n-1}\mathrm{C}_{k-1}$$

⬅ $\dfrac{(n-1)!}{(k-1)!(n-k)!}=\dfrac{(n-1)!}{(k-1)!\{(n-1)-(k-1)\}!}$

であるから，

$$\sum_{k=1}^{n} k\,{}_n\mathrm{C}_k=n\sum_{k=1}^{n} {}_{n-1}\mathrm{C}_{k-1}$$

⬅ ここで，$k-1=j$ と置き換える。

$$=n\sum_{j=0}^{n-1}{}_{n-1}\mathrm{C}_j=\boldsymbol{n\cdot 2^{n-1}} \quad \cdots\cdots①$$

← 精講 (**) 左式で n の代わりに $n-1$ とおくと $\sum_{k=0}^{n-1}{}_{n-1}\mathrm{C}_k=\sum_{j=0}^{n-1}{}_{n-1}\mathrm{C}_j=2^{n-1}$ である。

である。

(2) $k=0,\ 1,\ 2,\ \cdots,\ n-1$ のとき,

$$\frac{{}_{2n}\mathrm{C}_{2k+1}}{2k+2}=\frac{1}{2k+2}\cdot\frac{(2n)!}{(2k+1)!(2n-2k-1)!}$$

$$=\frac{1}{2n+1}\cdot\frac{(2n+1)!}{(2k+2)!(2n-2k-1)!}$$

$$=\frac{1}{2n+1}{}_{2n+1}\mathrm{C}_{2k+2}$$

← $\dfrac{(2n+1)!}{(2k+2)!(2n-2k-1)!}=\dfrac{(2n+1)!}{(2k+2)!\{(2n+1)-(2k+2)\}!}$

であるから,

$$\sum_{k=0}^{n-1}\frac{{}_{2n}\mathrm{C}_{2k+1}}{2k+2}=\frac{1}{2n+1}\sum_{k=0}^{n-1}{}_{2n+1}\mathrm{C}_{2k+2} \quad \cdots\cdots②$$

である。そこで,

$$S=\sum_{k=0}^{n-1}{}_{2n+1}\mathrm{C}_{2k+2}={}_{2n+1}\mathrm{C}_2+{}_{2n+1}\mathrm{C}_4+\cdots+{}_{2n+1}\mathrm{C}_{2n}$$

とおく。

二項定理より

$$(x+1)^{2n+1}=\sum_{k=0}^{2n+1}{}_{2n+1}\mathrm{C}_k x^{2n+1-k} \quad \cdots\cdots③$$

$$(x-1)^{2n+1}=\sum_{k=0}^{2n+1}{}_{2n+1}\mathrm{C}_k x^{2n+1-k}(-1)^k \quad \cdots\cdots④$$

← $\sum_{k=0}^{2n+1}{}_{2n+1}\mathrm{C}_k x^{2n+1-k}\cdot 1^k=\sum_{k=0}^{2n+1}{}_{2n+1}\mathrm{C}_k x^{2n+1-k}$

である。③, ④で $x=1$ とおいて, 辺々を加えると, 右辺の k が奇数である項は打ち消し合うので,

← ③の左辺は 2^{2n+1}, ④の左辺は0となる。

$$2^{2n+1}=2({}_{2n+1}\mathrm{C}_0+{}_{2n+1}\mathrm{C}_2+{}_{2n+1}\mathrm{C}_4+\cdots+{}_{2n+1}\mathrm{C}_{2n})$$

$$\therefore\quad 2^{2n+1}=2(1+S)\quad \text{よって,}\quad S=2^{2n}-1=4^n-1$$

← ${}_{2n+1}\mathrm{C}_0=1$

となる。②に戻って,

$$\sum_{k=0}^{n-1}\frac{{}_{2n}\mathrm{C}_{2k+1}}{2k+2}=\frac{1}{2n+1}\cdot S=\boldsymbol{\frac{4^n-1}{2n+1}}$$

である。

参考

$$(x+1)^n={}_n\mathrm{C}_n x^n+{}_n\mathrm{C}_{n-1}x^{n-1}+\cdots+{}_n\mathrm{C}_1 x+{}_n\mathrm{C}_0$$

の両辺を x で微分した式

$$n(x+1)^{n-1}=n{}_n\mathrm{C}_n x^{n-1}+(n-1){}_n\mathrm{C}_{n-1}x^{n-2}+\cdots+{}_n\mathrm{C}_1$$

で $x=1$ とおいて, ①を導くこともできる。

201 円に内接する四角形と正弦定理

四角形 ABCD は半径 1 の円に内接し，対角線 AC，BD の長さはともに $\sqrt{3}$ で，A は短い方の弧 $\overset{\frown}{\mathrm{BD}}$ 上にあり，B は短い方の弧 $\overset{\frown}{\mathrm{AC}}$ 上にあるものとするとき，四角形の 4 辺の長さの和 AB＋BC＋CD＋DA を L とする。

(1) $\angle\mathrm{ABD}=\theta$ とするとき，L を θ を用いて表せ。

(2) L の最大値を求めよ。また，L が最大となるとき，四角形 ABCD の面積 S を求めよ。

(弘前大*)

精講 円に内接する四角形の問題ですが，対角線 (AC，BD) によって分割されたあとのいずれの三角形においても，既知の辺の長さは 1 辺 (AC，BD) だけですから，正弦定理を利用することになります。

解答 (1) △ABD において，正弦定理より

$$\frac{\mathrm{BD}}{\sin\angle\mathrm{BAD}}=2\cdot1$$

$$\therefore\quad \sin\angle\mathrm{BAD}=\frac{1}{2}\mathrm{BD}=\frac{\sqrt{3}}{2}$$

であり，長い方の弧 $\overset{\frown}{\mathrm{BD}}$ の円周角であるから，

$$\angle\mathrm{BAD}=120^\circ$$

である。また，弧 $\overset{\frown}{\mathrm{BAD}}$＝弧 $\overset{\frown}{\mathrm{ABC}}$ であるから，

⬅ AC＝BD より。

$$\overset{\frown}{\mathrm{DA}}=\overset{\frown}{\mathrm{BC}}，つまり\ \mathrm{DA}=\mathrm{BC} \quad\cdots\cdots①$$

⬅ $\overset{\frown}{\mathrm{BAD}}$，$\overset{\frown}{\mathrm{ABC}}$ から $\overset{\frown}{\mathrm{AB}}$ を除いただけ。

であり，

$$\angle\mathrm{BAC}=\angle\mathrm{ABD}=\theta$$

である。以上より，

$$\angle\mathrm{ADB}=60^\circ-\theta,\ \angle\mathrm{CAD}=120^\circ-\theta$$

であるから，△ABD，△ACD において

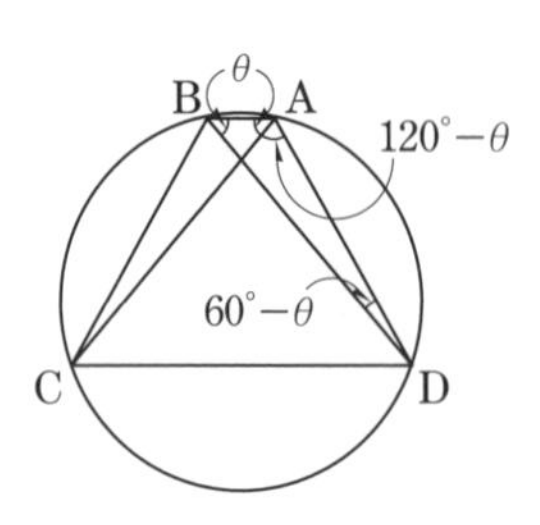

$$\frac{\mathrm{DA}}{\sin\theta}=\frac{\mathrm{AB}}{\sin(60^\circ-\theta)}=2,\quad \frac{\mathrm{CD}}{\sin(120^\circ-\theta)}=2$$

である。①と合わせると

$$\mathrm{DA}=\mathrm{BC}=2\sin\theta$$

$$\mathrm{AB}=2\sin(60^\circ-\theta)=\sqrt{3}\cos\theta-\sin\theta$$

$$\mathrm{CD}=2\sin(120^\circ-\theta)=\sqrt{3}\cos\theta+\sin\theta$$

となるので，

$$L=2\cdot 2\sin\theta+(\sqrt{3}\cos\theta-\sin\theta)+(\sqrt{3}\cos\theta+\sin\theta)$$
$$=\mathbf{4\sin\theta+2\sqrt{3}\cos\theta} \quad \cdots\cdots②$$

である。

(2)　②より

$$L=2\sqrt{7}\sin(\theta+\alpha)$$

と表される。α は $\cos\alpha=\dfrac{2}{\sqrt{7}}$，$\sin\alpha=\dfrac{\sqrt{3}}{\sqrt{7}}$ を満たす鋭角で，$\alpha>30°$ である。$\overset{\frown}{\mathrm{AD}}$ の長さは 0 から $\overset{\frown}{\mathrm{BD}}$ の長さまで変わるから，その円周角 θ の変域は

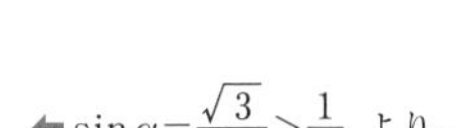

$$0°<\theta<60°$$

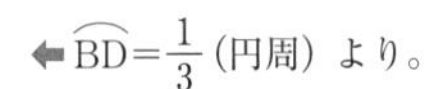

である。したがって，L は $\theta+\alpha=90°$，つまり $\theta=90°-\alpha$ のとき，**最大値 $2\sqrt{7}$** をとる。

⬅$30°<\alpha<90°$ より
$0°<90°-\alpha<60°$
である。

　AC と BD の交点を E とおくと，△ABE の頂点 E における外角として，$\angle\mathrm{AED}=2\theta$ となるから，

$$S=\frac{1}{2}\cdot\mathrm{AC}\cdot\mathrm{BD}\cdot\sin 2\theta=\frac{3}{2}\sin 2\theta \quad \cdots\cdots③$$

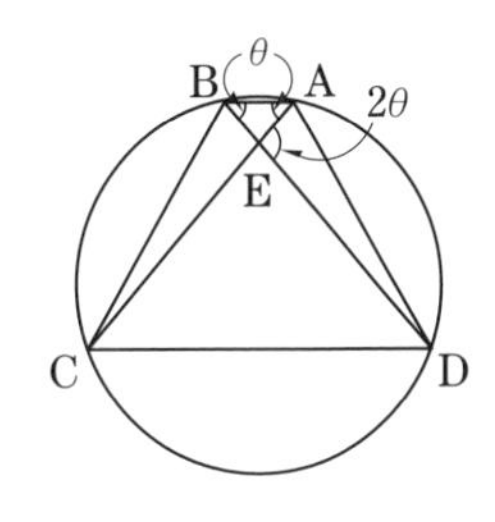

であり，L が最大となる $\theta=90°-\alpha$ のとき

$$S=\frac{3}{2}\sin(180°-2\alpha)=3\sin\alpha\cos\alpha$$
$$=3\cdot\frac{\sqrt{3}}{\sqrt{7}}\cdot\frac{2}{\sqrt{7}}=\mathbf{\frac{6\sqrt{3}}{7}}$$

である。

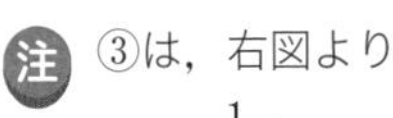

③は，右図より

$$S=\frac{1}{2}(\text{平行四辺形 FGHI})$$
$$=\frac{1}{2}\cdot\mathrm{FG}\cdot\mathrm{GH}\cdot\sin 2\theta=\frac{1}{2}\cdot\mathrm{AC}\cdot\mathrm{BD}\cdot\sin 2\theta$$

と導かれる。

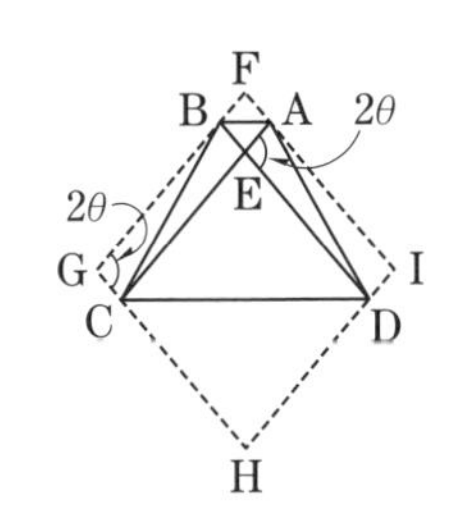

参考

(2)では，$\theta=90°-\alpha$ のとき，四角形 ABCD が

$$\mathrm{AB}=\frac{1}{\sqrt{7}},\ \mathrm{BC}=\mathrm{DA}=\frac{4}{\sqrt{7}},\ \mathrm{CD}=\frac{5}{\sqrt{7}}$$

の等脚台形であることを利用して S を求めることもできる。

202 正弦定理の応用 $a:b:c=\sin A:\sin B:\sin C$

α, β が $\alpha>0°$, $\beta>0°$, $\alpha+\beta<180°$ かつ $\sin^2\alpha+\sin^2\beta=\sin^2(\alpha+\beta)$ を満たすとき，$\sin\alpha+\sin\beta$ の取りうる範囲を求めよ。 (京都大)

精講 $\alpha>0°$, $\beta>0°$, $\alpha+\beta<180°$ より，α, β はある三角形の 2 つの内角と考えることができます。このとき，残りの角は $180°-(\alpha+\beta)$ ですから，与えられた等式は 3 つの内角の正弦 (sin) に関する関係式です。

正弦定理から「三角形において，3 辺の長さの比は対角の正弦の比に等しい」ことを思い出しましょう。

解答 $\alpha>0°$, $\beta>0°$, $\alpha+\beta<180°$ ……①

より，3 つの内角が

α, β, $180°-(\alpha+\beta)$

である三角形を考える。そこで，△ABC において，

$\angle A=\alpha$, $\angle B=\beta$, $\angle C=180°-(\alpha+\beta)$

$BC=a$, $CA=b$, $AB=c$

とし，△ABC の外接円の半径を R とする。

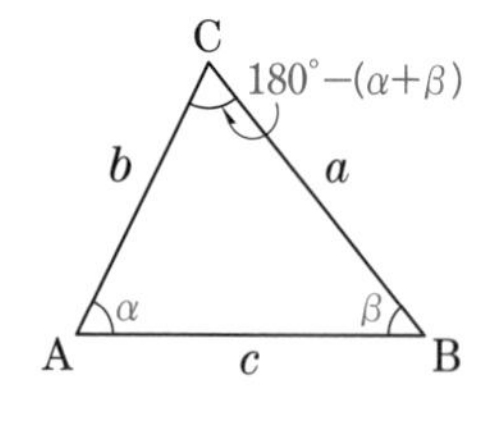

正弦定理より

$$\frac{a}{2R}=\sin\alpha,\quad \frac{b}{2R}=\sin\beta,$$

$$\frac{c}{2R}=\sin\{180°-(\alpha+\beta)\}=\sin(\alpha+\beta)$$

であるから，

$$\sin^2\alpha+\sin^2\beta=\sin^2(\alpha+\beta)$$

は

$$\left(\frac{a}{2R}\right)^2+\left(\frac{b}{2R}\right)^2=\left(\frac{c}{2R}\right)^2$$

$$\therefore\quad a^2+b^2=c^2$$

となるので，△ABC は $\angle C=90°$ の直角三角形である。したがって，

← △ABC の 3 辺の長さがこの関係式を満たすとき，三平方の定理の逆より，△ABC は直角三角形である。

$$180°-(\alpha+\beta)=90°$$

$$\therefore\quad \alpha+\beta=90° \quad\cdots\cdots②$$

であるから，

$$\sin\alpha+\sin\beta=\sin\alpha+\sin(90°-\alpha)$$
$$=\sin\alpha+\cos\alpha$$
$$=\sqrt{2}\sin(\alpha+45°)$$

となる。①，②より，αの範囲は

$$0°<\alpha<90°$$

であるから，求める範囲は

$$\mathbf{1<\sin\alpha+\sin\beta\leqq\sqrt{2}}$$

である。

⬅ $\beta=90°-\alpha$ より
$\alpha>0°$，$90°-\alpha>0°$
$\therefore\quad 0°<\alpha<90°$

参考

加法定理を利用して以下のように解くこともできる。

別解

$$\sin^2\alpha+\sin^2\beta=\sin^2(\alpha+\beta)$$

は

$$\sin^2\alpha+\sin^2\beta=(\sin\alpha\cos\beta+\cos\alpha\sin\beta)^2$$

$$\therefore\quad \sin^2\alpha+\sin^2\beta$$
$$=\sin^2\alpha\cos^2\beta+2\sin\alpha\cos\beta\cos\alpha\sin\beta+\cos^2\alpha\sin^2\beta$$

⬅ この式で右辺の第1項，第3項を左辺に移項する。

$$\therefore\quad \sin^2\alpha(1-\cos^2\beta)+\sin^2\beta(1-\cos^2\alpha)=2\sin\alpha\cos\beta\cos\alpha\sin\beta$$

$$\therefore\quad 2\sin^2\alpha\sin^2\beta=2\sin\alpha\sin\beta\cos\alpha\cos\beta \quad \cdots\cdots③$$

となる。ここで，

$$\alpha>0°,\ \beta>0°,\ \alpha+\beta<180° \quad \cdots\cdots①$$

より

$$0°<\alpha<180°,\ 0°<\beta<180°$$

であり，$\sin\alpha\sin\beta\neq0$ であるから，③の両辺を$2\sin\alpha\sin\beta$で割って，移項すると

$$\cos\alpha\cos\beta-\sin\alpha\sin\beta=0$$

$$\therefore\quad \cos(\alpha+\beta)=0$$

となる。したがって，①より

$$\alpha+\beta=90°$$

である。(以下は **解答** と同じである。)

⬅ $0°<\alpha+\beta<180°$ かつ
$\cos(\alpha+\beta)=0$ より
$\alpha+\beta=90°$

203 三角形の面積を２等分する線分の長さ

3辺の長さが1，1，a である三角形の面積を，周上の2点を結ぶ線分で2等分する。それらの線分の長さの最小値を a を用いて表せ。（東京工大）

精講 三角形の面積公式，余弦定理を用いて計算すると，2つの正の変数の積が一定のもとで，それらの和が最小となる場合を調べることになります。相加平均・相乗平均の不等式の出番ですが，最小値となるためには，不等号(≧)における等号が成り立つことが必要です。そのチェックを忘れてはいけません。

解答 AB=AC=1，BC=a の △ABC を考えると，三角形の成立条件より

⬅ $|1-1|<a<1+1$ $\therefore\ 0<a<2$

$0<a<2$ ……① である。二等辺三角形 ABC の面積を2等分する線分の両端 P，Q の位置による場合分け(i)，(ii)を考えて，それぞれの場合の PQ^2 の最小値を m_1，m_2 とする。

⬅ P，Q が AC，BC 上にあるときは(ii)と同じ。

(i) P，Q が AB，AC 上にあるとき，

AP=x，AQ=y とおくと

$$0<x\leqq 1,\ 0<y\leqq 1 \quad \cdots\cdots②$$

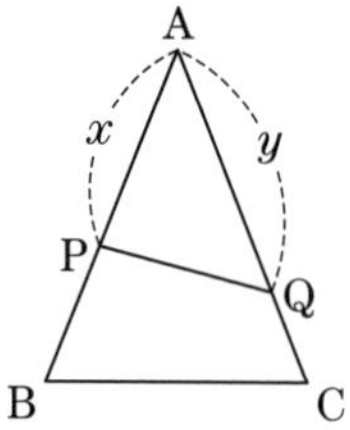

であり，$\triangle APQ=\dfrac{1}{2}\triangle ABC$ より

$$\frac{1}{2}xy\sin A=\frac{1}{2}\cdot\frac{1}{2}\cdot 1\cdot 1\cdot\sin A$$

$$\therefore\ xy=\frac{1}{2} \quad \cdots\cdots③$$

である。$\cos A=\dfrac{1^2+1^2-a^2}{2\cdot 1\cdot 1}=\dfrac{2-a^2}{2}$

⬅ 余弦定理より。

であるから

$$PQ^2=x^2+y^2-2xy\cos A=x^2+y^2-\frac{2-a^2}{2}$$

$$\geqq 2\sqrt{x^2y^2}-\frac{2-a^2}{2} \quad \cdots\cdots④$$

⬅ (相加平均)≧(相乗平均)

$$=2\cdot\frac{1}{2}-\frac{2-a^2}{2}=\frac{a^2}{2}$$

⬅ $\sqrt{x^2y^2}=xy=\dfrac{1}{2}$

となる。④の等号は③かつ $x^2=y^2$ のとき，つまり，

$x=y=\dfrac{1}{\sqrt{2}}$ のとき成り立つので，$m_1=\dfrac{a^2}{2}$ である。

⇐ $x=y=\dfrac{1}{\sqrt{2}}$ は②を満たす。

(ii) P，Q が AB，BC 上にあるとき，

BP$=u$，BQ$=v$ とおくと，

$$0<u\leqq 1,\ 0<v\leqq a \quad \cdots\cdots ⑤$$

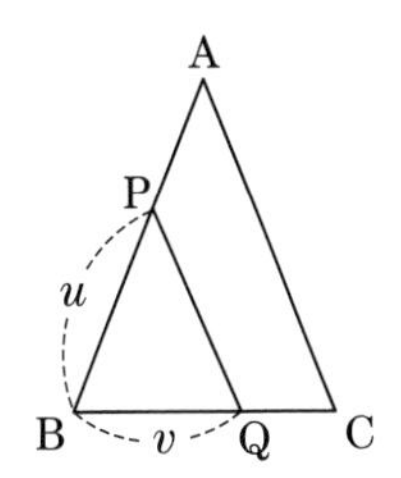

であり，$\triangle BPQ=\dfrac{1}{2}\triangle ABC$ より，

$$uv=\frac{a}{2} \quad \cdots\cdots ⑥$$

である。$\cos B=\dfrac{a}{2}$ であるから，

$$PQ^2=u^2+v^2-2uv\cos B=u^2+v^2-\frac{a^2}{2}$$

$$\geqq 2\sqrt{u^2v^2}-\frac{a^2}{2}=a-\frac{a^2}{2}$$

⇐ AB=AC より $\cos B=\dfrac{\frac{1}{2}BC}{AB}=\dfrac{a}{2}$

⇐ (相加平均)≧(相乗平均)

となる。不等式の等号成立は $u=v=\sqrt{\dfrac{a}{2}}$ ……⑦

⇐ ⑥かつ $u^2=v^2$ より。

のときであり，⑦の u，v が⑤を満たすのは

$\dfrac{1}{2}\leqq a<2$ のときに限るから，

⇐ ①かつ $\sqrt{\dfrac{a}{2}}\leqq 1$，$\sqrt{\dfrac{a}{2}}\leqq a$ より $\dfrac{1}{2}\leqq a<2$

$$\frac{1}{2}\leqq a<2 \text{ のとき } m_2=a-\frac{a^2}{2}$$

$$0<a<\frac{1}{2} \text{ のとき } m_2>a-\frac{a^2}{2}$$

である。

⇐ ⑤のもとで，不等式の等号は成り立たないので，$PQ^2>a-\dfrac{a^2}{2}$ となっている。

ここで，$\dfrac{a^2}{2}-\left(a-\dfrac{a^2}{2}\right)=a(a-1)$ の符号に注意すると，

$$0<a\leqq 1 \text{ のとき } m_1=\frac{a^2}{2}\leqq a-\frac{a^2}{2}\leqq m_2$$

$$1\leqq a<2 \text{ のとき } m_1=\frac{a^2}{2}\geqq a-\frac{a^2}{2}=m_2$$

⇐ 特に，$0<a<\dfrac{1}{2}$ のとき $m_1=\dfrac{a^2}{2}<a-\dfrac{a^2}{2}<m_2$ である。

である。したがって，PQ の長さの最小値は

$0<a\leqq 1$ のとき $\dfrac{a}{\sqrt{2}}$，$1\leqq a<2$ のとき $\sqrt{a-\dfrac{a^2}{2}}$

である。

204 円に内接する四角形と余弦定理

円に内接する四角形ABCDにおいて，4辺の長さは AB$=a$，BC$=b$，CD$=c$，DA$=d$ である。また，対角線の長さは AC$=x$，BD$=y$ である。

(1) x^2，y^2 を a，b，c，d で表せ。

(2) $xy=ac+bd$ が成り立つことを示せ。

☆ (3) 四角形ABCDの面積を S とし，$s=\frac{1}{2}(a+b+c+d)$ とするとき，$S=\sqrt{(s-a)(s-b)(s-c)(s-d)}$ が成り立つことを示せ。

(宮城教育大*，熊本大*)

精講 四角形の形状は4辺の長さだけでは決定されません。このことは，4辺の長さが等しくても正方形と限らないことから明らかです。しかし，円に内接する四角形においては，4辺の長さによって形状は1通りに定まります。

解答 (1) 四角形ABCDは円に内接しているから

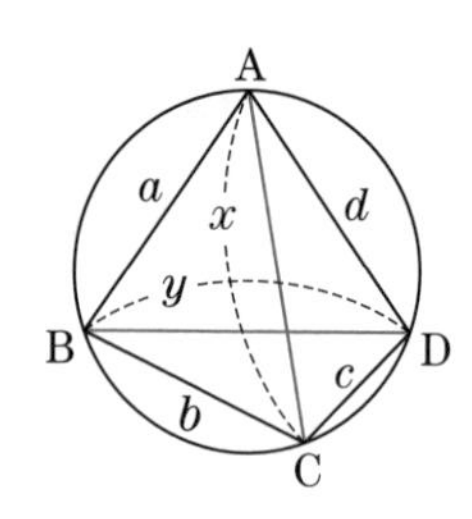

$$A+C=180°,\ B+D=180° \quad \cdots\cdots①$$

である。

△BAC，△DACに余弦定理を用いると，

$$x^2=a^2+b^2-2ab\cos B \quad \cdots\cdots②$$

$$x^2=c^2+d^2-2cd\cos D$$
$$=c^2+d^2-2cd\cos(180°-B)$$

⬅ ①より $\cos D=\cos(180°-B)$ $=-\cos B$

$$\therefore\ x^2=c^2+d^2+2cd\cos B \quad \cdots\cdots③$$

である。②×cd＋③×ab より

$$(ab+cd)x^2=cd(a^2+b^2)+ab(c^2+d^2)$$
$$=cda^2+(c^2+d^2)ba+cb\cdot db$$
$$=(ca+db)(da+cb)$$
$$=(ac+bd)(ad+bc)$$

⬅ a の2次式とみなして因数分解する。

$$\therefore\ \boldsymbol{x^2=\frac{(ac+bd)(ad+bc)}{ab+cd}} \quad \cdots\cdots④$$

である。

同様に，△ABD，△CBDに余弦定理を用いると

$$y^2=a^2+d^2-2ad\cos A \qquad \cdots\cdots⑤$$

$$y^2=b^2+c^2-2bc\cos C$$
$$=b^2+c^2-2bc\cos(180°-A)$$
$$\therefore\quad y^2=b^2+c^2+2bc\cos A \qquad \cdots\cdots⑥$$

⬅①より
$\cos C=\cos(180°-A)$
$=-\cos A$

である。⑤$\times bc+$⑥$\times ad$ より

$$(ad+bc)y^2=bc(a^2+d^2)+ad(b^2+c^2)$$
$$=bca^2+(b^2+c^2)da+bd\cdot cd$$
$$=(ba+cd)(ca+bd)$$
$$=(ab+cd)(ac+bd)$$
$$\therefore\quad \boldsymbol{y^2=\frac{(ab+cd)(ac+bd)}{ad+bc}} \qquad \cdots\cdots⑦$$

である。

(2) ④，⑦の辺々をかけ合わせると

$$x^2y^2=\frac{(ac+bd)(ad+bc)}{ab+cd}\cdot\frac{(ab+cd)(ac+bd)}{ad+bc}$$
$$\therefore\quad (xy)^2=(ac+bd)^2$$
$$\therefore\quad xy=ac+bd$$

が成り立つ。　　　　　　　　　　(証明おわり)

⬅参考における，トレミーの定理である。

(3) ②，③より

$$a^2+b^2-2ab\cos B=c^2+d^2+2cd\cos B$$
$$\therefore\quad \cos B=\frac{a^2+b^2-c^2-d^2}{2(ab+cd)}$$

である。これから，

$$\sin^2 B=1-\cos^2 B$$
$$=\frac{\{2(ab+cd)\}^2-(a^2+b^2-c^2-d^2)^2}{\{2(ab+cd)\}^2} \qquad \cdots\cdots⑧$$

であり，⑧において，

$$(\text{分子})=\{2(ab+cd)+a^2+b^2-c^2-d^2\}$$
$$\times\{2(ab+cd)-a^2-b^2+c^2+d^2\}$$
$$=\{(a+b)^2-(c-d)^2\}\{(c+d)^2-(a-b)^2\}$$
$$=(a+b+c-d)(a+b-c+d)$$
$$\times(c+d+a-b)(c+d-a+b)$$
$$=(2s-2d)(2s-2c)(2s-2b)(2s-2a)$$
$$=2^4(s-a)(s-b)(s-c)(s-d)$$

⬅$a+b+c+d=2s$ より
$a+b+c-d=2s-2d$。
他も同様。

であるから，⑧に戻ると

$$\sin B = \frac{2\sqrt{(s-a)(s-b)(s-c)(s-d)}}{ab+cd} \quad \cdots\cdots⑨$$

である。したがって，

$$S = \triangle\mathrm{BAC} + \triangle\mathrm{DAC}$$
$$= \frac{1}{2}ab\sin B + \frac{1}{2}cd\sin D$$
$$= \frac{1}{2}(ab+cd)\sin B$$

←①より，
$\sin D = \sin(180° - B)$
$= \sin B$

に，⑨を代入すると

$$S = \sqrt{(s-a)(s-b)(s-c)(s-d)}$$

である。　　　　　　　　　　　　　　（証明おわり）

参考

(2)では，“円に内接する四角形において，2 組の対辺どうしの長さの積の和は 2 本の対角線の長さの積に等しい”ことを示した。次にまとめておく。

トレミーの定理

円に内接する四角形 ABCD において，

$$\mathrm{AB}\cdot\mathrm{CD} + \mathrm{BC}\cdot\mathrm{DA} = \mathrm{AC}\cdot\mathrm{BD}$$

が成り立つ。

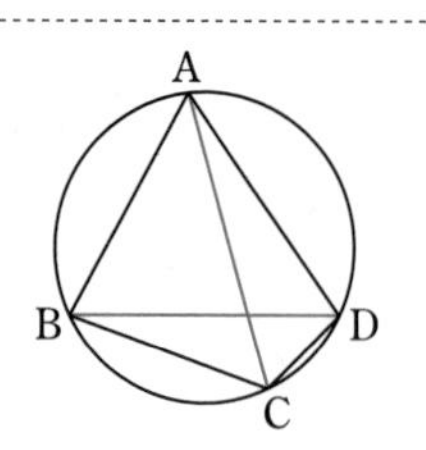

トレミーの定理の初等幾何による証明は次のようになる。

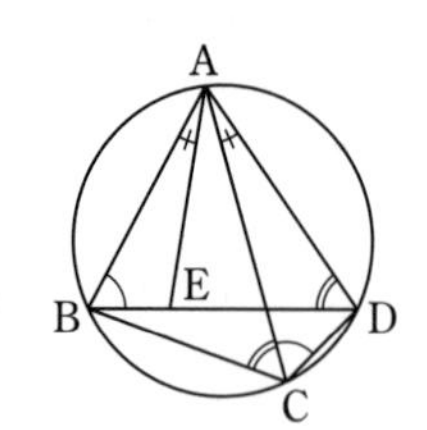

対角線 BD 上に，点 E を $\angle\mathrm{BAE} = \angle\mathrm{CAD}$ ……㋐ となるようにとる。弧 AD の円周角として，$\angle\mathrm{ABE} = \angle\mathrm{ACD}$ であるから，△BAE と △CAD は相似である。よって，

AB : BE = AC : CD　　∴　AB·CD = AC·BE　……㋑

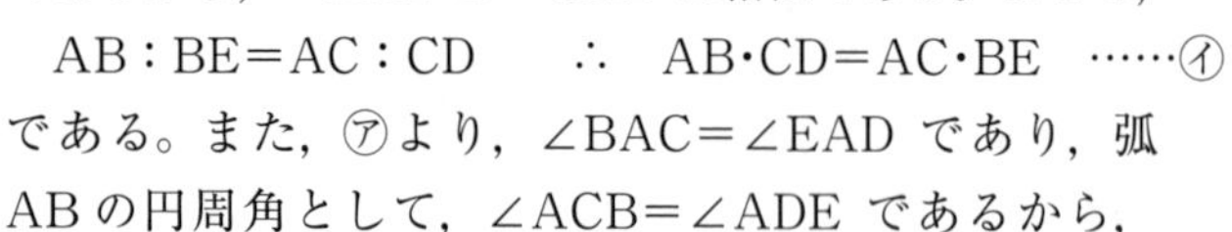

である。また，㋐より，$\angle\mathrm{BAC} = \angle\mathrm{EAD}$ であり，弧 AB の円周角として，$\angle\mathrm{ACB} = \angle\mathrm{ADE}$ であるから，△ACB と △ADE は相似である。よって，

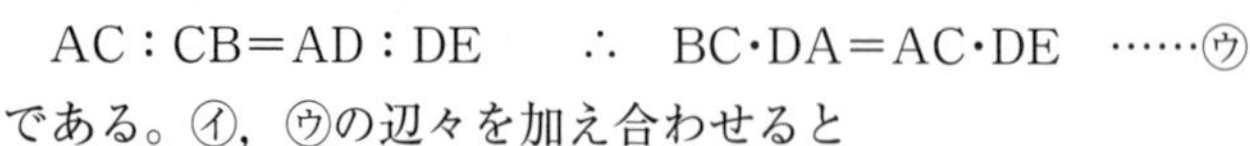

AC : CB = AD : DE　　∴　BC·DA = AC·DE　……㋒

である。㋑，㋒の辺々を加え合わせると

$$\mathrm{AB}\cdot\mathrm{CD} + \mathrm{BC}\cdot\mathrm{DA} = \mathrm{AC}\cdot(\mathrm{BE} + \mathrm{DE})$$
$$\therefore \quad \mathrm{AB}\cdot\mathrm{CD} + \mathrm{BC}\cdot\mathrm{DA} = \mathrm{AC}\cdot\mathrm{BD}$$

が成り立つ。

205 三角関数の周期性と加法定理の応用

$0 \leqq \theta < 2\pi$ を満たす θ と正の整数 m に対して，$f_m(\theta)$ を次のように定める。

$$f_m(\theta)=\sum_{k=0}^{m}\sin\left(\theta+\frac{k}{3}\pi\right)$$

(1) $f_5(\theta)$ を求めよ。

(2) θ が $0 \leqq \theta < 2\pi$ の範囲を動くとき，$f_4(\theta)$ の最大値を求めよ。

(3) m がすべての正の整数を動き，θ が $0 \leqq \theta < 2\pi$ の範囲を動くとき，$f_m(\theta)$ の最大値を求めよ。

(一橋大*)

精講 $g_k(\theta)=\sin\left(\theta+\frac{k}{3}\pi\right)$ $(k=0,\ 1,\ 2,\ \cdots)$ とおくとき，$\sin(\alpha+\pi)=-\sin\alpha$，$\sin(\alpha+2\pi)=\sin\alpha$ を用いると，$g_{k+3}(\theta)$，$g_{k+6}(\theta)$ は $g_k(\theta)$ で表されて，$g_k(\theta)$ $(k=0,\ 1,\ 2,\ \cdots)$ では 6 個ごとに同じものが現れることがわかります。その結果，(3)では，$f_m(\theta)$ $(m=1,\ 2,\ \cdots)$ において，$f_{m+6}(\theta)$ と $f_m(\theta)$ の関係がわかるはずです。

解答 (1) $k=0,\ 1,\ 2,\ \cdots$ に対して

$$g_k(\theta)=\sin\left(\theta+\frac{k}{3}\pi\right)$$

とおくと，

$$f_m(\theta)=\sum_{k=0}^{m}\sin\left(\theta+\frac{k}{3}\pi\right)=\sum_{k=0}^{m}g_k(\theta)$$

である。ここで，

$$g_{k+3}(\theta)=\sin\left(\theta+\frac{k+3}{3}\pi\right)=\sin\left(\theta+\frac{k}{3}\pi+\pi\right)$$

$$=-\sin\left(\theta+\frac{k}{3}\pi\right)=-g_k(\theta) \quad \cdots\cdots①$$

⇐ $\sin(\alpha+\pi)=-\sin\alpha$ より。

であるから，

$$f_5(\theta)=\sum_{k=0}^{5}g_k(\theta)$$

$$=g_0(\theta)+g_1(\theta)+g_2(\theta)+g_3(\theta)+g_4(\theta)+g_5(\theta)$$

$$=g_0(\theta)+g_1(\theta)+g_2(\theta)-g_0(\theta)-g_1(\theta)-g_2(\theta)$$

⇐ ①で，$k=0,\ 1,\ 2$ とおいた式を用いた。

$$=\mathbf{0}$$

である。

(2) 同様に，①より

$$f_4(\theta)=g_0(\theta)+g_1(\theta)+g_2(\theta)+g_3(\theta)+g_4(\theta)$$
$$=g_0(\theta)+g_1(\theta)+g_2(\theta)-g_0(\theta)-g_1(\theta)$$
$$=g_2(\theta)=\sin\left(\theta+\frac{2}{3}\pi\right)$$

となる。したがって，$0\leqq\theta<2\pi$ のとき，$f_4(\theta)$ の最大値は**1**である。

⬅ $\theta+\frac{2}{3}\pi=2\pi+\frac{\pi}{2}$，つまり $\theta=\frac{11}{6}\pi$ のとき最大となる。

(3) $g_k(\theta)$ について，

$$g_{k+6}(\theta)=\sin\left(\theta+\frac{k+6}{3}\pi\right)$$
$$=\sin\left(\theta+\frac{k}{3}\pi+2\pi\right)=\sin\left(\theta+\frac{k}{3}\pi\right)$$
$$=g_k(\theta)$$

⬅ $\sin(\alpha+2\pi)=\sin\alpha$ より。

であるから，$g_k(\theta)$ $(k=0,\ 1,\ 2,\ \cdots)$ は6個ごとに同じものが現れる。

(1)の結果，すなわち，$g_k(\theta)$ $(k=0,\ 1,\ 2,\ \cdots)$ の最初の6個の和は0であることを考え合わせると $g_k(\theta)$ $(k=0,\ 1,\ 2,\ \cdots)$ の最初から6個ずつの和はすべて0であるから，$f_0(\theta)=g_0(\theta)=\sin\theta$ と定めると，$f_m(\theta)$ $(m=0,\ 1,\ 2,\ \cdots)$ においては，

$f_0(\theta)$，$f_1(\theta)$，$f_2(\theta)$，$f_3(\theta)$，$f_4(\theta)$，$f_5(\theta)$ ……②

が繰り返して現れる。たとえば，

$$f_8(\theta)=g_0(\theta)+g_1(\theta)+\cdots+g_5(\theta)$$
$$+g_6(\theta)+g_7(\theta)+g_8(\theta)$$
$$=0+g_0(\theta)+g_1(\theta)+g_2(\theta)=f_2(\theta)$$

⬅ $g_6(\theta)=g_0(\theta)$，$g_7(\theta)=g_1(\theta)$，$g_8(\theta)=g_2(\theta)$

である。したがって，②に現れる関数の最大値を調べるとよい。

$$f_0(\theta)=\sin\theta$$
$$f_1(\theta)=\sin\theta+\sin\left(\theta+\frac{\pi}{3}\right)$$
$$=\frac{3}{2}\sin\theta+\frac{\sqrt{3}}{2}\cos\theta=\sqrt{3}\sin\left(\theta+\frac{\pi}{6}\right)$$

⬅ 加法定理で展開したあと，三角関数の合成を行った。

$$f_2(\theta)=\sin\theta+\sin\left(\theta+\frac{\pi}{3}\right)+\sin\left(\theta+\frac{2}{3}\pi\right)$$
$$=\sin\theta+\sqrt{3}\cos\theta=2\sin\left(\theta+\frac{\pi}{3}\right)$$

$$
\begin{aligned}
f_3(\theta)&=g_0(\theta)+g_1(\theta)+g_2(\theta)+g_3(\theta)\\
&=g_0(\theta)+g_1(\theta)+g_2(\theta)-g_0(\theta)\\
&=g_1(\theta)+g_2(\theta)\\
&=\sin\left(\theta+\frac{\pi}{3}\right)+\sin\left(\theta+\frac{2}{3}\pi\right)=\sqrt{3}\cos\theta
\end{aligned}
$$

$$f_4(\theta)=\sin\left(\theta+\frac{2}{3}\pi\right)$$

⬅(2)で示した。

$$f_5(\theta)=0$$

⬅(1)で示した。

であるから，$f_0(\theta)$，$f_1(\theta)$，$f_2(\theta)$，$f_3(\theta)$，$f_4(\theta)$，$f_5(\theta)$ の最大値は順に，1，$\sqrt{3}$，2，$\sqrt{3}$，1，0 である。

⬅$m=6l+2$（$l=0$，1，2，…），$\theta=\frac{\pi}{6}$ のとき，最大値 2 をとる。

　したがって，すべての正の整数mと $0\leqq\theta<2\pi$ に対する $f_m(\theta)$ の最大値は**2**である。

参考

(1)の結果と同様に，

$$\sum_{k=0}^{5}\cos\left(\theta+\frac{k}{3}\pi\right)=0$$

が成り立つ。

類題 7　→ 解答 p.370

$i=\sqrt{-1}$ とする。

(1)　実数α，βについて，等式

$$(\cos\alpha+i\sin\alpha)(\cos\beta+i\sin\beta)=\cos(\alpha+\beta)+i\sin(\alpha+\beta)$$

が成り立つことを示せ。

(2)　自然数nに対して，

$$z=\sum_{k=1}^{n}\left(\cos\frac{2\pi k}{n}+i\sin\frac{2\pi k}{n}\right)$$

とおくとき，等式

$$z\left(\cos\frac{2\pi}{n}+i\sin\frac{2\pi}{n}\right)=z$$

が成り立つことを示せ。

(3)　2以上の自然数nについて，等式

$$\sum_{k=1}^{n}\cos\frac{2\pi k}{n}=\sum_{k=1}^{n}\sin\frac{2\pi k}{n}=0$$

が成り立つことを示せ。

（神戸大）

206 2倍角・3倍角の公式の応用

2つの関数を $t=\cos\theta+\sqrt{3}\sin\theta$,

$y=-4\cos 3\theta+\cos 2\theta-\sqrt{3}\sin 2\theta+2\cos\theta+2\sqrt{3}\sin\theta$ とする。

(1) $\cos 3\theta$ を t の関数で表せ。

(2) y を t の関数で表せ。

(3) $0\leqq\theta\leqq\pi$ のとき，y の最大値，最小値とそのときの θ の値を求めよ。

(東北大*)

精講 (1)は簡単ではありません。そこで，$t=2\cos\left(\theta-\dfrac{\pi}{3}\right)$ を簡単な形にするために $\alpha=\theta-\dfrac{\pi}{3}$ とおくと，$t=2\cos\alpha$ となりますので，このとき $\cos 3\theta=\cos\left\{3\left(\alpha+\dfrac{\pi}{3}\right)\right\}$ を $\cos\alpha\left(=\dfrac{t}{2}\right)$ で表すことを考えます。

解答 (1) $t=\cos\theta+\sqrt{3}\sin\theta=2\cos\left(\theta-\dfrac{\pi}{3}\right)$ ……①

より，$\alpha=\theta-\dfrac{\pi}{3}$ とおくと，

$$t=2\cos\alpha \qquad \therefore \quad \cos\alpha=\frac{t}{2} \qquad \cdots\cdots②$$

となるので，

$$\cos 3\theta=\cos\left\{3\left(\alpha+\frac{\pi}{3}\right)\right\}=\cos(3\alpha+\pi)$$

⬅ $\theta=\alpha+\dfrac{\pi}{3}$ である。

$$=-\cos 3\alpha=-4\cos^3\alpha+3\cos\alpha$$

$$=\boldsymbol{-\frac{1}{2}t^3+\frac{3}{2}t}$$

⬅ ②より。

である。

(2) $\cos 2\theta-\sqrt{3}\sin 2\theta$

$$=2\cos\left(2\theta+\frac{\pi}{3}\right)=2\cos\left\{2\left(\alpha+\frac{\pi}{3}\right)+\frac{\pi}{3}\right\}$$

$$=2\cos(2\alpha+\pi)=-2\cos 2\alpha$$

$$=-2(2\cos^2\alpha-1)=-t^2+2$$

⬅ ②より。

であるから，

$$y=-4\cos 3\theta+\cos 2\theta-\sqrt{3}\sin 2\theta$$
$$+2(\cos\theta+\sqrt{3}\sin\theta)$$
$$=-4\left(-\frac{1}{2}t^3+\frac{3}{2}t\right)-t^2+2+2t$$
$$=\mathbf{2t^3-t^2-4t+2}$$

である。

(3) $0\leqq\theta\leqq\pi$ のとき，①より $-1\leqq t\leqq 2$ である。

⬅ $-\frac{\pi}{3}\leqq\theta-\frac{\pi}{3}\leqq\frac{2}{3}\pi$ より $-\frac{1}{2}\leqq\cos\left(\theta-\frac{\pi}{3}\right)\leqq 1$

$$\frac{dy}{dt}=6t^2-2t-4=2(3t+2)(t-1)$$

であるから，増減表より，

t	-1	$\cdots$	$-\frac{2}{3}$	$\cdots$	1	$\cdots$	2
$\frac{dy}{dt}$		$+$	0	$-$	0	$+$	
y	3	↗	$\frac{98}{27}$	↘	-1	↗	6

最大値 6 $\left(t=2,\ \boldsymbol{\theta=\frac{\pi}{3}}\text{ のとき}\right)$

最小値 −1 $\left(t=1,\ \boldsymbol{\theta=0,\ \frac{2}{3}\pi}\text{ のとき}\right)$

である。

参考

(1)で $t=\cos\theta+\sqrt{3}\sin\theta$ から t と $\cos\theta$ だけの関係を導いてみると，

$$(t-\cos\theta)^2=(\sqrt{3}\sin\theta)^2$$

⬅ (右辺)$=3(1-\cos^2\theta)$

$$\therefore\quad 4\cos^2\theta-2t\cos\theta+t^2-3=0$$

となる。これより，

$$\cos 3\theta=4\cos^3\theta-3\cos\theta$$
$$=(4\cos^2\theta-2t\cos\theta+t^2-3)\left(\cos\theta+\frac{t}{2}\right)-\frac{1}{2}t^3+\frac{3}{2}t$$
$$=-\frac{1}{2}t^3+\frac{3}{2}t$$

が得られる。また，(2)では

$$t^2=\cos^2\theta+2\sqrt{3}\sin\theta\cos\theta+3\sin^2\theta$$
$$=\frac{1}{2}(1+\cos 2\theta)+\sqrt{3}\sin 2\theta+\frac{3}{2}(1-\cos 2\theta)$$
$$=2-(\cos 2\theta-\sqrt{3}\sin 2\theta)$$

より，

$$\cos 2\theta-\sqrt{3}\sin 2\theta=-t^2+2$$

となる。

207 メネラウスの定理の応用

k は $0<k<\frac{1}{2}$ を満たす実数とする。△ABC の 3 辺 BC，CA，AB 上にそれぞれ点 L，M，N を

$$\frac{BL}{BC}=\frac{CM}{CA}=\frac{AN}{AB}=k$$

となるようにとり，AL と CN の交点を P，AL と BM の交点を Q，BM と CN の交点を R とする。

(1) CP：PN$=t:1-t$ とするとき，t を k を用いて表せ。

(2) △PQR の面積が △ABC の面積の $\frac{1}{2}$ となるような k の値を求めよ。

(東京大*)

精講 (1)では，メネラウスの定理の出番です。

メネラウスの定理

△ABC があり，3 頂点 A，B，C のいずれをも通らない直線 l が辺 BC，CA，AB またはその延長とそれぞれ点 P，Q，R で交わるとき，

$$\frac{BP}{PC}\cdot\frac{CQ}{QA}\cdot\frac{AR}{RB}=1$$

が成り立つ。

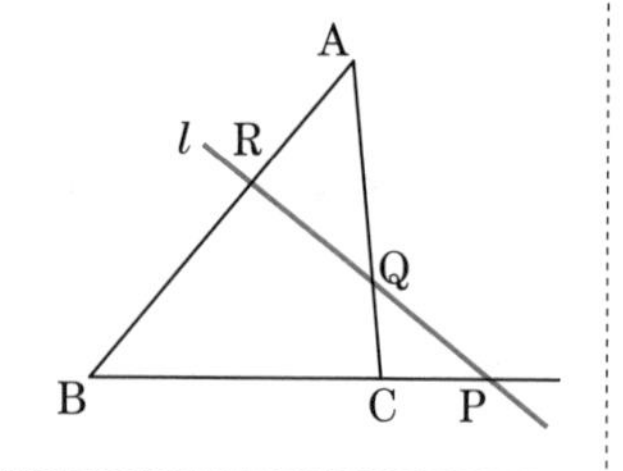

(2) この種の三角形の面積比を求める問題では次の事実を用います。

(高さが等しい三角形の面積比)＝(底辺の長さの比)
(底辺の長さが等しい三角形の面積比)＝(高さの比)

ここでは，△PQR の面積を直接調べるのは難しいので，△ABC からいくつかの三角形を取り除くと考えます。そのとき，L，M，N のとり方に関する対称性を生かせるような三角形で分割すると計算が楽になります。

(1) △CBN に直線 APL が交わっていると考えて，メネラウスの定理を用いる。

$$\frac{\mathrm{BL}}{\mathrm{LC}}\cdot\frac{\mathrm{CP}}{\mathrm{PN}}\cdot\frac{\mathrm{NA}}{\mathrm{AB}}=1$$

が成り立つから，

$$\frac{k}{1-k}\cdot\frac{\mathrm{CP}}{\mathrm{PN}}\cdot\frac{k}{1}=1 \qquad \therefore\quad \frac{\mathrm{CP}}{\mathrm{PN}}=\frac{1-k}{k^2}$$

$\therefore\quad \mathrm{CP}:\mathrm{PN}=1-k:k^2$

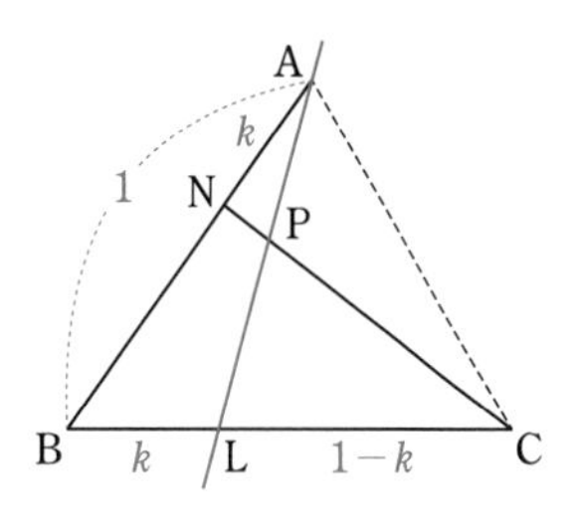

である。したがって，

$$\boldsymbol{t}=\frac{\mathrm{CP}}{\mathrm{CN}}=\boldsymbol{\frac{1-k}{k^2-k+1}}$$

⬅ CP：PN$=t:1-t$ のとき $t=\dfrac{\mathrm{CP}}{\mathrm{CP}+\mathrm{PN}}=\dfrac{\mathrm{CP}}{\mathrm{CN}}$

となる。

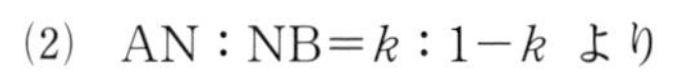

(2)　$\mathrm{AN}:\mathrm{NB}=k:1-k$ より

$$\triangle\mathrm{CAN}=k\triangle\mathrm{ABC}$$

であり，さらに，$\mathrm{CP}:\mathrm{PN}=t:1-t$ より

$$\triangle\mathrm{CAP}=t\triangle\mathrm{CAN}=\frac{k(1-k)}{k^2-k+1}\triangle\mathrm{ABC}$$

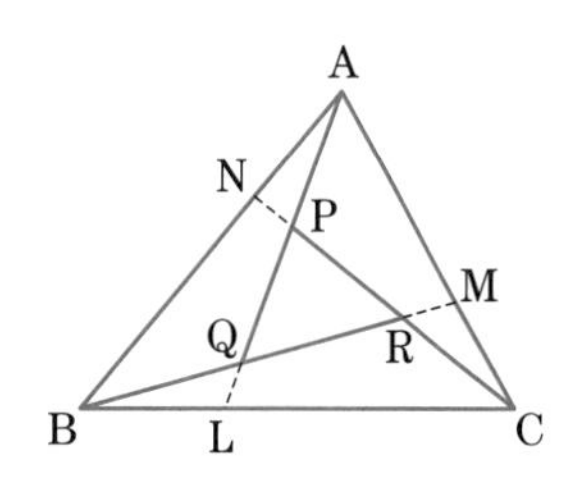

である。また

$$\mathrm{BL}:\mathrm{LC}=\mathrm{CM}:\mathrm{MA}=\mathrm{AN}:\mathrm{NB}$$

より，(1)と全く同様に考えると，

$$\mathrm{AQ}:\mathrm{QL}=\mathrm{BR}:\mathrm{RM}=t:1-t$$

となるので，

$$\triangle\mathrm{ABQ}=\triangle\mathrm{BCR}=\frac{k(1-k)}{k^2-k+1}\triangle\mathrm{ABC}$$

である。したがって，

$$\begin{aligned}&\triangle\mathrm{PQR}\\&=\triangle\mathrm{ABC}-(\triangle\mathrm{CAP}+\triangle\mathrm{ABQ}+\triangle\mathrm{BCR})\\&=\left\{1-3\cdot\frac{k(1-k)}{k^2-k+1}\right\}\triangle\mathrm{ABC}=\frac{(2k-1)^2}{k^2-k+1}\triangle\mathrm{ABC}\end{aligned}$$

となるから，$\triangle\mathrm{PQR}=\dfrac{1}{2}\triangle\mathrm{ABC}$ となるような k の値は

$$\frac{(2k-1)^2}{k^2-k+1}=\frac{1}{2} \qquad \therefore\quad 7k^2-7k+1=0$$

⬅ 2 解は $\dfrac{7\pm\sqrt{21}}{14}$ である。

の解であり，$0<k<\dfrac{1}{2}$ より

$$\boldsymbol{k=\frac{7-\sqrt{21}}{14}}$$

である。

208 方べきの定理の応用

△ABC において，AB=3，AC=7，∠BAC=90° のとき，辺 AB を 1：2 に内分する点を R，辺 AC を 1：6 に内分する点を Q，3点 B, Q, R を通る円O と辺 AC の交点で Q と異なる点を P とする。線分 BP と線分 CR の交点を S，円O と線分 CR の交点を T とするとき，次の問いに答えよ。

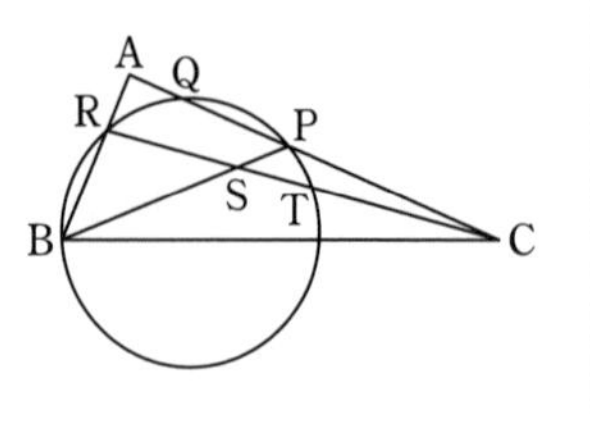

(1) CS：SR を求めよ。

(2) 線分 ST の長さを求めよ。

(3) △PST の面積を求めよ。　　　　(東京慈恵会医大*)

精講 (1) 方べきの定理を用いると，AP がわかります。そのあとで，メネラウスの定理を用いることになります。(2)でも，方べきの定理が役に立ちます。

(1) AB=3，AC=7，AR：RB=1：2，AQ：QC=1：6 より

$$AR=1,\ RB=2,\ AQ=1,\ QC=6$$

である。方べきの定理より

$$AR\cdot AB=AQ\cdot AP \qquad \therefore\ 1\cdot 3=1\cdot AP$$

であるから，AP=3，PC=4 である。

△ACR に直線 PSB が交わっていると考えて，メネラウスの定理を用いる。

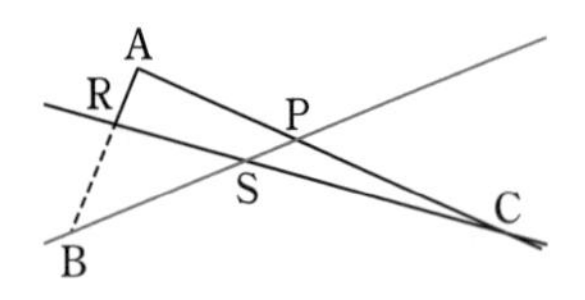

$$\frac{AP}{PC}\cdot\frac{CS}{SR}\cdot\frac{RB}{BA}=1 \qquad \therefore\ \frac{3}{4}\cdot\frac{CS}{SR}\cdot\frac{2}{3}=1$$

より

$$\frac{CS}{SR}=2 \qquad \therefore\ \mathbf{CS：SR=2：1} \qquad \cdots\cdots①$$

である。

(2) △ACR において，三平方の定理より，

$$CR=\sqrt{AC^2+AR^2}=\sqrt{7^2+1^2}=5\sqrt{2}$$

であるから，①より

$$CS=\frac{2}{3}CR=\frac{10\sqrt{2}}{3} \quad \cdots\cdots ②$$

である。また，方べきの定理より，

$$CT \cdot CR = CP \cdot CQ$$

$$\therefore \quad CT \cdot 5\sqrt{2} = 4 \cdot 6 \qquad \therefore \quad CT=\frac{12\sqrt{2}}{5} \quad \cdots\cdots ③$$

であるから，②，③より

$$ST=CS-CT=\mathbf{\frac{14\sqrt{2}}{15}} \quad \cdots\cdots ④$$

である。

(3) $\angle ACR=\theta$ とおくと，$\sin\theta=\frac{AR}{CR}=\frac{1}{5\sqrt{2}}$ より

$$\triangle CPS=\frac{1}{2}\cdot CP \cdot CS \cdot \sin\theta=\frac{1}{2}\cdot 4 \cdot \frac{10\sqrt{2}}{3}\cdot\frac{1}{5\sqrt{2}}=\frac{4}{3}$$

である。$ST : CS=\frac{14\sqrt{2}}{15} : \frac{10\sqrt{2}}{3}=7 : 25$ より

$$\triangle PST=\frac{7}{25}\triangle CPS=\mathbf{\frac{28}{75}}$$

である。

参考

(3)は次のように考えてもよい。

直角二等辺三角形 ABP において，$BP=3\sqrt{2}$ であり，$\triangle APB$ に直線 CSR が交わっていると考えると，メネラウスの定理より

$$\frac{AC}{CP}\cdot\frac{PS}{SB}\cdot\frac{BR}{RA}=1 \quad \therefore \quad \frac{7}{4}\cdot\frac{PS}{SB}\cdot\frac{2}{1}=1 \qquad \therefore \quad \frac{PS}{SB}=\frac{2}{7}$$

であるから，$PS=\frac{2\sqrt{2}}{3}$，$SB=\frac{7\sqrt{2}}{3}$ である。よって，

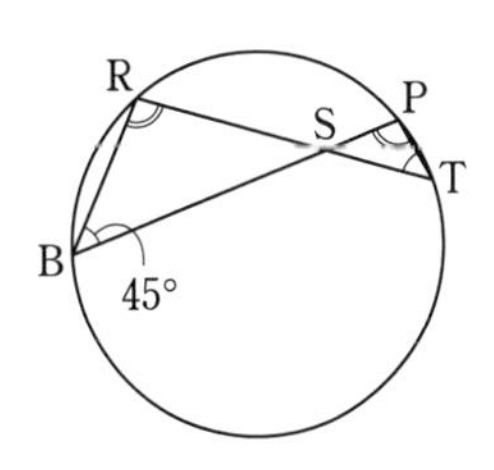

$$\triangle RSB=\frac{1}{2}\cdot 2 \cdot \frac{7\sqrt{2}}{3}\cdot \sin 45^\circ=\frac{7}{3}$$

であり，$\triangle PST$ と $\triangle RSB$ は相似で，相似比は

$ST : SB=\frac{14\sqrt{2}}{15} : \frac{7\sqrt{2}}{3}=2 : 5$ であるから，

$$\triangle PST=\triangle RSB \cdot \left(\frac{2}{5}\right)^2=\frac{7}{3}\cdot\left(\frac{2}{5}\right)^2=\frac{28}{75}$$

となる。

209　2定点を見込む角

1辺の長さ2の正四面体ABCDの表面上にあって $\angle APB > 90^\circ$ を満たす点P全体のなす集合を M とする。

(1)　△ABC上にある M の部分を図示し，その面積を求めよ。

(2)　M の面積を求めよ。　　　　　　　　　　　　　　　　　　　　(大阪大)

精講　(1)　平面上で2定点A，Bを見込む角が90°である点(すなわち，$\angle APB = 90^\circ$ となる点P)，あるいは，見込む角が90°より大きい点，小さい点がどこにあるかについて復習しておきましょう。

平面上でABを直径とする円を C とするとき，A，B以外のこの平面上の点Pについて，次のことが成り立つ。

(i)　$\angle APB = 90^\circ \iff$ Pは円 C 上にある

(ii)　$\angle APB > 90^\circ \iff$ Pは円 C の内部にある

(iii)　$\angle APB < 90^\circ \iff$ Pは円 C の外部にある

(i)

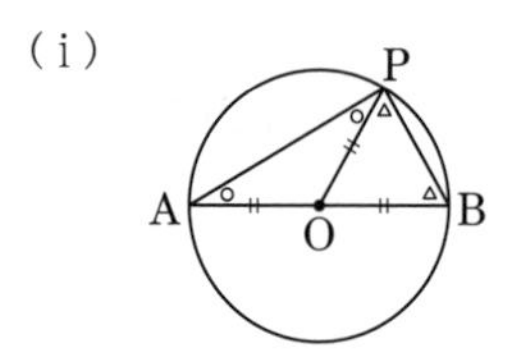

(ii)

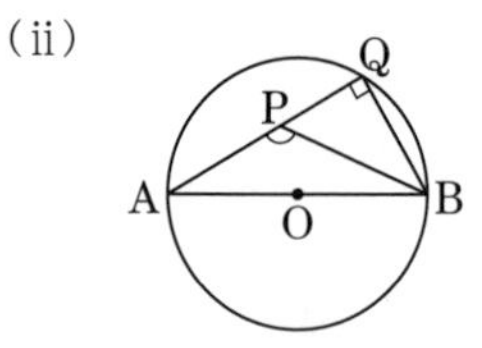

(iii)

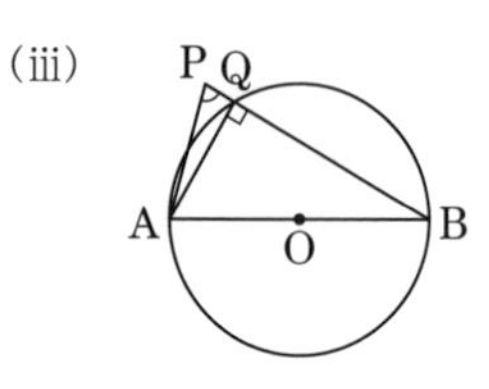

($\Longleftarrow$)は右図から次のように説明できます。

(i)　$\angle APB = \angle APO + \angle OPB = \dfrac{1}{2} \cdot 180^\circ = 90^\circ$

(ii)　$\angle APB = \angle PQB + \angle PBQ > \angle PQB = 90^\circ$

(iii)　$\angle APB = \angle AQB - \angle PAQ < \angle AQB = 90^\circ$

また，(i)，(ii)，(iii)において，P($\neq$A，B)の位置のすべての場合が尽されているので，($\Longrightarrow$)も成り立つことがわかります。

空間内で考える場合には，ABを直径とする球面を S とすると，(i)，(ii)，(iii)で C を S と置き換えた関係が成り立ちます。

解答　(1)　$\angle APB > 90^\circ$ を満たす点Pの全体はABを直径とする球面 S の内部である。

したがって，△ABC 上にあるMの部分は AB を直径とする円の内部と △ABC の共通部分，つまり，右図の斜線部分（円周上の点を除く）である。

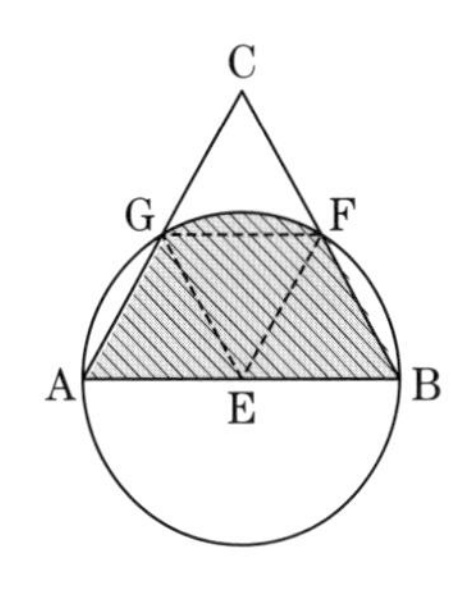

E，F，G は辺 AB，BC，CA の中点であり，

$$EF=EG=FG=1$$

であるから，斜線部分の面積をS_1とすると

$$S_1=2\triangle AEG+(扇形\ \overset{\frown}{EFG})$$

$$=2\cdot\frac{1}{2}\cdot1^2\cdot\sin60^\circ+\frac{1}{6}\cdot1^2\cdot\pi$$

$$=\boldsymbol{\frac{\sqrt{3}}{2}+\frac{\pi}{6}}$$

である。

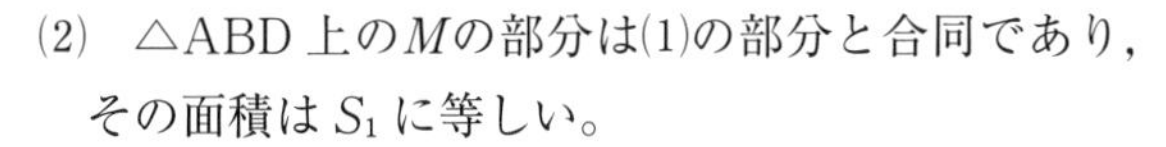

(2)　△ABD 上のMの部分は(1)の部分と合同であり，その面積はS_1に等しい。

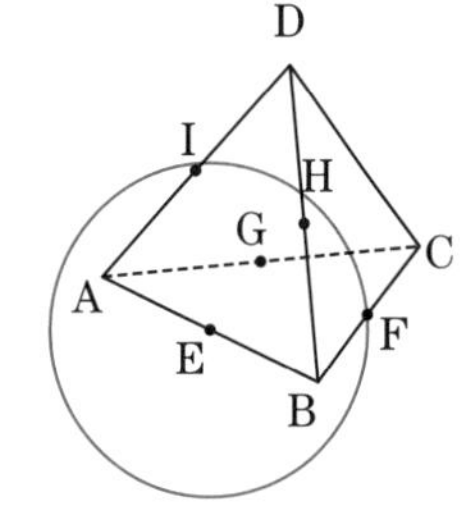

△BCD 上にあるMの部分は，平面 BCD とSとの交わりの円をKとするとき，Kの内部と △BCD の共通部分である。BD の中点HはS上にあり，(1)と合わせると，3 点 B，F，H はS上に，したがって，K上にあるから，Kは △BFH の外接円である。これより，△BCD 上のMの部分は右下図の斜線部分で，その面積S_2は

⬅外接円の半径は，正弦定理より，$\frac{1}{2\sin60^\circ}=\frac{1}{\sqrt{3}}$。

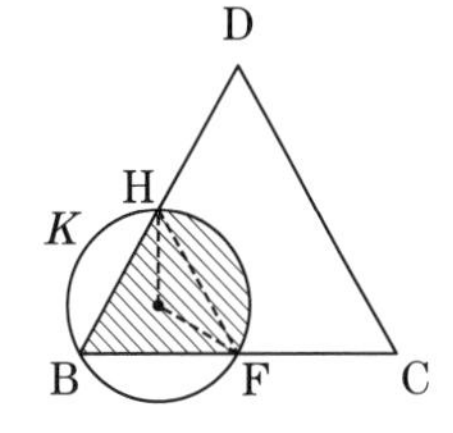

$$S_2=\triangle BFH+(弓形\ \overset{\frown}{HF})$$

$$=\frac{1}{2}\cdot1^2\cdot\sin60^\circ$$

$$+\left\{\frac{1}{3}\cdot\left(\frac{1}{\sqrt{3}}\right)^2\pi-\frac{1}{2}\cdot\left(\frac{1}{\sqrt{3}}\right)^2\sin120^\circ\right\}$$

$$=\frac{\sqrt{3}}{6}+\frac{\pi}{9}$$

である。△ACD 上にあるMの部分も同じである。

以上より，Mの面積は

$$2(S_1+S_2)=\boldsymbol{\frac{4\sqrt{3}}{3}+\frac{5}{9}\pi}$$

である。

☆ **210** **三平方の定理の応用**

右の図のような三角形ABCを底面とする三角柱ABC-DEFを考える。

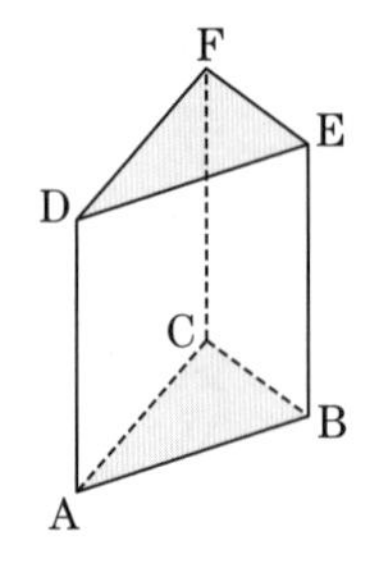

(1) AB＝AC＝5, BC＝3, AD＝10 とする。三角形ABCと三角形DEFとに交わらない平面Hと三角柱との交わりが正三角形となるとき，その正三角形の面積を求めよ。

(2) 底面がどのような三角形であっても高さが十分に高ければ，三角形ABCと三角形DEFとに交わらない平面Hと三角柱との交わりが正三角形となりうることを示せ。

（お茶の水女子大）

精講 平面Hと三角柱の交わりの三角形の1辺の長さ，たとえば，面ABED上の辺の長さは，HとAD，BEとの2つの交点の高低差とABの長さから，三平方の定理によって定まります。

解答 (1) 平面Hと辺AD，BE，CFとの交点をそれぞれP，Q，Rとする。正三角形PQRの1辺の長さをlとし，Pを基準としたときのQ，Rの高さをそれぞれs，tとすると，Q，Rの高低差は$|s-t|$である。PQ^2，PR^2，QR^2を考えると，

$l^2=s^2+AB^2=s^2+25$ ……①

$l^2=t^2+AC^2=t^2+25$ ……②

$l^2=(s-t)^2+BC^2=(s-t)^2+9$ ……③

⬅Q，RがPより低いときには，$s<0$，$t<0$ である。

となる。

$s^2=l^2-25$ ……①′

$t^2=l^2-25$ ……②′

より

$s^2=t^2$ ∴ $s=\pm t$

である。

$s=t$ のとき，②，③より

$l^2=t^2+25$，$l^2=9$

⬅$t^2+25>9$ である。

となるので，適さない。

$s=-t$ のとき，③より

$$l^2=(-2t)^2+9=4t^2+9 \quad \cdots\cdots④$$

である。②，④より

$$t^2+25=4t^2+9, \quad \therefore \quad t^2=\frac{16}{3} \quad \cdots\cdots⑤$$

であるから，

$$(s,\ t)=\left(\pm\frac{4}{\sqrt{3}},\ \mp\frac{4}{\sqrt{3}}\right) \text{（複号同順）}$$

である。このとき，s，t は異符号であるから，P の高さは Q，R の高さの中間であり，

（Q，R の高低差）

$$=|s-t|=\frac{8}{\sqrt{3}}<10=\text{（高さ AD）}$$

であるから，平面 H を △ABC，△DEF と交わらないようにとることができる。

正三角形 PQR の面積は，②，⑤より

$$\frac{1}{2}l^2\sin 60^\circ=\frac{\sqrt{3}}{4}(t^2+25)=\mathbf{\frac{91\sqrt{3}}{12}}$$

である。

(2) BC$=a$，CA$=b$，AB$=c$ として，切り口が正三角形となるとき，その 1 辺の長さが l とすると，(1) と同様に

$$l^2=s^2+c^2 \quad \cdots\cdots⑥$$
$$l^2=t^2+b^2 \quad \cdots\cdots⑦$$
$$l^2=(s-t)^2+a^2 \quad \cdots\cdots⑧$$

となる。

以下，“⑥，⑦，⑧を満たす正の数 l と実数 s，t が存在する”……(☆) ことを示す。

⬅三角柱の高さが十分に高いので，s，t は任意の実数でよい。

$$s^2=l^2-c^2 \quad \cdots\cdots⑥'$$
$$t^2=l^2-b^2 \quad \cdots\cdots⑦'$$

を，⑧，つまり

$$2st=s^2+t^2+a^2-l^2$$

の右辺に代入すると，

$$2st=l^2+a^2-b^2-c^2 \qquad \cdots\cdots⑨$$

となる。両辺を2乗した式

$$4s^2t^2=(l^2+a^2-b^2-c^2)^2$$

に，⑥′，⑦′を代入すると，

$$4(l^2-c^2)(l^2-b^2)=(l^2+a^2-b^2-c^2)^2 \quad \cdots\cdots⑩$$

となる。

$l^2=X$ とおくと，⑩は，

$$4(X-c^2)(X-b^2)-(X+a^2-b^2-c^2)^2=0 \qquad \cdots\cdots⑪$$

となる。⑪の左辺を $f(X)$ とおくと，

$$\begin{aligned} f(X)&=4(X-c^2)(X-b^2)-(X+a^2-b^2-c^2)^2 \\ &=3X^2-2(a^2+b^2+c^2)X+4c^2b^2-(a^2-b^2-c^2)^2 \end{aligned}$$

であり，

$$\begin{aligned} f(a^2)&=4(a^2-c^2)(a^2-b^2)-\{2a^2-(b^2+c^2)\}^2 \\ &=4b^2c^2-(b^2+c^2)^2=-(b^2-c^2)^2\leqq 0 \end{aligned}$$

$$f(b^2)=-(a^2-c^2)^2\leqq 0$$

$$f(c^2)=-(a^2-b^2)^2\leqq 0$$

である。したがって，Xの2次方程式⑪，すなわち，$f(X)=0$ は

$$X\geqq \max\{a^2,\ b^2,\ c^2\}$$

の範囲に解をもつ。その解を $X=X_0$ とするとき，

$$l=\sqrt{X_0}$$

と定めると，⑥′，⑦′から定まる s，t において，⑨が成り立つように s，t の符号を定めることができる。

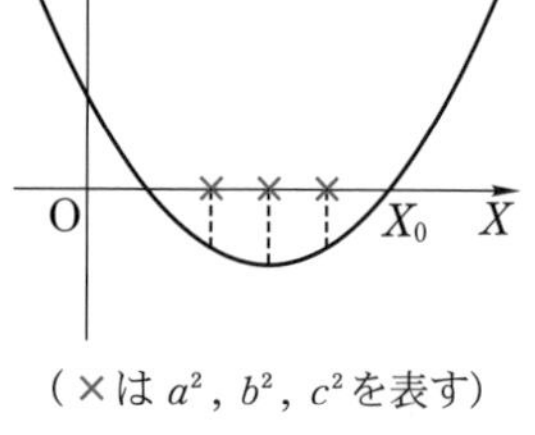

（×は a^2，b^2，c^2 を表す）

⬅“$X\geqq a^2$ かつ $X\geqq b^2$ かつ $X\geqq c^2$” と同じである。

⬅ここで，l^2，s^2，t^2 は⑨の両辺を2乗した式⑩，つまり，⑪を満たすことに注意する。

このようにして得られた正の数 l と実数 s，t は⑥，⑦，⑧を満たすので，(☆) が示された。

（証明おわり）

参考

(2)において，$a\leqq b\leqq c$ と仮定すると，

$$f(c^2+b^2-a^2)=4(b^2-a^2)(c^2-a^2)\geqq 0$$

となるので，

$$c^2\leqq X_0\leqq c^2+b^2-a^2$$

であることもわかる。

211 四面体の外接球の半径

半径 r の球面上に 4 点 A，B，C，D がある。四面体 ABCD の各辺の長さは，$AB=\sqrt{3}$，$AC=AD=BC=BD=CD=2$ を満たしている。このとき r の値を求めよ。 （東京大）

第2章

精講 次のいずれかの性質に着目するとよいでしょう。

四面体 ABCD において，△CAB，△DAB がいずれも AB を底辺とする二等辺三角形であるとき，辺 AB の中点を M とすると，AB は平面 CDM と垂直である。つまり，A，B は平面 CDM に関して対称である。

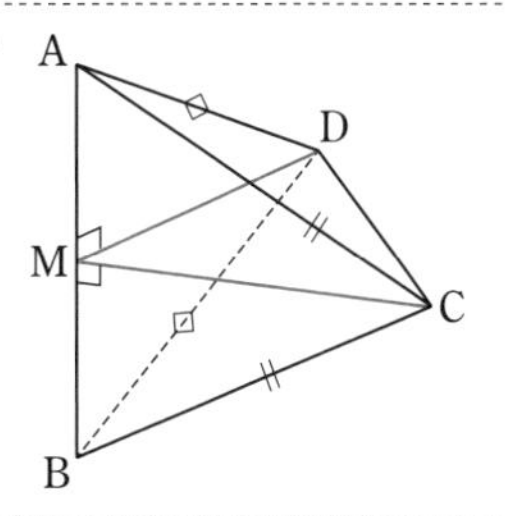

四面体 ABCD において，DA＝DB＝DC であるとき，D から底面 ABC に垂線 DH を下ろすと，H は △ABC の外接円の中心（外心）と一致する。

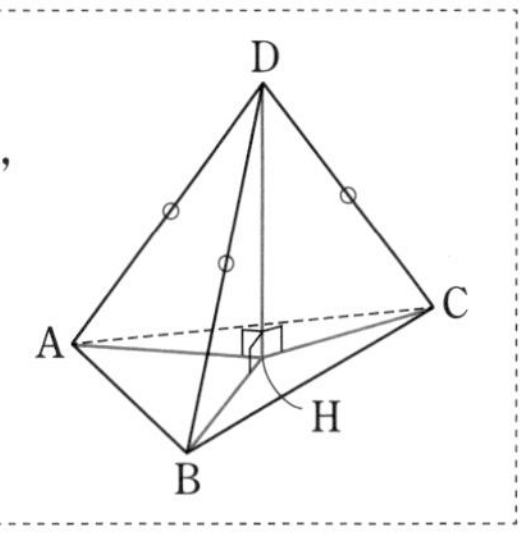

解答 △CAB，△DAB は AB を底辺とする二等辺三角形であるから，AB の中点をMとおくと，

CM⊥AB，DM⊥AB　∴　AB⊥平面 CDM

より，線分 AB の垂直二等分面が平面 CDM である。したがって，四面体 ABCD の外接球の中心Oは平面 CDM 上にある。同様に，CD の中点をNとおくと，

AN⊥CD，BN⊥CD　∴　CD⊥平面 ABN

より，O は平面 ABN 上にある。結局，O は 2 平面 CDM，ABN の交線 MN 上にある。

△MCD において

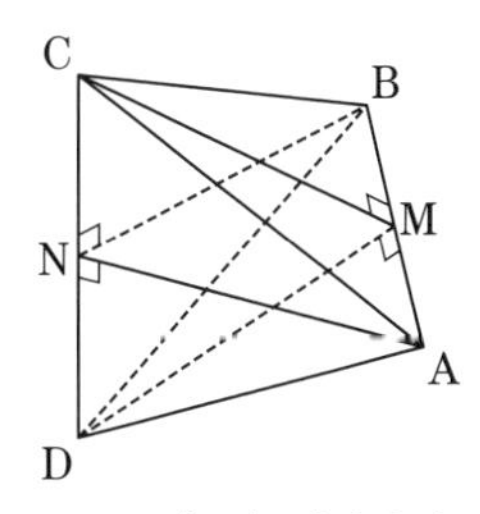

⇐ OA＝OB(＝r)，すなわち，Oは A，B から等距離であるから，AB の垂直二等分面上にある。

$$\mathrm{MC}=\mathrm{MD}=\sqrt{2^2-\left(\frac{\sqrt{3}}{2}\right)^2}=\frac{\sqrt{13}}{2}$$

⬅ $\mathrm{MC}=\sqrt{\mathrm{AC}^2-\mathrm{AM}^2}$
$\mathrm{MD}=\sqrt{\mathrm{AD}^2-\mathrm{AM}^2}$

であるから，

$$\mathrm{MN}=\sqrt{\mathrm{MC}^2-\mathrm{CN}^2}=\sqrt{\frac{13}{4}-1}=\frac{3}{2}$$

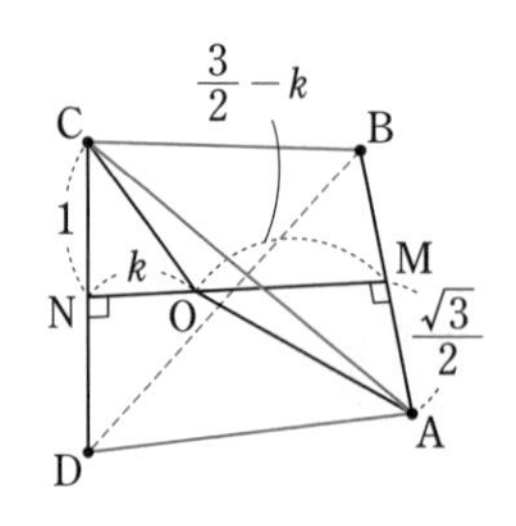

である。ON$=k$ とおくと，OM$=\frac{3}{2}-k$ であるから，OC$=$OA$=r$ より

$$1+k^2=\left(\frac{\sqrt{3}}{2}\right)^2+\left(\frac{3}{2}-k\right)^2=r^2$$

$$\therefore\quad k=\frac{2}{3},\ \boldsymbol{r=\frac{\sqrt{13}}{3}}$$

である。

別解

Dから平面ABCに垂線DHを下ろすと，△DHA，△DHB，△DHCは直角三角形であり，DHを共有し，DA$=$DB$=$DC であるから，三平方の定理より，HA$=$HB$=$HC ……① である。つまり，Hは△ABCの外心であり，①の値は△ABCの外接円の半径Rに等しい。

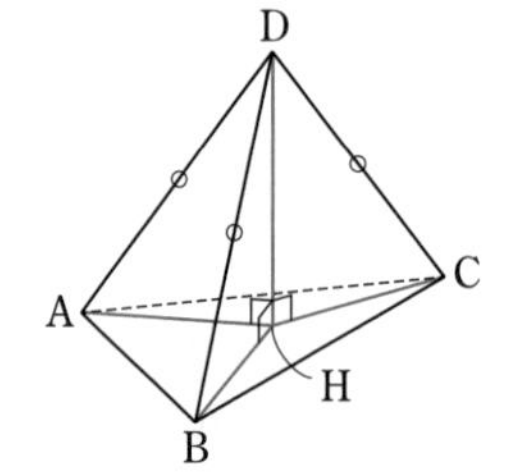

△ABCは，AC$=$BC の二等辺三角形であるから，

$$\cos A=\frac{\frac{1}{2}\mathrm{AB}}{\mathrm{AC}}=\frac{\sqrt{3}}{4},\ \sin A=\sqrt{1-\cos^2 A}=\frac{\sqrt{13}}{4}$$

であり，

$$R=\frac{\mathrm{BC}}{2\sin A}=\frac{4}{\sqrt{13}}$$

である。よって，△DHCにおいて

$$\mathrm{DH}=\sqrt{\mathrm{CD}^2-\mathrm{HC}^2}=\sqrt{2^2-\left(\frac{4}{\sqrt{13}}\right)^2}=\frac{6}{\sqrt{13}}$$

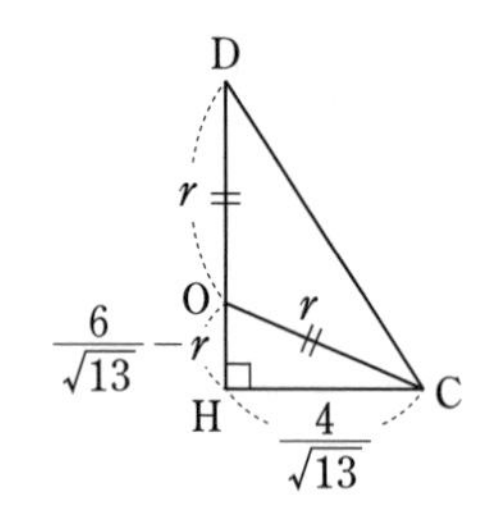

である。四面体ABCDの外接球の中心をOとし，△OHCに三平方の定理を用いると，

⬅ Hは△ABCの外心であり，DH⊥平面ABCであるから，Oは線分DH上にある。

$$\left(\frac{6}{\sqrt{13}}-r\right)^2+\left(\frac{4}{\sqrt{13}}\right)^2=r^2\qquad\therefore\quad r=\frac{\sqrt{13}}{3}$$

である。

212 四面体が正四面体である条件

四面体OABCについて，次の条件1，条件2を考える。

条件1：頂点A，B，Cからそれぞれの対面を含む平面へ下ろした垂線は対面の重心を通る。

条件2：頂点A，B，Cからそれぞれの対面を含む平面へ下ろした垂線は対面の外心を通る。

ただし，四面体のある頂点の対面とは，その頂点を除く他の3つの頂点がなす三角形のことをいう。

(1) 四面体OABCが条件1を満たすならば，それは正四面体であることを示せ。

(2) 四面体OABCが条件2を満たすならば，それは正四面体であることを示せ。

（京都大*）

精講 (1)，(2)とも，**211** 精講 を思い出して考えてみましょう。
(1)では，次のことも必要になるはずです。

空間内に，直線nと平面αがある。nが，α上の平行でない2つの直線l，mと垂直であるとき，nはαと垂直である。すなわち，nはα上のすべての直線と垂直である。

解答 (1) $\triangle$OAB，$\triangle$OBC，$\triangle$OCAの重心をそれぞれG，H，Iとする。辺OAの中点をMとすると，Gは中線BM上に，Iは中線CM上にあるので，BI，CGは平面MBC上にある。

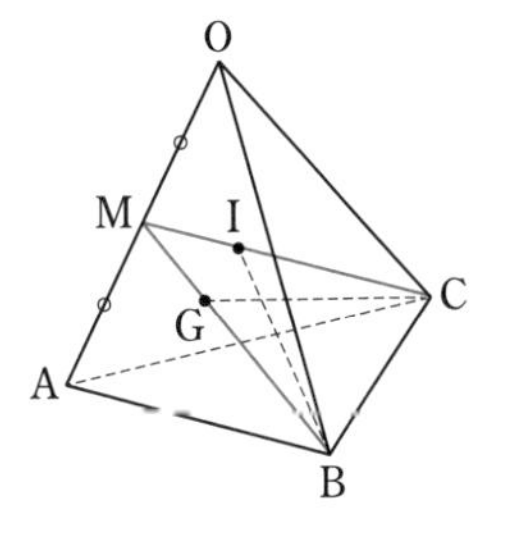

条件1を満たすとき，

$$\text{BI}\perp\text{平面OCA},\ \text{CG}\perp\text{平面OAB}$$

であり，OAは平面OCA，OAB上にあるので，

$$\text{BI}\perp\text{OA},\ \text{CG}\perp\text{OA} \quad \cdots\cdots①$$

である。BI，CGは平面MBC上の平行でない2直線であるから，①より

$$\text{OA}\perp\text{平面MBC}$$

である。

⬅これより，O，Aは平面MBCに関して対称である。

したがって，△OMB，△AMB において，

OM＝AM，MB は共通，∠OMB＝∠AMB＝90°

であるから，

$\triangle OMB \equiv \triangle AMB \quad \therefore \quad OB = AB \quad \cdots\cdots ②$

が成り立つ。同様に，

$\triangle OMC \equiv \triangle AMC \quad \therefore \quad OC = AC \quad \cdots\cdots ③$ ⬅

も成り立つ。

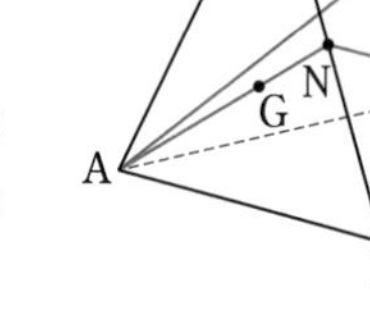

OB の中点を N，OC の中点を L とすると，上と同様の理由から

OB⊥平面 NCA より OA＝BA，OC＝BC …④

OC⊥平面 LAB より OA＝CA，OB＝CB …⑤

が成り立つ。

②，③，④，⑤より

$OA = OB = OC = AB = BC = CA$

であるから，四面体 ABCD は正四面体である。　(証明おわり)

(2) △OAB の外心を D とすると ⬅

$OD = AD = BD \quad \cdots\cdots ⑥$

である。条件 2 を満たすとき，CD は平面 OAB と垂直であるから，△CDO，△CDA，△CDB において，

$\angle CDO = \angle CDA = \angle CDB = 90°$

である。さらに，CD は共通で，⑥が成り立つから

$\triangle CDO \equiv \triangle CDA \equiv \triangle CDB$

$\therefore \quad CO = CA = CB \quad \cdots\cdots ⑦$

⬅これは，211 精講 後半の逆に対応する。

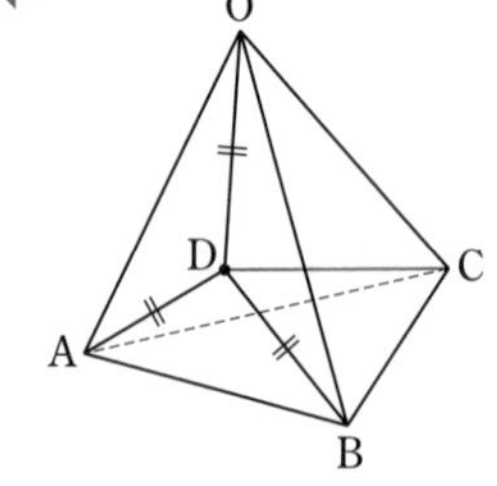

が成り立つ。

△OBC，△OCA の外心を用意すると，上と同様の理由から

$AO = AB = AC, \ BO = BC = BA \quad \cdots\cdots ⑧$

が成り立つ。⑦，⑧より，四面体 OABC は，その 6 辺の長さが等しいので，正四面体である。　(証明おわり)

類題 8　→ 解答 p.370

半径 1 の球に内接する正四面体の 1 辺の長さを求めよ。　(北海道大)

213 図形問題における同値性の証明

平面上の鋭角三角形 △ABC の内部 (辺や頂点は含まない) に点Pをとり，A′ を B，C，P を通る円の中心，B′ を C，A，P を通る円の中心，C′ を A，B，P を通る円の中心とする。このとき A，B，C，A′，B′，C′ が同一円周上にあるための必要十分条件はPが △ABC の内心に一致することであることを示せ。

(京都大)

第2章

精講 2つの条件 p，q において，"p であるための必要十分条件は q である"，すなわち，"p，q は同値である" ことを証明するには

(i) p ならば q である (q は p であるための必要条件)

(ii) q ならば p である (q は p であるための十分条件)

の2つを示す必要があります。それぞれの証明においては，(i)，(ii)のいずれを示そうとしているかを明示しておいた方がよいでしょう。

解答 2つの条件 p，q を

p ：A，B，C，A′，B′，C′ が同一円周上にある

q ：P は △ABC の内心である

とする。

[「$q \Longrightarrow p$」(十分性) の証明]

⬅ A′ が △ABC の外接円上にあることを示そうとしている。

P が △ABC の内心であるから，

$$\angle \mathrm{BPC} = 180^\circ - \frac{1}{2}(B+C)$$
$$= 180^\circ - \frac{1}{2}(180^\circ - A)$$
$$= 90^\circ + \frac{1}{2}A$$

である。

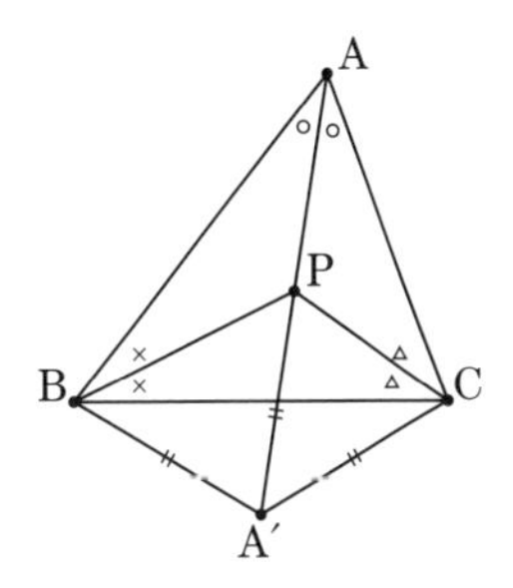

A′ は △BCP の外接円の中心であり，△A′BP，△A′PC はいずれも二等辺三角形であるから，

$$\angle \mathrm{BA'C} = \angle \mathrm{BA'P} + \angle \mathrm{CA'P}$$
$$= (180^\circ - 2\angle \mathrm{BPA'}) + (180^\circ - 2\angle \mathrm{CPA'})$$
$$= 360^\circ - 2\angle \mathrm{BPC}$$
$$= 360^\circ - 2\left(90^\circ + \frac{1}{2}A\right)$$

⬅ $\angle \mathrm{BPA'} + \angle \mathrm{CPA'} = \angle \mathrm{BPC}$

$=180°-A$

である。これより，四角形 ABA′C において

$\angle BAC+\angle BA'C=180°$

であるから，四角形 ABA′C は円に内接する。つまり，A′ は △ABC の外接円上にある。

B′，C′ についても同様であるから，p が成り立つ。

［「$p \Longrightarrow q$」（必要性）の証明］

B，C，P は A′ を中心とする円上にあるから，

$A'B=A'P=A'C$ ……①

であり，同様に

$B'A=B'P=B'C$ ……②

である。

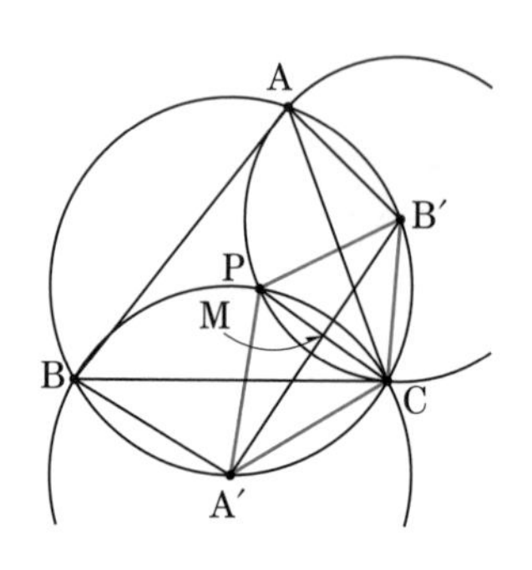

△CA′B′，△PA′B′ において，A′B′ は共通であり，①，②が成り立つから

$\triangle CA'B' \equiv \triangle PA'B'$

である。これより，“C と P は A′B′ に関して対称である”……(＊) から，CP と A′B′ の交点をMとおくと

⬅以下，∠PCB＝∠PCA を示そうとしている。

$\angle CMA'=\angle CMB'=90°$ ……③

である。

①，②より，△A′BC，△B′CA は二等辺三角形であり，

⬅△ABC が鋭角三角形であるから，∠BA′C>90°，∠AB′C>90° より，$\alpha<45°$，$\beta<45°$ である。

$\angle A'BC=\angle A'CB=\alpha$

$\angle B'AC=\angle B'CA=\beta$

とおける。このとき

$\angle MA'C=\angle B'AC=\beta$ （⇦ $\overset{\frown}{B'C}$ の円周角）

$\angle MB'C=\angle A'BC=\alpha$ （⇦ $\overset{\frown}{A'C}$ の円周角）

であるから，③を考え合わせると，

$\angle PCB=\angle MCB=90°-(\alpha+\beta)$

$\angle PCA=\angle MCA=90°-(\alpha+\beta)$

$\therefore \quad \angle PCB=\angle PCA$

である。これより，PC は ∠ACB を 2 等分する。

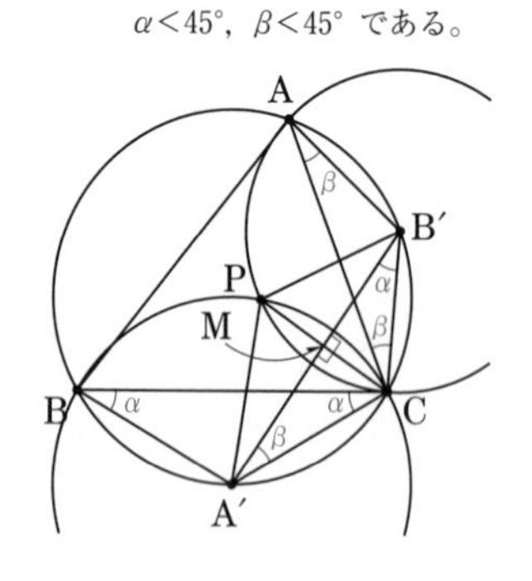

同様に PA，PB はそれぞれ ∠CAB，∠ABC を 2 等分するから，q が成り立つ。 （証明おわり）

参考

1° 「$q \Longrightarrow p$」(十分性) の少し変わった証明法を示しておく。

[「$q \Longrightarrow p$」(十分性) の別証]

Pが△ABCの内心のとき，APは∠BACを2等分するので，APの延長と△ABCの外接円Kとの交点Dは弧BCを2等分する。したがって，

$$DB = DC \quad \cdots\cdots ④$$

である。次に，

$$\angle DBP = \angle PBC + \angle CBD$$
$$= \angle PBC + \angle CAD \quad (\Leftarrow \overset{\frown}{CD} \text{の円周角})$$
$$= \frac{1}{2}(B + A) \quad \cdots\cdots ⑤$$

⬅以下，D＝A′ を示そうとしている。

であり，△ABPの頂点Pにおける外角として

$$\angle DPB = \frac{1}{2}(B + A) \quad \cdots\cdots ⑥$$

である。⑤, ⑥より，△DBPは二等辺三角形であり，

$$DB = DP \quad \cdots\cdots ⑦$$

である。④, ⑦より，Dは△BCPの外心であるから，D＝A′ であり，A′ は外接円K上にある。

同様に，B′, C′ もK上にあるので，pが成り立つ。

2° [「$p \Longrightarrow q$」(必要性) の証明]において，(＊)を示したあと，次のように考えてもよい。

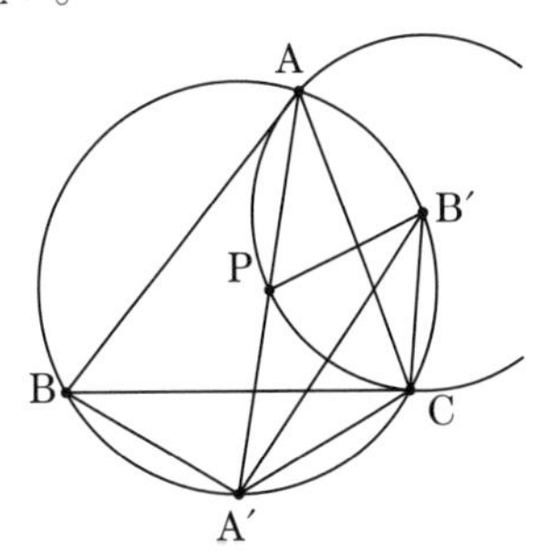

B′ を中心とする円の中心角と円周角の関係から

$$\angle CB'P = 2\angle CAP$$

であるから，(＊)より

$$\angle CB'A' = \frac{1}{2}\angle CB'P = \angle CAP \cdots\cdots ⑧$$

である。次に，△ABCの外接円において

$$\angle CAA' = \angle CB'A' \quad (\overset{\frown}{CA'} \text{の円周角})$$
$$= \angle CAP \quad (\Leftarrow ⑧\text{より})$$

⬅ここでは，A，P，A′ が一直線上にあることを用いていないことに注意する。

であるから，A，P，A′ は一直線上にある。

ここで，BA′＝CA′ より，AA′ は円周角∠BACの2等分線であることを考え合わせると，APは∠BACを2等分することがわかる。

301 対数方程式・指数方程式

(1) a を実数とする。x に関する方程式 $\log_3(x-1)=\log_9(4x-a-3)$ が異なる2つの実数解をもつとき，a のとりうる値の範囲を求めよ。 (新潟大)

(2) a を実数とする。x についての方程式 $\log_2(a+4^x)=x+1$ の実数解をすべて求めよ。 (学習院大)

精講 対数方程式，対数不等式では，まず最初に真数（正の数）の条件，底（1以外の正の数）の条件を確認しましょう。(1)，(2)において，対数を含まない方程式に直したとき，それらの条件の一部が自動的に満たされることを見抜けるかが問われます。

解答 (1) $\log_3(x-1)=\log_9(4x-a-3)$ ……①

において，真数は正であるから

$x-1>0$ ……② かつ $4x-a-3>0$ ……③

である。このとき，①は

$$\log_3(x-1)=\frac{\log_3(4x-a-3)}{\log_3 9}$$

$\therefore\ \log_3(x-1)^2=\log_3(4x-a-3)$

$\therefore\ (x-1)^2=4x-a-3$ ……④

となる。

⇐底の変換公式
a，b，c を1以外の正の数とするとき，
$\log_a b=\dfrac{\log_c b}{\log_c a}$

ここで，②，④が成り立つとき，③は満たされるので，④が②を満たす範囲に異なる2つの実数解をもつような a の範囲を求めることになる。

⇐②，④のもとで
$4x-a-3=(x-1)^2>0$

さらに，④は

$-x^2+6x-4=a$

⇐“パラメタの分離”である。

となるので，放物線

$y=-x^2+6x-4$

$\therefore\ y=-(x-3)^2+5$ ……⑤

と直線 $y=a$ ……⑥ が②に2つの共有点をもつような a の範囲を求めるとよい。右図より

$1<a<5$

である。

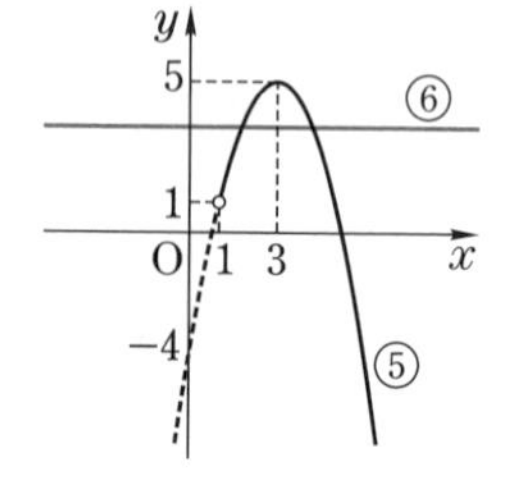

(2) $$\log_2(a+4^x)=x+1 \quad \cdots\cdots ⑦$$

において，真数は正であるから

$$a+4^x>0 \quad \cdots\cdots ⑧$$

である。このとき，⑦は

$$a+4^x=2^{x+1} \quad \cdots\cdots ⑨$$

⬅ $\log_a M=p \Longleftrightarrow M=a^p$

となるが，$2^{x+1}>0$ であるから，⑨のもとで⑧は満たされている。したがって，⑨の実数解を求めるとよい。⑨は

$$(2^x)^2-2\cdot 2^x+a=0$$

となり，ここで，$2^x=X$ とおくと

$$X^2-2X+a=0 \quad \cdots\cdots ⑩$$

となる。Xの2次方程式⑩は

$$1^2-a \geqq 0 \qquad \therefore \quad a \leqq 1$$

⬅ ⑩が実数解Xをもつ条件である。

のもとで，実数解

$$X=1\pm\sqrt{1-a} \quad \cdots\cdots ⑪$$

をもつが，⑨の実数解xに対応するXは⑪のうち$X=2^x>0$ を満たすものである。したがって，以下のようになる。

⬅ 注 2° 参照。

(i) **$a>1$ のとき，実数解はない。**

(ii) **$a=1$ のとき**

$$2^x=1 \qquad \therefore \quad \boldsymbol{x=0}$$

(iii) **$0<a<1$ のとき**

⬅ $1-\sqrt{1-a}>0$ のとき。

$$2^x=1\pm\sqrt{1-a} \qquad \therefore \quad \boldsymbol{x=\log_2(1\pm\sqrt{1-a})}$$

(iv) **$a\leqq 0$ のとき**

$$2^x=1+\sqrt{1-a} \qquad \therefore \quad \boldsymbol{x=\log_2(1+\sqrt{1-a})}$$

⬅ $1-\sqrt{1-a}\leqq 0$，つまり，$a\leqq 0$ のとき $2^x=1-\sqrt{1-a}$ となるxはない。

である。

注 1° (1)においては④の段階で，(2)では⑨の段階で真数条件をうまく処理できることに注目してほしい。

2° (2)では⑩の正の解Xを考えることになるので，

$$-X^2+2X=a$$

として，$Y=-X^2+2X$，$Y=a$ の $X>0$ の範囲にある共有点を調べてもよい。

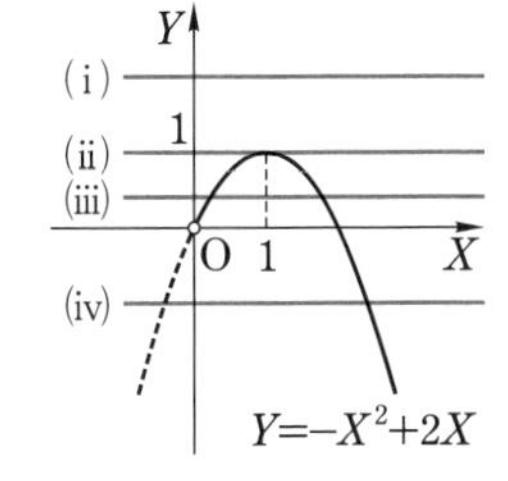

第3章

302 対数不等式

実数aは $a>0$, $a\neq 1$ を満たすとする。このとき，不等式

$$\log_a(x+a)<\log_{a^2}(x+a^2)$$

を満たすxの値の範囲をaを用いて表せ。 (東京学芸大*)

精講 底に文字を含む対数不等式を解くときには，$x>0$ において対数関数$\log_a x$は

$a>1$ のときはxの増加関数，　$0<a<1$ のときはxの減少関数

であることに気をつけましょう。

対数関数$\log_a x$において

$a>1$ のとき　$\log_a x_1<\log_a x_2 \iff 0<x_1<x_2$

$0<a<1$ のとき　$\log_a x_1<\log_a x_2 \iff x_1>x_2>0$

が成り立つ。

解答 $\log_a(x+a)<\log_{a^2}(x+a^2)$ ……①

において，真数は正であるから

$x+a>0$　かつ　$x+a^2>0$

$\therefore$　$x>-a$　かつ　$x>-a^2$ ……②　⬅$x>\max(-a,\ -a^2)$

である。このとき，①は

$$\log_a(x+a)<\frac{\log_a(x+a^2)}{\log_a a^2}$$

$\therefore$　$\log_a(x+a)^2<\log_a(x+a^2)$ ……③　⬅$\log_a a^2=2$ より分母を払うと，$2\log_a(x+a)<\log_a(x+a^2)$

となる。

(i)　$a>1$ ……④　のとき，③は

$(x+a)^2<x+a^2$

$\therefore$　$x(x+2a-1)<0$

$\therefore$　$-2a+1<x<0$ ……⑤　⬅$a>1$ のとき $-2a+1<0$

となる。ここで，④のもとで，

$-a^2<-2a+1<-a$　⬅注 参照。

であるから，①の解は，②かつ⑤より

$-a<x<0$

である。

(ii)　$0<a<1$ のとき　③は

$$(x+a)^2>x+a^2$$

$$\therefore\quad x(x+2a-1)>0 \qquad \cdots\cdots⑥$$

となる。そこで，さらに場合を分けて調べる。

⬅ $x(x+2a-1)=0$ の2つの解 0，$-2a+1$ の大小で場合分けする。

(ii-1)　$\dfrac{1}{2}<a<1$　……⑦　のとき

$$⑥ \iff x<-2a+1 \text{ または } x>0 \quad \cdots\cdots⑧$$

である。ここで，⑦のもとでは

$$-a<-a^2<-2a+1<0$$

⬅ 注 参照。

であるから，①の解は，②かつ⑧より

$$-a^2<x<-2a+1 \text{ または } x>0$$

である。

(ii-2)　$0<a\leqq\dfrac{1}{2}$　……⑨　のとき

$$⑥ \iff x<0 \text{ または } x>-2a+1 \quad \cdots\cdots⑩$$

である。ここで，⑨のもとで，

$$-a<-a^2<0\leqq-2a+1$$

⬅ 注 参照。

であるから，①の解は，②かつ⑩より

$$-a^2<x<0 \text{ または } x>-2a+1$$

である。

以上をまとめると，①の解は，

$\boldsymbol{a>1}$ **のとき**　$\boldsymbol{-a<x<0}$

$\boldsymbol{\dfrac{1}{2}<a<1}$ **のとき**　$\boldsymbol{-a^2<x<-2a+1,\ 0<x}$

$\boldsymbol{0<a\leqq\dfrac{1}{2}}$ **のとき**　$\boldsymbol{-a^2<x<0,\ -2a+1<x}$

である。

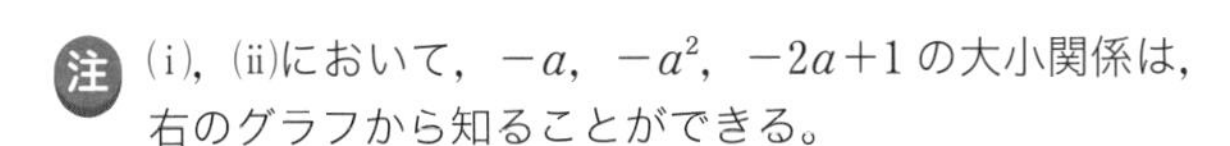

注　(i)，(ii)において，$-a$，$-a^2$，$-2a+1$ の大小関係は，右のグラフから知ることができる。

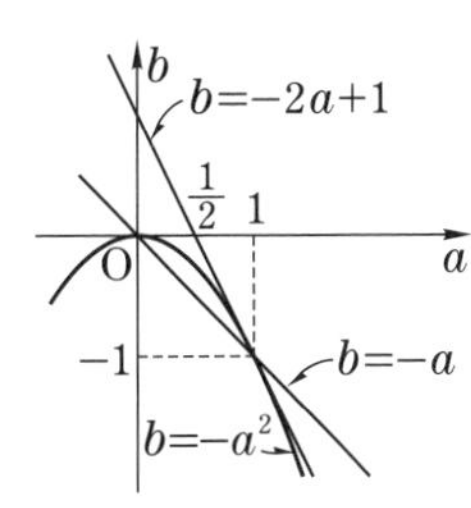

303 対数の値の評価

(1) k, n は不等式 $k \leqq n$ を満たす自然数とする。このとき，
$2^{k-1}n(n-1)(n-2)\cdots(n-k+1) \leqq n^k k!$ が成り立つことを示せ。

(2) 自然数 n に対して，$\left(1+\dfrac{1}{n}\right)^n < 3$ が成り立つことを示せ。

(3) $\log_{10} 3 > \dfrac{9}{19}$ を示せ。

(4) $3^5 < 250$, $2^{10} > 1000$ を用いて，$\log_{10} 3 < \dfrac{12}{25}$ を示せ。 (新潟大*)

精講 (1) $2^{k-1} \leqq k!$, $n(n-1)(n-2)\cdots(n-k+1) \leqq n^k$ に分けて示します。

(2) $\left(1+\dfrac{1}{n}\right)^n$ と $\left(1+\dfrac{1}{n+1}\right)^{n+1}$ の関係は単純ではないので，数学的帰納法は役に立ちません。そこで，二項定理 $(a+b)^n = \sum_{k=0}^{n} {}_n\mathrm{C}_k a^{n-k} b^k$ で $a=1$, $b=\dfrac{1}{n}$ とおいた式を考えると，(1)の不等式を利用できる形が見えるはずです。

(3) たとえば，$\log_{10} 2 > \dfrac{3}{10}$ ……(＊) を示すには，

$$(＊) \iff \log_{10} 2 > \log_{10} 10^{\frac{3}{10}} \iff 2 > 10^{\frac{3}{10}} \iff 2^{10} > 10^3 \quad \cdots\cdots(＊＊)$$

より，(＊＊)を示すことに帰着します。この考え方を適用します。

解答 (1) 自然数 k に対して，$2^{k-1} \leqq k!$ ……①

が成り立つことは以下の通りである。

$k=1$ のとき，①の両辺は1である。

$k \geqq 2$ のとき，
$$k! = k\cdot(k-1)\cdot\cdots\cdot 2\cdot 1$$
$$\geqq 2\cdot 2\cdot\cdots\cdot 2\cdot 1 = 2^{k-1}$$
である。

次に，k, n は自然数で $k \leqq n$ のとき，
$$n\cdot(n-1)\cdot(n-2)\cdot\cdots\cdot(n-k+1)$$
$$\leqq n\cdot n\cdot n\cdot\cdots\cdot n = n^k \quad \cdots\cdots②$$

⬅ k 個の自然数の積である。

であるから，①，②の辺々をかけ合せると，
$$2^{k-1}n(n-1)(n-2)\cdots(n-k+1) \leqq n^k k! \quad \cdots\cdots③$$
が成り立つ。 (証明おわり)

(2) 二項定理より

$$\left(1+\frac{1}{n}\right)^n=\sum_{k=0}^{n}{}_n\mathrm{C}_k\left(\frac{1}{n}\right)^k=\sum_{k=0}^{n}\frac{{}_n\mathrm{C}_k}{n^k} \quad \cdots\cdots④$$

である。

$1\leqq k\leqq n$ のとき，③より

$$\frac{n(n-1)(n-2)\cdots(n-k+1)}{k!\,n^k}\leqq\frac{1}{2^{k-1}}$$

$$\therefore\quad \frac{{}_n\mathrm{C}_k}{n^k}\leqq\left(\frac{1}{2}\right)^{k-1} \quad \cdots\cdots⑤$$

であるから，④において，⑤を用いると

$$\left(1+\frac{1}{n}\right)^n=1+\sum_{k=1}^{n}\frac{{}_n\mathrm{C}_k}{n^k}\leqq1+\sum_{k=1}^{n}\left(\frac{1}{2}\right)^{k-1}$$

$$=1+\frac{1-\left(\frac{1}{2}\right)^n}{1-\frac{1}{2}}=3-\left(\frac{1}{2}\right)^{n-1}$$

$$\therefore\quad \left(1+\frac{1}{n}\right)^n<3 \quad \cdots\cdots⑥$$

が成り立つ。 (証明おわり)

← $\sum_{k=0}^{n}\frac{{}_n\mathrm{C}_k}{n^k}={}_n\mathrm{C}_0+\sum_{k=1}^{n}\frac{{}_n\mathrm{C}_k}{n^k}$

(3) ⑥において，$n=9$ とおくと

$$\left(\frac{10}{9}\right)^9<3 \qquad \therefore\quad 10^9<3^{19}$$

となる。両辺の 10 を底とする対数をとると，

$$\log_{10}10^9<\log_{10}3^{19} \qquad \therefore\quad \log_{10}3>\frac{9}{19}$$

が成り立つ。 (証明おわり)

← $\log_{10}3>\frac{9}{19}$
$\iff 3>10^{\frac{9}{19}} \iff 3^{19}>10^9$
そこで，⑥の左辺が 3，10 のべき乗となるような n を探した。

(4) $3^5=243<250=\frac{10^3}{2^2}$，$2^{10}=1024>10^3$ より

$$3^{25}=(3^5)^5<\left(\frac{10^3}{2^2}\right)^5=\frac{10^{15}}{2^{10}}<\frac{10^{15}}{10^3}=10^{12}$$

$$\therefore\quad 3^{25}<10^{12}$$

であるから，(3)と同様にして

$$\log_{10}3<\frac{12}{25}$$

が成り立つ。 (証明おわり)

← $\log_{10}3<\frac{12}{25} \iff 3^{25}<10^{12}$

← $\frac{9}{19}=0.47\cdots$，$\frac{12}{25}=0.48$ と (3)，(4)より
$0.47<\log_{10}3<0.48$
がわかる。

304 素因数は2と5に限る 100 桁の自然数

次の問いに答えよ。ただし，$0.3010<\log_{10}2<0.3011$ であることは用いてよい。

(1) 100 桁以下の自然数で，2 以外の素因数をもたないものの個数を求めよ。

(2) 100 桁の自然数で，2 と 5 以外の素因数をもたないものの個数を求めよ。

(京都大)

精講 (2) 2 と 5 以外の素因数をもたない自然数Nは $N=2^k\cdot5^l$ (k，l は 0 以上の整数) と表されますが，Nが 100 桁の整数であるためのk，lの条件を調べるのは，簡単ではありません。そこで，$k=l$，$k>l$，$k<l$ のとき，Nはそれぞれ 10^k $(=10^l)$，$2^{k-l}\cdot10^l$ $(k-l\geqq1)$，$5^{l-k}\cdot10^k$ $(l-k\geqq1)$ と表されることに着目しましょう。

解答 (1) 2 以外の素因数をもたない自然数は 2^m (m は 0 以上の整数) と表され，これが 100 桁以下である条件は

$$2^m<10^{100}$$

である。これは

$$\log_{10}2^m<\log_{10}10^{100} \qquad \therefore \quad m<\frac{100}{\log_{10}2} \qquad \cdots\cdots①$$

となる。ここで

$$332.1\cdots=\frac{100}{0.3011}<\frac{100}{\log_{10}2}<\frac{100}{0.3010}=332.2\cdots$$

であり，m は 0 以上の整数であるから，①より，

$$0\leqq m\leqq332 \qquad \cdots\cdots②$$

である。これより，求める個数は **333** (個) である。

⬅ 101 桁の最小の自然数は 10^{100} である。

⬅ $0.3010<\log_{10}2<0.3011$ より。

(2) 2 と 5 以外の素因数をもたない自然数は

(i) 10^p (ii) $2^q\cdot10^p$ (iii) $5^r\cdot10^p$

(p は 0 以上の整数，q，r は正の整数)

のいずれかで表される。この中で，100 桁であるものの個数を調べる。

(i)のとき，10^{99} の 1 個だけである。

(ii)のとき，$2^q\cdot10^p$ が 100 桁である…(＊) 条件は

$$10^{99} \leqq 2^q \cdot 10^p < 10^{100} \quad \cdots\cdots ③$$

である。③で，$p=0,\ 1,\ 2,\ \cdots$ とおいたとき，q の満たすべき条件は

$$\left.\begin{array}{ll} p=0 \text{ のとき} & 10^{99} \leqq 2^q < 10^{100} \\ p=1 \text{ のとき} & 10^{98} \leqq 2^q < 10^{99} \\ p=2 \text{ のとき} & 10^{97} \leqq 2^q < 10^{98} \\ \quad\vdots & \quad\vdots \\ p=99 \text{ のとき} & 1 \leqq 2^q < 10 \end{array}\right\} \quad \cdots\cdots(*)$$

である。逆に，これらの不等式から，

$$1 \leqq 2^q < 10^{100} \quad \cdots\cdots ④$$

を満たす正の整数 q に対しては，$(*)$ を成り立たせる 0 以上の整数 p がただ 1 つ存在することになる。

そこで，④を満たす正の整数 q の個数を求めると，(1)の結果から，$1 \leqq q \leqq 332$ であるから，332 個である。

⬅100 桁の最小の自然数は 10^{99} である。

⬅$10^{99} \leqq 2^q \cdot 10 < 10^{100}$ より。

⬅2^q は $(*)$ の不等式の中のいずれか 1 つを満たすので。

⬅(1)の“0 以上の整数 m”の代わりに“正の整数 q”と考える。

(iii)のとき，$5^r \cdot 10^p$ が 100 桁である…$(**)$ 条件は

$$10^{99} \leqq 5^r \cdot 10^p < 10^{100} \quad \cdots\cdots ⑤$$

である。⑤で，$p=0,\ 1,\ 2,\ \cdots$ とおいたとき，r の満たすべき条件を調べると，(ii)のときと全く同様に

$$1 \leqq 5^r < 10^{100} \quad \cdots\cdots ⑥$$

を満たす正の整数 r に対して，$(**)$ を成り立たせる 0 以上の整数 p がただ 1 つ存在することになる。

⑥の右半分は

$$\log_{10} 5^r < \log_{10} 10^{100} \qquad \therefore \quad r < \frac{100}{1-\log_{10} 2}$$

となる。ここで，

$$143.06\cdots = \frac{100}{1-0.3010} < \frac{100}{1-\log_{10} 2} < \frac{100}{1-0.3011} = 143.08\cdots$$

であり，⑥を満たす正の整数 r は $1 \leqq r \leqq 143$ であるから，143 個である。

⬅$r\log_{10} 5 < 100$，$\log_{10} 5 = \log_{10} \frac{10}{2} = 1-\log_{10} 2$ より。

(i)，(ii)，(iii)より，求める個数は

$$1+332+143=\mathbf{476}\ (\text{個})$$

である。

第3章

305 2^n の桁数と最高位の数

(1) 2^{555} を十進法で表したときの桁数と最高位(先頭)の数字を求めよ。ただし，$\log_{10}2=0.3010$ とする。

☆ (2) 集合 $\{2^n | n$ は整数で $1 \leqq n \leqq 555\}$ の中に，十進法で表したとき最高位の数字が1となるもの，4となるものはそれぞれ何個あるか。　(早稲田大*)

精講　(1)

正の整数Nにおいて，

$$\log_{10}N=m+\alpha \quad (m \text{は0以上の整数，} 0 \leqq \alpha < 1)$$

であるとき，

$$\log_{10}10^m=m \leqq \log_{10}N < m+1=\log_{10}10^{m+1}$$

$$\therefore \quad 10^m \leqq N < 10^{m+1}$$

より，Nは$(m+1)$桁の整数で，Nの最高位の数aは

$$a \cdot 10^m \leqq N < (a+1) \cdot 10^m \text{，つまり，}$$

$$\log_{10}a \leqq \alpha < \log_{10}(a+1)$$

を満たす1桁の正の整数である。

$N=2^{555}$ のとき，m，α を計算し，a を求めることになります。

(2) $2^n\,(n=1, 2, 3, \cdots, 555)$ の中で同じ桁数の数を順に取り出し，それらの最高位の数の変化のパターンをすべて書き出してみると，最高位が4であるものが現れるときには同じ桁の数の個数に特徴があるはずです。

解答　(1) $\log_{10}2=0.3010$ より

$$\log_{10}2^{555}=555\log_{10}2$$
$$=555 \times 0.3010=167.055$$

であるから，

$$167 < \log_{10}2^{555} < 167+\log_{10}2$$

⬅ $0.055 < \log_{10}2$ より。

$$\therefore \quad \log_{10}10^{167} < \log_{10}2^{555} < \log_{10}2 \cdot 10^{167}$$

$$\therefore \quad 10^{167} < 2^{555} < 2 \cdot 10^{167}$$

⬅ 10^{167} は168桁の最小の整数である。

である。これより，2^{555} は**168**桁で，その最高位の数字は**1**である。

(2) 一般に正の整数Nの最高位の数を $g(N)$ と表すことにすると，

$$(S)\begin{cases} g(N)=1 \text{ のとき} & g(2N)=2 \text{ または } 3 \\ g(N)=2 \text{ のとき} & g(2N)=4 \text{ または } 5 \\ g(N)=3 \text{ のとき} & g(2N)=6 \text{ または } 7 \\ g(N)=4 \text{ のとき} & g(2N)=8 \text{ または } 9 \\ g(N)\geqq 5 \text{ のとき} & g(2N)=1 \end{cases}$$

である。

⇐たとえば，
$N=12$ のとき
$g(N)=1$，$g(2N)=2$
$N=18$ のとき
$g(N)=1$，$g(2N)=3$

⇐$g(N)\geqq 5$ のとき，$2N$ はNより1桁増えて，$g(2N)=1$となる。

これより，2^n ($n=1, 2, 3, \cdots, 555$) のうち桁上がりした最初の数の最高位の数字だけが1であり，そのような数は2桁 ($2^4=16$) から168桁 (2^{555}) まで1個ずつあるので，最高位の数字が1であるものは

$168-1=\mathbf{167}$ (個)

である。

⇐1桁の数2，$2^2=4$，$2^3=8$ の最高位の数は1でない。

次に，$2^1=2$，$2^2=4$，$2^3=8$ と最高位の数が1である 2^{555} を除いた551個の 2^n ($n=4, 5, \cdots, 554$) について，同じ桁の数の最高位の数字の変わり方を調べると，(S) より

(i) $1 \longrightarrow 2 \longrightarrow 4 \longrightarrow 8$ または $9 \longrightarrow (1)$
(ii) $1 \longrightarrow 2 \longrightarrow 5 \longrightarrow (1)$
(iii) $1 \longrightarrow 3 \longrightarrow 6$ または $7 \longrightarrow (1)$

のいずれかで，4が現れるのは(i)だけである。ここで，(i)では同じ桁の数が4個あり，(ii)，(iii)では同じ桁の数が3個である。

⇐2桁：16，32，64は(iii)型，
3桁：128，256，512は(ii)型，
4桁：1024，2048，4096，8192は(i)型
である。

したがって，2^4 の2桁から 2^{554} の167桁までの桁のうち，2^n ($n=4, 5, \cdots, 554$) で表される数を4個含む桁がx個で，3個しか含まない桁がy個であるとすると，

$$\begin{cases} x+y=166 \\ 4x+3y=551 \end{cases}$$

が成り立つ。これを解くと

$x=53$，$y=113$

⇐桁の種類は2桁から167桁までの166。

となるから，2桁以上で最高位の数が4であるものが53個ある。あと，1桁の $2^2=4$ を加えると，

$53+1=\mathbf{54}$ (個)

である。

⇐4個含む桁だけに最高位の数が4である数が1個ずつある。

第3章

306 対数不等式を満たす点 $(x,\ y)$ の領域

$x,\ y$ は $x \neq 1,\ y \neq 1$ を満たす正の数で，不等式

$$\log_x y + \log_y x > 2 + (\log_x 2)(\log_y 2)$$

を満たすとする。このとき $x,\ y$ の組 $(x,\ y)$ の範囲を座標平面上に図示せよ。

（京都大）

精講 まず，対数の底を 2 に統一します。そのあとで，1 つの辺に式をまとめて整理します。結果は分数式となるはずですが，不等式ですから，簡単に分母を払うことはできません。分母が正の場合，負の場合に分けて調べることになります。

$$\log_x y + \log_y x > 2 + (\log_x 2)(\log_y 2) \quad \cdots\cdots①$$

においては，

$$x>0,\ x \neq 1,\ y>0,\ y \neq 1$$

である。

①の対数の底を 2 に統一すると

$$\frac{\log_2 y}{\log_2 x} + \frac{\log_2 x}{\log_2 y} > 2 + \frac{1}{\log_2 x} \cdot \frac{1}{\log_2 y} \quad \cdots\cdots②$$

となる。

⬅ 底の変換公式
$a,\ b,\ c$ を 1 以外の正の数とするとき，
$\log_a b = \dfrac{\log_c b}{\log_c a}$
特に
$\log_a b = \dfrac{1}{\log_b a}$

$$\log_2 x = X,\ \log_2 y = Y$$

とおくと，②は

$$\frac{Y}{X} + \frac{X}{Y} > 2 + \frac{1}{X} \cdot \frac{1}{Y}$$

$$\therefore\ \frac{Y^2 + X^2 - 2XY - 1}{XY} > 0$$

$$\therefore\ \frac{(Y-X)^2 - 1}{XY} > 0$$

$$\therefore\ \frac{(Y-X+1)(Y-X-1)}{XY} > 0$$

となるので，$x,\ y$ の式に戻すと

$$Y - X = \log_2 y - \log_2 x = \log_2 \frac{y}{x}$$

であるから

$$\frac{\left(\log_2\frac{y}{x}+1\right)\left(\log_2\frac{y}{x}-1\right)}{\log_2 x\log_2 y}>0 \qquad \cdots\cdots③$$

となる。

③において，

(i) (分母)>0，すなわち，“$x>1$ かつ $y>1$”または，“$0<x<1$ かつ $0<y<1$”……④ のとき

(分子)>0 であるから，

$$\log_2\frac{y}{x}<-1 \quad \text{または} \quad \log_2\frac{y}{x}>1$$

$$\therefore \quad \log_2\frac{y}{x}<\log_2\frac{1}{2} \text{ または } \log_2\frac{y}{x}>\log_2 2$$

$$\therefore \quad \frac{y}{x}<\frac{1}{2} \quad \text{または} \quad \frac{y}{x}>2$$

$$\therefore \quad y<\frac{1}{2}x \quad \text{または} \quad y>2x \qquad \cdots\cdots⑤$$

である。

← $u=\log_2\frac{y}{x}$ とおくと
(分子)>0
$\Longleftrightarrow (u+1)(u-1)>0$
$\Longleftrightarrow u<-1$ または $u>1$

(ii) (分母)<0，すなわち，“$x>1$ かつ $0<y<1$”または，“$0<x<1$ かつ $y>1$”……⑥ のとき

(分子)<0 であるから，

$$-1<\log_2\frac{y}{x}<1$$

← $\log_2\frac{1}{2}<\log_2\frac{y}{x}<\log_2 2$

$$\therefore \quad \frac{1}{2}<\frac{y}{x}<2$$

$$\therefore \quad \frac{1}{2}x<y<2x \qquad \cdots\cdots⑦$$

である。

$(x,\ y)$ の存在範囲は

“④かつ⑤”または“⑥かつ⑦”

であるから，右図の斜線部分（境界は除く）である。

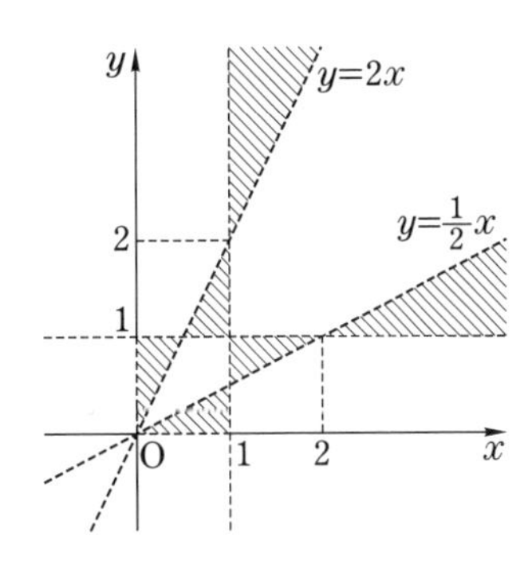

類題 9 → 解答 p.371

次の不等式の表す領域を xy 平面に図示せよ。

$$\log_{10}\left(\frac{10^x\times10^y}{10}+10000\times\frac{100^x}{100^y}-1000\times\frac{10^{3x}}{10^y}\right)\geqq 0$$

（東北大）

401 座標平面上の三角形の外心と内心

座標平面において，3直線 $x+3y-7=0$，$x-3y-1=0$，$x-y+1=0$ によって囲まれた三角形を T とする。

(1) T の外心の座標と T の外接円の半径 R を求めよ。

(2) T の内心の座標と T の内接円の半径 r を求めよ。

精講 三角形の外心，内心について復習しておきましょう。

△ABC の外心とは，△ABC の外接円の中心であるから，

・3頂点からの距離が等しい点

・3辺の垂直二等分線の交点

である。また，△ABC の内心とは，△ABC の内接円の中心であるから，

・△ABC の内部にあって，3辺までの距離が等しい点 ……(＊)

・3つの内角の二等分線の交点

である。

(2)では，(＊)を用いて内心の座標を求めることになります。そこで，座標平面における点と直線の距離の公式を導いておきましょう。

点 $P(x_0,\ y_0)$ から直線 $l: ax+by+c=0$ までの距離 d は

$$d=\frac{|ax_0+by_0+c|}{\sqrt{a^2+b^2}}$$

である。

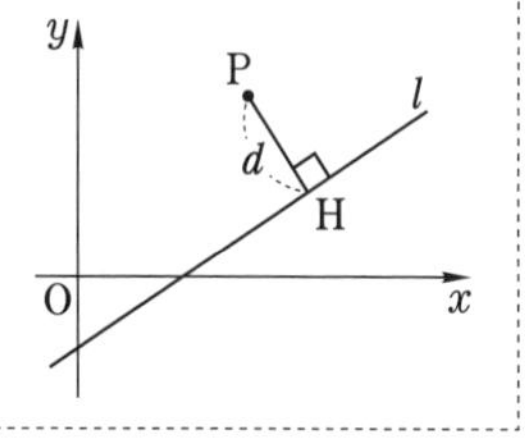

$P(x_0,\ y_0)$ を通り，l と垂直な直線 $m: b(x-x_0)-a(y-y_0)=0$ と l との交点を $H(X,\ Y)$ とおく。H は l 上にあり，かつ m 上にあるから，

$$aX+bY+c=0 \quad \cdots\cdots ㋐,\quad b(X-x_0)-a(Y-y_0)=0 \quad \cdots\cdots ㋑$$

である。$d=PH=\sqrt{(X-x_0)^2+(Y-y_0)^2}$ を求めるのに便利なように，㋐を

$$a(X-x_0)+b(Y-y_0)=-(ax_0+by_0+c) \quad \cdots\cdots ㋒$$

と書き直しておく。ここで，㋑，㋒の辺々を2乗して，加え合わせると

$$(a^2+b^2)\{(X-x_0)^2+(Y-y_0)^2\}=(ax_0+by_0+c)^2$$

つまり，

$$(a^2+b^2)\cdot PH^2=(ax_0+by_0+c)^2$$

となるので，これより，

$$d=\mathrm{PH}=\frac{|ax_0+by_0+c|}{\sqrt{a^2+b^2}}$$

である。

(1)　3直線を

$x+3y-7=0$　……①

$x-3y-1=0$　……②

$x-y+1=0$　……③

とする。

①と②の交点 A(4, 1)，②と③の交点 B(−2, −1)，③と①の交点 C(1, 2) を頂点とする三角形，つまり，△ABC が T である。

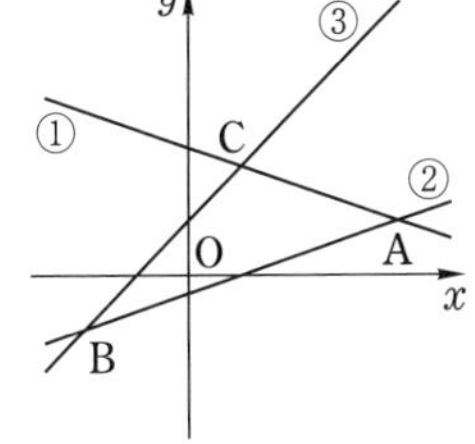

T の外心を D(p, q) とすると，

$\mathrm{DA}=\mathrm{DB}=\mathrm{DC}=R$　……④

である。$\mathrm{DA}^2=\mathrm{DB}^2$ より

$(p-4)^2+(q-1)^2=(p+2)^2+(q+1)^2$

$\therefore\ 3p+q=3$

$\mathrm{DB}^2=\mathrm{DC}^2$ より

$(p+2)^2+(q+1)^2=(p-1)^2+(q-2)^2$

$\therefore\ p+q=0$

← Dは辺AB，BCの垂直二等分線上にあると考えても同じである。

であるから，$p=\frac{3}{2}$，$q=-\frac{3}{2}$ である。よって，

外心 $\mathrm{D}\left(\frac{3}{2},\ -\frac{3}{2}\right)$ であり，④より

$$R=\mathrm{DA}=\sqrt{\left(\frac{3}{2}-4\right)^2+\left(-\frac{3}{2}-1\right)^2}=\mathbf{\frac{5\sqrt{2}}{2}}$$

である。

(2)　T の内心を I(s, t) とする。I から △ABC の3辺までの距離，つまり，I から3直線①，②，③までの距離が内接円の半径 r に等しいから

$$\frac{|s+3t-7|}{\sqrt{10}}=\frac{|s-3t-1|}{\sqrt{10}}=\frac{|s-t+1|}{\sqrt{2}}=r\quad\cdots\cdots⑤$$

である。

内心 I は T の内部にあり，T の内部を表す不等式は

$x+3y-7<0$　かつ　$x-3y-1<0$
かつ　$x-y+1>0$
であるから,
$s+3t-7<0$　かつ　$s-3t-1<0$
かつ　$s-t+1>0$
である。

← Tの内部は, 直線①に関しては原点$O(0,\ 0)$を含む方であると考えると, $x+3y-7<0$ を満たす。直線②, ③についても同様である。

したがって, ⑤は

$$\frac{-(s+3t-7)}{\sqrt{10}}=\frac{-(s-3t-1)}{\sqrt{10}}=\frac{s-t+1}{\sqrt{2}} \quad \cdots\cdots⑥$$

← ⑤を満たす点$(s,\ t)$は内心の他にもある。参考 参照。

となる。⑥の左半分より, $t=1$ であるから, 右半分より

$$-(s-4)=\sqrt{5}s \qquad \therefore \quad s=\sqrt{5}-1$$

である。

よって, 内心 **I$(\sqrt{5}-1,\ 1)$** であり, ⑤より

$$r=\frac{\sqrt{5}-1}{\sqrt{2}}=\boldsymbol{\frac{\sqrt{10}-\sqrt{2}}{2}}$$

である。

参考

(2)において, 3直線①, ②, ③までの距離が等しい点, つまり, ⑤を満たす点$(s,\ t)$はI$(\sqrt{5}-1,\ 1)$以外にも存在する。たとえば, ABの延長, ACの延長, 辺BCと接する円(△ABCの傍接円の一つ)の中心(傍心)JをJ$(s,\ t)$とおくと, ⑤を満たし, さらに,

$$s+3t-7<0 \quad かつ \quad s-3t-1<0 \quad かつ \quad s-t+1<0$$

を満たすので, $t=1$, $s=-\sqrt{5}-1$ より, J$(-\sqrt{5}-1,\ 1)$が得られる。

類題 10　→解答 p.372

平面上に, 点Oを中心とし点A_1, A_2, A_3, A_4, A_5, A_6を頂点とする正六角形がある。Oを通りその平面上にある直線lを考え, 各A_kとlとの距離をそれぞれd_kとする。このとき

$$D={d_1}^2+{d_2}^2+{d_3}^2+{d_4}^2+{d_5}^2+{d_6}^2$$

はlによらず一定であることを示し, その値を求めよ。ただし, $OA_k=r$ とする。

(大阪大)

402 座標平面上の２直線のなす角

xy 平面の放物線 $y=x^2$ 上の 3 点 P，Q，R が次の条件を満たしている。

△PQR は 1 辺の長さ a の正三角形であり，点 P，Q を通る直線の傾きは $\sqrt{2}$ である。このとき，a の値を求めよ。 （東京大）

精講 正三角形 PQR の内角に着目すると，「直線 PQ の傾きは $\sqrt{2}$ であり，直線 PR，QR が PQ となす角が 60° であるから，PR，QR の傾きが決まる」ことがわかります。そこで，座標平面上の 2 直線の傾きとそれら 2 直線のなす角の関係を復習しておきましょう。

2 直線 $l_1：y=m_1x+n_1$，$l_2：y=m_2x+n_2$ のなす角を $\theta\ (0°\leqq\theta\leqq 90°)$ とするとき，

$$\tan\theta=\left|\frac{m_1-m_2}{1+m_1m_2}\right|$$

である。ただし，$m_1m_2=-1$ のときには，$\theta=90°$ と考える。

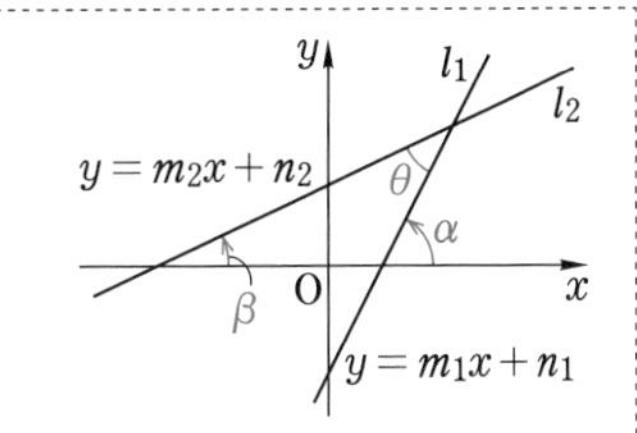

x 軸の正の向きから l_1，l_2 までの角を α，β とすると，

$$\tan\alpha=m_1,\ \tan\beta=m_2$$

であり，右上図の場合には $\theta=\alpha-\beta$ となるから，

$$\tan\theta=\tan(\alpha-\beta)$$

となる。一般には，$\alpha<\beta$ などの場合を含めて，

$$\tan\theta=|\tan(\alpha-\beta)|=\left|\frac{\tan\alpha-\tan\beta}{1+\tan\alpha\tan\beta}\right|=\left|\frac{m_1-m_2}{1+m_1m_2}\right|$$

が成り立つ。

解答 x 軸の正の向きから直線 PQ までの角を $\alpha\ (0°<\alpha<90°)$ とおくと

$$\tan\alpha=\sqrt{2}$$

であり，x 軸の正の向きから，直線 PR，QR までの角は $\alpha\pm 60°$ であるから，それらの傾きは

$$\tan(\alpha\pm 60°)=\frac{\tan\alpha\pm\tan 60°}{1\mp\tan\alpha\tan 60°}$$

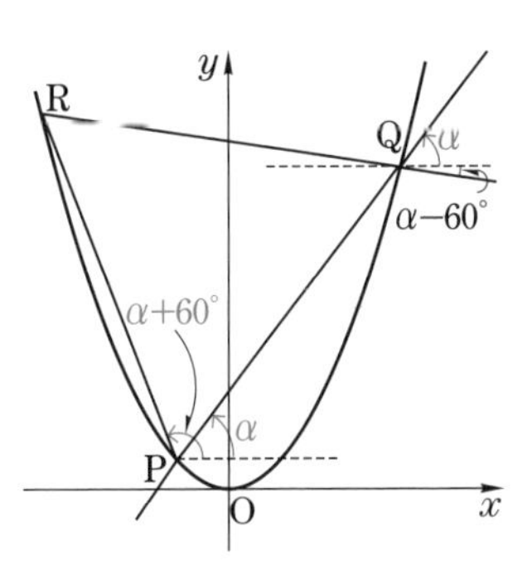

$$=\frac{\sqrt{2}\pm\sqrt{3}}{1\mp\sqrt{2}\cdot\sqrt{3}}=\frac{-4\sqrt{2}\mp3\sqrt{3}}{5}\ (\text{複号同順})$$

である。

一方，$P(p,\ p^2)$，$Q(q,\ q^2)$，$R(r,\ r^2)$ とおくと，PQ，PR，QR の傾きは順に

$$p+q,\ p+r,\ q+r$$

であるから，上に示したことと合わせると

⬅たとえば，PQ の傾きは $\frac{p^2-q^2}{p-q}=p+q$ である。

$$\begin{cases} p+q=\sqrt{2} & \cdots\cdots① \\ p+r=\frac{-4\sqrt{2}-3\sqrt{3}}{5} & \cdots\cdots② \\ q+r=\frac{-4\sqrt{2}+3\sqrt{3}}{5} & \cdots\cdots③ \end{cases}$$

⬅図における P，Q が入れ換わる，すなわち，②，③で p，q が入れ換わっても，$(q-p)^2$ は変わらないので，結果は同じ。

となり，③－② より

$$q-p=\frac{6\sqrt{3}}{5} \quad \cdots\cdots④$$

が得られる。したがって，①，④より

$$a^2=PQ^2=(q-p)^2+(q^2-p^2)^2$$
$$=(q-p)^2\{1+(p+q)^2\}$$
$$=\left(\frac{6\sqrt{3}}{5}\right)^2\{1+(\sqrt{2})^2\}=\left(\frac{18}{5}\right)^2$$

⬅$p=\frac{5\sqrt{2}-6\sqrt{3}}{10}$，$q=\frac{5\sqrt{2}+6\sqrt{3}}{10}$ を求めてもよい。

$$\therefore\quad \boldsymbol{a=\frac{18}{5}}$$

である。

精講 放物線 $y=x^2$ 上の 2 点 P，Q が (PQ の傾き)$=\sqrt{2}$，PQ$=a$ を満たすことから，PQ の中点 M の座標は a だけで表されます。次に，$R(r,\ r^2)$ が M を通り PQ に垂直な直線上にあることから求められる MR の長さに着目し，正三角形 PQR において，a と r が満たす関係式を導くことによって，a の値を求めることもできます。

別解 $P(p,\ p^2)$，$Q(q,\ q^2)$，$R(r,\ r^2)$ とおく。

PQ の傾きが $\sqrt{2}$ であるから

$$\frac{p^2-q^2}{p-q}=\sqrt{2} \qquad \therefore\quad p+q=\sqrt{2}$$

であり，辺 PQ の長さが a であるから

$$\sqrt{1+(\sqrt{2})^2}|p-q|=a, \quad \therefore \quad |p-q|=\frac{a}{\sqrt{3}}$$

←直線 $y=mx+n$ 上の2点 $A(\alpha,\ m\alpha+n)$, $B(\beta,\ m\beta+n)$ 間の距離は
$AB=\sqrt{1+m^2}|\alpha-\beta|$
である。
ここで，P，Q は傾き $\sqrt{2}$ の直線上にある。

である。これより，

$$p^2+q^2=\frac{1}{2}\{(p+q)^2+(p-q)^2\}=1+\frac{a^2}{6}$$

であるから，PQ の中点を M とすると

$$M\left(\frac{p+q}{2},\ \frac{p^2+q^2}{2}\right)=\left(\frac{\sqrt{2}}{2},\ \frac{1}{2}+\frac{a^2}{12}\right)$$

である。M を通り，PQ に垂直な直線

$$y=-\frac{1}{\sqrt{2}}\left(x-\frac{\sqrt{2}}{2}\right)+\frac{1}{2}+\frac{a^2}{12}$$

$$\therefore \quad y=-\frac{1}{\sqrt{2}}x+1+\frac{a^2}{12} \quad \cdots\cdots⑤$$

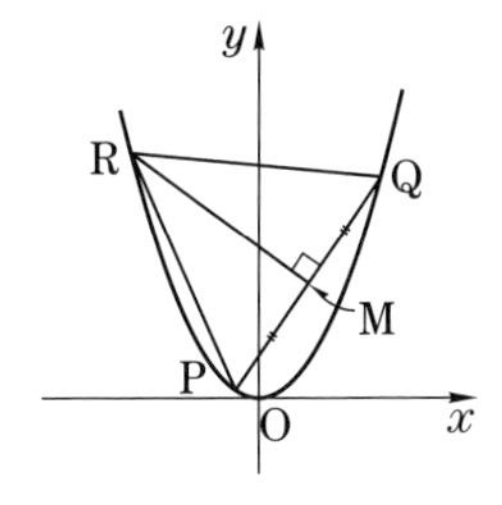

上に $R(r,\ r^2)$ があるので，

$$r^2=-\frac{1}{\sqrt{2}}r+1+\frac{a^2}{12} \quad \cdots\cdots⑥$$

である。また，$MR=\frac{\sqrt{3}}{2}PQ=\frac{\sqrt{3}}{2}a$ であるから

$$\sqrt{1+\left(-\frac{1}{\sqrt{2}}\right)^2}\left|r-\frac{\sqrt{2}}{2}\right|=\frac{\sqrt{3}}{2}a$$

$$\therefore \quad a=\sqrt{2}\left|r-\frac{\sqrt{2}}{2}\right| \quad \cdots\cdots⑦$$

←M，R は⑤上にあるから，
MR
$=\sqrt{1+\left(-\frac{1}{\sqrt{2}}\right)^2}\left|r-\frac{\sqrt{2}}{2}\right|$

である。⑦を⑥に代入して，

$$r^2=-\frac{1}{\sqrt{2}}r+1+\frac{1}{12}\left\{\sqrt{2}\left|r-\frac{\sqrt{2}}{2}\right|\right\}^2$$

$$\therefore \quad 10r^2+8\sqrt{2}r-13=0$$

$$\therefore \quad (\sqrt{2}r-1)(5\sqrt{2}r+13)=0$$

$$r=\frac{1}{\sqrt{2}},\ -\frac{13}{5\sqrt{2}}$$

である。$a>0$ であるから，⑦より

$$a=\sqrt{2}\left|-\frac{13}{5\sqrt{2}}-\frac{\sqrt{2}}{2}\right|=\frac{18}{5}$$

←$r=\frac{1}{\sqrt{2}}$ とすれば，
$a-0$ となるので，
$r=-\frac{13}{5\sqrt{2}}$ である。

である。

403 2つの円の交点を通る直線

2つの円 C_1：$x^2+y^2-4y+3=0$，C_2：$x^2+y^2-6x-2ay+9=0$ が異なる2点P，Qで交わっている。

(1) 定数aの値の範囲を求めよ。

(2) 2交点P，Qを通る直線の方程式を求めよ。

(3) 線分PQの長さが$\sqrt{2}$となるときのaの値を求めよ。

精講 半径がr_1，r_2の2つの円が2点で交わるための条件：

$$|r_1-r_2|<(\text{中心間の距離})<r_1+r_2$$

を利用すると，(1)だけは求まりますが，(2)，(3)にはつながりません。

2つの円C_1，C_2の共有点は，実は，円C_1とある直線との共有点とみなすことができます。その直線とは何かがわかれば，問題は解決します。

一般に，座標平面上の2つの円が2点で交わるとき，2交点を通る直線，円について次のことが成り立ちます。これをC_1，C_2に適用するとよいでしょう。

2つの円　$f(x,\ y)=x^2+y^2+ax+by+c=0$　……㋐

$g(x,\ y)=x^2+y^2+px+qy+r=0$　……㋑

(a，b，c，p，q，rは定数)が2点P，Qで交わっているとする。

このとき，直線PQは

㋐−㋑　：$f(x,\ y)-g(x,\ y)=0$　……㋒

で表される。また，$k\neq-1$ のとき

㋐+㋑×k：$f(x,\ y)+kg(x,\ y)=0$　……㋓

は2点P，Qを通る円を表す。(ただし，P，Qを通る円のうち円㋑だけは㋓の形で表されないことに注意する。)

$\mathrm{P}(x_1,\ y_1)$とおくと，点Pが円㋐，㋑上にあることから，

$$f(x_1,\ y_1)=g(x_1,\ y_1)=0$$

であるので，kを定数とするとき，

$$f(x_1,\ y_1)+kg(x_1,\ y_1)=0$$

が成り立つ。したがって，$\mathrm{P}(x_1,\ y_1)$は

$$f(x,\ y)+kg(x,\ y)=0 \quad \cdots\cdots ㋔$$

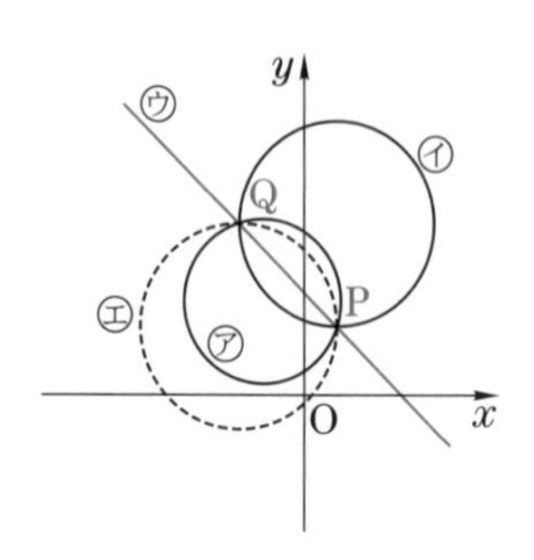

で表される図形上にある。同様に $\mathrm{Q}(x_2,\ y_2)$ も㋔上にある。

特に，$k=-1$ のとき，㋔は

$$f(x,\ y)-g(x,\ y)=0 \qquad \cdots\cdots ㋒$$

$$\therefore\quad (a-p)x+(b-q)y+c-r=0$$

となり，直線を表すから，直線 PQ は㋒で表される。

また，$k \neq -1$ のとき，㋔は

$$(1+k)(x^2+y^2)+(a+kp)x+(b+kq)y+c+kr=0$$

となり，$1+k$ で両辺を割り，適当な定数 a'，b'，c' をとると

$$x^2+y^2+a'x+b'y+c'=0$$

となるので円を表す。これより，㋓は P，Q を通る円である。

（例）　2つの円 $x^2+y^2-2x-4y+1=0$ ……㋕，$x^2+y^2-5=0$ ……㋖

の2つの交点 P，Q を通る直線 l の方程式は，

㋕−㋖ より

$$-2x-4y+6=0$$

$$\therefore\quad x+2y-3=0$$

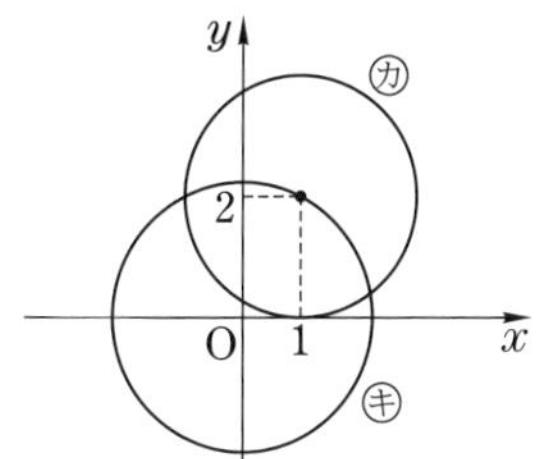

である。また，P，Q と点 (1，3) を通る円 E は

$$x^2+y^2-2x-4y+1+k(x^2+y^2-5)=0$$

と表されるが，(1，3) を通ることより，$k=\dfrac{3}{5}$ であるから，

$$E:x^2+y^2-\frac{5}{4}x-\frac{5}{2}y-\frac{5}{4}=0$$

となる。ここで，2交点 P，Q の座標 $(-1,\ 2)$，$\left(\dfrac{11}{5},\ \dfrac{2}{5}\right)$ を用いずに，l，E の方程式が求まることに注意してほしい。

解答　(1)　$C_1:x^2+y^2-4y+3=0$ ……①

$C_2:x^2+y^2-6x-2ay+9=0$ ……②

← 2円が交わる条件そのものを用いた解答については，参考 参照。

において，①−② より

$$6x+2(a-2)y-6=0$$

$$\therefore\quad 3x+(a-2)y-3=0 \qquad \cdots\cdots ③$$

が得られる。

ここで，{①かつ②} と {①かつ③} は同値であるから，“①，②が2点で交わる”のは“①，③が2点で交わる”……(＊)　ときである。

← {①かつ②} ⇒ ③は示した通り。また，①−③×2 を作ると②が得られるから，{①かつ③} ⇒ ②も成り立つ。

$$x^2+(y-2)^2=1 \qquad \cdots\cdots ①'$$

より，①の中心は A(0, 2)，半径は $r_1=1$ であり，

(中心Aから直線③までの距離 d)

$$=\frac{|(a-2)\cdot 2-3|}{\sqrt{3^2+(a-2)^2}}$$

$$=\frac{|2a-7|}{\sqrt{a^2-4a+13}} \qquad \cdots\cdots ④$$

であるから，(＊)が成り立つための条件は

$$d<r_1 \quad \text{すなわち} \quad \frac{|2a-7|}{\sqrt{a^2-4a+13}}<1 \qquad \cdots\cdots ⑤$$

である。したがって，求める a の値の範囲は⑤より，

$$|2a-7|^2<a^2-4a+13$$

$$\therefore \quad 3(a-2)(a-6)<0$$

$$\therefore \quad \boldsymbol{2<a<6} \qquad \cdots\cdots ⑥$$

である。

(2) ⑥のもとで，P, Q は①，②を満たすから，③も満たす。したがって，2 点 P，Q は直線③上にあるから，P，Q を通る直線は

$$\boldsymbol{3x+(a-2)y-3=0} \qquad \cdots\cdots ③$$

そのものである。

(3) ①，③の交点が P，Q であるから，Aから直線③までの距離 d を用いると

⬅P，Q の座標を求める必要はない。

$$\mathrm{PQ}=2\sqrt{{r_1}^2-d^2}=2\sqrt{1-d^2}$$

である。$\mathrm{PQ}=\sqrt{2}$ のとき

$$2\sqrt{1-d^2}=\sqrt{2} \qquad \therefore \quad d^2=\frac{1}{2}$$

であるから，④より

$$\frac{(2a-7)^2}{a^2-4a+13}=\frac{1}{2}$$

$$\therefore \quad (a-5)(7a-17)=0$$

$$\therefore \quad \boldsymbol{a=5,\ \frac{17}{7}}$$

である。

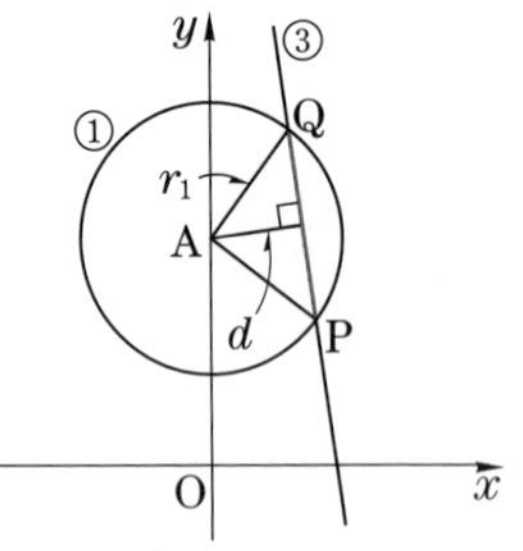

⬅$d^2=\frac{1}{2}$ は⑤を満たすので，これらの値は⑥を満たす。

参考

2つの円の位置関係，円と直線の位置関係をまとめると次の通りである。

2つの円 C_1，C_2 の中心を A，B，半径を r_1，r_2 とし，中心間の距離を $d=\mathrm{AB}$ とおくとき，

(i) $d>r_1+r_2$ $\iff$ (互いに外部にあって) 離れている

(ii) $d=r_1+r_2$ $\iff$ 外接している

(iii) $|r_1-r_2|<d<r_1+r_2$ $\iff$ 2点で交わる

(iv) $d=|r_1-r_2|$ $\iff$ 内接している (ただし，$r_1 \neq r_2$ とする)

(v) $d<|r_1-r_2|$ $\iff$ 一方が他方の内部に含まれる

が成り立つ。

円 C の半径を r とし，C の中心から直線 l までの距離を d とおくとき，

$d<r \iff$ 2点で交わる

$d=r \iff$ 接する

$d>r \iff$ 離れている (共有点がない)

が成り立つ。

---

(1)で2つの円の関係として，上に示した(iii)を適用すると次のようになる。

C_1 は中心 A(0, 2)，半径 $r_1=1$ であり，C_2 は

$$(x-3)^2+(y-a)^2=a^2$$

より，中心 B(3, a)，半径 $r_2=|a|$ であるから，C_1，C_2 が2点で交わる条件は(iii)より

$$|r_1-r_2|<\mathrm{AB}<r_1+r_2$$

$$\therefore \quad ||a|-1|<\sqrt{3^2+(a-2)^2}<|a|+1$$

$$\therefore \quad (|a|-1)^2<3^2+(a-2)^2<(|a|+1)^2$$

$$\therefore \quad 4a-2|a|<12 \text{ かつ } 4a+2|a|>12$$

⇐ $|a|^2=a^2$ に注意。

となる。これはさらに，

$a \geqq 0$ のとき　$2<a<6$

⇐ $4a-2a<12$ かつ $4a+2a>12$

$a<0$ のとき　このような a はない

⇐ $4a+2a<12$ かつ $4a-2a>12$ したがって，$a<2$ かつ $a>6$

となるので，結果として

$$2<a<6$$

が得られる。

404 円と放物線の直交する２本の共通接線

原点を中心とする半径 r の円と放物線 $y=\frac{1}{2}x^2+1$ との両方に接する直線のうちに，たがいに直交するものがある。r の値を求めよ。 (一橋大)

精講 放物線に接し，互いに直交する2直線の傾きを m, $-\frac{1}{m}$ $(m>0)$ とおいて，まず，これら2直線を m だけを用いた式で表します。次に，これらが原点を中心とする1つの円に接することから m を決定します。

他には，放物線上の点 $\left(t,\ \frac{1}{2}t^2+1\right)$ における接線が原点を中心とし，半径 r の円に接するために t が満たすべき方程式を導いたあと，このような接線の中に互いに直交するものが存在するのはどんな場合かを調べる方法もあります。

解答 放物線に接し，互いに直交する2直線を

$$y=mx+a \quad \cdots\cdots ①,\quad y=-\frac{1}{m}x+b \quad \cdots\cdots ② \quad (m>0)$$

とおく。①が

$$y=\frac{1}{2}x^2+1 \qquad \cdots\cdots ③$$

と接する，つまり，

$$\frac{1}{2}x^2+1=mx+a$$

$$\therefore\quad \frac{1}{2}x^2-mx+1-a=0$$

が重解をもつことから，

$$m^2-4\cdot\frac{1}{2}(1-a)=0 \qquad \therefore\quad a=1-\frac{m^2}{2} \quad \cdots\cdots ④$$

であり，同様に②が③に接することから，

$$b=1-\frac{1}{2m^2}$$

⬅①，②の関係から，b は④の右辺で m を $-\frac{1}{m}$ で置き換えたものである。

である。したがって，①，②はそれぞれ

$$y=mx+1-\frac{m^2}{2} \qquad \cdots\cdots ⑤$$

$$y=-\frac{1}{m}x+1-\frac{1}{2m^2} \quad \cdots\cdots⑥$$

となる。

⑤，⑥が原点を中心とする半径 r の円に接するとき，

$$r=\frac{\left|1-\frac{m^2}{2}\right|}{\sqrt{1+m^2}}=\frac{\left|1-\frac{1}{2m^2}\right|}{\sqrt{1+\frac{1}{m^2}}} \quad \cdots\cdots⑦$$

⬅ 原点から⑤，⑥までの距離が半径 r に等しい。

である。⑦の右側の 2 辺より

$$\left|1-\frac{m^2}{2}\right|=\left|m-\frac{1}{2m}\right|$$

⬅ $(⑦の右辺)=\frac{\left|m-\frac{1}{2m}\right|}{\sqrt{m^2+1}}$

$$\therefore\quad 1-\frac{m^2}{2}=m-\frac{1}{2m},\ 1-\frac{m^2}{2}=-\left(m-\frac{1}{2m}\right)$$

⬅ $|A|=|B| \iff A=B,\ A=-B$

$$\therefore\quad \begin{cases}(m-1)(m^2+3m+1)=0\\(m+1)(m^2-3m+1)=0\end{cases}$$

⬅ 分母を払って整理した。

となるので，$m>0$ を考えると，

$$m=1,\ \frac{3\pm\sqrt{5}}{2}$$

である。⑦に戻って，r を求めると，

$m=1$ のとき，　$\boldsymbol{r=\frac{1}{2\sqrt{2}}}$

$m=\frac{3\pm\sqrt{5}}{2}$ のとき，$\boldsymbol{r=\frac{\sqrt{3}}{2}}$

となる。

⬅ $m^2=3m-1$ より
$r=\frac{|2-m^2|}{2\sqrt{1+m^2}}=\frac{3|m-1|}{2\sqrt{3m}}$
$=\frac{\sqrt{3}}{2}\sqrt{\frac{(m-1)^2}{m}}$
$=\frac{\sqrt{3}}{2}\sqrt{\frac{m}{m}}=\frac{\sqrt{3}}{2}$
という計算もある。

別解

放物線 $y=\frac{1}{2}x^2+1$ ……⑧ 上の点 $\left(t,\ \frac{1}{2}t^2+1\right)$

における接線は

$$y=tx-\frac{1}{2}t^2+1 \quad \cdots\cdots⑨$$

⬅ $y'=x$ より
$y=t(x-t)+\frac{1}{2}t^2+1$

である。

⑨が円 $x^2+y^2=r^2$ ……⑩ に接する条件は

$$\frac{\left|-\frac{1}{2}t^2+1\right|}{\sqrt{t^2+1}}=r$$

⬅ $|t^2-2|=2r\sqrt{t^2+1}$

$\therefore \quad (t^2-2)^2=4r^2(t^2+1)$

$\therefore \quad t^4-4(r^2+1)t^2+4(1-r^2)=0 \qquad \cdots\cdots ⑪$

である。

⑧，⑩の共通接線は⑪の実数解 t に対応する直線⑨であり，t は直線⑨の傾きであるから，これらの中に互いに直交するものがあるのは，“ t の方程式⑪が，積が -1 となるような 2 つの実数解をもつ”……(＊)場合に限る。

⑪を $X=t^2$ の 2 次方程式

$$X^2-4(r^2+1)X+4(1-r^2)=0 \qquad \cdots\cdots ⑫$$

とみなすと，

$$\frac{1}{4}(\text{判別式})=4(r^2+1)^2-4(1-r^2)$$
$$=4r^2(r^2+3)>0$$

であるから，異なる 2 つの実数解をもつ。それらを α，$\beta\,(\alpha>\beta)$ とすると，

$$\alpha+\beta=4(r^2+1),\quad \alpha\beta=4(1-r^2) \qquad \cdots\cdots ⑬$$

このとき⑪を満たす実数 t は，$\alpha\geqq 0$ ならば $\pm\sqrt{\alpha}$，さらに $\beta\geqq 0$ ならば $\pm\sqrt{\beta}$ である。したがって，(＊)が成り立つのは

$$-\sqrt{\alpha}\cdot\sqrt{\alpha}=-1 \text{ または } -\sqrt{\beta}\cdot\sqrt{\beta}=-1$$
$$\text{または}\quad -\sqrt{\alpha}\cdot\sqrt{\beta}=\sqrt{\alpha}(-\sqrt{\beta})=-1$$

すなわち，

$\therefore \quad \alpha=1$ または $\beta=1$，または $\alpha\beta=1$

の場合である。

← $\alpha+\beta>0$ より，$\alpha\beta=1$ のときには，$\alpha>0$，$\beta>0$ である。

$\alpha=1$ または $\beta=1$ となるときは，$X=1$ が⑫の解であるから，

$$1-4(r^2+1)+4(1-r^2)=0 \qquad \therefore \quad r=\frac{1}{2\sqrt{2}}$$

である。また，$\alpha\beta=1$ となるときは，⑬から

$$4(1-r^2)=1 \qquad \therefore \quad r=\frac{\sqrt{3}}{2}$$

である。

405 座標平面上の１対１の対応による図形の像

xy 平面上で，円 C：$x^2+y^2=1$ の外部にある点 $\mathrm{P}(a,\ b)$ を考える。点Pから円Cに引いた２つの接線の接点を $\mathrm{Q_1}$，$\mathrm{Q_2}$ とし，線分 $\mathrm{Q_1Q_2}$ の中点をQとする。点Pが円Cの外部で，$x(x-y+1)<0$ を満たす範囲にあるとき，点Qの存在する範囲を図示せよ。 （京都大）

精講　$\mathrm{P}(a,\ b)$ が存在する範囲から，a，b が満たす式が得られます。$\mathrm{Q}(X,\ Y)$ とおいて，a，b を X，Y で表したあとにそれらの式に代入すると X，Y の満たすべき式が導かれます。

PからQを定める手順を図で表して，そこに現れる三角形どうしの合同，相似に着目すると，

・O，Q，P はこの順に１直線上に並ぶ

・$\mathrm{OP}\cdot\mathrm{OQ}=1$

であることが導けるはずです。この性質を利用すると a，b を X，Y で表すのは難しくありません。

解答　C：$x^2+y^2=1$ ……①

の外部にある点PからCに２本の接線 $\mathrm{PQ_1}$，$\mathrm{PQ_2}$ を引く。このとき，$\triangle\mathrm{OPQ_1}$，$\triangle\mathrm{OPQ_2}$ は，

$$\angle\mathrm{OQ_1P}=\angle\mathrm{OQ_2P}=90^\circ$$

である直角三角形であり，$\mathrm{OQ_1}=\mathrm{OQ_2}=1$，かつ OP は共通であるから，

$$\triangle\mathrm{OPQ_1}\equiv\triangle\mathrm{OPQ_2}$$

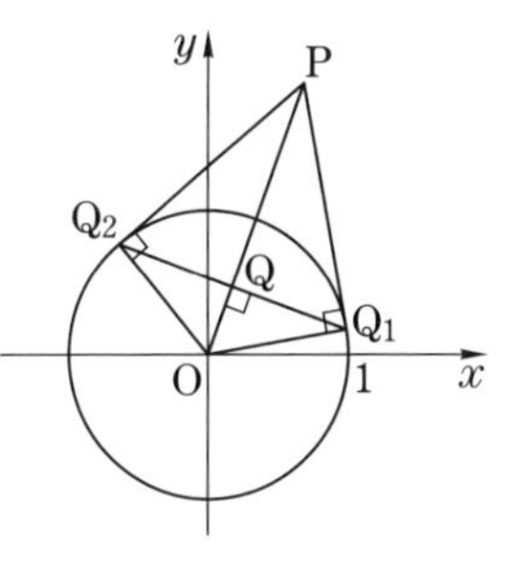

である。したがって，$\mathrm{Q_1}$，$\mathrm{Q_2}$ は OP に関して対称であり，右図において，線分 $\mathrm{Q_1Q_2}$ の中点Qは線分 OP と $\mathrm{Q_1Q_2}$ の交点である。

次に，$\triangle\mathrm{OQQ_1}$，$\triangle\mathrm{OQ_1P}$ は直角三角形で，頂点Oにおけるそれぞれの角は共通であるから，

$$\triangle\mathrm{OQQ_1}\backsim\triangle\mathrm{OQ_1P}$$

である。したがって，

$$\mathrm{OQ}:\mathrm{OQ_1}=\mathrm{OQ_1}:\mathrm{OP}$$

$$\therefore\quad \mathrm{OP}\cdot\mathrm{OQ}=\mathrm{OQ_1}^2=1 \quad\cdots\cdots②$$

である。

第４章

Q$(X,\ Y)$ とおく。Q は線分 OP 上にあるから，

$$\mathrm{OP}=t\mathrm{OQ}\quad (t>1) \qquad \cdots\cdots ③$$

← $a,\ b$ を $X,\ Y$ で表す準備である。注参照。

とおくと，

$$(a,\ b)=(tX,\ tY)$$

である。また，②，③より，

$$t\mathrm{OQ}\cdot\mathrm{OQ}=1 \qquad \therefore\quad t=\frac{1}{\mathrm{OQ}^2}=\frac{1}{X^2+Y^2}$$

であるから，

$$(a,\ b)=\left(\frac{X}{X^2+Y^2},\ \frac{Y}{X^2+Y^2}\right) \qquad \cdots\cdots ④$$

である。

ここで，P$(a,\ b)$ は C の外部で，

$$x(x-y+1)<0$$

を満たす範囲にあるから，

$$a^2+b^2>1 \text{ かつ } a(a-b+1)<0 \qquad \cdots\cdots ⑤$$

である。⑤に④を代入すると，

$$\left(\frac{X}{X^2+Y^2}\right)^2+\left(\frac{Y}{X^2+Y^2}\right)^2>1$$

$$\therefore\quad \frac{1}{X^2+Y^2}>1$$

かつ

$$\frac{X}{X^2+Y^2}\left(\frac{X-Y}{X^2+Y^2}+1\right)<0$$

したがって，

$$0<X^2+Y^2<1 \text{ かつ}$$

$$X(X^2+Y^2+X-Y)<0$$

となるから，Q の存在する範囲は

$$\begin{cases} 0<x^2+y^2<1 \\ x(x^2+y^2+x-y)<0 \end{cases}$$

であり，右図の斜線部分（境界は除く）となる。

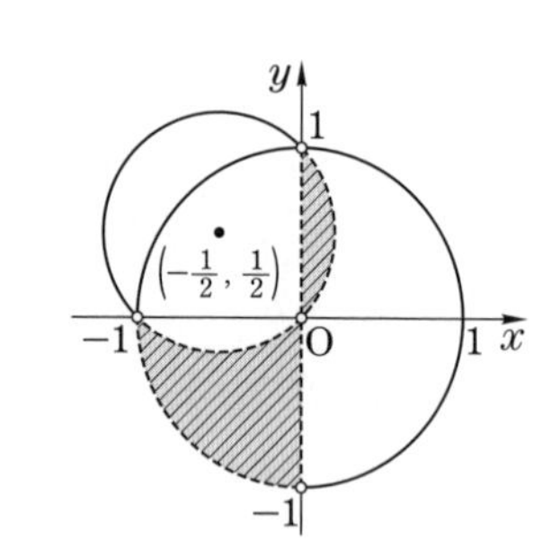

③の代わりに,

$$\mathrm{OQ}=s\mathrm{OP}\quad(0<s<1) \qquad \cdots\cdots⑥$$

とおくと，②から同様にして

$$s=\frac{1}{\mathrm{OP}^2}=\frac{1}{a^2+b^2}$$

となるので，⑥より

$$(X,\ Y)=(sa,\ sb)=\left(\frac{a}{a^2+b^2},\ \frac{b}{a^2+b^2}\right) \qquad \cdots\cdots⑦$$

となる。しかし，この問題では⑦を導いても役に立たない。

一方，Qの動く範囲がわかっていて，そこからPの動く範囲を求める問題では，⑦が必要になる。たとえば,

「Qが $x>0,\ y>0,\ x+y<1$ を満たす範囲にあるとき，点Pが存在する範囲を求めよ」

という問題は次のように処理される。

$\mathrm{Q}(X,\ Y)$ が

$$X>0,\ Y>0,\ X+Y<1$$

を満たすから，これらの式に⑦を代入すると

$$\frac{a}{a^2+b^2}>0,\ \frac{b}{a^2+b^2}>0,\ \frac{a}{a^2+b^2}+\frac{b}{a^2+b^2}<1$$

$$\therefore\quad a>0,\ b>0,\ \left(a-\frac{1}{2}\right)^2+\left(b-\frac{1}{2}\right)^2>\frac{1}{2}$$

となるので，Pの存在する範囲は

$$x>0,\ y>0,\ \left(x-\frac{1}{2}\right)^2+\left(y-\frac{1}{2}\right)^2>\frac{1}{2}$$

である。

参考

円の接線の復習をかねて，問題文に忠実に従って考えてみよう。

$\mathrm{Q}_1(p_1,\ q_1)$，$\mathrm{Q}_2(p_2,\ q_2)$ とおくと，円 C の Q_1，Q_2 における接線はそれぞれ

$$l_1:p_1x+q_1y=1$$

$$l_2:p_2x+q_2y=1$$

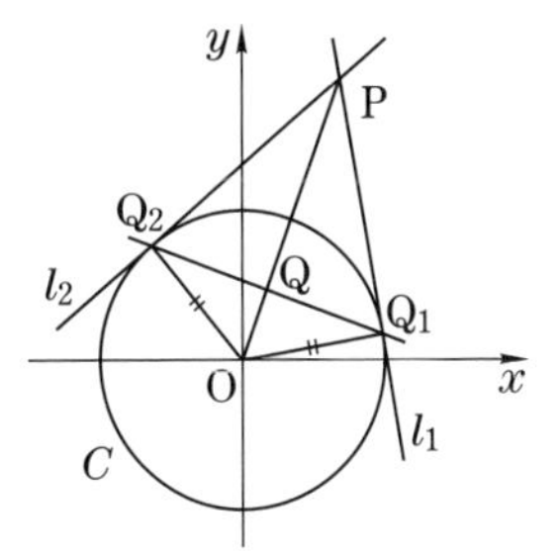

と表される。l_1，l_2 が $\mathrm{P}(a,\ b)$ を通ることから

$$\begin{cases} p_1a+q_1b=1 \\ p_2a+q_2b=1 \end{cases}$$

$$\therefore\quad \begin{cases} ap_1+bq_1=1 \\ ap_2+bq_2=1 \end{cases}$$

が成り立つ。これらは見方を変えると，直線

$$ax+by=1 \qquad \cdots\cdots㋐$$

第4章

上に $\mathrm{Q}_1(p_1,\ q_1)$, $\mathrm{Q}_2(p_2,\ q_2)$ があることを示すから，㋐は直線 $\mathrm{Q}_1\mathrm{Q}_2$ を表す。

$\triangle \mathrm{OQ}_1\mathrm{Q}_2$ は $\mathrm{OQ}_1=\mathrm{OQ}_2=1$ の二等辺三角形であるから，$\mathrm{Q}_1\mathrm{Q}_2$ の中点をQとすると，$\mathrm{OQ}\perp\mathrm{Q}_1\mathrm{Q}_2$ より，直線OQはOを通り，㋐と直交する直線であるから，

$$bx-ay=0 \quad \cdots\cdots ㋑$$

である。

Q$(X,\ Y)$ は㋐，㋑の交点であるから，

$$\begin{cases} aX+bY=1 & \cdots\cdots ㋒ \\ bX-aY=0 & \cdots\cdots ㋓ \end{cases}$$

を満たす。㋒，㋓を a，b の連立方程式と考えて解くと，

$$a=\frac{X}{X^2+Y^2},\quad b=\frac{Y}{X^2+Y^2}$$

が得られる。このあとの処理は 解答 と同じである。

← ㋒，㋓を X，Y の連立方程式と考えて解くと，$X=\dfrac{a}{a^2+b^2}$，$Y=\dfrac{b}{a^2+b^2}$ が得られる。

また，直線 $\mathrm{Q}_1\mathrm{Q}_2$ が㋐で表されることは次のように示すこともできる。

接線と半径は直交するので，

$$\angle \mathrm{OQ}_1\mathrm{P}=\angle \mathrm{OQ}_2\mathrm{P}=90^\circ$$

であるから，Q_1，Q_2 はOPを直径とする円

$$x(x-a)+y(y-b)=0 \quad \cdots\cdots ㋔$$

上にある。

← 2点 $(x_1,\ y_1)$，$(x_2,\ y_2)$ を直径の両端とする円の方程式は
$(x-x_1)(x-x_2)+(y-y_1)(y-y_2)=0$
である。

これより，Q_1，Q_2 は2つの円①と㋔の交点であるから，直線 $\mathrm{Q}_1\mathrm{Q}_2$ は，①−㋔より

$$ax+by=1$$

である。

← 403 精講 参照。

類題 11 →解答 p.372

実数 x，y，s，t に対し，$z=x+yi$，$w=s+ti$ とおいたとき，$z=\dfrac{w-1}{w+1}$ を満たすとする。ただし，i は虚数単位である。

(1) w を z で表し，s，t を x，y で表せ。

(2) $0\leqq s\leqq 1$ かつ $0\leqq t\leqq 1$ となるような $(x,\ y)$ の範囲 D を座標平面上に図示せよ。

(北海道大*)

406 2点が直線に関して対称であるための条件

放物線 $y=x^2$ 上に，直線 $y=ax+1$ に関して対称な位置にある異なる2点P，Qが存在するような a の範囲を求めよ。（一橋大）

精講 “異なる2点 $\mathrm{P}(p,\ p^2)$，$\mathrm{Q}(q,\ q^2)$ が直線 $y=ax+1$ に関して対称である”ための条件を求めるには，次のことを用います。

異なる2点P，Qが直線 l に関して対称である

$\iff \begin{cases} \text{(i)} & \text{PQの中点Mが } l \text{ 上にある} \\ \text{(ii)} & \mathrm{PQ}\perp l \end{cases}$

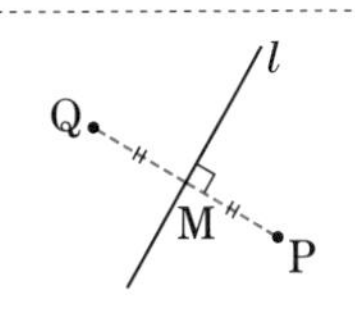

これより，p，q について得られる条件は，p，q の対称式になるはずですから，$p+q$，pq を a で表すと，ある2次方程式の実数解条件に帰着します。

解答 “$y=x^2$ 上の異なる2点 $\mathrm{P}(p,\ p^2)$，$\mathrm{Q}(q,\ q^2)\ (p\neq q)$ が直線 $y=ax+1$ ……① に関して対称である”ための条件は

$\begin{cases} \text{PQの中点}\ \mathrm{M}\left(\dfrac{p+q}{2},\ \dfrac{p^2+q^2}{2}\right)\ \text{が①上にある} \\ \text{PQと直線①は垂直である} \end{cases}$

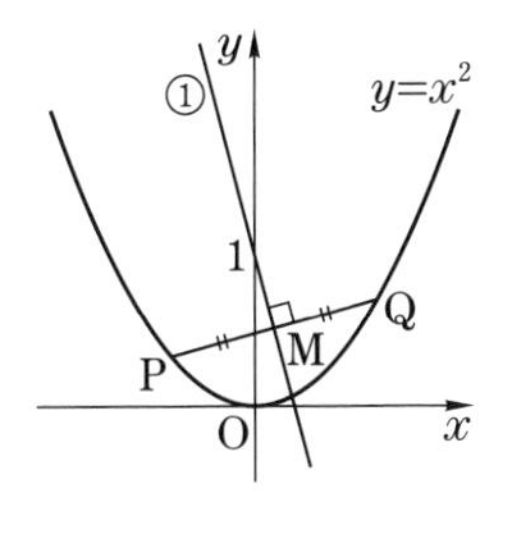

であるから，

$$\begin{cases} \dfrac{p^2+q^2}{2}=a\cdot\dfrac{p+q}{2}+1 & \cdots\cdots② \\ \dfrac{p^2-q^2}{p-q}\cdot a=-1 & \cdots\cdots③ \end{cases}$$

である。

③は，

$$p+q=-\frac{1}{a} \quad \cdots\cdots④$$

⬅ $a\neq 0$ である。

となる。また，②は

$$(p+q)^2-2pq=a(p+q)+2$$

となるので，④を代入して整理すると

$$pq=\frac{1-a^2}{2a^2} \quad \cdots\cdots ⑤$$

← "②かつ③" ⟺ "④かつ⑤" に注意する。

となる。したがって，求める a の条件は"④，⑤を満たす異なる実数 p, q が存在する"ことであり，④，⑤を満たす p，q は X の 2 次方程式

$$X^2+\frac{1}{a}X+\frac{1-a^2}{2a^2}=0 \quad \cdots\cdots ⑥$$

の 2 つの解と一致するから，結局，"⑥が異なる 2 つの実数解をもつ"ことに帰着する。よって，

$$\left(\frac{1}{a}\right)^2-4\cdot\frac{1-a^2}{2a^2}>0 \qquad \therefore \quad \frac{2a^2-1}{a^2}>0$$

より

$$\boldsymbol{a<-\frac{1}{\sqrt{2}}} \quad \text{または} \quad \boldsymbol{a>\frac{1}{\sqrt{2}}}$$

← $a^2>\frac{1}{2}$ より。

である。

参考

"異なる 2 点 $\mathrm{P}(p,\ p^2)$，$\mathrm{Q}(q,\ q^2)$ が直線 $y=ax+1$ ……① に関して対称である"ことは，"PQ の垂直二等分線が①である"ことに等しい。PQ の垂直二等分線は，P，Q から等距離にある点全体であるから，その方程式は

$$(x-p)^2+(y-p^2)^2=(x-q)^2+(y-q^2)^2$$

$$\therefore \quad (p-q)\{2x-(p+q)+2(p+q)y-(p+q)(p^2+q^2)\}=0$$

$$\therefore \quad y=-\frac{1}{p+q}x+\frac{1}{2}(1+p^2+q^2) \quad \cdots\cdots ⑦$$

となる。⑦が①と一致する条件は

$$-\frac{1}{p+q}=a \quad \cdots\cdots ⑧, \quad \frac{1}{2}(1+p^2+q^2)=1 \quad \cdots\cdots ⑨$$

である。⑧は

$$p+q=-\frac{1}{a} \quad \cdots\cdots ⑧'$$

となり，⑨は

$$(p+q)^2-2pq=1 \qquad \therefore \quad \left(-\frac{1}{a}\right)^2-2pq=1$$

$$\therefore \quad pq=\frac{1-a^2}{2a^2}$$

となるので，やはり④，⑤が得られる。

407 放物線の凸性

c を $c>\frac{1}{4}$ を満たす実数とする。xy 平面上の放物線 $y=x^2$ を A とし，直線 $y=x-c$ に関して A と対称な放物線を B とする。点Pが放物線 A 上を動き，点Qが放物線 B 上を動くとき，線分 PQ の長さの最小値を c を用いて表せ。

（東京大）

精講 直線 $y=x-c$ ……① に関して，A の頂点 O(0, 0) と対称な点は D(c, $-c$) であり，B はDを頂点として，軸が x 軸に平行な放物線ですから，$x=(y+c)^2+c$ と表されることなどは，本問の解決には必要ありません。

図形的に考えてみましょう。A と①，B と①の関係は，①に関して折り返しただけで同じです。そこで，準備として，A 上の点Pで，直線①に最も近い点を図形的に求めると，①と平行な A の接線の接点Tであることが，次のようにしてわかります。

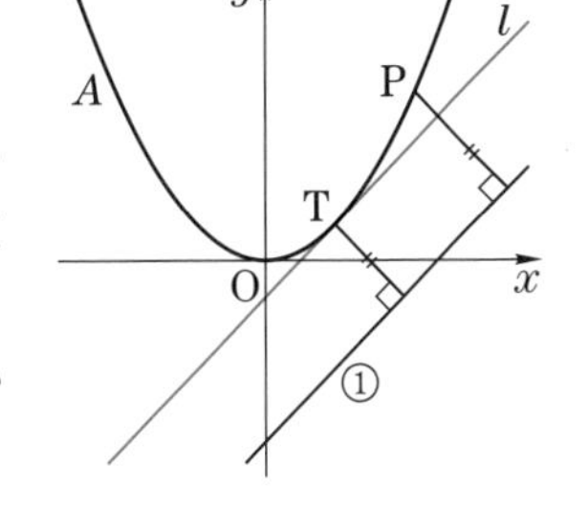

放物線 A は接線 l に関して，①と反対側にあるから，A 上のすべての点Pに対して

(Pから①までの距離)

≧(l と①の間の距離)＝(Tから①までの距離)

が成り立つからです。

次に，A，l を①に関して対称移動した図をかいて，考えることになります。

解答 直線 $y=x-c$ ……①

と平行な A の接線 l の接点は

$\mathrm{T}\left(\frac{1}{2},\ \frac{1}{4}\right)$ であり，

$$l : y=x-\frac{1}{4}$$

である。$c>\frac{1}{4}$ であるから，l は①の上方にある。

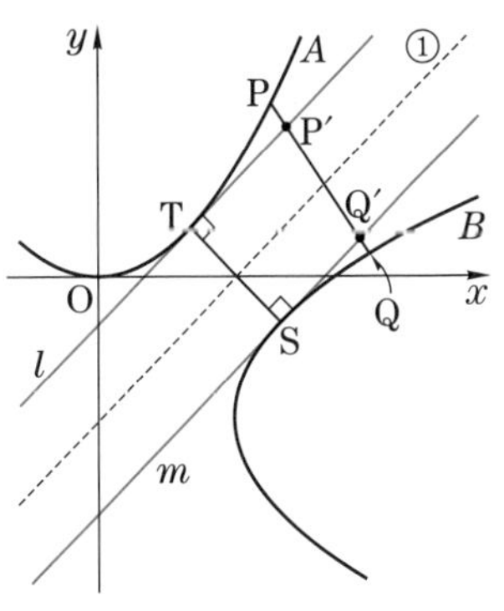

①に関して l と対称な直線を m，T と対称な点をSとおくと，A と l がTで接することから，B と

mはSで接する。さらに，Bはmに関してAと反対側にあるので，A上の点PとB上の点Qをとり，PQとl，PQとmの交点をそれぞれP′，Q′とすると，図からわかる通り

$$
\begin{aligned}
\mathrm{PQ} &\geqq \mathrm{P'Q'}\\
&\geqq (\ l \text{と} m \text{の間の距離}) = \mathrm{TS}\\
&= 2(\mathrm{T}\text{から直線①までの距離})\\
&= 2\cdot\frac{\left|\frac{1}{4}-\frac{1}{2}+c\right|}{\sqrt{1+1}}\\
&= \sqrt{2}\left(c-\frac{1}{4}\right)
\end{aligned}
$$

⬅ $c>\frac{1}{4}$ より。

となる。2つの不等号における等号はいずれも
P＝T，Q＝S のとき成り立つから，PQ の最小値は

$$\boldsymbol{\sqrt{2}\left(c-\frac{1}{4}\right)}$$

である。

参考

A上の点$\mathrm{P}(p,\ p^2)$のなかで直線 $y=x-c$ ……① までの距離が最小である点は次のように求めることもできる。

$$
\begin{aligned}
(\mathrm{P}\text{から①までの距離}) &= \frac{|p^2-p+c|}{\sqrt{1+1}}\\
&= \frac{\left(p-\frac{1}{2}\right)^2+c-\frac{1}{4}}{\sqrt{2}}
\end{aligned}
$$

より，$p=\frac{1}{2}$ に対応する点，すなわち，$\mathrm{P}\left(\frac{1}{2},\ \frac{1}{4}\right)$である。

類題 12 →解答 p.373

半径rの円は，連立不等式 $\begin{cases} y \leqq x^2 \\ y \geqq -(x-6)^2 \end{cases}$ の表す平面上の領域の中を自由に動かすことができる。rの最大値を求めよ。 (一橋大)

408 パラメタ表示された点の軌跡

時刻 $t\ (0 \leqq t \leqq 2\pi)$ における座標がそれぞれ $(\cos t,\ 2+\sin t)$, $(2\sqrt{3}+\sin t,\ -\cos t)$ で表される動点 P, Q について，線分 PQ の中点を R とする。

(1) 点Rの描く図形の方程式を求めよ。

(2) 点Rが原点Oから最も遠ざかるときの時刻 t を求めよ。　(群馬大)

精講 R$(x,\ y)$ とすると，

$$x=\frac{1}{2}(\cos t+\sin t+2\sqrt{3}),\quad y=\frac{1}{2}(\sin t-\cos t+2)$$

となります。このようにパラメタ表示された点の軌跡を求めるには，多くの場合，パラメタ（ここでは，t）を含まない x, y だけの関係を導く（別解）ことになります。

この問題では，他にも，x, y の表し方を少し変えて，次のことと対応させて処理する（解答）こともできます。

円 $(x-a)^2+(y-b)^2=r^2\ (r>0)$ 上の点 P$(x,\ y)$ は

$$\begin{cases} x=r\cos\theta+a \\ y=r\sin\theta+b \end{cases}\quad (0 \leqq \theta < 2\pi)$$

と表される。

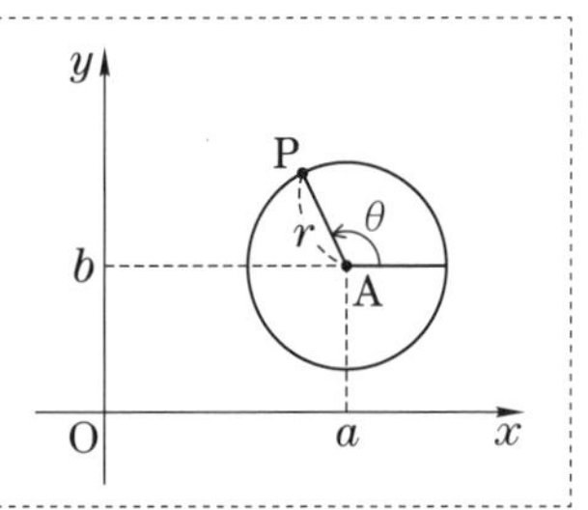

解答 (1) R$(x,\ y)$ とすると，

$(x,\ y)$

$$=\left(\frac{1}{2}(\cos t+\sin t+2\sqrt{3}),\ \frac{1}{2}(\sin t-\cos t+2)\right)$$

$$=\left(\frac{\sqrt{2}}{2}\cos\left(t-\frac{\pi}{4}\right)+\sqrt{3},\ \frac{\sqrt{2}}{2}\sin\left(t-\frac{\pi}{4}\right)+1\right)$$

となる。

$0 \leqq t \leqq 2\pi$ より　$-\dfrac{\pi}{4} \leqq t-\dfrac{\pi}{4} \leqq \dfrac{7}{4}\pi$

であるから，Rは中心が$\mathrm{A}(\sqrt{3},\ 1)$，半径が$\dfrac{\sqrt{2}}{2}$

である円

$$\boldsymbol{(x-\sqrt{3})^2+(y-1)^2=\frac{1}{2}}$$

全体を動く。

(2)　RがOから最も遠ざかるとき，O，A，Rはこの順に一直線上に並ぶので，x軸の正の向きから半直線ARまでの角$t-\dfrac{\pi}{4}$はx軸の正の向きから半直線OAまでの角$\dfrac{\pi}{6}$に等しい。したがって，

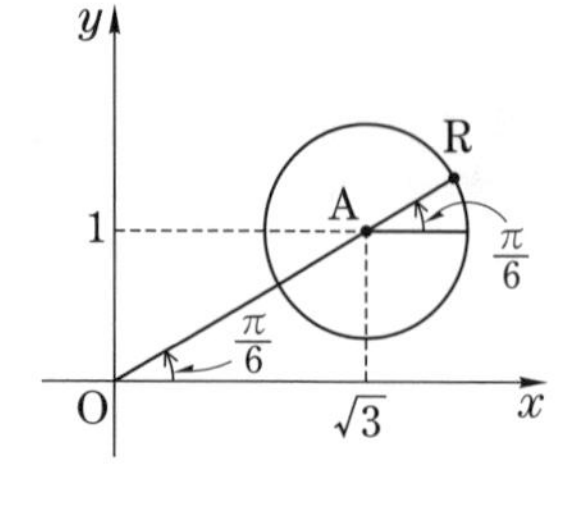

$$t-\frac{\pi}{4}=\frac{\pi}{6} \qquad \therefore \quad \boldsymbol{t=\frac{5}{12}\pi}$$

である。

別解

(1)　$\mathrm{R}(x,\ y)$とすると，

$$\begin{cases} x=\dfrac{1}{2}(\cos t+\sin t+2\sqrt{3}) & \cdots\cdots ① \\ y=\dfrac{1}{2}(\sin t-\cos t+2) & \cdots\cdots ② \end{cases}$$

①，②を$\cos t$，$\sin t$について解くと，

⬅ $\begin{cases} \cos t+\sin t=2x-2\sqrt{3} \\ \sin t-\cos t=2y-2 \end{cases}$

$$\begin{cases} \cos t=x-y-\sqrt{3}+1 & \cdots\cdots ③ \\ \sin t=x+y-\sqrt{3}-1 & \cdots\cdots ④ \end{cases}$$

となる。$0 \leqq t \leqq 2\pi$　……⑤　のとき，x，yの満たすべき条件は③，④，⑤を満たすtが存在することであるから，③^2＋④^2 より

⬅ ⑥′が成り立つとき，③，④，⑤を満たすtは存在する。

$$(x-y-\sqrt{3}+1)^2+(x+y-\sqrt{3}-1)^2=1 \quad \cdots\cdots ⑥'$$

$$\therefore \quad 2x^2+2y^2-4\sqrt{3}x-4y+8=1$$

$$\therefore \quad (x-\sqrt{3})^2+(y-1)^2=\frac{1}{2} \qquad \cdots\cdots ⑥$$

である。

(2) Rは中心A($\sqrt{3}$, 1), 半径$\dfrac{1}{\sqrt{2}}$の円上を動くから, ORが最大となるとき, Rは直線

OA : $y=\dfrac{1}{\sqrt{3}}x$ ……⑦ にあり, “O, A, Rの順に並ぶ。” ……(☆) ⑦を⑥に代入すると,

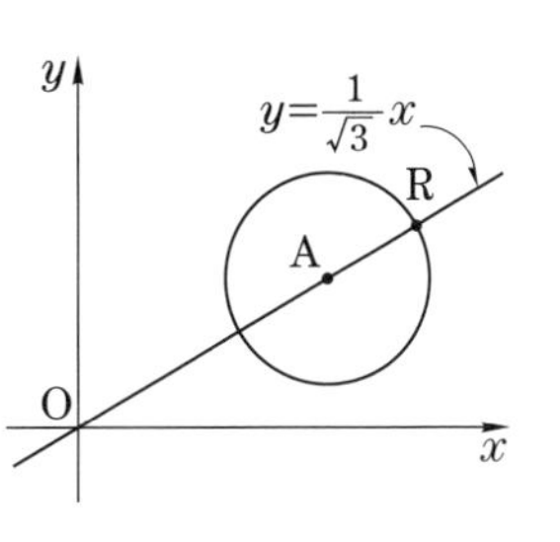

$$(x-\sqrt{3})^2+\left(\frac{1}{\sqrt{3}}x-1\right)^2=\frac{1}{2}$$

$$\therefore \quad 8x^2-16\sqrt{3}x+21=0 \qquad \therefore \quad x=\sqrt{3}\pm\frac{\sqrt{6}}{4}$$

⬅ $x=\dfrac{8\sqrt{3}\pm\sqrt{8^2\cdot 3-8\cdot 21}}{8}$
$=\dfrac{8\sqrt{3}\pm 2\sqrt{6}}{8}$

となるが, (☆)と⑦より, Rの座標は

$$x=\sqrt{3}+\frac{\sqrt{6}}{4},\quad y=1+\frac{\sqrt{2}}{4}$$

⬅ ⑦より
$y=\dfrac{1}{\sqrt{3}}\left(\sqrt{3}+\dfrac{\sqrt{6}}{4}\right)$

である。③, ④に代入すると

$$\cos t=\frac{\sqrt{6}-\sqrt{2}}{4},\quad \sin t=\frac{\sqrt{6}+\sqrt{2}}{4} \qquad \cdots\cdots ⑧$$

⬅ $\cos\dfrac{5}{12}\pi=\cos\left(\dfrac{\pi}{4}+\dfrac{\pi}{6}\right)$
$=\dfrac{\sqrt{6}-\sqrt{2}}{4}$
$\sin\dfrac{5}{12}\pi=\sin\left(\dfrac{\pi}{4}+\dfrac{\pi}{6}\right)$
$=\dfrac{\sqrt{6}+\sqrt{2}}{4}$

となるので, ⑤より $t=\dfrac{5}{12}\pi$ である。

参考

1° tの範囲が $0\leqq t\leqq\pi$ ……㋐ のときに, (1)を考えてみる。解答においては, ㋐のもとで, $-\dfrac{\pi}{4}\leqq t-\dfrac{\pi}{4}\leqq\dfrac{3}{4}\pi$ であるから, Rの軌跡が右図の半円(実線部分)であることがわかる。

別解の場合は, x, yの満たすべき条件は, ③, ④, ㋐を満たすtが存在することであるから, ⑥の他に, ③, ④で定まるtが㋐にあるための条件

$$\sin t\geqq 0 \qquad \therefore \quad x+y-\sqrt{3}-1\geqq 0 \qquad \cdots\cdots ㋑$$

も加わることになる。したがって, Rの軌跡は⑥上で㋑を満たす部分となる。

2° 別解(2)で⑧より, tは鋭角であり,

$$\sin 2t=2\sin t\cos t=\frac{1}{2},\quad \cos 2t=\cos^2 t-\sin^2 t=-\frac{\sqrt{3}}{2}$$

を満たすことから, tを決定することもできる。

409 パラメタを含む2直線の交点の軌跡

aを実数とするとき，2直線

l ：$(a-1)x-(a+1)y+a+1=0$

m：$ax-y-1=0$

の交点をPとする。

(1) aがすべての実数値をとるとき，Pの軌跡を図示せよ。

(2) aがすべての正の値をとるとき，Pの軌跡を図示せよ。　（島根大*）

精講 (1) l，mの方程式から交点Pの座標を求めると

$$\mathrm{P}(x,\ y)=\left(\frac{2(a+1)}{a^2+1},\ \frac{a^2+2a-1}{a^2+1}\right)$$

となりますが，これからPの軌跡を求めるのは，かえって難しいことになります。

そこで，発想を転換して，まず求める軌跡をCとおいて，「点$(X,\ Y)$がCに属するためのX，Yの条件」を考えてみます。その条件は

“ある実数aに対して，l，mの交点が$(X,\ Y)$である”

すなわち，

“ある実数aに対して，

$(a-1)X-(a+1)Y+a+1=0$ ……㋐，$aX-Y-1=0$ ……㋑

が成り立つ”……(＊)

ことです。見方を変えると，(＊)は

“$(X-Y+1)a-X-Y+1=0$ ……㋐′，$Xa-Y-1=0$ ……㋑′

を同時に満たす実数aが存在する”

ことと同値です。したがって，「aの連立方程式㋐′，㋑′が(実数)解をもつためのX，Yの条件」を求めることに帰着します。

(2) (1)における「実数a」を「正の数a」に置き換えて考えることになります。

解答 (1) aがすべての実数値をとるとき，lとmの交点Pの軌跡をCとする。このとき，

$(X,\ Y)\in C$　←注1°参照。

$\Longleftrightarrow$ ある実数aに対して，l，mの交点が$(X,\ Y)$である。すなわち，ある実数aに対して，

$$\begin{cases}(a-1)X-(a+1)Y+a+1=0 & \cdots\cdots① \\ aX-Y-1=0 & \cdots\cdots②\end{cases}$$

が成り立つ。

$\Longleftrightarrow$ a の連立方程式

$$\begin{cases}(X-Y+1)a=X+Y-1 & \cdots\cdots①' \\ Xa=Y+1 & \cdots\cdots②'\end{cases}$$

が(実数)解をもつ。　　　　$\cdots\cdots(*)$

が成り立つ。

⬅ このような「見方の転換」がキー・ポイントである。

以下，$(*)$ のために X，Y の満たすべき条件を，②′の解について場合分けして調べる。

$X=0$ のとき，②′が解をもつのは

$$Y+1=0 \qquad \therefore \quad Y=-1$$

のときに限る。このとき，①′は

$$(0+1+1)a=0-1-1 \qquad \therefore \quad a=-1$$

となるので，$(X,\ Y)=(0,\ -1)$ は $(*)$ を満たす。

$X \neq 0$ のとき，②′の解は

$$a=\frac{Y+1}{X} \qquad \cdots\cdots③$$

であり，これが①′の解であれば $(*)$ が成り立つから，その条件は

$$(X-Y+1)\frac{Y+1}{X}=X+Y-1$$

$$\therefore \quad (X-1)^2+Y^2=2 \qquad \cdots\cdots④$$

である。

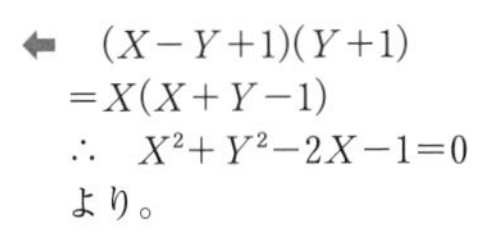
⬅ $(X-Y+1)(Y+1)$
$=X(X+Y-1)$
$\therefore \quad X^2+Y^2-2X-1=0$
より。

これより

$$(*) \Longleftrightarrow \begin{cases}(X,\ Y)=(0,\ -1) \quad \text{または} \\ \text{“}X \neq 0 \text{ かつ } (X-1)^2+Y^2=2\text{”}\end{cases} \qquad \cdots\cdots⑤$$

⬅ 注 1° 参照。

であるから，結局，求める軌跡 C は

円 $(x-1)^2+y^2=2$ から点 $(0,\ 1)$ を除いた部分(右図の太線部分)である。

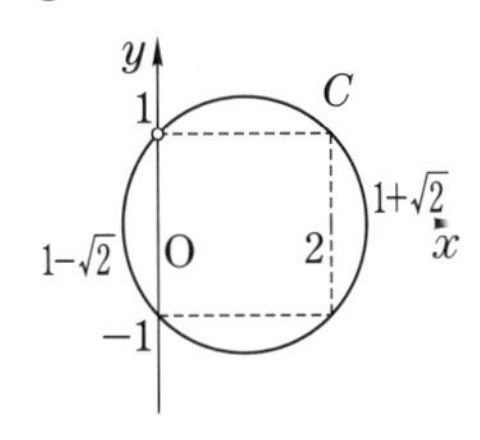

(2)　a がすべての正の値をとるとき，交点Pの軌跡を C_+ とする。(1)と同様に考えると，

$$(X,\ Y) \in C_+$$

$\iff$ a の連立方程式①′，②′が正の解をもつ

……(☆)

が成り立つ。

$X=0$ のとき，(1)と同様，$Y=-1$ に限られ，そのとき，$a=-1$ となるので，(☆) を満たさない。

⬅(1)の場合分けに従って調べる。

$X \neq 0$ のとき，(☆) のための条件は，(＊) の条件に $a>0$ を加えたものであるから，③に注意すると，

$$④ \quad \text{かつ} \quad \frac{Y+1}{X}>0$$

$$\therefore \quad ④ \quad \text{かつ} \quad X(Y+1)>0 \qquad \cdots\cdots⑥$$

となる。これより，

(☆) $\iff$ ④かつ⑥

であるから，求める軌跡 C_+ は

円 $(x-1)^2+y^2=2$ の $x(y+1)>0$ を満たす部分（右図の太線部分）である。

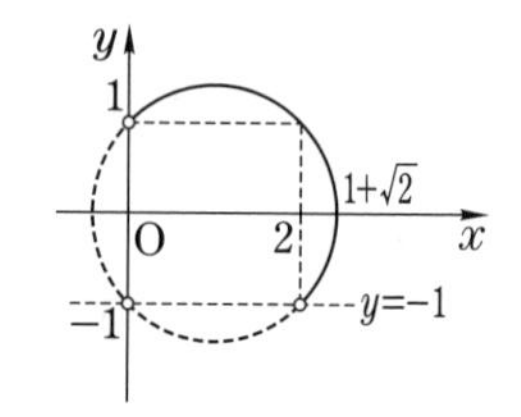

注 1° 解答 で示した通り，(1)では

$(X,\ Y)\in C \iff ⑤$

が成り立つから，Cを表す式は⑤の X，Y を x，y に置き換えた式である。つまり，

$C:(x,\ y)=(0,\ -1)$ または "$x\neq 0$ かつ $(x-1)^2+y^2=2$"

$C:(x-1)^2+y^2=2$ から点 $(0,\ 1)$ を除いた部分

である。

また，(2)では

$(X,\ Y)\in C_+ \iff$ ④かつ⑥

が成り立つから，C_+ を表す式は④，⑥の X，Y を x，y に置き換えた式である。つまり，

$C_+:(x-1)^2+y^2=2$ かつ $x(y+1)>0$

である。

このことから，$(X,\ Y)\in C$（あるいは C_+）の代わりに，最初から，$(x,\ y)\in C$（あるいは C_+）と表した方が，最後に X，Y から x，y への置き換えもなく楽になると考える人もいるかもしれない。確かに，その通りであるが，解答 では，具体的な点について考えていることを強調するために，$(X,\ Y)$ と表したのである。したがって，この種の考え方に慣れたあとでは，最初から $(x,\ y)$ と表した方が簡単になる。

2° 解答 において，①′$\times X-$②′$\times(X-Y+1)$ より

$$0=X(X+Y-1)-(X-Y+1)(Y+1)$$

$$\therefore \quad (X-1)^2+Y^2=2$$

が得られる。これから，交点 $P(X,\ Y)$ が円 $(x-1)^2+y^2=2$ ……⑦ 上にあることがただちにわかるが，これだけでは“軌跡の限界”，すなわち，(1)では円⑦から点 $(0,\ 1)$ が除かれること，(2)では円⑦の $x(y+1)>0$ を満たす部分であることなどがわからないことになる。

参考

l の方程式を $(x-y+1)a-(x+y-1)=0$ と書き直すことにより，l は a の値によらず，

$$x-y+1=0 \text{ かつ } x+y-1=0$$

を満たす点 $A(0,\ 1)$ を通ることがわかる。同様に m は点 $B(0,\ -1)$ を通る。

また，l，m のなす角を $\theta\,(0^\circ \leqq \theta \leqq 90^\circ)$ とすると，$a=-1$ のとき，

$$l: x=0,\ m: x+y+1=0$$

となるので，$\theta=45^\circ$ であり，$a \neq -1$ のときには，l，m の傾きがそれぞれ $\dfrac{a-1}{a+1}$，a であるから

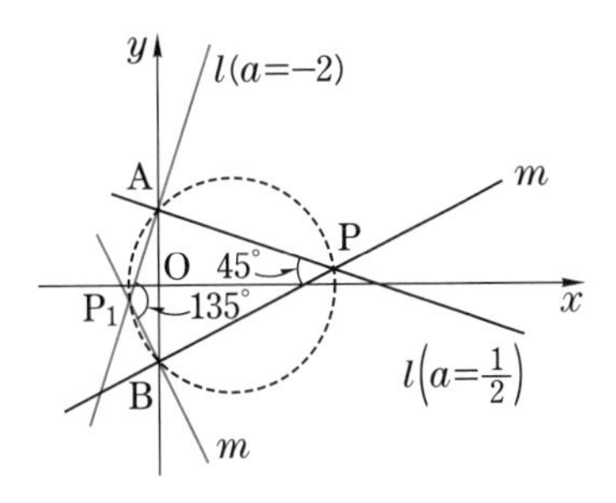

$$\tan\theta=\left|\frac{\dfrac{a-1}{a+1}-a}{1+a\cdot\dfrac{a-1}{a+1}}\right|=1$$

より，$\theta=45^\circ$ である。

以上より，P は線分 AB を見込む角が 45°，あるいは，$180^\circ-45^\circ=135^\circ$ である弧上にあることがわかる。さらに，a の変化に伴う l，m の動きを調べると，P の軌跡を目で追うこともできる。

このようにパラメタを含む 2 直線の交点の軌跡を求める問題のなかには，2 直線のなす角に着目すると解決するものがある。典型的なものとして，それぞれが定点を通り，互いに直交する 2 直線に関するものであり，その軌跡はそれら 2 定点を直径の両端とする円周の一部または全体となる。(**410**(1)参照。)

類題 13 → 解答 p.373

Oを原点とし，放物線 $y=2x^2$ 上に 2 点 A，B を $\angle AOB$ が直角になるようにとり，Oから直線 AB へ垂線 OP を下ろす。このとき，点Pの軌跡を求めよ。

410 四分円の弦の中点が動く範囲

曲線 $x^2+y^2=100$ ($x \geqq 0$ かつ $y \geqq 0$) を C とする。点P，Qは C 上にあり，線分PQの中点をRとする。ただし，点Pと点Qが一致するときは，点Rは点Pに等しいものとする。

(1) 点Pの座標が $(6,\ 8)$ であり，点Qが C 上を動くとき，点Rの軌跡を求めよ。

☆ (2) 点P，Qが C 上を自由に動くとき，点Rの動く範囲を図示し，その面積を求めよ。

(早稲田大*)

精講 (1) △OPQは OP=OQ の二等辺三角形ですから“ORはPQと垂直である”……(＊) すなわち，∠ORP=90° です。O，Pは定点ですから，RはOPを直径とする円周上にあります。あとは，その円周上のどの部分を動くか(いわゆる，「軌跡の限界」)を調べることになります。

(2) Pを固定したときのRの軌跡(四分円)を求めたあとにPを動かして，その四分円の動きを追う方法も考えられますが，説明が長くなります。そこで，見方を変えてみると，求める範囲とは，“(＊)を満たすような2点P，Qが四分円 C 上に存在する”……(★) ような点Rの全体です。先に点Rをとったと考えたとき，(★)が成り立つための条件は“Rを通り，ORに垂直な直線 l が四分円 C と2点で交わるか，または，1点で接する”……(☆) ことです。(☆)が成り立つための条件を図形的に考えてみましょう。

解答 (1) PとQが異なるとき△OPQは二等辺三角形であり，ORはPQと垂直であるから，∠ORP=90° である。

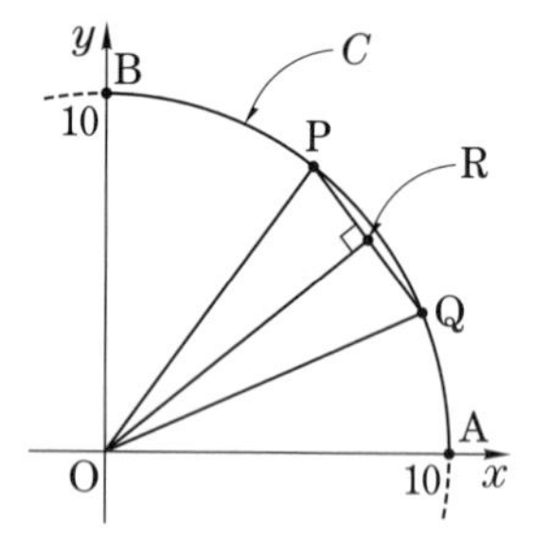

O(0，0)，P(6，8)は定点であるから，RはOPを直径とする円

$$x(x-6)+y(y-8)=0$$

$$\therefore\ (x-3)^2+(y-4)^2=25 \quad \cdots\cdots①$$

上にある。(P=Q の場合にも①上にある。)

Qが四分円 C 上をA(10，0)からB(0，10)まで動くとき，Rは①上をAPの中点(8，4)からBPの中点(3，9)まで動くから，Rの軌跡は

⬅ $Q(r,\ s)$ $(0 \leqq r \leqq 10,\ 0 \leqq s \leqq 10)$ とすると，$R\left(\dfrac{r+6}{2},\ \dfrac{s+8}{2}\right)$ となるので。

円 $(\boldsymbol{x}-3)^2+(\boldsymbol{y}-4)^2=25$ の，$3 \leqq \boldsymbol{x} \leqq 8$ かつ $4 \leqq \boldsymbol{y} \leqq 9$ の部分

である。

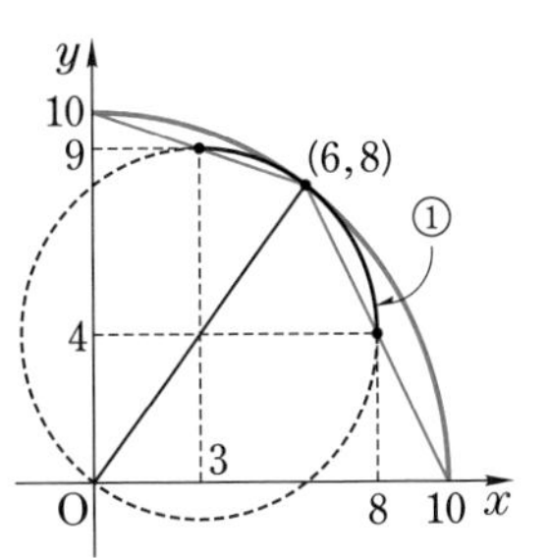

(2)　$\mathrm{R}(u,\ v)$ とおくと，Rは四分円Cとx軸，y軸で囲まれた部分にあるから，

$$u^2+v^2 \leqq 100,\ u \geqq 0,\ v \geqq 0 \quad \cdots\cdots②$$

である。

ここで，$v=0$ または，$u=0$ となるのはそれぞれ

$$\mathrm{P=Q=R=A}(10,\ 0),\ \mathrm{P=Q=R=B}(0,\ 10) \quad \cdots\cdots③$$

⬅直線 AB：$x+y=10$ の上方にあるから，$u+v \geqq 10$ でもあるが，以下では必要としない。

のときであり，この2点を除くと，

$$u>0,\ v>0 \quad \cdots\cdots④$$

である。

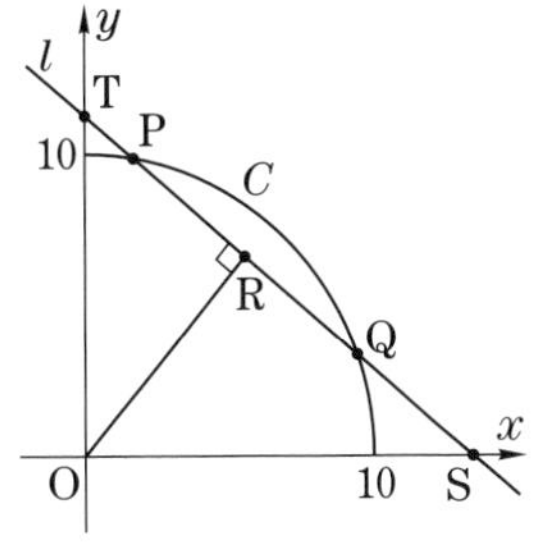

②，④のもとで，“対応するP，Qが存在する”，つまり“Rを通りORと垂直な直線l：

$$u(x-u)+v(y-v)=0$$

が四分円Cと2点で交わる，または1点で接する”……(☆)　条件は“lとx軸との交点 $\mathrm{S}\left(\dfrac{u^2+v^2}{u},\ 0\right)$ は $x \geqq 10$ にあり，lとy軸との交点 $\mathrm{T}\left(0,\ \dfrac{u^2+v^2}{v}\right)$ は $y \geqq 10$ にある”ことである。

したがって，

$$\frac{u^2+v^2}{u} \geqq 10,\ \frac{u^2+v^2}{v} \geqq 10$$

$$\therefore\quad (u-5)^2+v^2 \geqq 25,\ u^2+(v-5)^2 \geqq 25 \quad \cdots\cdots⑤$$

である。③の2点も②，⑤を満たすから，Rの動く範囲は，②かつ⑤を満たす部分，すなわち，

$$\begin{cases} x^2+y^2 \leqq 100,\ x \geqq 0,\ y \geqq 0 \\ (x-5)^2+y^2 \geqq 25,\ x^2+(y-5)^2 \geqq 25 \end{cases}$$

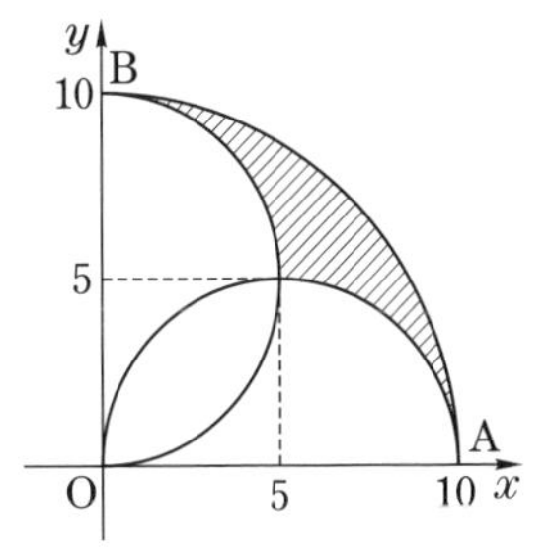

で表される右図の斜線部分であり，

$$(\text{面積})=\frac{1}{4}\cdot 10^2\pi-\left(2\cdot\frac{1}{4}\cdot 5^2\pi+5^2\right)=\boldsymbol{\frac{25}{2}\pi-25}$$

である。

第4章

411 パラメタを含む直線の通過範囲(1)

実数 t が $t \geqq 0$ を動くとき，直線 $l_t : y = tx - t^2 + 1$ が通り得る範囲Dを図示せよ。

精講 $t = 0,\ \frac{1}{2},\ 1,\ 2,\ \cdots\cdots$ などに対応する直線 l_t を何本描いても領域Dを完全に捉えることは不可能です。そこで，**409** と同様に，発想の転換をして座標平面上の点$(X,\ Y)$がDに属する条件を考えます。たとえば，点$(4,\ 4)$，$(1,\ -5)$，$(-5,\ 7)$，$(2,\ 3)$ はDに属するかを調べてみましょう。

l_t が$(4,\ 4)$を通る条件は，l_t の方程式に $(x,\ y) = (4,\ 4)$ を代入した式

$$4 = 4t - t^2 + 1 \qquad \therefore \quad (t-1)(t-3) = 0 \qquad \cdots\cdots ㋐$$

が成り立つことです。$t \geqq 0$ において㋐を満たす t の値として1，3がとれるので，l_1，l_3 が$(4,\ 4)$を通ることになり，$(4,\ 4)$はDに属します。

同様に，$(1,\ -5)$，$(-5,\ 7)$，$(2,\ 3)$ を通る条件はそれぞれ

$$-5 = t - t^2 + 1 \qquad \therefore \quad (t-3)(t+2) = 0 \quad \cdots\cdots ㋑$$

$$7 = -5t - t^2 + 1 \qquad \therefore \quad (t+2)(t+3) = 0 \quad \cdots\cdots ㋒$$

$$3 = 2t - t^2 + 1 \qquad \therefore \quad t^2 - 2t + 2 = 0 \quad \cdots\cdots ㋓$$

が成り立つことです。$t \geqq 0$ において㋑を満たす値として $t = 3$ をとれるので，l_3 が$(1,\ -5)$を通ることになり，$(1,\ -5)$はDに属します。一方，$t \geqq 0$ において㋒を満たす t の値はないので，$(-5,\ 7)$ はDに属しません。また，㋓を満たす実数 t がないので，$(2,\ 3)$ もDに属しません。

以上のことから，

> 点$(X,\ Y)$がDに属する条件は $Y = tX - t^2 + 1$ を満たす t が $t \geqq 0$ に少なくとも1つあることである。

とわかるはずです。

解 答 点$(X,\ Y)$がDに属するためのX，Yの条件を調べる。

$(X,\ Y) \in D$

$\Longleftrightarrow$ $t \geqq 0$ $\cdots\cdots$① のある t に対して，l_t が$(X,\ Y)$を通る，すなわち，

$Y = tX - t^2 + 1$ $\cdots\cdots$② が成り立つ

⬅ 最初から，$(x,\ y) \in D$ としてもよい。
409 注 1° 参照。

$\iff$ t の2次方程式 $t^2-Xt+Y-1=0$ ……②′
が①の範囲に少なくとも1つの解をもつ
……(＊)

← このような「見方の転換」がキー・ポイントである。

よって，(＊)の条件として，②′において，

$$\begin{cases} \text{(i)}\ \ t<0,\ t>0\ \text{に解が1つずつある} \\ \text{(ii)}\ \ t=0\ \text{が解である} \\ \text{(iii)}\ \ t>0\ \text{に2つの解がある} \end{cases}$$

← 重解の場合も2つの解と考える。

のいずれかが成り立つための X，Y の条件を調べるとよい。②′の左辺を $f(t)$ とおくと，

$$f(t)=t^2-Xt+Y-1$$
$$=\left(t-\frac{X}{2}\right)^2-\frac{1}{4}X^2+Y-1$$

となる。$u=f(t)$ のグラフを考えると，

(i)または(ii) $\iff f(0)\leqq 0$
$\iff Y\leqq 1$

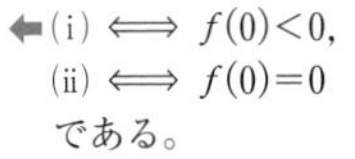

であり，

$$\text{(iii)} \iff \begin{cases} \text{頂点の}\,u\,\text{座標：}f\left(\dfrac{X}{2}\right)\leqq 0 \\ \text{軸の位置：}\dfrac{X}{2}>0 \\ \text{区間の端点での値：}\ f(0)>0 \end{cases}$$

← 頂点の u 座標（判別式），軸の位置，区間の端点での値を調べる。**101** 参照。

$\iff Y\leqq \dfrac{1}{4}X^2+1$ かつ $X>0$ かつ $Y>1$

である。したがって，

$$D:\begin{cases} y\leqq 1\quad\text{または} \\ \text{“}y\leqq \dfrac{1}{4}x^2+1\ \text{かつ}\ x>0\ \text{かつ}\ y>1\text{”} \end{cases}$$

であり，右図の斜線部分（境界を含む）である。

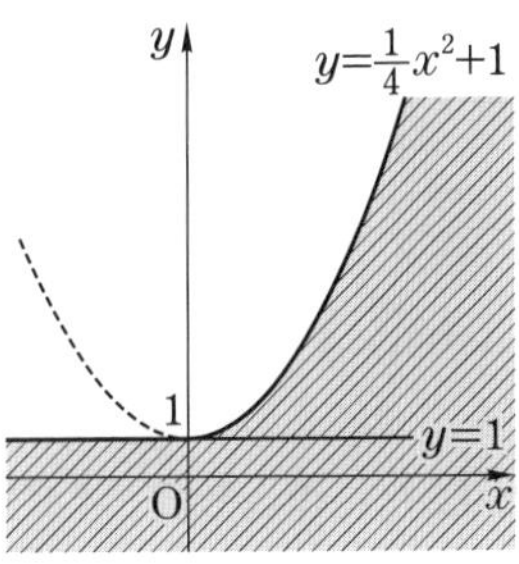

参考

l_t：$y=tx-t^2+1$ は t の値によらずに放物線 C：$y=\dfrac{1}{4}x^2+1$ に接していて，その接点が $\mathrm{P}(2t,\ t^2+1)$ であることを見抜くことができれば，$t\geqq 0$ においてPが C 上の $x\geqq 0$ の部分を動くので，Pの動きに伴って l_t がどのように変化するかを観察することによって同様の結果を得ることもできる。

412 パラメタを含む直線の通過範囲(2)

$0 \leqq t \leqq 1$ を満たす実数 t に対して，xy 平面上の点 A，B を

$\mathrm{A}\left(\dfrac{2(t^2+t+1)}{3(t+1)},\ -2\right)$，$\mathrm{B}\left(\dfrac{2}{3}t,\ -2t\right)$ と定める。t が $0 \leqq t \leqq 1$ を動くとき，直線 AB の通り得る範囲を図示せよ。　（東京大）

精講 　直線 AB はパラメタ t を含む式で表されますから，**411** と同様に考えることができます。ただし，AB の方程式が t^3 の項を含むので，t の 3 次方程式の解について調べることになります。

解答 　直線 AB の傾きが

$$\frac{-2-(-2t)}{\dfrac{2(t^2+t+1)}{3(t+1)}-\dfrac{2}{3}t}=3(t^2-1)$$

であるから，直線 AB の方程式は

$$y-(-2t)=3(t^2-1)\left(x-\frac{2}{3}t\right)$$

$$\therefore\quad y=3(t^2-1)x-2t^3 \qquad \cdots\cdots①$$

である。

$0 \leqq t \leqq 1$ ……② において，直線①が通り得る範囲を D とする。このとき，

点 $(x,\ y) \in D$

$\iff$ ②を満たすある t に対して，①が成り立つ

$\iff$ t の 3 次方程式 $2t^3-3xt^2+y+3x=0$ ……①′

が②の範囲に少なくとも 1 つの解をもつ ……(＊)

が成り立つ。以下，(＊) のための x，y の満たすべき条件を調べる。

⇐ ここでは，点 $(X,\ Y)$ の代わりに点 $(x,\ y)$ とした。

$f(t)=2t^3-3xt^2+y+3x$ とおくと，

$$f'(t)=6t(t-x)$$

であるから，次のように場合分けをする。

⇐ $x \neq 0$ のとき，$f(t)$ は $t=0$，x で極値をとる。

(i) $x \leqq 0$ のとき

②において $f'(t) \geqq 0$ より，$f(t)$ は増加するから，(＊) のための条件は

$f(0) \leqq 0$ かつ $f(1) \geqq 0$

$\therefore\ y \leqq -3x$ かつ $y \geqq -2$

である。

(ii) $0 < x < 1$ のとき

$f(t)$ は $t=0$ で極大，$t=x$ で極小となるから，$(*)$ のための条件は

$f(x) \leqq 0$ かつ

“$f(0) \geqq 0$ または $f(1) \geqq 0$”

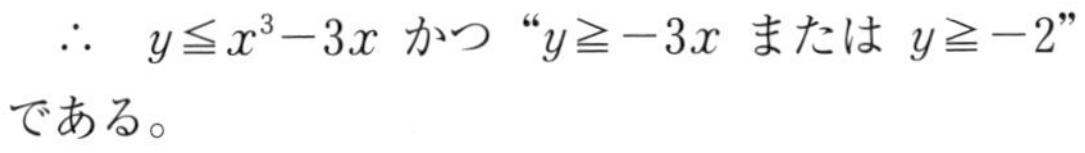

$\therefore\ y \leqq x^3-3x$ かつ “$y \geqq -3x$ または $y \geqq -2$”

である。

(iii) $x \geqq 1$ のとき

②において $f'(t) \leqq 0$ より，$f(t)$ は減少するから，$(*)$ を満たす条件は

$f(0) \geqq 0$ かつ $f(1) \leqq 0$

$\therefore\ y \geqq -3x$ かつ $y \leqq -2$

である。

以上をまとめると，D は

$$\begin{cases} x \leqq 0 \text{ かつ } y \leqq -3x \text{ かつ } y \geqq -2, \\ 0 < x < 1 \text{ かつ } y \leqq x^3-3x \text{ かつ} \\ \qquad \text{“} y \geqq -3x \text{ または } y \geqq -2 \text{”}, \\ x \geqq 1 \text{ かつ } y \geqq -3x \text{ かつ } y \leqq -2 \end{cases}$$

を満たす部分であるから，右図の斜線部分(境界を含む)である。

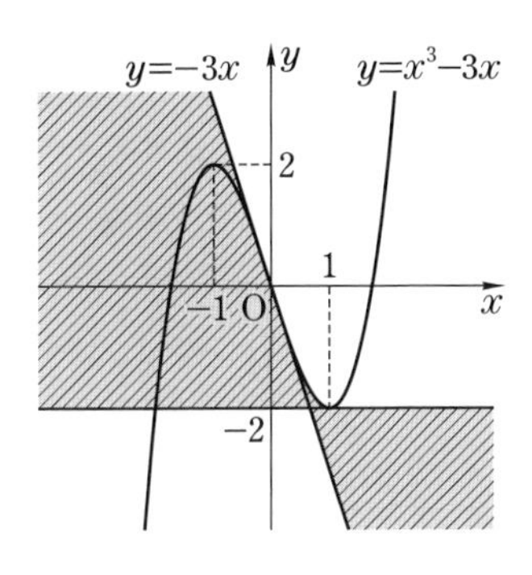

参考

直線AB，つまり，直線①は $C: y=x^3-3x$ 上の点 $\mathrm{P}(t,\ t^3-3t)$ における接線 l：

$$y=(3t^2-3)(x-t)+t^3-3t$$

$$\therefore\ y=3(t^2-1)x-2t^3$$

である。$0 \leqq t \leqq 1$ において，PがC上を，点O(0, 0)から点C(1, −2)まで動くので，そのときの接線 l の変化を観察すると D が右上図の斜線部分となることがわかる。

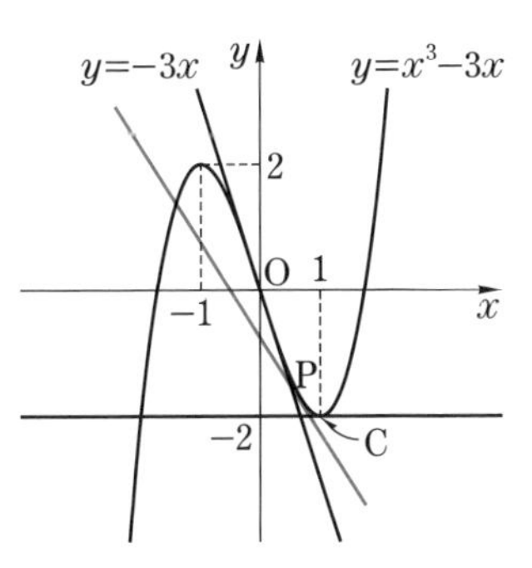

第4章

413　2つのパラメタを含む放物線の通過範囲

a, bを実数とする。座標平面上の放物線 C：$y=x^2+ax+b$ は放物線 $y=-x^2$ と2つの共有点をもち，一方の共有点のx座標は $-1<x<0$ を満たし，他方の共有点のx座標は $0<x<1$ を満たす。

(1)　点(a, b)のとりうる範囲を座標平面上に図示せよ。

(2)　放物線Cの通りうる範囲を座標平面上に図示せよ。　　　　（東京大）

精講　(2)では，**411**，**412** における1つのパラメタ t を含む直線の通過範囲の発展版として，2つのパラメタ a, b を含む放物線の通過範囲を調べることになります。考え方の基本は同じで，点(x, y)に対して，Cの方程式 $y=x^2+ax+b$　…㋐ を a, bの方程式とみなして，“その解(a, b)が(1)で求めた領域Dに存在する”　……(＊)ためにx, yが満たすべき条件を求めるとよいのです。そこで，㋐をab平面における直線の方程式とみなすことができれば，(＊)は“その直線が領域Dと共有点をもつ”ことに帰着します。

解答　(1)　放物線 C：$y=x^2+ax+b$　……①

と放物線 $y=-x^2$ が共有点を

$-1<x<0$, $0<x<1$　……②

に1つずつもつのは，2次方程式

$x^2+ax+b=-x^2$,　∴　$2x^2+ax+b=0$

が②の範囲にそれぞれ1つずつ解をもつときである。

$f(x)=2x^2+ax+b$

とおくとき，その条件は，

$f(-1)>0$ かつ $f(0)<0$ かつ $f(1)>0$

∴　$b>a-2$ かつ $b<0$ かつ $b>-a-2$……③

である。

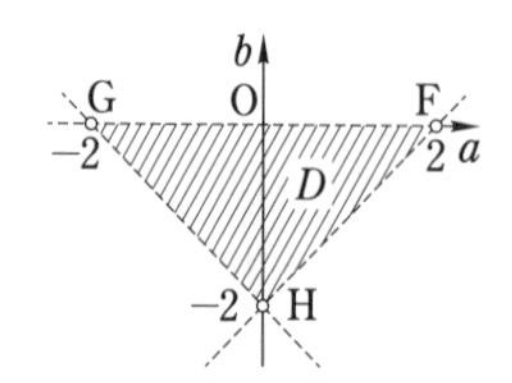

よって，点(a, b)のとりうる範囲はab平面で③で表される領域Dであり，右図の斜線部分（境界を除く）である。

(2)　点(a, b)が領域Dを動くときに放物線Cが通りうる範囲Eが求めるものである。したがって，

点 $(x,\ y) \in E$

$\Longleftrightarrow$ D に属するある点 $(a,\ b)$ に対して，放物線 C が点 $(x,\ y)$ を通る，つまり，

$y=x^2+ax+b$ ……④ が成り立つ ……(I)

であり，さらに，④を ab 平面における直線

$$xa+b+x^2-y=0 \quad \cdots\cdots④'$$

と考えると，

(I) $\Longleftrightarrow$ 領域 D と直線④′が共有点をもつ ……(II)

である。ここで，領域 D は F(2, 0)，G(−2, 0)，H(0, −2) を頂点とする △FGH の内部（境界を除く）であるから，(II)は

直線④′が △FGH の 3 辺 FG，GH，HF（端点 F，G，H を除く）の少なくとも 1 つと交わる ……(III)

と同値である。

直線④′が辺 FG（F，G を除く）と交わる条件は，F，G が直線④′によって分離される，すなわち

$$g(a,\ b)=xa+b+x^2-y$$

とおくとき，F，G が 2 つの半平面 $g(a,\ b)>0$，$g(a,\ b)<0$ に分かれて属することである。つまり，

$$g(2,\ 0)g(-2,\ 0)<0$$

である。辺 GH，HF についても同様である。

したがって，(III)は

$$g(2,\ 0)g(-2,\ 0)<0$$
$$g(-2,\ 0)g(0,\ -2)<0$$
$$g(0,\ -2)g(2,\ 0)<0$$

の少なくとも 1 つが成り立つことと同値であるから，求める範囲 E は

$(y-x^2-2x)(y-x^2+2x)<0$ または

$(y-x^2+2x)(y-x^2+2)<0$ または

$(y-x^2+2)(y-x^2-2x)<0$

で表される右図の斜線部分（境界を除く）である。

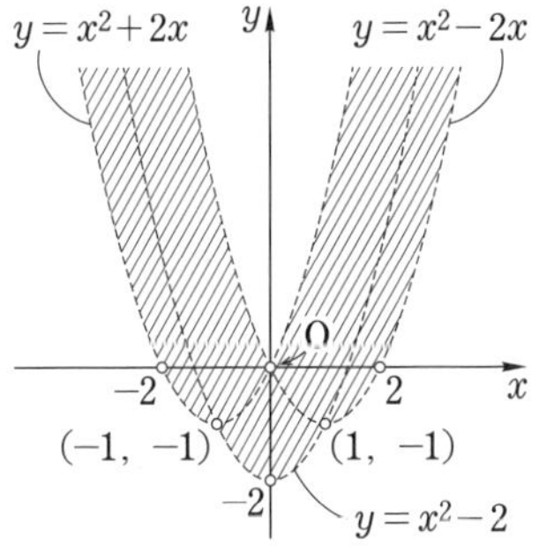

← 409 注 1° に示したように，ここで点 $(x,\ y)$ は具体的な 1 つの点と考える。

← ④は見かけ上，①と同じ式である。

← 左下図参照。

← 直線が三角形の内部と共有点をもつ図を描いてみよう。

← 辺 FG が直線④′に含まれる場合には条件が満たされないことに注意する。

414 領域における最大・最小

座標平面上で，連立不等式 $y-5x \leqq -28$，$2y+5x \leqq 34$，$y \geqq -3$ の表す領域をA，不等式 $x^2+y^2 \leqq 2$ の表す領域をBとする。

(1) 点$(x,\ y)$が領域Aを動くとき，$y-2x$ の最大値と最小値を求めよ。

(2) kを実数とし，点$(x,\ y)$が領域Aを動くときの $y-kx$ の最小値と点$(x,\ y)$が領域Bを動くときの $y-kx$ の最大値が同じ値mであるとする。このとき，kとmの値を求めよ。 (愛媛大*)

精講 (1) “$(x,\ y)$が領域Aを動くとき，$y-2x$がkという値をとる”とは

“$(x,\ y) \in A$ かつ $y-2x=k$ ……㋐ を満たす実数x，yがある”

すなわち，

“直線㋐がAと共有点$(x,\ y)$をもつ”

ということです。

(2) “$(x,\ y)$がAを動くときの$y-kx$の最小値がmである”とは

“$A \ni (x,\ y)$ に対してつねに $y-kx \geqq m$ であり，かつ，$y-kx=m$ ……㋑ となる $(x,\ y) \in A$ がある”ということですが，このとき，Aと直線㋑がどのような位置関係にあるかを考えてみましょう。

解答 (1) 領域Aは3点C(6, 2)，D(5, −3)，E(8, −3)を頂点とする三角形の内部および周である。点$(x,\ y)$がAを動くとき，$y-2x$のとり得る値の範囲は

“直線 $y-2x=k$ ……① とAが共有点をもつ” ……(☆)

ようなkの値の範囲と一致する。①は傾き2，y切片kの直線であるから，(☆)のもとでkが最大，最小となるのは，①がそれぞれ点C，Eを通るときである。したがって，

最大値 $k=2-2\cdot6=\mathbf{-10}$

最小値 $k=-3-2\cdot8=\mathbf{-19}$

である。

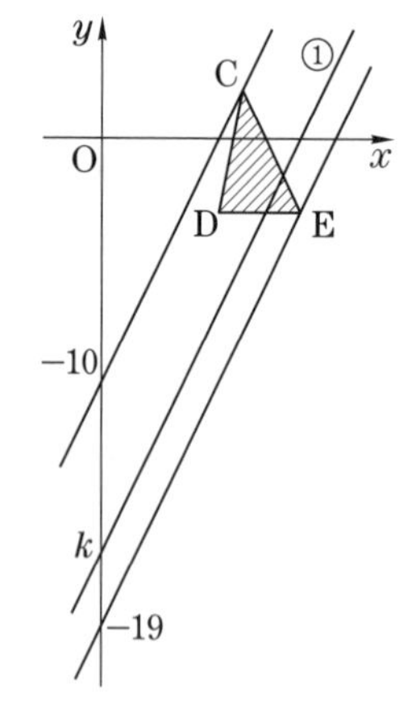

(2) “点$(x,\ y)$がAを動くときの $y-kx$ の最小値がmである”ということは，

“Aではつねに $y-kx\geqq m$ であり，$y-kx=m$ となることがある”ということで，図形的には

“Aは $y\geqq kx+m$ を満たす部分にあり，直線 $y=kx+m$ ……② と共有点をもつ”

すなわち，

“Aは直線②の上方にあり，②と共有点をもつ” ……(＊) ことになる。

同様に考えると，

“点$(x,\ y)$がBを動くときの $y-kx$ の最大値がmである”

⬅“Bでは，$y-kx\leqq m$ であり，$y-kx=m$ となることがある”に等しい。

ことは，図形的には

“Bは直線②の下方にあって，Bと共有点をもつ”

すなわち，

“Bは②の下方にあって，②に接する” ……(＊＊)

ことになる。

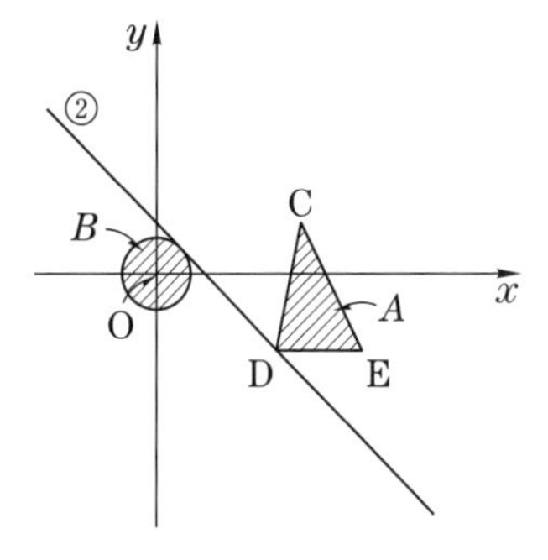

(＊＊)が満たされるように直線②を動かしてみると，(＊)も満たされるのは右図の場合に限る。したがって，②がD(5, −3)を通ることより

$$-3=5k+m \quad \therefore \quad m=-5k-3$$

である。このとき，

$$y=kx-5k-3 \quad \cdots\cdots③$$

がB，つまり，中心O(0, 0)，半径$\sqrt{2}$の円板に接することより，

$$\frac{|5k+3|}{\sqrt{k^2+1}}=\sqrt{2} \quad \therefore \quad (5k+3)^2=2(k^2+1)$$

$$\therefore \quad (k+1)(23k+7)=0$$

である。ここで，Oが③の下方にあることより

$$0<k\cdot 0-5k-3 \quad \therefore \quad k<-\frac{3}{5}$$

⬅中心O(0, 0)が $y<kx-5k-3$ にある。

であるから，$\boldsymbol{k=-1}$，$\boldsymbol{m=2}$ である。

415 パラメタを含む領域における最大・最小

a を正の実数とする。次の2つの不等式を同時に満たす点 $(x,\ y)$ 全体からなる領域を D とする。

$y \geqq x^2,\ y \leqq -2x^2+3ax+6a^2$

領域 D における $x+y$ の最大値，最小値を求めよ。 (東京大)

精講 414と同様に，直線 $l: x+y=k$ が領域 D と共有点をもつような k の値の範囲を求めることになりますが，k が最大・最小となるときの共有点は a の値によって変化します。たとえば，$a=1,\ a=\frac{1}{6}$ の場合の D と直線 l の関係は下図のようになります。

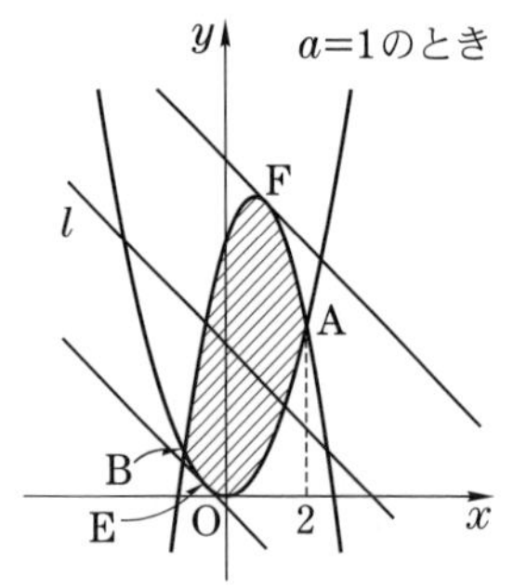

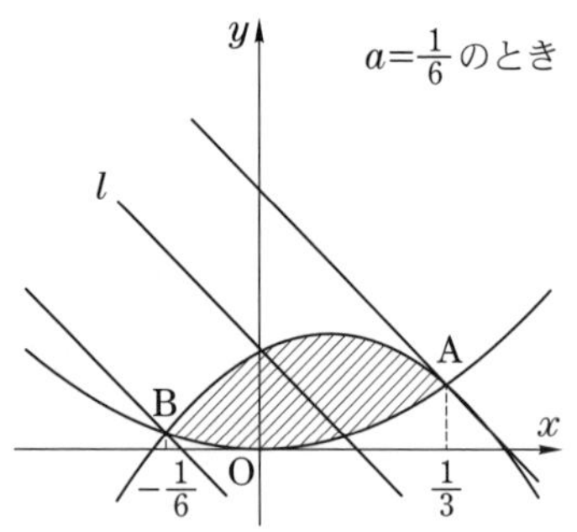

これより，a の値による場合分けが必要なことがわかるはずです。

解答 $y=x^2$ ……① と $y=-2x^2+3ax+6a^2$ ……② の交点は

$\mathrm{A}(2a,\ 4a^2),\ \mathrm{B}(-a,\ a^2)$

であるから，領域 D は右図の斜線部分である。

D における $x+y$ の最大値 M，最小値 m は"直線 $y+x=k$ ……③ が D と共有点をもつ"……(＊) ような③の y 切片 k の最大値，最小値に等しい。

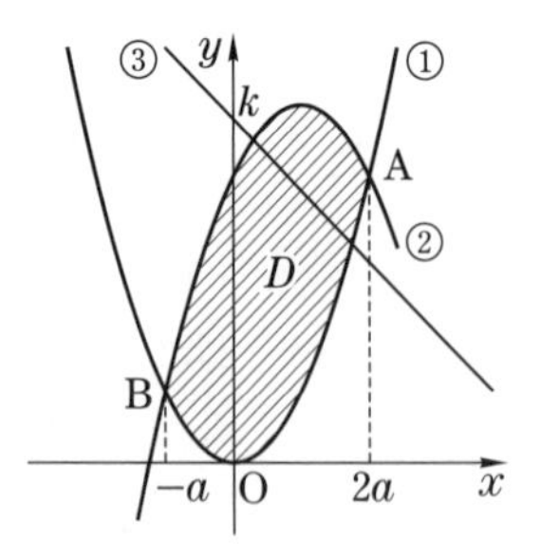

⬅図から，k が最大となるのは(i)または(iv)のとき，最小となるのは，(ii)または(iii)のときであることがわかる。

準備として，以下のことを調べる。

(i) ③が $\mathrm{A}(2a,\ 4a^2)$ を通るとき

$k=4a^2+2a$ である。

(ii) ③が $\mathrm{B}(-a,\ a^2)$ を通るとき

$k=a^2-a$　である。

(iii)　③が放物線①と接するとき

$$x^2=-x+k \qquad \therefore \quad x^2+x-k=0 \qquad \cdots\cdots ④$$

が重解をもつことより

$$1+4k=0 \qquad \therefore \quad k=-\frac{1}{4}$$

であり，接点Eの x 座標 x_E は

$$x_E=\frac{1}{2}(④の2解の和)=-\frac{1}{2}$$

である。

⬅ ④の2解が x_E，x_E であるから $x_E+x_E=-1$ である。

(iv)　③が放物線②と接するとき

$$-2x^2+3ax+6a^2=-x+k$$

$$\therefore \quad 2x^2-(3a+1)x-6a^2+k=0 \qquad \cdots\cdots ⑤$$

が重解をもつことより

$$(3a+1)^2-8(-6a^2+k)=0$$

$$\therefore \quad k=\frac{57a^2+6a+1}{8}$$

であり，接点Fの x 座標 x_F は

$$x_F=\frac{1}{2}(⑤の2解の和)=\frac{3a+1}{4}$$

である。

(iii)，(iv)の接点E，FがDに属する条件はそれぞれ，

$$-a\leqq-\frac{1}{2}\leqq 2a \qquad \therefore \quad a\geqq\frac{1}{2},$$

$$-a\leqq\frac{3a+1}{4}\leqq 2a \qquad \therefore \quad a\geqq\frac{1}{5}$$

である。したがって，

⬅ それぞれが，(iii)のとき最小，(iv)のとき最大となるような a の範囲である。

最大値 $\begin{cases} \boldsymbol{a\geqq\frac{1}{5}} \text{ のとき } \boldsymbol{\frac{57a^2+6a+1}{8}} & \text{((iv)の場合)} \\ \boldsymbol{0<a\leqq\frac{1}{5}} \text{ のとき } \boldsymbol{4a^2+2a} & \text{((i)の場合)} \end{cases}$

最小値 $\begin{cases} \boldsymbol{a\geqq\frac{1}{2}} \text{ のとき } \boldsymbol{-\frac{1}{4}} & \text{((iii)の場合)} \\ \boldsymbol{0<a\leqq\frac{1}{2}} \text{ のとき } \boldsymbol{a^2-a} & \text{((ii)の場合)} \end{cases}$

となる。

⬅ 解答の際には，精講のような図を加えてもよい。

416 対称式を利用した領域における最大・最小

実数 x, y が $x^2+y^2\leqq 1$ を満たしながら変化するとする。

(1) $s=x+y$, $t=xy$ とするとき, 点 (s, t) の動く範囲を st 平面上に図示せよ。

(2) 負でない定数 m をとるとき, $xy+m(x+y)$ の最大値, 最小値を m を用いて表せ。 (東京工大)

精講 (1) x, y がすべての実数値をとって変化するとき, 点 (s, t) が動く範囲 E は st 平面全体ではなく, その一部分です。

たとえば, $(4, 5)$ は E に属しません。その理由は, $(s, t)=(4, 5)$, すなわち, $x+y=4$, $xy=5$ を満たす x, y は X の 2 次方程式 $X^2-4X+5=0$ の 2 解 $2\pm i$ であり, 実数ではないからです。一方, $(2, -4)$ は E に属します。その理由は, $(s, t)=(2, -4)$, すなわち, $x+y=2$, $xy=-4$ を満たす x, y は X の 2 次方程式 $X^2-2X-4=0$ の 2 解 $1\pm\sqrt{5}$ であり, 実数であるからです。同様に考えると, E を表す不等式が得られます。

求める範囲 D は $x^2+y^2\leqq 1$ から導かれる s, t の不等式で表される領域と E との共通部分です。

(2) st 平面で考えると, **414**, **415** と同様に処理できます。

解答 (1) $s=x+y$, $t=xy$ ……①

とするとき, x, y は X の 2 次方程式

$X^2-sX+t=0$ ……②

の 2 解と一致する。したがって, x, y が実数であるとき, ②は 2 つの実数解をもつので, s, t は

$s^2-4t\geqq 0 \quad \therefore \quad t\leqq \dfrac{1}{4}s^2$ ……③

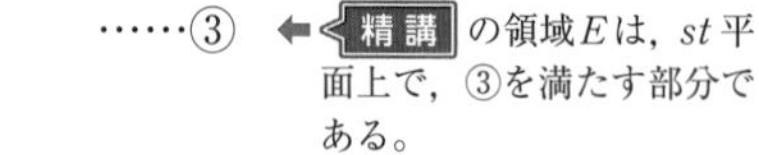

← 精講 の領域 E は, st 平面上で, ③を満たす部分である。

を満たす。さらに, x, y が

$x^2+y^2\leqq 1 \quad \therefore \quad (x+y)^2-2xy\leqq 1$

を満たすことより

$s^2-2t\leqq 1 \quad \therefore \quad t\geqq \dfrac{1}{2}(s^2-1)$ ……④

である。したがって, 点 (s, t) の動く範囲 D は, ③, ④の共通部分, つまり, 右図の斜線部分 (境界を含む) である。

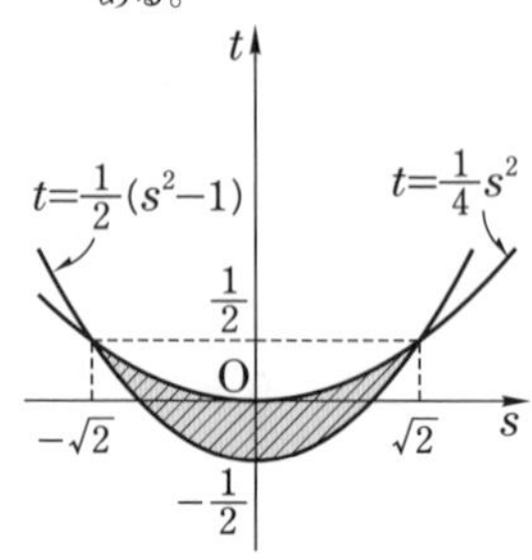

(2) ①より

$$xy+m(x+y)=t+ms$$

であるから，(1)の結果より，“st 平面において，直線 $t+ms=k$ ……⑤ がDと共有点をもつ”……(＊) ようなkの最大値，最小値を求めるとよい。

⬅ $\begin{cases} x^2+y^2 \leqq 1 \\ xy+m(x+y)=k \end{cases}$ を満たす実数の組$(x,\ y)$は，①の関係によって，st平面上におけるDと⑤の共有点$(s,\ t)$に対応する。

$$t=\frac{1}{4}s^2 \quad \cdots\cdots ⑥, \qquad t=\frac{1}{2}(s^2-1) \quad \cdots\cdots ⑦$$

の交点は $\mathrm{A}\left(\sqrt{2},\ \frac{1}{2}\right)$，$\mathrm{B}\left(-\sqrt{2},\ \frac{1}{2}\right)$ であり，

(i) ⑤がAを通るとき，$k=\sqrt{2}m+\frac{1}{2}$

(ii) ⑤がBを通るとき，$k=-\sqrt{2}m+\frac{1}{2}$

である。また，

(iii) ⑤が⑦と接するとき，

$$\frac{1}{2}(s^2-1)=-ms+k$$

$$\therefore \quad s^2+2ms-2k-1=0 \quad \cdots\cdots ⑧$$

が重解をもつことより

$$m^2+2k+1=0 \qquad \therefore \quad k=-\frac{m^2+1}{2}$$

である。このとき，接点Cの s 座標は $-m$ であるから，CがDにあるための条件は，$m \geqq 0$ に注意すると，

⬅ (Cの s 座標) $=\frac{1}{2}$(⑧の2解の和)

$$-\sqrt{2} \leqq -m \leqq 0 \qquad \therefore \quad 0 \leqq m \leqq \sqrt{2}$$

である。

したがって，右図より，kの**最大値**は

$$\boldsymbol{\sqrt{2}m+\frac{1}{2}} \quad ((\text{i})のとき)$$

であり，**最小値**は

$$\begin{cases} \boldsymbol{0 \leqq m \leqq \sqrt{2}} \ のとき \quad \boldsymbol{-\frac{m^2+1}{2}} & ((\text{iii})のとき) \\ \boldsymbol{m \geqq \sqrt{2}} のとき \quad \boldsymbol{-\sqrt{2}m+\frac{1}{2}} & ((\text{ii})のとき) \end{cases}$$

である。

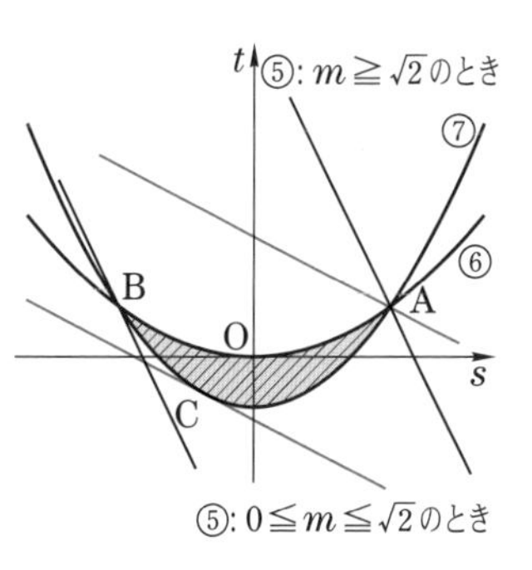

第4章

501 3次関数の極大値・極小値

関数 $f(x)=x^3-3ax^2+3bx$ の極大値と極小値の和および差がそれぞれ -18, 32 であるとき，定数 a, b の値を求めよ。

精講 3次関数 $f(x)$ が極値をとるときの x は2次方程式 $f'(x)=0$ ……(＊) の異なる2つの実数解ですから，それらを α, β とおいて，(＊)の解と係数の関係を利用します。さらに，3次関数 $f(x)$ を2次式 $f'(x)$ で割ったときの商を $Q(x)$, 余りを $Ax+B$ (A, B は定数) とすると

$$f(x)=f'(x)Q(x)+Ax+B$$

であり，$f'(\alpha)=f'(\beta)=0$ ですから，極値は $f(\alpha)=A\alpha+B$, $f(\beta)=A\beta+B$ (それぞれ α, β の1次式) と表されます。

解答 $f(x)=x^3-3ax^2+3bx$ が極値をもつから

$$f'(x)=3(x^2-2ax+b)=0 \quad \cdots\cdots①$$

が異なる2個の実数解をもつ。したがって，

$$a^2-b>0 \quad \cdots\cdots②$$

⬅(①の判別式)>0

であり，①の2解を α, β ($\alpha<\beta$) とおくと

$$\alpha+\beta=2a, \quad \alpha\beta=b \quad \cdots\cdots③$$

である。

$$f(x)=(x^2-2ax+b)(x-a)+2(b-a^2)x+ab$$
$$=\frac{1}{3}f'(x)(x-a)+2(b-a^2)x+ab$$

⬅極値 $f(\alpha)$, $f(\beta)$ を簡単に表すために，$f(x)$ を $f'(x)$ で割った余りを求めている。

であり，$f'(\alpha)=f'(\beta)=0$ であるから

極大値 $f(\alpha)=2(b-a^2)\alpha+ab$

極小値 $f(\beta)=2(b-a^2)\beta+ab$

である。ここで，極大値と極小値の和と差が -18, 32 であるから，

$$\begin{cases} f(\alpha)+f(\beta)=2(b-a^2)(\alpha+\beta)+2ab=-18 & \cdots\cdots④ \\ f(\alpha)-f(\beta)=2(b-a^2)(\alpha-\beta)=32 & \cdots\cdots⑤ \end{cases}$$

⬅$\alpha<\beta$ より $f(\alpha)$ が極大値，$f(\beta)$ が極小値である。

である。③より

$$(\alpha-\beta)^2=(\alpha+\beta)^2-4\alpha\beta=4(a^2-b)$$

$$\therefore\quad \alpha-\beta=-2\sqrt{a^2-b}$$

⬅ $\alpha<\beta$ より。

であるから，④，⑤は

$$\begin{cases} -4a^3+6ab=-18 & \cdots\cdots⑥ \\ 4(a^2-b)^{\frac{3}{2}}=32 & \cdots\cdots⑦ \end{cases}$$

⬅ $2(b-a^2)\cdot 2a+2ab=-18$

⬅ $(a^2-b)(a^2-b)^{\frac{1}{2}}=(a^2-b)^{\frac{3}{2}}$

となる。⑦より

$$a^2-b=4 \qquad \therefore\quad b=a^2-4 \qquad \cdots\cdots⑧$$

⬅ このとき，②は満たされている。

であり，⑥に代入すると

$$-4a^3+6a(a^2-4)=-18$$

$$\therefore\quad (a-3)(a^2+3a-3)=0 \qquad \therefore\quad a=3,\ \frac{-3\pm\sqrt{21}}{2}$$

となる。⑧に戻ると，求める a，b は

$$\boldsymbol{(a,\ b)=(3,\ 5),\ \left(\frac{-3\pm\sqrt{21}}{2},\ \frac{7\mp3\sqrt{21}}{2}\right)}\ \textbf{(複号同順)}$$

である。

参考

極値の和と差を次のように計算することもできる。

$$\alpha^2+\beta^2=(\alpha+\beta)^2-2\alpha\beta=4a^2-2b$$

$$\alpha^3+\beta^3=(\alpha+\beta)^3-3\alpha\beta(\alpha+\beta)=8a^3-6ab$$

より

$$\begin{aligned} f(\alpha)+f(\beta)&=\alpha^3+\beta^3-3a(\alpha^2+\beta^2)+3b(\alpha+\beta) \\ &=8a^3-6ab-3a(4a^2-2b)+3b\cdot 2a \\ &=-4a^3+6ab \end{aligned}$$

$$\begin{aligned} f(\alpha)-f(\beta)&=\alpha^3-\beta^3-3a(\alpha^2-\beta^2)+3b(\alpha-\beta) \\ &=(\alpha-\beta)\{\alpha^2+\alpha\beta+\beta^2-3a(\alpha+\beta)+3b\} \\ &=(\alpha-\beta)(4a^2-2b+b-3a\cdot 2a+3b) \\ &=2(b-a^2)(\alpha-\beta) \end{aligned}$$

である。また，極値の差を積分を利用して求めることもできる。

$$f(\alpha)-f(\beta)=\Big[f(x)\Big]_\beta^\alpha=\int_\beta^\alpha f'(x)\,dx$$

$$=\int_\beta^\alpha 3(x-\alpha)(x-\beta)\,dx=-3\cdot\frac{1}{6}(\alpha-\beta)^3=\frac{1}{2}(\beta-\alpha)^3$$

となる。

502 区間における３次関数の最大値

aを定数とし，$f(x)=x^3-3ax^2+a$ とする。$x\leqq 2$ の範囲で $f(x)$ の最大値が 105 となるようなaをすべて求めよ。 (一橋大)

精講 $f(x)$が極大となるxの値はaの正負によって変わりますから，それに応じた場合分けをして調べることになります。

解答 $f(x)=x^3-3ax^2+a$ より

$f'(x)=3x^2-6ax=3x(x-2a)$

であり，$a\neq 0$ のとき，$f(x)$ は $x=0,\ 2a$ で極値をもつ。

$a=0$ のとき，$f(x)=x^3$ であり，$x\leqq 2$ における最大値は $f(2)=8$ であるから，適さない。

$a<0$ のとき，$f(x)$の増減は右表の通りであるから，“$x\leqq 2$ における $f(x)$ の最大値が 105 となる”……(＊) のは

x	$\cdots$	$2a$	$\cdots$	0	$\cdots$
$f'(x)$	$+$	0	$-$	0	$+$
$f(x)$	↗		↘		↗

(i) $f(2a)\geqq f(2)$……① かつ $f(2a)=105$……② ⬅ $f(2a)=-4a^3+a$

または

(ii) $f(2a)\leqq f(2)$……③ かつ $f(2)=105$ ……④ ⬅ $f(2)=-11a+8$

のいずれかの場合である。

(i)において，②，すなわち，

$-4a^3+a=105$

$\therefore\ (a+3)(4a^2-12a+35)=0$

を満たす実数aは $a=-3$ である。このとき，

$f(2a)-f(2)=-4a^3+a-(-11a+8)$

$=-4(a-1)^2(a+2)>0$

より，①が満たされるので，$a=-3$ は適する。

⬅ $4a^2-12a+35=0$ は，$\frac{1}{4}$(判別式)$=6^2-4\cdot 35<0$ より，実数解をもたない。

(ii)において，④，すなわち，

$-11a+8=105$

を満たすaは $a=-\frac{97}{11}$ である。このとき，

$f(2a)-f(2)=-4(a-1)^2(a+2)>0$

より，③は満たされないので $a=-\dfrac{97}{11}$ は適さない。

x	$\cdots$	0	$\cdots$	$2a$	$\cdots$
$f'(x)$	$+$	0	$-$	0	$+$
$f(x)$	↗		↘		↗

$a>0$ のとき，$f(x)$ の増減は右表の通りであるから，$x \leqq 2$ における $f(x)$ の最大値は $f(0)$ か $f(2)$ のいずれかである。しかし，$a>0$ のもとでは

$$f(2)=-11a+8<8<105$$

であるから，(＊)が成り立つのは

$$f(0)=105 \qquad \therefore \quad a=105$$

のときである。

以上をまとめて，求める a の値は

$$\boldsymbol{a=-3} \quad \text{または} \quad \boldsymbol{105}$$

である。

参考

3次関数 $f(x)$ の $x \leqq 2$ における最大値は端点での値 $f(2)$，または，$x<2$ における $f(x)$ の極値である。

$a \neq 0$ のもとで，$f(x)$ の極値は $f(0)$，$f(2a)$ であることから，(＊)が成り立つのは下図の(Ⅰ)，(Ⅱ)，(Ⅲ)のいずれかに限られる。このことを認めると，$f(2a)=105$，$f(0)=105$，$f(2)=105$ を満たす a を求めて，それらについて，(＊)の成否を調べるだけで済むことになる。

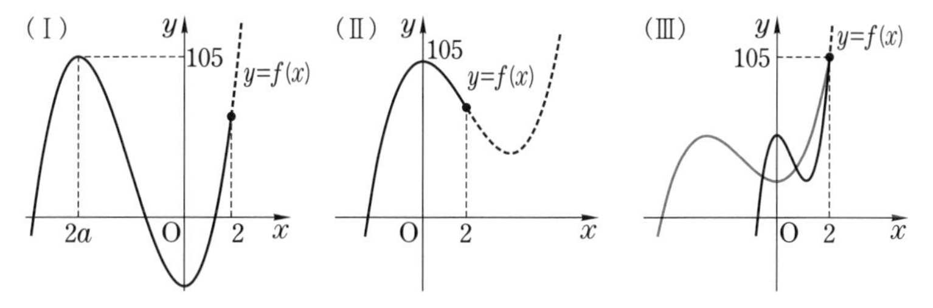

類題 14 → 解答 p.374

a を $a>-2$ を満たす定数とする。関数 $y=\sin 2\theta \cos\theta + a\sin\theta$ $(0 \leqq \theta < 2\pi)$ の最大値が $\sqrt{2}$ となるような a の値を求めよ。　（名古屋大*2006）

503 3次方程式が3つの異なる実数解をもつ条件

a, b は実数の定数とする。3次方程式 $2x^3-3ax^2+3b=0$ が, $(\alpha-1)(\beta-1)(\gamma-1)<0$ であるような3つの異なる実数解 α, β, γ をもつために a, b の満たすべき条件を求めよ。また, その条件を満たす a, b を座標とする点 $(a,\ b)$ の存在範囲を図示せよ。　(一橋大)

精講　3次方程式の実数解の個数についてまとめておきましょう。

3次方程式 $f(x)=ax^3+bx^2+cx+d=0$ の異なる実数解の個数N：

2次方程式 $f'(x)=3ax^2+2bx+c=0$ の判別式をDとし, 2解を α, β とするとき, 次が成り立つ。(グラフは $a>0$ のときのものとする)

$N=3$

$\iff$ $f(x)$ が異符号の極値をもつ。

$\iff$ $D>0$ かつ $f(\alpha)f(\beta)<0$

$N=2$

$\iff$ $f(x)$ が極値をもち, その一方は0である。

$\iff$ $D>0$ かつ $f(\alpha)f(\beta)=0$

(一方の解は重解である)

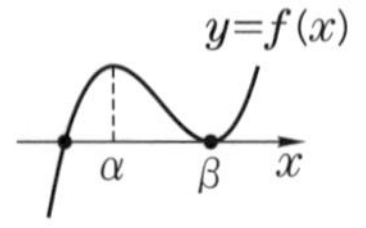

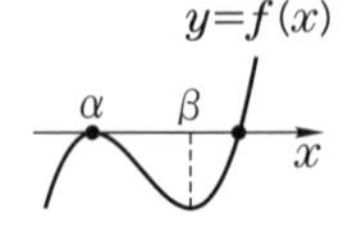

$N=1$

$\iff$ $f(x)$ が同符号の極値をもつ, または, 極値をもたない。

$\iff$ "$D>0$ かつ $f(\alpha)f(\beta)>0$" または $D\leqq 0$

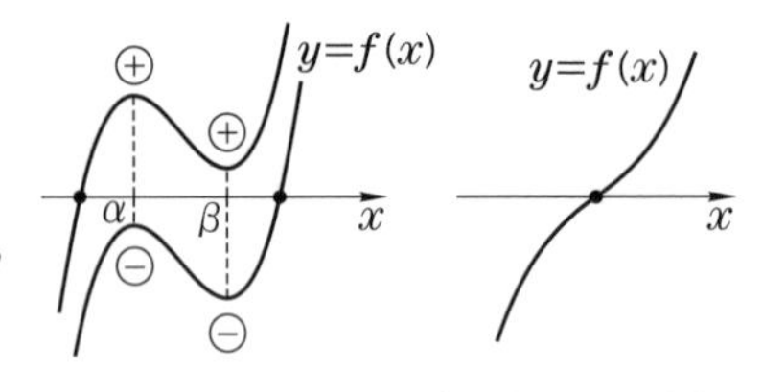

解答　$f(x)=2x^3-3ax^2+3b$　とおくと,

$f'(x)=6x(x-a)$

であるから, $a\neq 0$ のもとで, $f(x)$ は $x=0$, a において極値をもつ。

$f(x)=0$　……①　が3つの異なる実数解をもつ条

件は，$f(x)$ が異符号の極値をもつことであるから，

$$a \neq 0 \quad かつ \quad f(0)f(a)<0$$

$$\therefore \quad b\left(b-\frac{a^3}{3}\right)<0 \qquad \cdots\cdots②$$

⬅ $a=0$ のとき，
$f(0)f(a)=\{f(0)\}^2 \geqq 0$
したがって，
$f(0)f(a)<0$ のとき $a \neq 0$ は満たされる。

である。①の異なる 3 つの解が α，β，γ のとき，$f(x)$ は $x-\alpha$，$x-\beta$，$x-\gamma$ を因数にもち，

$$f(x)=2(x-\alpha)(x-\beta)(x-\gamma)$$

と表されるから，

$$f(1)=2(1-\alpha)(1-\beta)(1-\gamma)$$

$$\therefore \quad (\alpha-1)(\beta-1)(\gamma-1)=-\frac{1}{2}f(1)$$

である。したがって，

$$(\alpha-1)(\beta-1)(\gamma-1)<0$$

⬅ 注 参照。

である条件は

$$-\frac{1}{2}f(1)<0 \qquad \therefore \quad f(1)=2-3a+3b>0$$

$$\therefore \quad b>a-\frac{2}{3} \qquad \cdots\cdots③$$

である。a，b の満たすべき条件は②，③より

$$\boldsymbol{b\left(b-\frac{a^3}{3}\right)<0 \ かつ \ b>a-\frac{2}{3}}$$

であり，点 $(a,\ b)$ の存在範囲は右図の斜線部分（境界を除く）である。ここで，直線 $b=a-\dfrac{2}{3}$ は曲線 $b=\dfrac{1}{3}a^3$ と点 $\left(1,\ \dfrac{1}{3}\right)$ で接している。

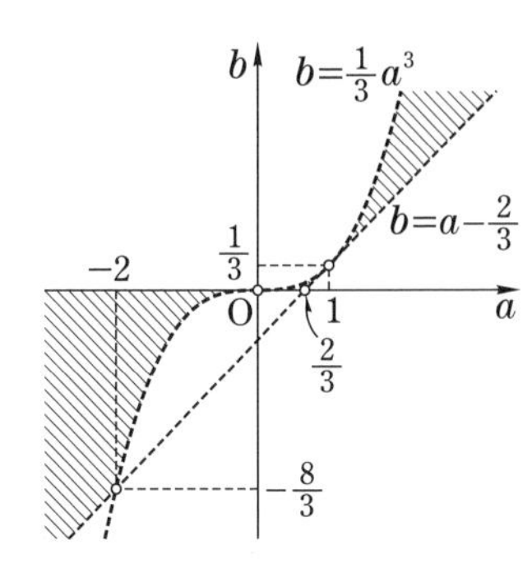

注 3 次方程式①の解と係数の関係：

$$\alpha+\beta+\gamma=\frac{3}{2}a,\ \alpha\beta+\beta\gamma+\gamma\alpha=0,\ \alpha\beta\gamma=-\frac{3}{2}b$$

を用いて，$(\alpha-1)(\beta-1)(\gamma-1)<0$ から

$$\alpha\beta\gamma-(\alpha\beta+\beta\gamma+\gamma\alpha)+\alpha+\beta+\gamma-1<0$$

$$\therefore \quad -\frac{3}{2}b-0+\frac{3}{2}a-1<0$$

として③を導いてもよい。

504 方程式の解の個数への微分の応用

関数 $f(x)$, $g(x)$, $h(x)$ を次で定める。

$$f(x)=x^3-3x,\ g(x)=\{f(x)\}^3-3f(x),\ h(x)=\{g(x)\}^3-3g(x)$$

このとき，以下の問いに答えよ。

(1) a を実数とする。$f(x)=a$ を満たす実数 x の個数を求めよ。

(2) $g(x)=0$ を満たす実数 x の個数を求めよ。

(3) $h(x)=0$ を満たす実数 x の個数を求めよ。（東京大）

精講 (1) 方程式 $f(x)=a$ の実数解 x は曲線 $y=f(x)$ と直線 $y=a$ の共有点の x 座標に等しいことを思い出しましょう。

(3)では，$-2<a<2$ のとき，$f(x)=a$ を満たす実数 x の個数と同時に，それらの x の存在範囲を調べておく必要があります。

解答 (1) $f(x)=a$ ……① を満たす実数 x は曲線 $y=f(x)$ ……② と直線 $y=a$ ……③ の共有点の x 座標に等しい。

……(☆)

$f'(x)=3(x-1)(x+1)$ より，$y=f(x)$ のグラフは右図の通りである。

x	…	-1	…	1	…
$f'(x)$	$+$	0	$-$	0	$+$
$f(x)$	↗	2	↘	-2	↗

(☆) より，$f(x)=a$ を満たす実数 x の個数は

(i) $\boldsymbol{a<-2,\ a>2}$ のとき **1個**

(ii) $\boldsymbol{a=\pm2}$ のとき **2個**

(iii) $\boldsymbol{-2<a<2}$ のとき **3個**

である。

⬅ このとき，①を満たす x はグラフより，すべて，$-2<x<2$ にある。このことを(3)で用いる。

(2)
$$g(x)=0 \iff \{f(x)\}^3-3f(x)=0$$
$$\iff f(x)=0,\ \pm\sqrt{3}$$

であり，(1)の結果から

$$f(x)=0,\ f(x)=\sqrt{3},\ f(x)=-\sqrt{3} \quad ……④$$

を満たす実数 x はいずれも3個ずつあり，それらを合わせても一致するものはないので，$g(x)=0$ を満たす実数 x は9個ある。

⬅ $f(x_1)=0$, $f(x_2)=\sqrt{3}$, $f(x_3)=-\sqrt{3}$ のとき，$f(x)$ のとる値が異なるので，x_1, x_2, x_3 は互いに異なる。

(3) $h(x)=0$ は

$$\{g(x)\}^3-3g(x)=0$$

$$\therefore\ g(x)=0,\ \pm\sqrt{3}$$

$$\therefore\ \{f(x)\}^3-3f(x)=0,\ \pm\sqrt{3} \quad \cdots\cdots⑤$$

となる。$f(x)=u$ ……⑥ とおくと，

$$u^3-3u=0,\ \pm\sqrt{3} \quad \cdots\cdots⑤'$$

すなわち

$$f(u)=0,\ f(u)=\sqrt{3},\ f(u)=-\sqrt{3} \cdots\cdots⑦$$

である。

⑦は④の x が u に変わっただけであるから，(2)の結果より，⑦のいずれかを満たす実数 u は 9 個ある。これらを $\alpha_k\ (k=1,\ 2,\ \cdots,\ 9)$ と表すことにして⑥に戻ると，⑤を満たす実数 x は 9 つの方程式

$$f(x)=\alpha_k \quad (k=1,\ 2,\ \cdots,\ 9) \cdots\cdots⑧$$

の実数解として得られる。

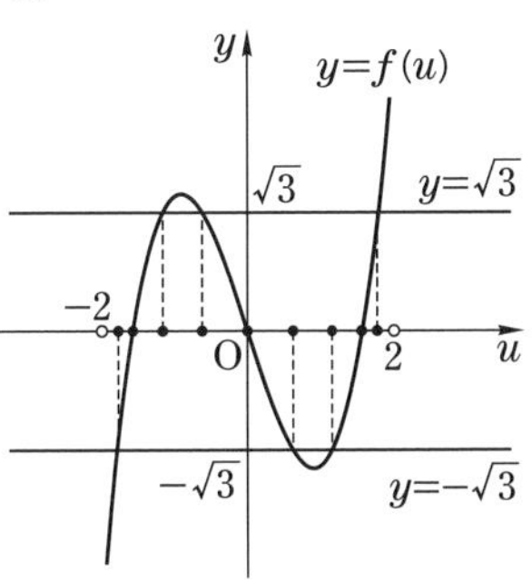

9 個の・に対応する u 座標が $\alpha_k\ (k=1,\ 2,\ \cdots,\ 9)$ である。

ここで，(1)で調べたグラフより $-2<a<2$ のとき，①を満たす x はすべて $-2<x<2$ の範囲にあるから，⑦のいずれかの実数解である α_k は

$$-2<\alpha_k<2 \quad (k=1,\ 2,\ \cdots,\ 9)$$

を満たす。したがって，⑧のそれぞれの方程式は 3 個ずつの実数解をもち，さらに，$\alpha_k\ (k=1,\ 2,\ \cdots,\ 9)$ が異なることから，全体としても，それらの実数解どうしは互いに異なる。結局，$h(x)=0$ を満たす実数 x は $3\times9=$**27**(個) ある。

参考

(3)において，最初から $u=f(x)$ とおくと，

$$g(x)=\{f(x)\}^3-3f(x)=u^3-3u=f(u)$$

であり，さらに，

$$h(x)=\{g(x)\}^3-3g(x)=\{f(u)\}^3-3f(u)=g(u)$$

となる。これより，$h(x)=0$ は $g(u)=0$ ……(＊) となり，(2)において(＊)を満たす実数 u が 9 個あることが示されているので，結局，⑧に戻る。

☆ ## 505 3次関数のグラフに引ける接線の本数

3次関数 $y=x^3+kx$ のグラフを考える。連立不等式 $y>-x$, $y<-1$ が表す領域をAとする。Aのどの点からもこの3次関数のグラフに接線が3本引けるための，kについての必要十分条件を求めよ。 (京都大)

精講 Aの任意の点からこのグラフに接線が3本引けることを直接示すのは難しい。そこで，まず，接線が3本引けるような点の全体Dを決定して，AがDに含まれるようなkの範囲を求めることになります。

また，点(X, Y)から曲線 $y=x^3+kx$ に引ける接線の本数を調べるときには，この曲線上の点(t, t^3+kt)における接線で(X, Y)を通るような実数tの個数を考えることになり，結局は，3次方程式の異なる実数解の個数を数えることに帰着します。

解答 曲線 $y=x^3+kx$ ……① 上の点(t, t^3+kt)における接線は

$$y=(3t^2+k)(x-t)+t^3+kt$$

$$\therefore\quad y=(3t^2+k)x-2t^3 \quad \cdots\cdots②$$

である。①に接線が3本引けるような点の全体をDとおくと，次の関係が成り立つ。

$(X, Y)\in D$

$\Longleftrightarrow$ 接線②が(X, Y)を通るようなtが，つまり，

$$Y=(3t^2+k)X-2t^3$$

$$\therefore\quad 2t^3-3Xt^2+Y-kX=0 \quad \cdots\cdots③$$

を満たすような実数tが3個ある。……(＊)

← 3次方程式③が異なる3つの実数解をもつ条件である。503 精講 参照。

ここで，

$$f(t)=2t^3-3Xt^2+Y-kX$$

とおくと，

$$f'(t)=6t(t-X)$$

であり，$f(t)$は $X\neq 0$ のもとで $t=0$, X において極値をもつから，

(＊) $\Longleftrightarrow$ $f(t)$が異符号の極値をもつ

$\Longleftrightarrow$ $X\neq 0$ かつ $f(0)f(X)<0$

$\Longleftrightarrow$ $(Y-kX)(Y-X^3-kX)<0$

← $f(0)f(X)<0$ のとき，$X\neq 0$ は満たされる。

が成り立つ。したがって，

$$D:(y-kx)(y-x^3-kx)<0$$

である。

“Aのどの点からも①に接線が3本引ける”……(☆)

ための条件は

$$A \subset D \quad \cdots\cdots④$$

が成り立つことである。④のためには，Aの境界の端点である B(1，−1) がDまたはDの境界上に含まれる(Dの外部にはない)，つまり

$$(y-kx)(y-x^3-kx) \leqq 0$$

を満たすことが必要であるから，

$$(-1-k)(-2-k) \leqq 0$$

$$\therefore \quad -2 \leqq k \leqq -1 \quad \cdots\cdots⑤$$

⬅注参照。

でなければならない。

逆に，⑤のとき，$y=x^3+kx$ ……⑥ は，

$$y'=3x^2+k=3\left(x-\sqrt{-\frac{k}{3}}\right)\left(x+\sqrt{-\frac{k}{3}}\right)$$

より，$x>\sqrt{-\frac{k}{3}}$ で増加する。特に $x \geqq 1$ で増加するから，$x \geqq 1$ において，⑥では

⬅⑤より $\sqrt{-\frac{k}{3}}<1$

$$y \geqq 1+k \geqq -1 = (\text{B の } y \text{ 座標})$$

が成り立つので，Aは $y \leqq x^3+kx$ の部分にある。さらに，$x>0$ において $y=-x$ は $y=kx$ と一致する ($k=-1$ のとき) か，または上方にあるので，Aは $y \geqq kx$ の部分にある。したがって，⑤のとき，④が成り立つ。

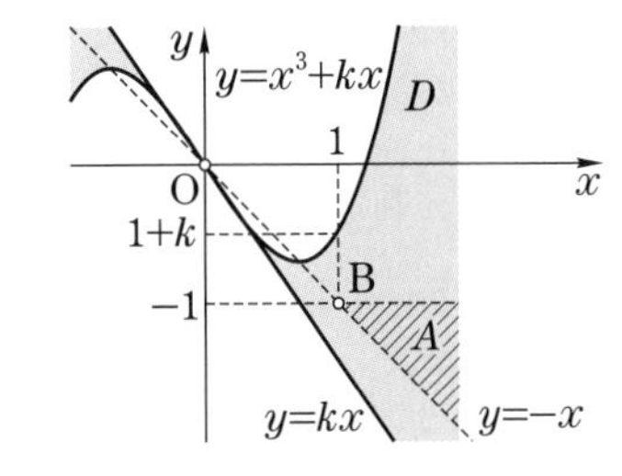

以上より，(☆)，つまり，④が成り立つための必要十分条件は

$$\boldsymbol{-2 \leqq k \leqq -1}$$

である。

注 ◀解答 では，曲線①に接線が3本引けるような点の全体Dを求めておいて，(☆)が④と同値であることから，まず，④の必要条件として⑤を導いた。そのあとで，「逆に，……」以下において，⑤が④の十分条件であることを示している。

506 絶対値付きの3次関数の極値

関数 $y=x(x-1)(x-3)$ のグラフをC，原点Oを通る傾き t の直線を l とし，Cと l がO以外に共有点をもつとする。Cと l の共有点をO，P，Qとし，線分OPとOQの長さの積を $g(t)$ とおく。ただし，それら共有点の1つが接点である場合は，O，P，Qのうちの2つが一致して，その接点であるとする。関数 $g(t)$ の増減を調べ，その極値を求めよ。　(東京大*)

精講　O，P，Qは傾き t の同一直線上にありますから，P，Qの x 座標を α，β（これらは2次方程式の2解として求まります）とするとき，OP，OQは t，α，β を用いた簡単な式で表せます。次に，解と係数の関係を用いて，OP･OQを t の式で表すと解決します。

解答　$C:y=x(x-1)(x-3)$ と $l:y=tx$ の共有点の x 座標は

$$x(x-1)(x-3)=tx$$

$$\therefore\quad x(x^2-4x+3-t)=0$$

の実数解に等しい。Cと l がO以外の共有点をもつ条件は

$$x^2-4x+3-t=0 \quad \cdots\cdots①$$

が0以外の実数解をもつことであるが，①は0を重解にもつことはないので，

←(2解の和)$=4$ より。

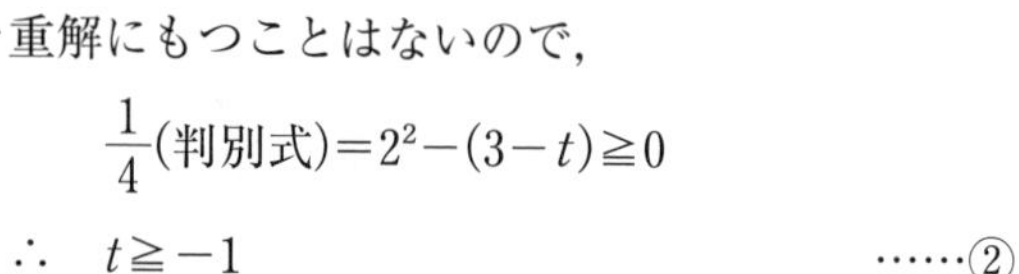

$$\frac{1}{4}(\text{判別式})=2^2-(3-t)\geqq 0$$

$$\therefore\quad t\geqq -1 \quad \cdots\cdots②$$

である。

②のもとで，①の2解を α，β $(\alpha\leqq\beta)$ とおくと，$P(\alpha,\ t\alpha)$，$Q(\beta,\ t\beta)$ であり

$$OP=|\alpha|\sqrt{t^2+1},\quad OQ=|\beta|\sqrt{t^2+1}$$

となる。また，①の解と係数の関係から

$$\alpha\beta=3-t$$

であるから，

$$g(t) = \mathrm{OP} \cdot \mathrm{OQ}$$
$$= |\alpha|\sqrt{t^2+1}\,|\beta|\sqrt{t^2+1}$$
$$= |\alpha\beta|(t^2+1) = |3-t|(t^2+1)$$

である。そこで,

$$h(t) = (3-t)(t^2+1)$$
$$= -t^3+3t^2-t+3$$

とおくと

$$h'(t) = -3t^2+6t-1$$
$$= -3\left(t-\frac{3-\sqrt{6}}{3}\right)\left(t-\frac{3+\sqrt{6}}{3}\right)$$

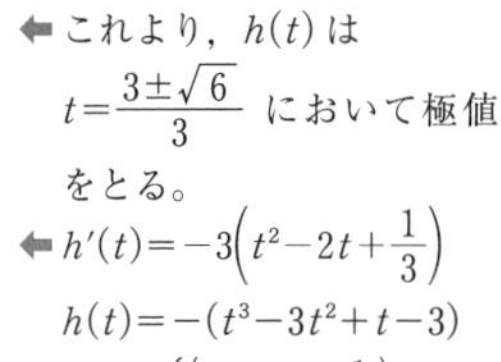

である。よって, $h(t)$ の極値は,

$$h(t) = \frac{1}{3}h'(t)(t-1) + \frac{4}{3}(t+2)$$

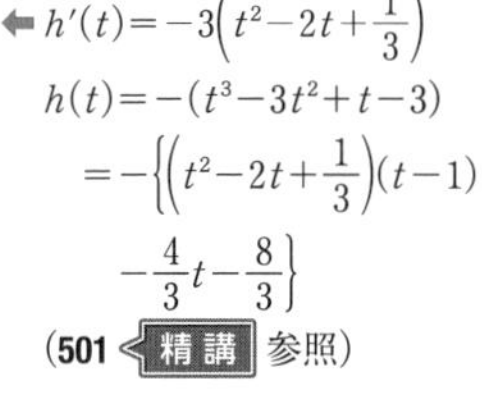

より

$$h\left(\frac{3\pm\sqrt{6}}{3}\right) = \frac{4}{3}\left(\frac{3\pm\sqrt{6}}{3}+2\right)$$
$$= 4\pm\frac{4\sqrt{6}}{9} \quad (\text{複号同順})$$

である。

$g(t)=|h(t)|$ であるから, $u=g(t)$ のグラフは $u=h(t)$ のグラフの $u \leqq 0$ の部分を t 軸に関して折り返したものである。$t \leqq 3$ では $h(t) \geqq 0$, $t \geqq 3$ では $h(t) \leqq 0$ に注意すると, $u=g(t)$ のグラフの概形(増減)は右図のようになる。これより, ②における $g(t)$ の極値は

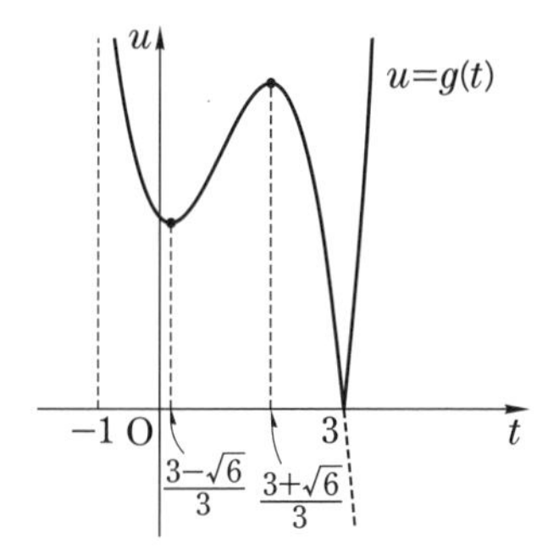

$\boldsymbol{t=\frac{3-\sqrt{6}}{3}}$ のとき　**極小値** $\boldsymbol{4-\frac{4\sqrt{6}}{9}}$

$\boldsymbol{t=\frac{3+\sqrt{6}}{3}}$ のとき　**極大値** $\boldsymbol{4+\frac{4\sqrt{6}}{9}}$

$\boldsymbol{t=3}$ のとき　**極小値 0**

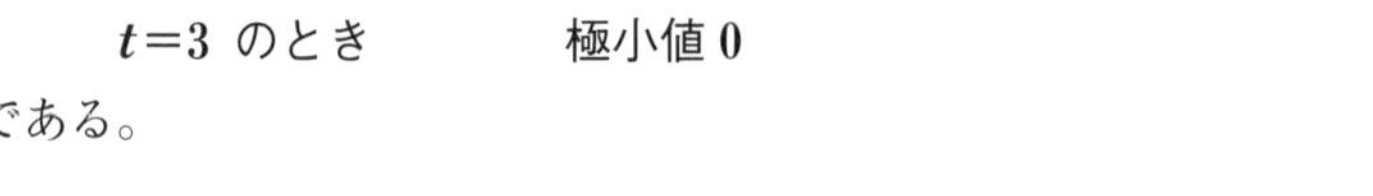

である。

注　$t=3$ において, $g(t)$ は微分可能ではないが, $t(\neq 3)$ が 3 に十分近いとき, $g(t)>g(3)=0$ が成り立っているので, $t=3$ で極小値をとるという。

507 円錐に内接する円柱の体積の和の最大値

(1) 底面の半径が a，高さが $2a$ の直円錐を考える。この直円錐と軸が一致する直円柱で，直円錐に内接するものの体積 U の最大値を求めよ。

(2) 底面の半径が 1，高さが 2 の直円錐を考える。この直円錐と軸が一致する 2 つの直円柱 A，B において，直円柱 A は直円錐に内接し，直円柱 B は，下底が直円柱 A の上底面上にあり，上底の周の円は直円錐面上にあるとする。

この 2 つの直円柱 A，B の体積の和 V の最大値を求めよ。

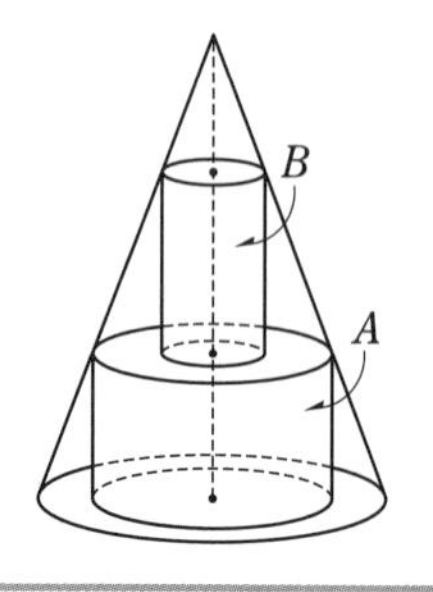

精講 (1) 直円柱の底面の半径（あるいは高さ）を変数にとります。

(2) A，B ともに変化しますので，まずは一方を固定した場合を調べます。ここでは，A を固定して，B だけを変化させたときの最大値を求めることになりますが，そこで(1)の結果を利用することになります。

解答 (1) 直円柱の底面の半径を r

$(0<r<a \quad \cdots\cdots①)$ とすると，右図より高さ h は

$$(a-r):h=a:2a=1:2$$

より

$$h=2(a-r)$$

である。したがって，

$$U=\pi r^2h$$
$$=\pi r^2\cdot 2(a-r)$$
$$=2\pi(ar^2-r^3) \qquad \cdots\cdots②$$

であり，

$$\frac{dU}{dr}=2\pi(2ar-3r^2)$$
$$=6\pi r\left(\frac{2}{3}a-r\right)$$

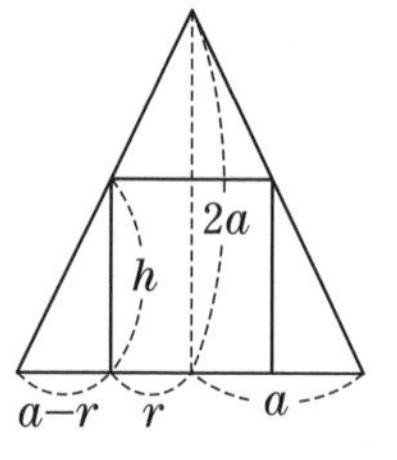

（直円錐の軸を含む断面図）

であるから，①におけるUの増減表より，U は $r=\frac{2}{3}a$ のとき，

最大値 $\boldsymbol{\frac{8}{27}\pi a^3}$

をとる。

r	(0)	$\cdots$	$\frac{2}{3}a$	$\cdots$	(a)
$\frac{dU}{dr}$		$+$	0	$-$	
U		$\nearrow$		$\searrow$	

(2)　まず，直円柱Aの底面の半径x $(0<x<1$ ……③)を固定して，直円柱Bだけを変化させたときのVの最大値 $V(x)$ を求める。

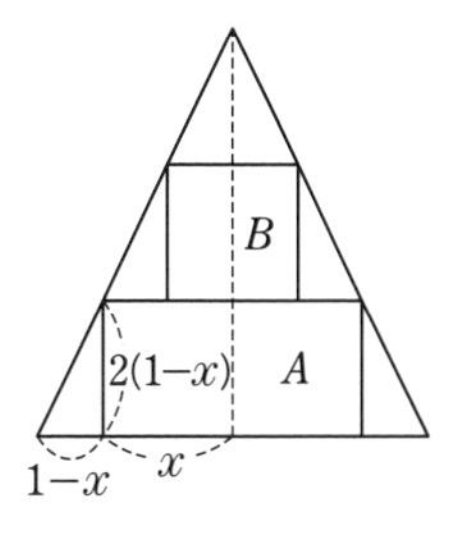

Bは底面の半径がx，高さが$2x$の直円錐に内接しているから，Bの体積の最大値は(1)より $\frac{8}{27}\pi x^3$ である。また，Aの体積は②より $2\pi(x^2-x^3)$ であるから，

⬅②で $a=1$，$r=x$ とおいた。

$$V(x)=2\pi(x^2-x^3)+\frac{8}{27}\pi x^3$$
$$=\pi\left(2x^2-\frac{46}{27}x^3\right)$$

である。

次に，xを③の範囲で変化させたときの $V(x)$ の最大値を求める。

$$V'(x)=\pi\left(4x-\frac{46}{9}x^2\right)$$
$$=\frac{46}{9}\pi x\left(\frac{18}{23}-x\right)$$

であるから，③における $V(x)$ の増減表より，$V(x)$ の最大値，すなわち，求める最大値は

$$V\left(\frac{18}{23}\right)=\boldsymbol{\frac{216}{529}\pi}$$

である。

x	(0)	$\cdots$	$\frac{18}{23}$	$\cdots$	(1)
$V'(x)$		$+$	0	$-$	
$V(x)$		$\nearrow$		$\searrow$	

類題 15　→ 解答 p.375

(1)　四面体PQRSが，∠PQR＝∠RQS＝∠SQP＝90° および PR＝PS＝a (定数) を満たすとき，このような四面体の体積の最大値を求めよ。

(2)　四面体ABCDが，AB＝BC＝CD＝DA＝a (定数) を満たすとき，このような四面体の体積の最大値を求めよ。　(京都大)

508 四角形を折り曲げた四面体の体積の最大値

四角形 ABCD は半径1の円Oに内接し，AB＝AD，CB＝CD を満たしている。

(1) 線分 AC は円Oの直径であることを示せ。

辺 CB，CD の中点をそれぞれ M，N とする。四角形 ABCD を線分 AM，AN，MN に沿って折り曲げて点 B，C，D を重ね，四面体 AMNC をつくる。x＝CM $(0<x<1)$ とおく。

(2) 四面体 AMNC の体積 V を x を用いて表し，$0<x<1$ における V の最大値を求めよ。

(京都府医大*)

精講 (2) V を求めるには，底面を決めて，その面積と高さを x で表すことになります。(1)のヒントを生かすためには，△CMN を折り曲げた面を底面と考えて，高さを求めるとよいでしょう。

解答 (1) 四角形 ABCD は円Oに内接していて，

$$\text{AB}=\text{AD},\ \text{CB}=\text{CD} \quad \cdots\cdots①$$

であるから，円弧に関して

$$\overset{\frown}{\text{AB}}=\overset{\frown}{\text{AD}},\ \overset{\frown}{\text{CB}}=\overset{\frown}{\text{CD}}$$

$$\therefore\ \overset{\frown}{\text{ABC}}=\overset{\frown}{\text{ADC}}=(\text{半円周})$$

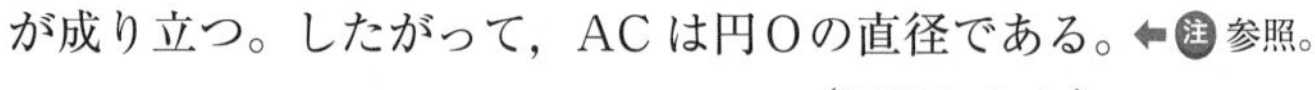

が成り立つ。したがって，AC は円Oの直径である。←注参照。

(証明おわり)

(2) AC が円Oの直径であるから，

$$\angle\text{ABC}=\angle\text{ADC}=90° \quad \cdots\cdots②$$

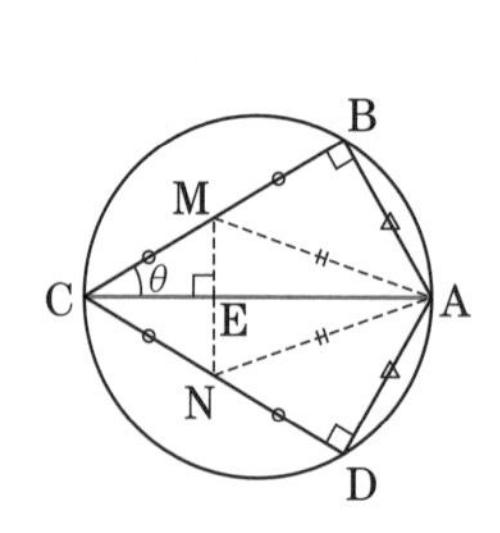

である。さらに，①を合わせると，△ABC と △ADC は合同で，AC に関して対称である。

CM＝x $(0<x<1 \quad \cdots\cdots③)$ であるから，△ABC において，

$$\text{AC}=2$$

$$\text{CB}=2\text{CM}=2x$$

$$\text{AB}=\sqrt{\text{AC}^2-\text{CB}^2}=2\sqrt{1-x^2}$$

である。∠ACM＝θ とおくと，

$$\sin\theta=\frac{\mathrm{AB}}{\mathrm{AC}}=\sqrt{1-x^2},\ \cos\theta=\frac{\mathrm{CB}}{\mathrm{AC}}=x$$

であるから，MN と AC との交点をEとすると

⬅M，N は AC に関して対称であり，MN⊥AC である。

$$\mathrm{MN}=2\mathrm{ME}=2\mathrm{CM}\sin\theta=2x\sqrt{1-x^2}$$
$$\mathrm{CE}=\mathrm{CM}\cos\theta=x^2$$

である。

折り曲げてできた四面体において，B，C，D が重なる点をFとするとき，②より

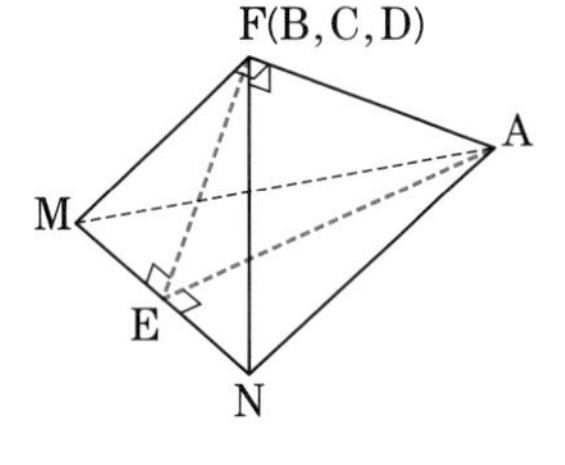

$$\angle\mathrm{AFM}=\angle\mathrm{ABM}=90^\circ$$
$$\angle\mathrm{AFN}=\angle\mathrm{ADN}=90^\circ$$

であるから，AF は平面 FMN と垂直である。したがって，

$$V=\frac{1}{3}\cdot\triangle\mathrm{FMN}\cdot\mathrm{AF}$$
$$=\frac{1}{3}\cdot\frac{1}{2}\cdot\mathrm{MN}\cdot\mathrm{CE}\cdot\mathrm{AB}$$

⬅FE＝CE

$$=\frac{1}{3}\cdot\frac{1}{2}\cdot2x\sqrt{1-x^2}\cdot x^2\cdot2\sqrt{1-x^2}$$
$$=\boldsymbol{\frac{2}{3}x^3(1-x^2)}$$

であり，

$$\frac{dV}{dx}=\frac{2}{3}(3x^2-5x^4)=\frac{10}{3}x^2\left(\frac{3}{5}-x^2\right)$$

である。③における増減表より，V の最大値は，$x=\sqrt{\frac{3}{5}}$ のとき $\boldsymbol{\frac{4\sqrt{15}}{125}}$ である。

x	(0)	…	$\sqrt{\frac{3}{5}}$	…	1
$\frac{dV}{dx}$		+	0	−	
V		↗		↘	

注 (1)において，△ABC と △ADC を考えると，AC は共通で，①が成り立つからこれらは合同である。したがって，∠ABC＝∠ADC であり，円に内接する四角形 ABCD の性質： ∠ABC＋∠ADC＝180° より，これら 2 つの角が直角であることから証明してもよい。

参考

M，N が平面 AEF に関して対称であることから，$V=\frac{1}{3}\cdot\triangle\mathrm{AEF}\cdot\mathrm{MN}$ であるが，△AEF の面積を求めるには，∠AFE＝90° を用いることになる。

第5章

509 放物線と円に関する面積

円Cは放物線 $P: y=x^2$ と点$\mathrm{A}\left(\frac{\sqrt{3}}{2}, \frac{3}{4}\right)$において共通の接線をもち，さらに$x$軸と $x>0$ の部分で接している。

(1) 円Cの中心Bの座標を求めよ。

(2) 円C，放物線Pとx軸とによって囲まれて，円Cの外部にある部分の面積Sを求めよ。

精講 (1) 円C上の点Aにおいて共通の接線と半径は直交することから，中心BはAにおいてPの接線と直交する直線（AにおけるPの法線）上にあります。さらに，Cがx軸と接することを用います。

(2) まず，図を正しく描きます。そこで，Sに関係する円の一部分の面積を求めるには対応する中心角を知る必要があります。

解答 (1) $\mathrm{A}\left(\frac{\sqrt{3}}{2}, \frac{3}{4}\right)$において $P:\ y=x^2$ の接線lと直交する直線mは

⬅ lの傾きは $2\cdot\frac{\sqrt{3}}{2}=\sqrt{3}$

$$y-\frac{3}{4}=-\frac{1}{\sqrt{3}}\left(x-\frac{\sqrt{3}}{2}\right)$$

$$\therefore\quad y=-\frac{1}{\sqrt{3}}x+\frac{5}{4} \qquad \cdots\cdots①$$

である。中心Bは①上にあるから，

$$\mathrm{B}\left(t,\ -\frac{1}{\sqrt{3}}t+\frac{5}{4}\right)$$

とおける。Bからx軸に下ろした垂線の足を$\mathrm{H}(t,\ 0)$とおくと，Cがx軸と $x>0$ の部分で接することから，$t>0$ ……② であり，

AB＝BH＝(Cの半径)

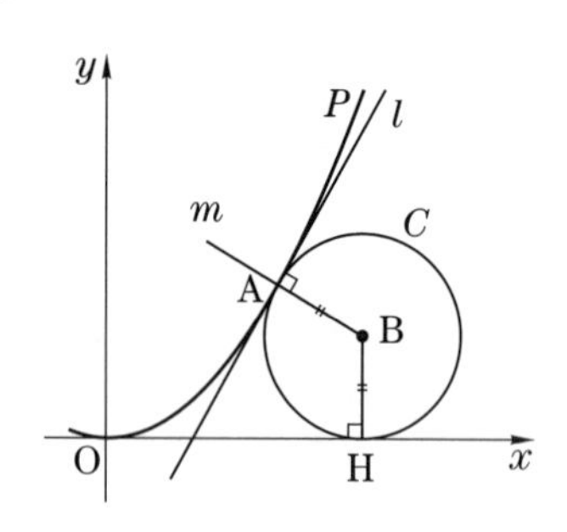

より

$$\left(t-\frac{\sqrt{3}}{2}\right)^2+\left(-\frac{1}{\sqrt{3}}t+\frac{1}{2}\right)^2=\left(-\frac{t}{\sqrt{3}}+\frac{5}{4}\right)^2$$

⬅ 整理すると，$t^2-\frac{\sqrt{3}}{2}t-\frac{9}{16}=0$

$$\therefore\quad \left(t-\frac{3\sqrt{3}}{4}\right)\left(t+\frac{\sqrt{3}}{4}\right)=0 \qquad \therefore\quad t=\frac{3\sqrt{3}}{4}$$

⬅ ②に注意する。

であるから，$\mathbf{B}\left(\dfrac{3\sqrt{3}}{4},\ \dfrac{1}{2}\right)$ である。

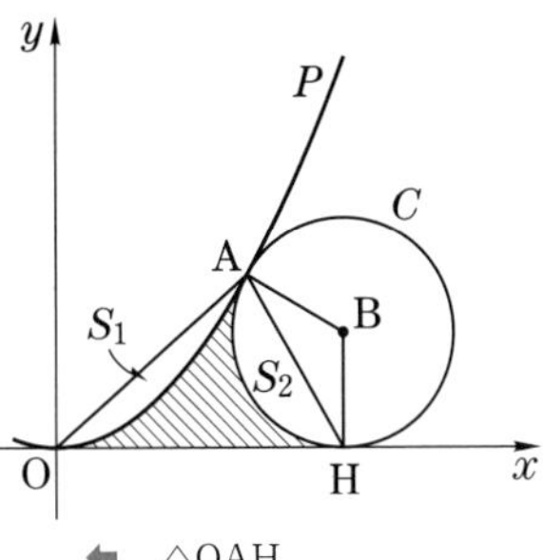

(2) 右図の斜線部分の面積がSであるから，

$$S=\triangle\mathrm{OAH}-(S_1+S_2) \quad \cdots\cdots③$$

である。ここで，

$$\triangle\mathrm{OAH}=\frac{1}{2}\cdot\frac{3\sqrt{3}}{4}\cdot\frac{3}{4}=\frac{9\sqrt{3}}{32}$$

⬅ $\triangle\mathrm{OAH}$
$=\frac{1}{2}\cdot\mathrm{OH}\cdot(\mathrm{A}$の$y$座標$)$

であり，S_1は P： $y=x^2$ と OA： $y=\dfrac{\sqrt{3}}{2}x$ によって囲まれる部分の面積であるから，

$$S_1=-\int_0^{\frac{\sqrt{3}}{2}}\left(x^2-\frac{\sqrt{3}}{2}x\right)dx=\frac{1}{6}\cdot\left(\frac{\sqrt{3}}{2}\right)^3=\frac{\sqrt{3}}{16}$$

である。また，$\angle\mathrm{ABH}=120^\circ$ であるから，

⬅ ABの傾きが $-\frac{1}{\sqrt{3}}$ である。

$$S_2=\frac{1}{3}\left(\frac{1}{2}\right)^2\pi-\frac{1}{2}\left(\frac{1}{2}\right)^2\sin 120^\circ=\frac{\pi}{12}-\frac{\sqrt{3}}{16}$$

⬅ $S_2=($扇形 $\mathrm{B}\overset{\frown}{\mathrm{AH}})-\triangle\mathrm{BAH}$

である。したがって，③より

$$S=\frac{9\sqrt{3}}{32}-\left(\frac{\sqrt{3}}{16}+\frac{\pi}{12}-\frac{\sqrt{3}}{16}\right)$$
$$=\boldsymbol{\frac{9\sqrt{3}}{32}-\frac{\pi}{12}}$$

である。

参考

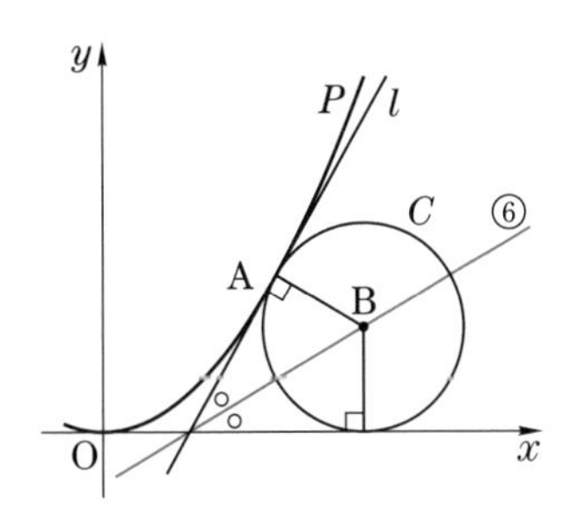

(1)では，円CはAにおけるPの接線 l：
$y=\sqrt{3}x-\dfrac{3}{4}$ ……④ とx軸：$y=0$ ……⑤
に接するから，中心Bは④，⑤から等距離にある。よって，

$$\frac{\left|\sqrt{3}x-y-\frac{3}{4}\right|}{\sqrt{3+1}}=|y|$$

$$\therefore\quad \sqrt{3}x-y-\frac{3}{4}=2y \qquad \therefore\quad y=\frac{1}{\sqrt{3}}x-\frac{1}{4} \quad \cdots\cdots⑥$$

⬅ 中心Bは
$\sqrt{3}x-y-\frac{3}{4}>0$，$y>0$
の部分にある。

上にあるので，⑥と直線m，つまり，①との交点としてBを求めてもよい。

510 放物線に関する面積の最小値

xy 平面において，曲線 $C: y=|x^2+2x-3|$ と点 A$(-3,\ 0)$ を通る傾き m の直線 l がA以外の異なる2点で交わっている。

(1) m の値の範囲を求めよ。

(2) (1)の m の値の範囲において，C と l で囲まれる図形の面積 S を m の式で表せ。さらに，S が最小となるときの m の値を求めよ。 (慶應大*)

精講 (1) C の概形を描いてみると，C と l がA以外の2点で交わるのは，l と $y=x^2+2x-3$，$y=-(x^2+2x-3)$ とのA以外の交点がそれぞれ $x>1$，$-3<x<1$ にあるときに限ることがわかるはずです。

(2) 積分区間を分割して，キチンと積分計算を実行するだけです。その際，何度も現れる $x^2+2x-3=(x+3)(x-1)$ の不定積分として

$$G(x)=\int(x^2+2x-3)\,dx=\frac{1}{3}x^3+x^2-3x \quad (\text{積分定数は0とした})$$

を用意すると計算がスッキリします。

解答 (1) $C: y=|(x+3)(x-1)|$ は

$$\begin{cases} x\leqq-3,\ x\geqq1 \text{ のとき} & y=(x+3)(x-1) \quad \cdots\cdots① \\ -3\leqq x\leqq1 \text{ のとき} & y=-(x+3)(x-1) \quad \cdots\cdots② \end{cases}$$

となる。

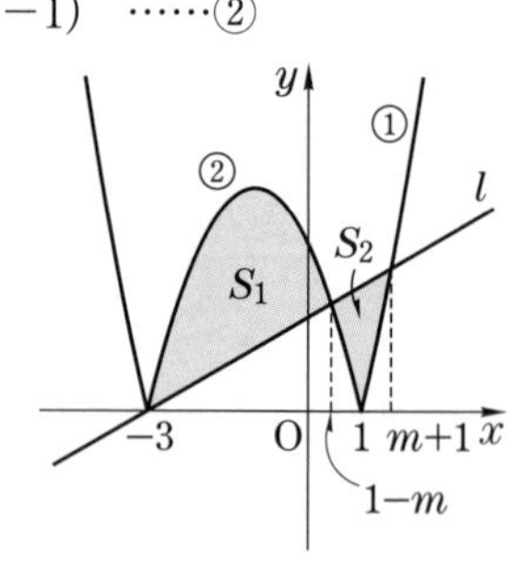

$l: y=m(x+3)$ と①の共有点の x 座標は

$$(x+3)(x-1)=m(x+3)$$

$$\therefore\ (x+3)(x-m-1)=0$$

$$\therefore\ x=-3,\ m+1$$

であり，l と②の共有点の x 座標は

$$-(x+3)(x-1)=m(x+3)$$

$$\therefore\ (x+3)(x+m-1)=0$$

$$\therefore\ x=-3,\ 1-m$$

である。C と l が A$(-3,\ 0)$ 以外の異なる2点で交わるのは，グラフより，l と②のA以外の共有点が $-3<x<1$ にある，つまり，

$$-3<1-m<1 \quad \therefore\ \mathbf{0<m<4} \quad \cdots\cdots③$$

のときである。

⬅ このとき，l と①のA以外の共有点は $x>1$ にある。

(2) 図のように面積 S_1, S_2 を定めると,

$$S_1=\int_{-3}^{1-m}\{-(x+3)(x-1)-m(x+3)\}dx$$

$$=-\int_{-3}^{1-m}(x+3)\{x-(1-m)\}dx=\frac{1}{6}(4-m)^3$$

$$S_2=\int_{1-m}^{m+1}m(x+3)dx-\int_{1-m}^{1}\{-(x+3)(x-1)\}dx$$

$$-\int_{1}^{m+1}(x+3)(x-1)dx$$

である。ここで,

$$G(x)=\int(x+3)(x-1)dx=\frac{1}{3}x^3+x^2-3x$$

⬅積分定数Cは0とした。

とおくと

$$S_2=\left[\frac{1}{2}m(x+3)^2\right]_{1-m}^{m+1}+\left[G(x)\right]_{1-m}^{1}-\left[G(x)\right]_{1}^{m+1}$$

$$=8m^2+2G(1)-\{G(1-m)+G(m+1)\}$$

$$=4m^2$$

⬅$2G(1)=-\frac{10}{3}$,
$G(1-m)+G(m+1)$
$=\frac{1}{3}\{(1-m)^3+(m+1)^3\}$
$+\{(1-m)^2+(1+m)^2\}$
-6
$=4m^2-\frac{10}{3}$

であるから,

$$S=S_1+S_2=\frac{1}{6}(4-m)^3+4m^2$$

$$=\boldsymbol{-\frac{1}{6}m^3+6m^2-8m+\frac{32}{3}}$$

である。

$$\frac{dS}{dm}=-\frac{1}{2}(m^2-24m+16)$$

$$=-\frac{1}{2}\{m-(12+8\sqrt{2})\}\{m-(12-8\sqrt{2})\}$$

より,③におけるSの増減は右表の通りであるから,Sが最小となるのは
$\boldsymbol{m=12-8\sqrt{2}}$ のときである。

m	(0)	$\cdots$	$12-8\sqrt{2}$	$\cdots$	(4)
$\frac{dS}{dm}$		$-$	0	$+$	
S		↘		↗	

参考

放物線に関する面積計算において,

$$\int_{\alpha}^{\beta}(x-\alpha)(x-\beta)dx=\int_{\alpha}^{\beta}(x-\alpha)\{(x-\alpha)-(\beta-\alpha)\}dx$$

$$=\int_{\alpha}^{\beta}\{(x-\alpha)^2-(\beta-\alpha)(x-\alpha)\}dx=\left[\frac{1}{3}(x-\alpha)^3-\frac{1}{2}(\beta-\alpha)(x-\alpha)^2\right]_{\alpha}^{\beta}$$

$$=\frac{1}{3}(\beta-\alpha)^3-\frac{1}{2}(\beta-\alpha)^3=-\frac{1}{6}(\beta-\alpha)^3$$

が用いられることが多い。

放物線 $C: y=ax^2+bx+c$ と直線 l: $y=mx+n$ が2点で交わり，交点の x 座標が α, β であるとき，C と l によって囲まれる部分の面積 S は次の式で与えられる。

$$S=\left|\int_\alpha^\beta \{ax^2+bx+c-(mx+n)\}dx\right|$$

$$=\left|\int_\alpha^\beta a(x-\alpha)(x-\beta)\,dx\right|$$

$$=\frac{|a|}{6}|\beta-\alpha|^3 \quad \cdots\cdots(*)$$

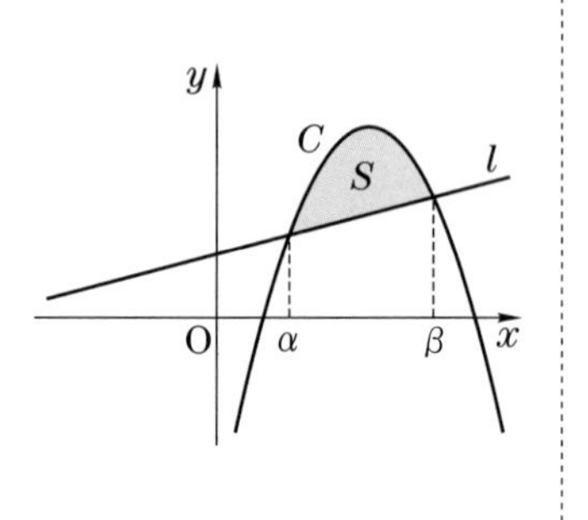

(2)の S_1 の計算では$(*)$を用いたが，S_2 の計算においても少し工夫すると$(*)$を用いることができる。

右図のようにいずれも放物線と直線によって囲まれる部分の面積を T_1, T_2 とすると，RはPQの中点であるから，

$$S_2=\triangle\mathrm{PBQ}-T_1+T_2$$

$$=\frac{1}{2}\cdot\mathrm{BR}\cdot(\mathrm{P},\ \mathrm{Q}\text{ の }x\text{ 座標の差})$$

$$-\frac{1}{6}\{1-(1-m)\}^3+\frac{1}{6}\{(m+1)-1\}^3$$

$$=\frac{1}{2}\cdot 4m\cdot\{(m+1)-(1-m)\}-\frac{1}{6}m^3+\frac{1}{6}m^3$$

$$=4m^2$$

となる。

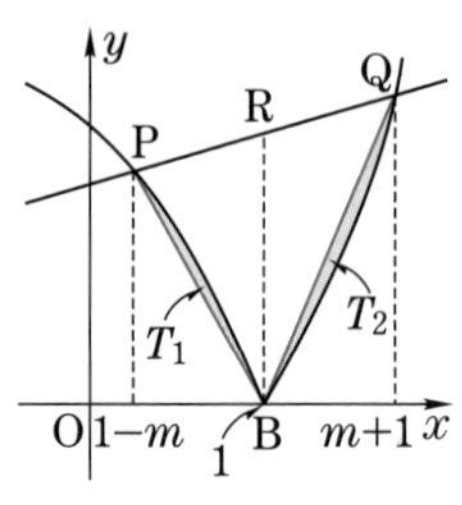

類題 16 →解答 p.376

連立不等式

$$y(y-|x^2-5|+4)\leqq 0,\quad y+x^2-2x-3\leqq 0$$

の表す領域を D とする。

(1) D を図示せよ。

(2) D の面積を求めよ。 (東京大)

511 3次関数のグラフと接線に関する面積

$f(x)=x^3-3x+2$ とする。また，α は1より大きい実数とする。曲線 $C: y=f(x)$ 上の点 $\mathrm{P}(\alpha,\ f(\alpha))$ における接線と x 軸の交点をQとする。点Qを通る C の接線の中で傾きが最小のものを l とする。

(1) l と C の接点の x 座標を α の式で表せ。

(2) $\alpha=2$ とする。l と C で囲まれた部分の面積を求めよ。　(一橋大)

精講　(2)においては，次の計算式が役に立ちます。

$$\int_\alpha^\beta (x-\alpha)^2(x-\beta)\,dx=-\frac{1}{12}(\beta-\alpha)^4$$

$$(\text{左辺})=\int_\alpha^\beta (x-\alpha)^2\{(x-\alpha)-(\beta-\alpha)\}\,dx$$

(510 参考 参照)

$$=\left[\frac{1}{4}(x-\alpha)^4-\frac{1}{3}(\beta-\alpha)(x-\alpha)^3\right]_\alpha^\beta$$

$$=\frac{1}{4}(\beta-\alpha)^4-\frac{1}{3}(\beta-\alpha)^4=-\frac{1}{12}(\beta-\alpha)^4$$

解答　(1) $C: y=f(x)$ 上の点 $\mathrm{P}(\alpha,\ f(\alpha))$ における接線は

$$y=3(\alpha^2-1)x-2(\alpha^3-1) \quad \cdots\cdots①$$

← $f'(x)=3(x^2-1)$ より $y=3(\alpha^2-1)(x-\alpha)+\alpha^3-3\alpha+2$。

である。①と x 軸との交点Qの x 座標は

$$0=3(\alpha^2-1)x-2(\alpha^3-1)$$

より，$\alpha>1$ ……② に注意すると，

$$x=\frac{2(\alpha^3-1)}{3(\alpha^2-1)}=\frac{2(\alpha^2+\alpha+1)}{3(\alpha+1)}$$

であるから，$\mathrm{Q}\left(\dfrac{2(\alpha^2+\alpha+1)}{3(\alpha+1)},\ 0\right)$ である。

C 上の点 $\mathrm{R}(t,\ f(t))$ における接線

$$y=3(t^2-1)x-2(t^3-1) \quad \cdots\cdots③$$

がQを通るとき，

$$0=3(t^2-1)\cdot\frac{2(\alpha^2+\alpha+1)}{3(\alpha+1)}-2(t^3-1)$$

$$\therefore\quad (\alpha+1)(t^3-1)-(\alpha^2+\alpha+1)(t^2-1)=0$$

$$\therefore\quad (t-1)(t-\alpha)\{(\alpha+1)t+\alpha\}=0$$

$$\therefore\quad t=1,\ \alpha,\ -\frac{\alpha}{\alpha+1} \qquad \cdots\cdots④$$

である。②より，$-1<-\dfrac{\alpha}{\alpha+1}<0<1<\alpha$ であるから，④に対応するC上の点における接線の傾き $f'(t)=3(t^2-1)$ に関して，

⬅$\alpha>1$ より $0<\dfrac{\alpha}{\alpha+1}<1$ である。

$$f'\left(-\frac{\alpha}{\alpha+1}\right)<0=f'(1)<f'(\alpha)$$

が成り立つ。よって，条件を満たす接線lとCの接点のx座標は $x=-\boldsymbol{\dfrac{\alpha}{\alpha+1}}$ である。

(2) $\alpha=2$ のとき，lとCの接点のx座標は $x=-\dfrac{2}{3}$ であるから，lの方程式は③より

$$y=-\frac{5}{3}x+\frac{70}{27}$$

⬅③で $t=-\dfrac{2}{3}$ とおいた式である。

である。よって，Cとlとの共有点のx座標は，

$$x^3-3x+2=-\frac{5}{3}x+\frac{70}{27}$$

$$\therefore\quad \left(x+\frac{2}{3}\right)^2\left(x-\frac{4}{3}\right)=0$$

⬅この方程式は $x=-\dfrac{2}{3}$ を重解にもつことを用いて整理する。

より，$x=-\dfrac{2}{3}$（接点），$\dfrac{4}{3}$（交点）である。

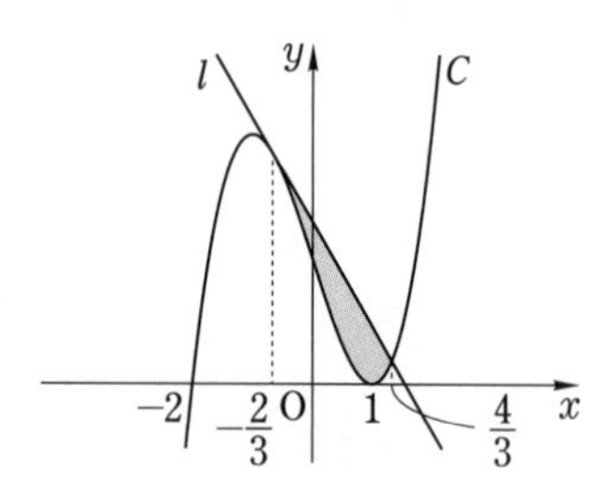

求める面積は右図より，

$$\int_{-\frac{2}{3}}^{\frac{4}{3}}\left\{-\frac{5}{3}x+\frac{70}{27}-(x^3-3x+2)\right\}dx$$

$$=-\int_{-\frac{2}{3}}^{\frac{4}{3}}\left(x+\frac{2}{3}\right)^2\left(x-\frac{4}{3}\right)dx$$

$$=-\int_{-\frac{2}{3}}^{\frac{4}{3}}\left(x+\frac{2}{3}\right)^2\left\{\left(x+\frac{2}{3}\right)-2\right\}dx$$

⬅精講の計算を思い出そう。

$$=-\left[\frac{1}{4}\left(x+\frac{2}{3}\right)^4-\frac{2}{3}\left(x+\frac{2}{3}\right)^3\right]_{-\frac{2}{3}}^{\frac{4}{3}}$$

$$=-\left(\frac{1}{4}\cdot2^4-\frac{1}{3}\cdot2^4\right)=\boldsymbol{\frac{4}{3}}$$

である。

512 面積が等しい2つの部分に関する積分

p を実数とする。関数 $y=x^3+px^2+x$ のグラフ C_1 と関数 $y=x^2$ のグラフ C_2 は，$x>0$ の範囲に共有点を 2 個もつとする。

(1) このような p の値の範囲を求めよ。

(2) C_1 と C_2 の $x>0$ の範囲にある共有点の x 座標をそれぞれ α，$\beta\ (\alpha<\beta)$ とし，$0\leqq x\leqq\alpha$ と $\alpha\leqq x\leqq\beta$ の範囲で C_1 と C_2 が囲む部分の面積をそれぞれ S_1，S_2 とする。$S_1=S_2$ となるような p の値を求めよ。また，このときの S_1 の値を求めよ。

(北海道大)

精講 (2) S_1，S_2 の面積を求める必要はありません。$x=\alpha$ の前後で C_1 と C_2 の上下関係が逆になるので，$S_1=S_2$ が成り立つことと "ある積分" の値が 0 となることが同値になります。"ある積分" とは何か？

解答 (1) $C_1：y=x^3+px^2+x$ ……①

$C_2：y=x^2$ ……②

①，②より，y を消去すると，

$$x^3+px^2+x=x^2$$

$$\therefore\ x\{x^2+(p-1)x+1\}=0$$

$$\therefore\ x=0 \text{ または } x^2+(p-1)x+1=0 \quad \cdots\cdots③$$

となる。これより，C_1 と C_2 が $x>0$ に共有点を 2 個もつのは，x の 2 次方程式③が異なる 2 つの正の解をもつときであり，その条件は

$$\begin{cases}(\text{判別式})=(p-1)^2-4>0, \\ (2\text{解の和})=-(p-1)>0,\ (2\text{解の積})=1>0\end{cases}$$

⇐ $(p-1)^2-4=(p+1)(p-3)$

$\therefore$ "$p<-1$ または $p>3$" かつ $p<1$

となるので，求める p の値の範囲は

$\boldsymbol{p<-1}$ ……④

である。

(2) 右図より

$$S_1=\int_0^\alpha\{(x^3+px^2+x)-x^2\}\,dx$$

$$S_2=\int_\alpha^\beta\{x^2-(x^3+px^2+x)\}\,dx$$

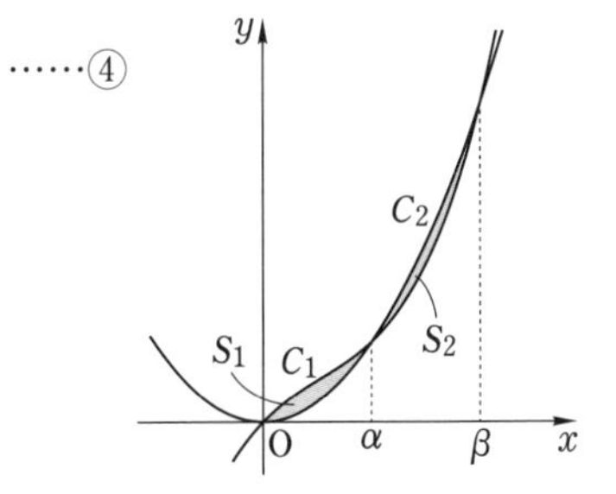

である。これより

$$f(x)=(x^3+px^2+x)-x^2$$
$$=x^3+(p-1)x^2+x \quad \cdots\cdots⑤$$

とおくと，

$$S_1=\int_0^{\alpha} f(x)\,dx,\quad S_2=\int_{\alpha}^{\beta}\{-f(x)\}\,dx=-\int_{\alpha}^{\beta} f(x)\,dx$$

である。$S_1=S_2$，つまり，$S_1-S_2=0$ となる条件は

$$\int_0^{\alpha} f(x)\,dx+\int_{\alpha}^{\beta} f(x)\,dx=0$$

$$\therefore\quad \int_0^{\beta} f(x)\,dx=0 \quad \cdots\cdots⑥$$

⬅定積分の性質
$\int_a^c g(x)\,dx+\int_c^b g(x)\,dx$
$=\int_a^b g(x)\,dx$
を利用する。

である。⑤より，⑥は

$$\left[\frac{1}{4}x^4+\frac{1}{3}(p-1)x^3+\frac{1}{2}x^2\right]_0^{\beta}=0$$

$$\therefore\quad \frac{1}{12}\beta^2\{3\beta^2+4(p-1)\beta+6\}=0$$

となり，$\beta>0$ より，

$$3\beta^2+4(p-1)\beta+6=0 \quad \cdots\cdots⑦$$

となる。また，β は③の解であるから，

$$\beta^2+(p-1)\beta+1=0 \quad \cdots\cdots⑧$$

である。

⑧×4−⑦ より

$$\beta^2-2=0 \qquad \therefore\quad \beta=\sqrt{2} \quad \cdots\cdots⑨$$

⬅$\beta>0$ である。

であり，⑧に代入して，

$$p=1-\frac{3}{\sqrt{2}}=\mathbf{1-\frac{3\sqrt{2}}{2}} \quad \cdots\cdots⑩$$

である。この値は，④を満たしている。

③，⑨，⑩より

⬅⑩のとき，③は
$x^2-\frac{3\sqrt{2}}{2}x+1=0$
$\left(x-\frac{1}{\sqrt{2}}\right)(x-\sqrt{2})=0$
となる。

$$\alpha=\frac{1}{\sqrt{2}},\quad f(x)=x^3-\frac{3\sqrt{2}}{2}x^2+x$$

であるから，

$$S_1=\int_0^{\frac{1}{\sqrt{2}}}\left(x^3-\frac{3\sqrt{2}}{2}x^2+x\right)dx$$
$$=\left[\frac{1}{4}x^4-\frac{\sqrt{2}}{2}x^3+\frac{1}{2}x^2\right]_0^{\frac{1}{\sqrt{2}}}=\mathbf{\frac{1}{16}}$$

である。

513　4次関数のグラフと2点で接する直線と面積

関数 $f(x)=x^4+2x^3-3x^2$ について

(1)　直線 $y=ax+b$ が曲線 $y=f(x)$ と相異なる2点で接するような a, b の値を求めよ。

(2)　(1)で求めた直線 $y=ax+b$ と曲線 $y=f(x)$ とで囲まれた部分の面積 A を求めよ。　　　　(島根大，大阪大*)

精講　一般に，$g(x)$ を n 次関数 $(n \geqq 2)$ として，曲線 $y=g(x)$ と直線 $y=ax+b$ が共有点において接するとき，その共有点の x 座標 p は方程式 $g(x)-(ax+b)=0$ の重解であり，整式 $g(x)-(ax+b)$ は $(x-p)^2$ で割り切れることになります。

以上のことから，直線 $y=ax+b$ が曲線 $y=f(x)$ と相異なる2点で接するとき，$f(x)-(ax+b)$ についてどのようなことがわかるでしょうか。

解答　(1)　直線 $y=ax+b$ と曲線 $y=f(x)$ が相異なる2点で接するとき，2つの接点の x 座標を α, $\beta\ (\alpha<\beta)$ とおくと，4次方程式

$$f(x)=ax+b \qquad \therefore \quad f(x)-ax-b=0$$

は $x=\alpha$, β を重解にもつ。したがって，

$$f(x)-(ax+b)=(x-\alpha)^2(x-\beta)^2 \quad \cdots\cdots①$$

← 両辺が整式として一致している。

が成り立つような a, b, α, β を求めるとよい。

$$(①の左辺)=x^4+2x^3-3x^2-ax-b$$

$$\begin{aligned}(①の右辺)&=(x-\alpha)^2(x-\beta)^2\\&=(x^2-2\alpha x+\alpha^2)(x^2-2\beta x+\beta^2)\\&=x^4-2(\alpha+\beta)x^3+(\alpha^2+4\alpha\beta+\beta^2)x^2\\&\qquad -2\alpha\beta(\alpha+\beta)x+\alpha^2\beta^2\end{aligned}$$

であり，①の両辺の係数が一致することから

$$2=-2(\alpha+\beta) \quad \cdots\cdots②$$

$$-3=\alpha^2+4\alpha\beta+\beta^2 \quad \cdots\cdots③$$

$$-a=-2\alpha\beta(\alpha+\beta) \quad \cdots\cdots④$$

$$-b=\alpha^2\beta^2 \quad \cdots\cdots⑤$$

である。②より，

第5章

$$\alpha+\beta=-1 \quad \cdots\cdots ⑥$$

であり，③より

$$(\alpha+\beta)^2+2\alpha\beta=-3, \quad \therefore \quad \alpha\beta=-2 \quad \cdots\cdots ⑦$$

⬅ $(-1)^2+2\alpha\beta=-3$ より。

であるから，④，⑤に代入して

$$\boldsymbol{a=4,\ b=-4}$$

である。

(2)　⑥，⑦より，α，$\beta\,(\alpha<\beta)$ は

$$x^2+x-2=0 \quad \therefore \quad (x+2)(x-1)=0$$

の 2 解であるから，$\alpha=-2$，$\beta=1$ である。

　したがって，①より

$$f(x)-(4x-4)=(x+2)^2(x-1)^2$$

であるから，右図より

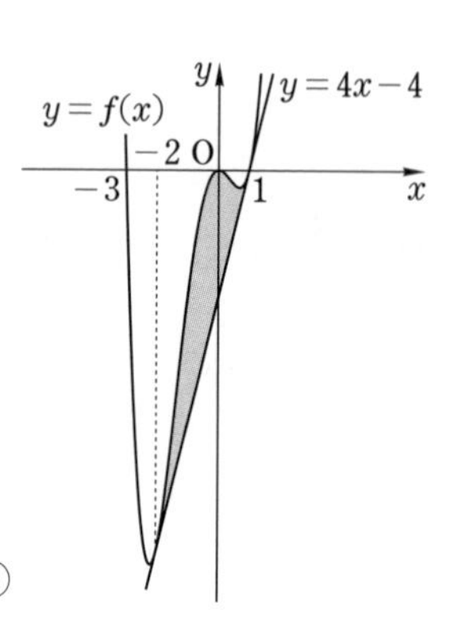

$$A=\int_{-2}^{1}\{f(x)-(4x-4)\}\,dx$$

$$=\int_{-2}^{1}(x+2)^2(x-1)^2\,dx \quad \cdots\cdots ⑧$$

$$=\int_{-2}^{1}(x+2)^2\{(x+2)-3\}^2\,dx$$

$$=\int_{-2}^{1}\{(x+2)^4-6(x+2)^3+9(x+2)^2\}\,dx$$

$$=\left[\frac{1}{5}(x+2)^5-\frac{3}{2}(x+2)^4+3(x+2)^3\right]_{-2}^{1}$$

$$=\left(\frac{1}{5}-\frac{1}{2}+\frac{1}{3}\right)\cdot 3^5=\boldsymbol{\frac{81}{10}}$$

である。

⬅ 511 精講 の計算式を導くときの工夫を思い出そう。
また，
$(x+2)^2(x-1)^2$
$=x^4+2x^3-3x^2-4x+4$
を用いて計算してもよいでしょう。

参考

　⑧より，A は曲線 $y=(x+2)^2(x-1)^2$ と x 軸によって囲まれた部分 D の面積に等しい。そこで，D を x 軸方向に 2 だけ平行移動した部分，すなわち，曲線 $y=x^2(x-3)^2$ と x 軸によって囲まれた部分 E を考えて，

$$A=(D\text{ の面積})=(E\text{ の面積})$$

$$=\int_{0}^{3}x^2(x-3)^2\,dx=\left[\frac{1}{5}x^5-\frac{3}{2}x^4+3x^3\right]_{0}^{3}=\frac{81}{10}$$

と計算することもできる。

514 絶対値を含む積分

$x \geqq 0$ において，$f(x)=\int_0^x |t^2-4t+3|dt$ とする。

(1) $f(x)$ を x の式で表せ。

(2) $f(x)=2$ を満たす x を求めよ。　　(静岡大*)

精講 (1) 積分区間 $0 \leqq t \leqq x$ を，$t^2-4t+3=(t-1)(t-3)$ の値が正の部分，負の部分に分けて積分することになりますから，積分区間に $t=1$，3 が含まれるかどうかで場合分けをします。

このような絶対値を含む積分では，

$$G(t)=\int(t^2-4t+3)\,dt=\frac{1}{3}t^3-2t^2+3t$$

(510 精講 参照) を用意しておくと計算が見やすくなります。

解答 (1) $g(t)=t^2-4t+3=(t-1)(t-3)$

とおくと，

$$f(x)=\int_0^x |g(t)|dt$$

である。ここで，以下の積分計算のために

$$G(t)=\int g(t)dt=\frac{1}{3}t^3-2t^2+3t$$

← 積分定数 C は 0 とした。

を用意する。

右図のグラフより

(i) $0 \leqq x \leqq 1$ のとき

$$\begin{aligned} f(x)&=\int_0^x g(t)\,dt \\ &=\Big[G(t)\Big]_0^x=G(x)-G(0) \\ &=\frac{1}{3}x^3-2x^2+3x \end{aligned}$$

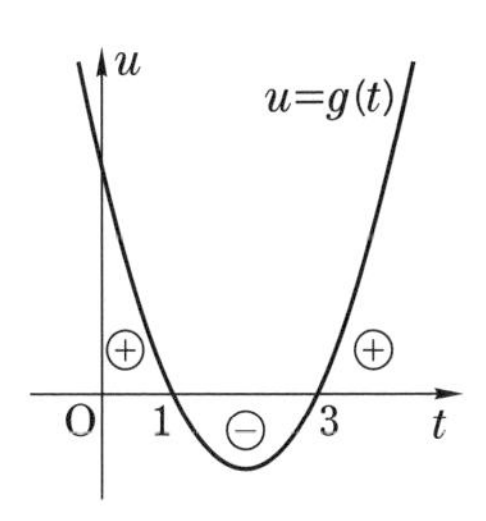

(ii) $1 \leqq x \leqq 3$ のとき

$$\begin{aligned} f(x)&=\int_0^1 g(t)\,dt+\int_1^x \{-g(t)\}\,dt \\ &=\Big[G(t)\Big]_0^1+\Big[-G(t)\Big]_1^x \end{aligned}$$

第5章

$$=-G(x)+2G(1)-G(0)$$
$$=-\frac{1}{3}x^3+2x^2-3x+\frac{8}{3}$$

(iii)　$x \geqq 3$ のとき

$$f(x)=\int_0^1 g(t)\,dt+\int_1^3 \{-g(t)\}\,dt+\int_3^x g(t)\,dt$$
$$=\Big[G(t)\Big]_0^1+\Big[-G(t)\Big]_1^3+\Big[G(t)\Big]_3^x$$
$$=G(x)+2G(1)-2G(3)-G(0)$$
$$=\frac{1}{3}x^3-2x^2+3x+\frac{8}{3}$$

⬅(ii)を利用して，$=f(3)+\int_3^x g(t)\,dt$ としてもよい。

⬅$G(3)=0$

である。

以上をまとめると，

$$\boldsymbol{f(x)=\begin{cases} \frac{1}{3}x^3-2x^2+3x & (0 \leqq x \leqq 1 \text{ のとき}) \\ -\frac{1}{3}x^3+2x^2-3x+\frac{8}{3} & (1 \leqq x \leqq 3 \text{ のとき}) \\ \frac{1}{3}x^3-2x^2+3x+\frac{8}{3} & (x \geqq 3 \text{ のとき}) \end{cases}}$$

である。

(2)　$f(x)$ は tu 平面において

$$0 \leqq u \leqq |g(t)|,\ 0 \leqq t \leqq x$$

の部分の面積であるから，x とともに増加し，

$$f(1)=\frac{4}{3},\ f(3)=\frac{8}{3}$$

であるから，$f(x)=2$ となる x は

$$1 \leqq x \leqq 3 \qquad \cdots\cdots①$$

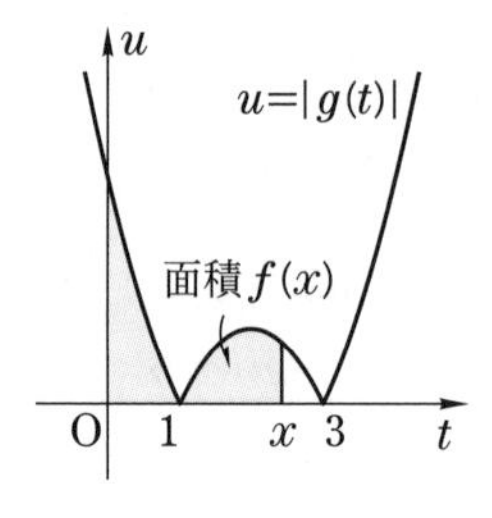

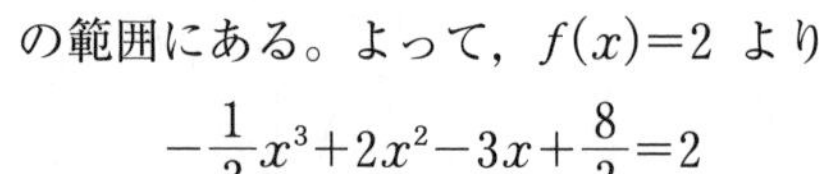

の範囲にある。よって，$f(x)=2$ より

$$-\frac{1}{3}x^3+2x^2-3x+\frac{8}{3}=2$$

$$\therefore\ (x-2)(x^2-4x+1)=0$$

⬅$x^2-4x+1=0$ の解 $x=2\pm\sqrt{3}$ は①の範囲にない。

となるが，①を考え合わせると

$$\boldsymbol{x=2}$$

に限る。

515 定積分を用いて表された関数

(1) 関数 $f(x)$ が $f(x)=x^2-x\int_0^2|f(t)|dt$ を満たしているとする。このとき，$f(x)$ を求めよ。 (東北大)

(2) 次の関係式を満たす定数 a および関数 $g(x)$ を求めよ。

$$\int_a^x\{g(t)+tg(a)\}dt=x^2-2x-3$$ (埼玉大)

精講 定積分を用いて定義される関数には2つのタイプがあります。(1)のように積分区間の両端が定数であるものと，(2)のように積分区間の端点に x の式が含まれているもので，それぞれの処理法は異なります。

(1) $\int_0^2|f(t)|dt$ は定数ですから，$\int_0^2|f(t)|dt=k$ ……(＊) とおくと，$f(x)=x^2-kx$ と表されるので，あとは定数 k を (＊) が成り立つように決めるだけです。

(2) 積分を含まない形で $g(x)$ を表すためには，等式の両辺を x で微分することになります。そこでは，次の関係を用います。

$$\frac{d}{dx}\int_a^x f(t)dt=f(x) \quad (a\text{ は定数})$$

この関係は次のように導かれます。$f(t)$ の不定積分の1つを $F(t)$ とする，すなわち，$F'(t)=f(t)$ とするとき，

$$\int_a^x f(t)dt=\Big[F(t)\Big]_a^x=F(x)-F(a)$$

であり，$F(a)$ は定数ですから，

$$\frac{d}{dx}\int_a^x f(t)dt=\frac{d}{dx}\{F(x)-F(a)\}=F'(x)=f(x)$$

となります。

解答 (1) $f(x)=x^2-x\int_0^2|f(t)|dt$

において，

$$\int_0^2|f(t)|dt=k \quad \cdots\cdots①$$ ← k は定数である。

とおくと，$k\geqq0$ であり，

$$f(x)=x^2-kx=x(x-k)$$ 

となる。ここで,

$$F(x)=\int f(x)dx=\frac{1}{3}x^3-\frac{1}{2}kx^2$$

⬅積分定数Cは0とした。

として,①の左辺の積分をIとする。

(i) $0 \leqq k \leqq 2$ ……③ のとき

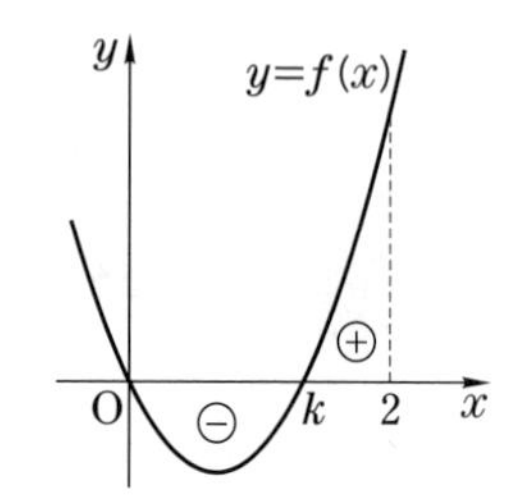

$$\begin{aligned} I &= \int_0^k \{-f(t)\}dt+\int_k^2 f(t)dt \\ &= \Big[-F(t)\Big]_0^k+\Big[F(t)\Big]_k^2 \\ &= -2F(k)+F(2)+F(0) \\ &= \frac{1}{3}k^3-2k+\frac{8}{3} \end{aligned}$$

であるから,①より

$$\frac{1}{3}k^3-2k+\frac{8}{3}=k$$

$$\therefore\quad (k-1)(k^2+k-8)=0$$

$$\therefore\quad k=1,\ \frac{-1\pm\sqrt{33}}{2}$$

⬅$\sqrt{33}>5$ より,$\dfrac{-1+\sqrt{33}}{2}>2$

であるが,③を満たすのは $k=1$ である。

(ii) $k \geqq 2$ ……④ のとき

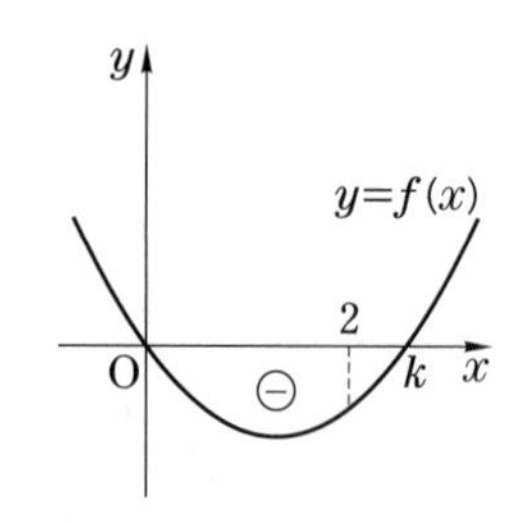

$$\begin{aligned} I &= \int_0^2 \{-f(t)\}dt=\Big[-F(t)\Big]_0^2 \\ &= -F(2)+F(0) \\ &= 2k-\frac{8}{3} \end{aligned}$$

であるから,①より

$$2k-\frac{8}{3}=k \qquad \therefore\quad k=\frac{8}{3}$$

であるが,これは④を満たす。

(i), (ii)より,②に戻ると

$$\boldsymbol{f(x)=x^2-x} \quad \text{または} \quad \boldsymbol{f(x)=x^2-\frac{8}{3}x}$$

である。

(2) $\displaystyle\int_a^x \{g(t)+g(a)t\}dt=x^2-2x-3$ ……⑤

の両辺を x で微分すると

$g(x)+g(a)x=2x-2$ ……⑥

であり，⑤で $x=a$ とおくと

$0=a^2-2a-3$ ……⑦

⬅⑤ $\Longleftrightarrow$ ⑥かつ⑦ 注 参照。

である。これより

$(a-3)(a+1)=0$

$\therefore$ $a=3$ または -1

である。

$a=3$ のとき，⑥より

$g(x)+g(3)x=2x-2$ ……⑧

であり，⑧で $x=3$ とおくと

$4g(3)=4$ $\therefore$ $g(3)=1$

である。⑧に代入して

$g(x)+x=2x-2$

$\therefore$ $g(x)=x-2$

である。

$a=-1$ のとき，⑥より

$g(x)+g(-1)x=2x-2$ ……⑨

であり，⑨で $x=-1$ とおくと

$0=-4$

となるので不適である。

以上より，

$\boldsymbol{a=3}$，　$\boldsymbol{g(x)=x-2}$

である。

注 一般に，

“$F(x)=G(x) \Longleftrightarrow F'(x)=G'(x)$，かつ，ある定数 a に対して $F(a)=G(a)$”

が成り立つので

$F(x)=\displaystyle\int_a^x \{g(t)+g(a)t\}dt$，$G(x)=x^2-2x-3$

と考えると，⑥は $F'(x)=G'(x)$，⑦は $F(a)=G(a)$ に対応し，

“⑤ $\Longleftrightarrow$ ⑥かつ⑦”

が成り立つ。

第5章

516 パラメタを含む定積分の最大・最小

2つの関数 $f(x)=ax^3+bx^2+cx$, $g(x)=px^3+qx^2+rx$ が次の5つの条件を満たしているとする。

$$f'(0)=g'(0),\ f(-1)=-1,\ f'(-1)=0,\ g(1)=3,\ g'(1)=0$$

ここで，$f(x)$, $g(x)$ の導関数をそれぞれ $f'(x)$, $g'(x)$ で表している。

このような関数のうちで，定積分

$$\int_{-1}^{0}\{f''(x)\}^2dx+\int_{0}^{1}\{g''(x)\}^2dx$$

の値を最小にするような $f(x)$ と $g(x)$ を求めよ。ただし，$f''(x)$, $g''(x)$ はそれぞれ $f'(x)$, $g'(x)$ の導関数を表す。 （東京大）

精講 $f(x)$, $g(x)$ の中には6個のパラメタ a, b, c, p, q, r が含まれますが，与えられた5つの条件から，これらの1次式の関係式が5つ得られます。その関係式を用いるとパラメタを $6-5=1$ 個まで減らせるはずです。その結果として，定積分を1つのパラメタだけの式で表せるはずです。

解答 5つの条件：

$f'(0)=g'(0)$ より $c=r$ ……①

$f(-1)=-1$ より $-a+b-c=-1$ ……②

$f'(-1)=0$ より $3a-2b+c=0$ ……③

$g(1)=3$ より $p+q+r=3$ ……④

$g'(1)=0$ より $3p+2q+r=0$ ……⑤

となる。

②＋③ より $2a-b=-1$

$\therefore$ $b=2a+1$

②に戻って $c=-a+b+1=a+2$

①より $r=a+2$

⑤－④×2 より $p-r=-6$

$\therefore$ $p=r-6=a-4$

④に戻って $q=3-(p+r)$

$=3-(a-4+a+2)=-(2a-5)$

である。

⬅以下，b, c, p, q, r を a を用いて表そうとしている。

次に，

$$f''(x)=6ax+2b \qquad g''(x)=6px+2q$$

であるから

$$\begin{aligned} I&=\int_{-1}^{0}\{f''(x)\}^2dx+\int_0^1\{g''(x)\}^2dx \\ &=\int_{-1}^{0}4(3ax+b)^2dx+\int_0^1 4(3px+q)^2dx \\ &=4\left\{\Big[3a^2x^3+3abx^2+b^2x\Big]_{-1}^{0}\right. \\ &\qquad\qquad\left.+\Big[3p^2x^3+3pqx^2+q^2x\Big]_0^1\right\} \\ &=4(3a^2-3ab+b^2+3p^2+3pq+q^2) \\ &=4\{3a^2-3a(2a+1)+(2a+1)^2 \\ &\qquad +3(a-4)^2-3(a-4)(2a-5)+(2a-5)^2\} \\ &=4(2a^2-4a+14) \\ &=8\{(a-1)^2+6\} \end{aligned}$$

⬅ この段階では，a，b，p，q のままで計算した方が楽そうである。

⬅ ここで，a だけの式に直す。

である。これより，I は $a=1$ で最小となり，このとき，

$$b=3,\ c=3,\ p=-3,\ q=3,\ r=3$$

であるから，求めるものは

$$\begin{cases} \boldsymbol{f(x)=x^3+3x^2+3x} \\ \boldsymbol{g(x)=-3x^3+3x^2+3x} \end{cases}$$

である。

類題 17 → 解答 p.376

$f(x)$ を $f(0)=0$ を満たす 2 次関数とする。a，b を実数として，関数 $g(x)$ を次で与える。

$$g(x)=\begin{cases} ax & (x\leqq 0) \\ bx & (x>0) \end{cases}$$

a，b をいろいろ変化させ

$$\int_{-1}^{0}\{f'(x)-g'(x)\}^2dx+\int_0^1\{f'(x)-g'(x)\}^2dx$$

が最小になるようにする。このとき，

$$g(-1)=f(-1),\ g(1)=f(1)$$

であることを示せ。　　　　(東京大)

601 ある等差数列に現れる7の倍数

初項 $a_1=1$，公差4の等差数列 $\{a_n\}$ を考える。

(1) $\{a_n\}$ の初項から第600項のうち，7の倍数である項の個数を求めよ。

(2) $\{a_n\}$ の初項から第600項のうち，7^2 の倍数である項の個数を求めよ。

☆ (3) 初項から第 n 項までの積 $a_1a_2\cdots a_n$ が 7^{45} の倍数となる最小の自然数 n を求めよ。

（九州大）

精講 (1) $a_n=4n-3$ が7の倍数となるような整数 n は，整数に関する1次不定方程式 $4n-3=7p$ の解として求まります。(2)においても，同様な方程式を考えることになります。

(1), (2)の結果から，$\{a_n\}$ において7, 7^2 の倍数は7個，7^2 個ごとに現れることがわかります。そこで，初項から第 n 項までには，7，7^2 の倍数がほぼ $\dfrac{n}{7}$ 個，$\dfrac{n}{7^2}$ 個ずつあると考えると，(3)において，$a_1a_2\cdots a_n$ が 7^{45} で割り切れるような n については，$\dfrac{n}{7}+\dfrac{n}{7^2}\fallingdotseq 45$ より $n\fallingdotseq 275$ と見当をつけることができます。あとは，7^3 の倍数の項なども考えて，a_{275} の近くの7の倍数の項を調べます。

解答 (1) $a_n=1+4(n-1)=4n-3$ ……①

である。a_n が7の倍数であるとき，

ある正の整数 p に対して，

$$4n-3=7p \quad \cdots\cdots②$$

つまり，

$$4(n+1)=7(p+1)$$

⬅②と $4(-1)-3=7(-1)$ との差をとると得られる。

が成り立つ。4と7は互いに素であるから，

$$n+1=7m,\ p+1=4m$$

$$\therefore\ n=7m-1,\ p=4m-1$$

⬅n, p は正の整数であるから，$m>0$。

を満たす正の整数 m がある。したがって，$\{a_n\}$ の中で，7の倍数である項は

$$a_{7m-1}=4(7m-1)-3=7(4m-1) \quad \cdots\cdots③$$

であり，初項から第600項にあるのは

$$7m-1 \leqq 600 \quad \therefore \quad m \leqq \frac{601}{7}=85+\frac{6}{7}$$

$$\therefore \quad 1 \leqq m \leqq 85 \qquad \cdots\cdots ④$$

より，**85 個**である。

(2) $\{a_n\}$ の中で 7 の倍数である項は③であり，このうち，7^2 の倍数となるのは，ある正の整数 q に対して，

$$4m-1=7q \qquad \cdots\cdots ⑤$$

つまり，

$$4(m-2)=7(q-1)$$

が成り立つときである。4 と 7 は互いに素であるから，

$$m-2=7l,\ q-1=4l$$

$$\therefore \quad m=7l+2 \quad \cdots\cdots ⑥ \qquad q=4l+1$$

を満たす 0 以上の整数 l があるときである。初項から第 600 項に対応する m の範囲④に⑥を代入して，

$$7l+2 \leqq 85 \quad \therefore \quad l \leqq \frac{83}{7}=11+\frac{6}{7}$$

$$\therefore \quad 0 \leqq l \leqq 11$$

より，**12 個**である。

← ある正の整数 r に対して，$4n-3=7^2r$ が成り立つことから，$n=49k+13$（k は 0 以上の整数）を導いてもよい。

← ⑤と $4\cdot2-1=7\cdot1$ との差をとると得られる。

← m，q は正の整数であるから，$l \geqq 0$。

(3) $\{a_n\}$ の中で 7^2 の倍数である項は，③において，m が⑥で表される場合であるから，

$$a_{7(7l+2)-1}=7\{4(7l+2)-1\} \ (l \geqq 0)$$

$$\therefore \quad a_{49l+13}=7^2(4l+1) \qquad \cdots\cdots ⑦$$

である。これより，7^3 の倍数となる最初の項は，$l=5\,(m=37)$ に対応する $a_{258}=3\cdot7^3$ である。

以上の準備のもとで，初項から，③で $m=38$ に対応する項 a_{265} までの 7 の倍数について調べると，

7 の倍数の項 … 38 個

7^2 の倍数の項 … 6 個（⑥で $0 \leqq l \leqq 5$ より）

7^3 の倍数の項 … 1 個（⑦で $l=5$ より）

であり，⑦より 7^4 の倍数の項はない。したがって，積 $a_1a_2\cdots a_{265}$ は $7^{38+6+1}=7^{45}$ で割り切れ，a_{265} が 7 の倍数であるから，求める自然数 n は

$$\boldsymbol{n=265}$$

である。

← ⑦で $l=0$，1，2，… とおいて調べるとよい。

← 精講 のように考えて，③において，$7m-1 \fallingdotseq 275$ より $m=39$ の場合から調べると，わかるはず。

← $m=7l+2 \leqq 38$

第6章

602 等差数列の和が最大となるとき

数列 a_1, a_2, $\cdots$, a_n, $\cdots$ は，初項 a，公差 d の等差数列であり，$a_3=12$ かつ $S_8>0$, $S_9\leqq 0$ を満たす。ただし，$S_n=a_1+a_2+\cdots+a_n$ である。

(1) 公差 d がとる値の範囲を求めよ。

(2) $a_n\ (n>3)$ がとる値の範囲を，n を用いて表せ。

(3) $a_n>0$, $a_{n+1}\leqq 0$ となる n の値を求めよ。

(4) S_n が最大となるときの n の値をすべて求めよ。また，そのときの S_n を d の式で表せ。

(早稲田大)

精講 (4) 等差数列 $\{a_n\}$ の初項 a は正で，公差 d は負であるとき，初項から第 n 項までの和 S_n が増加から減少に変わるのは a_n の符号が正（または 0）から負に変わるときです。

解答 (1) $a_n=a+(n-1)d$ ……①

であり，

$$S_n=\frac{1}{2}n(a_1+a_n)$$

⬅ 等差数列の和の公式。

$$=\frac{1}{2}n\{2a+(n-1)d\} \quad \cdots\cdots②$$

である。

$a_3=12$ より

$$a+2d=12 \qquad \therefore\ a=12-2d \quad \cdots\cdots③$$

であるから，②に代入すると

$$S_n=\frac{1}{2}n\{24+(n-5)d\} \quad \cdots\cdots④$$

となる。したがって，

$$S_8>0,\ S_9\leqq 0$$

より

$$4(24+3d)>0,\ \frac{9}{2}(24+4d)\leqq 0$$

$$\therefore\ \boldsymbol{-8<d\leqq -6} \quad \cdots\cdots⑤$$

である。

(2) ①，③より

$$a_n=12-2d+(n-1)d=12+(n-3)d \quad \cdots\cdots⑥$$

であり，$n>3$ のとき，⑤より

$$12-8(n-3)<12+(n-3)d \leqq 12-6(n-3)$$

← ⑤の両辺に $n-3(>0)$ をかけると $-8(n-3)<(n-3)d \leqq -6(n-3)$

$$\therefore \quad \boldsymbol{36-8n<a_n \leqq 30-6n} \quad \cdots\cdots ⑦$$

である。

(3) $a_n>0$，$a_{n+1} \leqq 0$ ……⑧

のとき，⑦より

$$30-6n>0,\ 36-8(n+1)<0$$

← $30-6n \geqq a_n>0$，$36-8(n+1)<a_{n+1} \leqq 0$ より，これらの不等式が成り立つことが必要である。

$$\therefore \quad \frac{7}{2}<n<5$$

であるから，$n=4$ に限る。

そこで，⑥で $n=4$，5 とおくと，⑤より

$$a_4=12+d>0,\ a_5=12+2d \leqq 0 \quad \cdots\cdots ⑨$$

であるから，$\boldsymbol{n=4}$ で⑧が成り立つ。

← $n=4$ のとき，⑧の成立を確認した。

(4) ⑨より，

(i) $-8<d<-6$ のとき

$$a_1>a_2>a_3>a_4>0>a_5>a_6>\cdots$$

であるから

$$S_1<S_2<S_3<S_4>S_5>S_6>\cdots$$

← $a_5<0$ より $S_5=a_1+a_2+a_3+a_4+a_5 <a_1+a_2+a_3+a_4 =S_4$

となるので，S_n は $n=4$ のとき，最大となり，最大値は④より

$$S_4=2(24-d)$$

である。

(ii) $d=-6$ のとき

$$a_1>a_2>a_3>a_4>a_5=0>a_6>\cdots$$

であるから，

$$S_1<S_2<S_3<S_4=S_5>S_6>\cdots$$

← $a_5=0$ より $S_5=a_1+a_2+a_3+a_4+a_5 =a_1+a_2+a_3+a_4 =S_4$

となるので，S_n は $n=4$，5 のとき，最大となり，最大値は④より

$$S_4=S_5=2(24-d)=60$$

である。

以上より，求める n の値と最大値は

$$\begin{cases} \boldsymbol{-8<d<-6} \text{ のとき } \boldsymbol{n=4}, \quad \textbf{最大値 } \boldsymbol{2(24-d)} \\ \boldsymbol{d=-6} \text{ のとき } \boldsymbol{n=4,\ 5}, \quad \textbf{最大値 } \boldsymbol{60} \end{cases}$$

である。

第6章

603 等比数列の和に関連する数列の和

n を正の整数とするとき，次の数列の和をそれぞれ求めよ。

(1) $S_n=\sum_{k=1}^{n} k2^k$　(2) $T_n=\sum_{k=1}^{n} k^2 2^k$　(3) $U_n=\sum_{k=1}^{3n} 2^k \cos\frac{2k\pi}{3}$

精講 S_n，T_n では等比数列の和を求める計算を応用します。

たとえば，初項 1，公比 $r(r \neq 1)$，項数 n の等比数列の和 S では右のように，$S-rS$ を考えました。

$$\begin{array}{rrl} & S= & 1+r+r^2+\cdots+r^{n-1} \\ -) & rS= & \quad\ r+r^2+\cdots+r^{n-1}+r^n \\ \hline & (1-r)S= & 1-r^n \end{array}$$

S_n においても

$$S_n=1\cdot2+2\cdot2^2+3\cdot2^3+\cdots+n\cdot2^n$$

と表したあと，S の計算と同様に，S_n と $2S_n$ を上下に並べて差をとることを考えます。T_n も同様に考えると，S_n との関係が見えるはずです。

U_n については，$\cos\frac{2k\pi}{3}$ $(k=1,\ 2,\ 3,\ \cdots)$ は 3 個ごとに同じ値であることから，等比数列の和に帰着します。

解答 (1) $S_n=\sum_{k=1}^{n} k2^k$ より

$$S_n=1\cdot2+2\cdot2^2+3\cdot2^3+\cdots+n\cdot2^n \qquad \cdots\cdots①$$

である。①×2 は

$$2S_n=\qquad 1\cdot2^2+2\cdot2^3+\cdots+(n-1)\cdot2^n+n\cdot2^{n+1} \qquad \cdots\cdots②$$

であり，②−① より

$$\begin{aligned} S_n&=-(2+2^2+2^3+\cdots+2^n)+n\cdot2^{n+1} \\ &=-\frac{2(2^n-1)}{2-1}+n\cdot2^{n+1} \\ &=\boldsymbol{(n-1)2^{n+1}+2} \qquad \cdots\cdots③ \end{aligned}$$

である。

(2) $T_n=\sum_{k=1}^{n} k^2 2^k$ より

$$T_n=1^2\cdot2+2^2\cdot2^2+3^2\cdot2^3+\cdots+n^2\cdot2^n \qquad \cdots\cdots④$$

である。④×2 は

$$2T_n=\qquad 1^2\cdot2^2+2^2\cdot2^3+\cdots+(n-1)^2\cdot2^n+n^2\cdot2^{n+1} \qquad \cdots\cdots⑤$$

であり，⑤－④ より

$$T_n=-\{1\cdot2+3\cdot2^2+\cdots+(2n-1)\cdot2^n\}+n^2\cdot2^{n+1}$$
$$=-2(1\cdot2+2\cdot2^2+\cdots+n\cdot2^n)+(2+2^2+\cdots+2^n)+n^2\cdot2^{n+1}$$
$$=-2S_n+\frac{2(2^n-1)}{2-1}+n^2\cdot2^{n+1}$$
$$=-2\{(n-1)\cdot2^{n+1}+2\}+2^{n+1}-2+n^2\cdot2^{n+1}$$
$$=\boldsymbol{(n^2-2n+3)\cdot2^{n+1}-6}$$

である。

⬅ $\{\cdots\}$ 内の k 番目の項は $(2k-1)\cdot2^k=2\cdot k\cdot2^k-2^k$ である。

⬅ ③より。

(3) $a_k=2^k\cos\dfrac{2k\pi}{3}\ (k=1,\ 2,\ 3,\ \cdots,\ 3n)$

とおくと，

$$U_n=\sum_{k=1}^{3n}a_k=\sum_{j=1}^{n}(a_{3j-2}+a_{3j-1}+a_{3j})\qquad\cdots\cdots⑥$$

である。

⬅ $\cos\dfrac{2k\pi}{3}(k=1,\ 2,\ 3,\ \cdots)$ の値は $-\dfrac{1}{2}$，$-\dfrac{1}{2}$，1の繰り返しであることに着目して，$\{a_k\}$ を3つのグループ a_{3j-2}，a_{3j-1}，$a_{3j}\ (j=1,\ 2,\ \cdots,\ n)$ に分割する。

ここで，$j=1,\ 2,\ \cdots,\ n$ に対して，

$$a_{3j-2}+a_{3j-1}+a_{3j}$$
$$=2^{3j-2}\cos\frac{2(3j-2)\pi}{3}+2^{3j-1}\cos\frac{2(3j-1)\pi}{3}+2^{3j}\cos\frac{2\cdot3j\pi}{3}$$
$$=2^{3j-2}\left(-\frac{1}{2}\right)+2^{3j-1}\left(-\frac{1}{2}\right)+2^{3j}$$
$$=2^{3j-3}(-1-2+8)=5\cdot8^{j-1}$$

であるから，⑥より

$$U_n=\sum_{j=1}^{n}5\cdot8^{j-1}=\frac{5(8^n-1)}{8-1}=\boldsymbol{\frac{5(8^n-1)}{7}}$$

である。

⬅ $\cos\dfrac{2(3j-2)\pi}{3}=\cos\left(2j\pi-\dfrac{4}{3}\pi\right)=\cos\left(-\dfrac{4}{3}\pi\right)=-\dfrac{1}{2}$

同様に，

$\cos\dfrac{2(3j-1)\pi}{3}=-\dfrac{1}{2}$，

$\cos\dfrac{2\cdot3j\pi}{3}=1$。

注 T_n を求める際に現れる数列の和

$$V_n=1\cdot2+3\cdot2^2+5\cdot2^3+\cdots+(2n-1)\cdot2^n$$

においても，

$$2V_n=\qquad 1\cdot2^2+3\cdot2^3+\cdots+(2n-3)\cdot2^n+(2n-1)\cdot2^{n+1}$$

を作り，これら2式の差から

$$V_n=2-2(2+2^2+\cdots+2^n)+(2n-1)\cdot2^{n+1}$$

を導いて，V_n を求めることもできる。

第6章

604 放物線に接し，互いに外接する円の列

座標平面上で不等式 $y \geqq x^2$ の表す領域をDとする。D内にありy軸上に中心をもち原点を通る円のうち，最も半径の大きい円をC_1とする。自然数nについて，円C_nが定まったとき，C_nの上部でC_nに外接する円で，D内にありy軸上に中心をもつもののうち，最も半径の大きい円をC_{n+1}とする。C_nの半径をr_nとし，中心を$A_n(0,\ a_n)$とする。

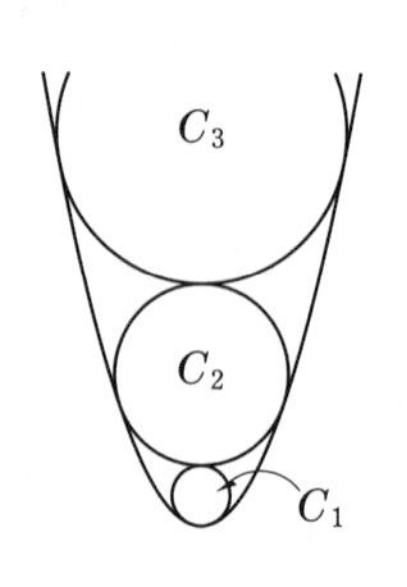

(1) r_1を求めよ。

(2) r_n，a_nをnの式で表せ。 （大阪大*）

精講 一般に，y軸上の点$A(0,\ a)\ (a>0)$を中心として，$D：y \geqq x^2$ に含まれる円の半径の最大値は点Aから放物線 $y=x^2$ 上の点$P(x,\ x^2)$までの距離の最小値に等しいことを利用します。

解答 (1) y軸上に中心をもち，原点を通り，半径がrである円は

$$x^2+(y-r)^2=r^2 \quad \cdots\cdots ①$$

である。円①が $D：\ y \geqq x^2$ にあるための条件は，①の中心$A(0,\ r)$から $y=x^2 \quad \cdots\cdots ②$ 上の点$P(x,\ x^2)$までの距離がつねにr以上であることである。つまり，

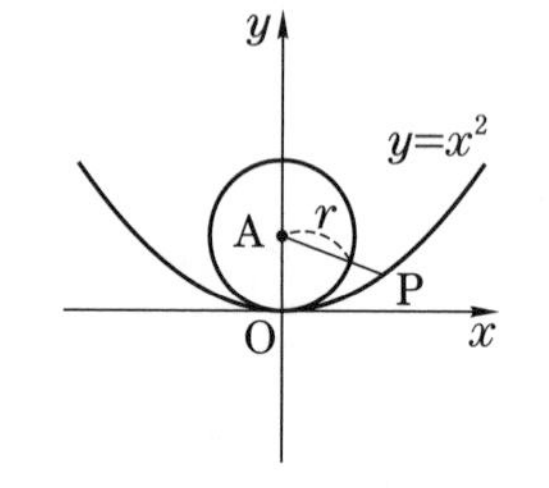

$$AP^2 \geqq r^2 \qquad \therefore \quad x^2+(x^2-r)^2 \geqq r^2$$

$$\therefore \quad x^2(x^2-2r+1) \geqq 0 \quad \cdots\cdots ③$$

が，すべての実数xについて成り立つことであるから，rの満たすべき条件は，

$$-2r+1 \geqq 0 \qquad \therefore \quad r \leqq \frac{1}{2} \quad \cdots\cdots ④$$

← $r>\frac{1}{2}$ のときには，たとえば，$x=\pm\sqrt{\frac{2r-1}{2}}$ に対して，(③の左辺)<0 となる。

である。C_1の半径r_1は④を満たすrの最大値であるから，$\boldsymbol{r_1=\frac{1}{2}}$ である。

(2) C_nの中心$A_n(0,\ a_n)$と②上の点$P(x,\ x^2)$との距離を考えると，

$$\mathrm{A}_n\mathrm{P}^2=x^2+(x^2-a_n)^2$$
$$=x^4-(2a_n-1)x^2+a_n{}^2$$
$$=\left(x^2-\frac{2a_n-1}{2}\right)^2+a_n-\frac{1}{4}$$

であり，(1)より $a_n \geqq a_1=r_1=\dfrac{1}{2}$ であるから，$\mathrm{A}_n\mathrm{P}$ は $x^2=\dfrac{2a_n-1}{2}$ のとき，最小値 $\sqrt{a_n-\dfrac{1}{4}}$ をとる。

⬅ $x=\pm\sqrt{\dfrac{2a_n-1}{2}}$ のとき。

この最小値が C_n の半径に等しいから

$$r_n=\sqrt{a_n-\frac{1}{4}} \qquad \therefore \quad a_n=r_n{}^2+\frac{1}{4} \qquad \cdots\cdots⑤$$

である。

また，C_n と C_{n+1} が外接することから

$$r_n+r_{n+1}=\mathrm{A}_n\mathrm{A}_{n+1}=a_{n+1}-a_n \qquad \cdots\cdots⑥$$

⬅ (半径の和)＝(中心間の距離)

である。⑥に⑤を代入すると

$$r_n+r_{n+1}=r_{n+1}{}^2+\frac{1}{4}-\left(r_n{}^2+\frac{1}{4}\right)$$
$$\therefore \quad (r_{n+1}+r_n)(r_{n+1}-r_n-1)=0$$
$$\therefore \quad r_{n+1}-r_n=1$$

⬅ $r_{n+1}+r_n>0$ より。

が得られる。これより $\{r_n\}$ は公差 1 の等差数列であるから

$$\boldsymbol{r_n}=r_1+(n-1)\cdot 1=\boldsymbol{n-\frac{1}{2}}$$

であり，⑤より

$$\boldsymbol{a_n}=\left(n-\frac{1}{2}\right)^2+\frac{1}{4}=\boldsymbol{n^2-n+\frac{1}{2}}$$

⬅ 求めた r_n，a_n は $n=1$ でも成り立つ。

である。

参考

$C_n: x^2+(y-a_n)^2=r_n{}^2$ とおいて，$y=x^2$ ……② と連立して，x を消去すると

$$y+(y-a_n)^2=r_n{}^2 \qquad \therefore \quad y^2-(2a_n-1)y+a_n{}^2-r_n{}^2=0$$

となる。円 C_n と放物線②が接するから，(判別式)$=0$ より

$$(2a_n-1)^2-4(a_n{}^2-r_n{}^2)=0 \qquad \therefore \quad -4a_n+4r_n{}^2+1=0$$

として，⑤を導くこともできる。しかし，円と放物線が接する条件が，いつでもこのように 2 次方程式の重解条件に帰着できるとは限らない。

605 漸化式 $a_{n+1}=pa_n+Ar^n$

数列 $\{a_n\}$ を $a_1=5$，$a_{n+1}=2a_n+3^n$ $(n=1,\ 2,\ \cdots)$ で定める。

(1) a_n を求めよ。

(2) $a_n<10^{10}$ を満たす最大の正の整数 n を求めよ。ただし，$\log_{10}2=0.3010$，$\log_{10}3=0.4771$ としてよい。 (一橋大*)

精講 漸化式 $a_{n+1}=pa_n+Ar^n$ ……(*) (p，A，r は定数で，$p\neq 0$，1，$A\neq 0$，$r\neq 0$，1) の処理は次の通りです。(*) の両辺を p^{n+1}，または，r^{n+1} で割ると

$$\frac{a_{n+1}}{p^{n+1}}=\frac{a_n}{p^n}+\frac{A}{p}\left(\frac{r}{p}\right)^n,\qquad \frac{a_{n+1}}{r^{n+1}}=\frac{p}{r}\cdot\frac{a_n}{r^n}+\frac{A}{r}$$

となるので，それぞれ数列 $\left\{\frac{a_n}{p^n}\right\}$，$\left\{\frac{a_n}{r^n}\right\}$ を求めることになります。

(2) 高校数学にはあまり現れない考え方ですが，“整数 n が大きいとき，3^n と比べると，2^n は極めて小さい” ことがもとになります。

解答 (1) $a_{n+1}=2a_n+3^n$ ……①

の両辺を 2^{n+1} で割ると， ⬅注 参照。

$$\frac{a_{n+1}}{2^{n+1}}=\frac{a_n}{2^n}+\frac{1}{2}\left(\frac{3}{2}\right)^n \quad\cdots\cdots②$$

⬅ $b_n=\frac{a_n}{2^n}$ $(n=1,\ 2,\ \cdots)$ とおくと，②は $b_{n+1}-b_n=\frac{1}{2}\left(\frac{3}{2}\right)^n$ となる。

となるので，$\left\{\frac{a_n}{2^n}\right\}$ の階差数列が $\left\{\frac{1}{2}\left(\frac{3}{2}\right)^n\right\}$ である。

したがって，$n\geqq 2$ のとき

$$\frac{a_n}{2^n}=\frac{a_1}{2}+\sum_{k=1}^{n-1}\frac{1}{2}\left(\frac{3}{2}\right)^k$$

$$=\frac{5}{2}+\frac{3}{4}\cdot\frac{\left(\frac{3}{2}\right)^{n-1}-1}{\frac{3}{2}-1}$$

⬅ $a_1=5$ を代入した。

$$=\left(\frac{3}{2}\right)^n+1$$

$$\therefore\quad \boldsymbol{a_n=3^n+2^n} \quad\cdots\cdots③$$

⬅ $a_n=2^n\left\{\left(\frac{3}{2}\right)^n+1\right\}=3^n+2^n$

となる。$a_1=5$ より，③は $n=1$ でも成り立つ。

(2) $a_n=3^n+2^n<10^{10}$ ……④

のとき，

$$3^n < 3^n + 2^n < 10^{10} \qquad \therefore \quad 3^n < 10^{10}$$

$$\therefore \quad \log_{10} 3^n < \log_{10} 10^{10}$$

← $n \log_{10} 3 < 10$

$$\therefore \quad n < \frac{10}{\log_{10} 3} = \frac{10}{0.4771} < 20.96$$

であるから，$n \leqq 20$ でなければならない。

一方，

$$a_{20} = 3^{20} + 2^{20} < 3^{20} + 3^{20} = 2 \cdot 3^{20}$$

← $3^{20} + 2^{20} < 10^{10}$ を示すには，$3^{20} + 3^{20} = 2 \cdot 3^{20} < 10^{10}$ を示すとよいと考えるのが難しいところである。「$\log_{10} 3^{20} = 20 \log_{10} 3 = 9.542$，$\log_{10} 2^{20} = 20 \log_{10} 2 = 6.020$ より 3^{20}，2^{20} はそれぞれ10桁，7桁の数であるから，その和は10桁である。」では，不十分である。その理由は桁上りの可能性（実際には起こらないが）があるからである。

であり，

$$\log_{10} 2 \cdot 3^{20} = \log_{10} 2 + 20 \log_{10} 3$$
$$= 0.3010 + 20 \cdot 0.4771$$
$$= 9.8430 < 10$$

より

$$2 \cdot 3^{20} < 10^{10}$$

であるから，

$$a_{20} < 2 \cdot 3^{20} < 10^{10}$$

である。

以上より，④を満たす最大の整数 n は $\boldsymbol{n = 20}$ である。

注 (1)で，①の両辺を 3^{n+1} で割ると，

$$\frac{a_{n+1}}{3^{n+1}} = \frac{2}{3} \cdot \frac{a_n}{3^n} + \frac{1}{3}$$

となる。ここで，$c_n = \frac{a_n}{3^n}$ $(n = 1, 2, \cdots)$ とおくと

$$c_{n+1} = \frac{2}{3} c_n + \frac{1}{3} \qquad \cdots\cdots⑤$$

となり，さらに⑤は

$$c_{n+1} - 1 = \frac{2}{3}(c_n - 1)$$

となるので，$\{c_n - 1\}$ は公比 $\frac{2}{3}$ の等比数列である。よって，

$$c_n - 1 = \left(\frac{2}{3}\right)^{n-1}(c_1 - 1) \qquad \therefore \quad c_n = 1 + \left(\frac{2}{3}\right)^n$$

← $c_1 = \frac{a_1}{3} = \frac{5}{3}$

から

$$a_n = 3^n c_n = 3^n + 2^n$$

が得られる。

第6章

606 漸化式 $a_{n+1}=pa_n+An+B$

数列 $\{a_n\}$ の初項 a_1 から第 n 項 a_n までの和 S_n が，$S_1=0$，$S_{n+1}-3S_n=n^2$ $(n=1,\ 2,\ 3,\ \cdots)$ を満たす。

(1) 数列 $\{a_n\}$ が満たす漸化式を a_n と a_{n+1} の関係式で表せ。

(2) 一般項 a_n を求めよ。

精講 (1) $a_n=S_n-S_{n-1}$ $(n\geqq 2)$ を利用します。

(2) (1)の結果は，漸化式 $a_{n+1}=pa_n+An+B$ ……(＊) (p, A, B は定数で，$p\neq 0,\ 1,\ A\neq 0$) のタイプです。(＊) を処理するには，$\{a_n\}$ の階差数列 $\{b_n\}=\{a_{n+1}-a_n\}$ が満たす漸化式を導くのが 1 つの方法です。また，(＊) の両辺を p^{n+1} で割った式を考えることもできます。

解答 (1) $S_{n+1}-3S_n=n^2$ ……①

において，n の代わりに $n-1$ $(n\geqq 2)$ とおくと，

$$S_n-3S_{n-1}=(n-1)^2 \quad \cdots\cdots ②$$

となり，①−② より

$$S_{n+1}-S_n-3(S_n-S_{n-1})=2n-1$$

$$\therefore\ \boldsymbol{a_{n+1}-3a_n=2n-1}\ (n\geqq 2) \quad \cdots\cdots ③$$

← $S_{n+1}=S_n+a_{n+1}$ より $S_{n+1}-S_n=a_{n+1}$ 同様に，$n\geqq 2$ のとき $S_n-S_{n-1}=a_n$

である。ここで，$a_1=S_1=0$ であり，①で $n=1$ とおくと

$$S_2-3S_1=1^2$$

$$\therefore\ a_1+a_2-3a_1=1 \qquad \therefore\ a_2=2a_1+1=1$$

であるから，③は $n=1$ でも成り立つ。

← 結果として，③は $n\geqq 1$ で成り立つ。

(2) ③で，n の代わりに $n+1$ とおくと

← 注 参照。

$$a_{n+2}-3a_{n+1}=2(n+1)-1 \quad \cdots\cdots ④$$

となり，④−③ より

$$a_{n+2}-a_{n+1}-3(a_{n+1}-a_n)=2 \quad \cdots\cdots ⑤$$

である。ここで，

$$b_n=a_{n+1}-a_n\ (n=1,\ 2,\ \cdots)$$

とおくと，⑤は

$$b_{n+1}-3b_n=2$$

$\therefore\quad b_{n+1}+1=3(b_n+1)$

となるから，$b_1=a_2-a_1=1$ と合わせると，

$$b_n+1=3^{n-1}(b_1+1)$$

$\therefore\quad b_n=2\cdot 3^{n-1}-1$

となる。$\{b_n\}$ は $\{a_n\}$ の階差数列であるから，

$$\boldsymbol{a_n}=a_1+\sum_{k=1}^{n-1}b_k=\sum_{k=1}^{n-1}(2\cdot 3^{k-1}-1)$$

$$=\frac{2(3^{n-1}-1)}{3-1}-(n-1)$$

$$\boldsymbol{=3^{n-1}-n}\quad (n\geqq 2)\qquad\cdots\cdots⑥$$

となる。$a_1=0$ より，⑥は $n=1$ でも成り立つ。

⬅$\{b_n+1\}$ は公比 3 の等比数列である。

⬅$a_1=0$ より。

注 (1)で得られた漸化式③を次のように処理することもできる。

③の両辺を 3^{n+1} で割ると

$$\frac{a_{n+1}}{3^{n+1}}-\frac{a_n}{3^n}=\frac{2n-1}{3^{n+1}}$$

となるので，数列 $\left\{\frac{a_n}{3^n}\right\}$ の階差数列が $\left\{\frac{2n-1}{3^{n+1}}\right\}$ である。

したがって，$n\geqq 2$ のとき

$$\frac{a_n}{3^n}=\frac{a_1}{3}+\sum_{k=1}^{n-1}\frac{2k-1}{3^{k+1}}=\sum_{k=1}^{n-1}\frac{2k-1}{3^{k+1}}\qquad\cdots\cdots⑦$$

である。ここで，⑦の右辺を S とおくと，

$$S=\frac{1}{3^2}+\frac{3}{3^3}+\frac{5}{3^4}+\cdots+\frac{2n-3}{3^n}\qquad\cdots\cdots⑧$$

$$\frac{1}{3}S=\qquad\frac{1}{3^3}+\frac{3}{3^4}+\cdots+\frac{2n-5}{3^n}+\frac{2n-3}{3^{n+1}}\qquad\cdots\cdots⑨$$

であるから，⑧−⑨ より

$$\frac{2}{3}S=\frac{1}{3^2}+\frac{2}{3^3}+\frac{2}{3^4}+\cdots+\frac{2}{3^n}-\frac{2n-3}{3^{n+1}}$$

$$=-\frac{1}{3^2}+\left(\frac{2}{3^2}+\frac{2}{3^3}+\cdots+\frac{2}{3^n}\right)-\frac{2n-3}{3^{n+1}}$$

$$=-\frac{1}{9}+\frac{1}{3}\left\{1-\left(\frac{1}{3}\right)^{n-1}\right\}-\frac{2n-3}{3^{n+1}}$$

$$=\frac{2}{9}-\frac{2n}{3^{n+1}}$$

$\therefore\quad S=\frac{1}{3}-\frac{n}{3^n}$

であるから，⑦に戻ると

$$a_n=3^nS=3^{n-1}-n$$

が得られる。この式は，$n=1$ でも成り立つ。

⬅$a_1=0$ より。

⬅S を求めるときには，**603** (1) S_n，**注** V_n の計算を参考にする。

⬅ここまでは，$n\geqq 2$ である。

第6章

607 連立漸化式

文字 A, B, C を重複を許して横一列に並べてできる列のうち同じ文字が隣り合わないものを考える。文字 A, B, C を合わせて n 個使って作られるこのような列のうち，両端が同じ文字である列の個数を a_n とし，両端が異なる文字である列の個数を b_n とする。ただし，$n \geqq 2$ とする。

(1) a_{n+1}, b_{n+1} を a_n, b_n を用いて表せ。

(2) a_n, b_n を求めよ。

精講 (1) 同じ文字が隣り合わないという条件のもとで，両端が同じ文字，異なる文字の列を考えて，$(n+1)$ 個目をその右に加えたときどのようになるかを調べます。

(2) a_n+b_n は簡単に求まりますから，$\{b_n\}$ だけの漸化式を導くと解決します。

解答 (1) 同じ文字が隣り合わない n 個の列のうち，両端が同じ文字，異なる文字であるものの全体をそれぞれ A_n, B_n とする。以下，$\{○, △, □\}=\{A, B, C\}$ とする。

⬅○，△，□は互いに異なり，全体として A, B, C と一致することを表す。

A_{n+1} に属する列は

○＊＊……＊△○ ……b_n 通り
（○＊＊……＊△：B_n に属する列）

であり，B_{n+1} に属する列は

○＊＊……＊○△または□ ……$2a_n$ 通り
（○＊＊……＊○：A_n に属する列）

○＊＊……＊△□ ……b_n 通り
（○＊＊……＊△：B_n に属する列）

⬅$(n+1)$ 個目は A, B, C のうち 1 個目の○，n 個目の△以外であるから，1 通りに□と定まる。

である。したがって，$n \geqq 2$ として

$$\boldsymbol{a_{n+1}=b_n} \quad \cdots\cdots①$$

$$\boldsymbol{b_{n+1}=2a_n+b_n} \quad \cdots\cdots②$$

が成り立つ。

(2) a_n+b_n は，同じ文字が隣り合わない列で，A, B, C を合わせて n 個用いたものの個数であるから，

$$a_n+b_n=3\cdot 2^{n-1} \quad \cdots\cdots③$$

である。

⬅左端は 3 通りで，あとの $(n-1)$ 個は左隣とは異なる 2 通りずつ。
または，①+② より
$a_{n+1}+b_{n+1}=2(a_n+b_n)$
から導いてもよい。

②，③より，a_n を消去すると

$$b_{n+1}=2(3\cdot2^{n-1}-b_n)+b_n$$

$$=-b_n+3\cdot2^n \quad \cdots\cdots④$$

⬅ 605 精講 参照。

となる。

④×$(-1)^{n+1}$ より

⬅ $\dfrac{1}{(-1)^{n+1}}=(-1)^{n+1}$

$$(-1)^{n+1}b_{n+1}=(-1)^nb_n-3(-2)^n$$

$$\therefore\quad (-1)^{n+1}b_{n+1}-(-1)^nb_n=-3(-2)^n \quad \cdots\cdots⑤$$

となるから，$\{(-1)^nb_n\}$ の階差数列が $\{-3(-2)^n\}$ である。ここで，

$$a_2=0,\ b_2=6$$

であるから，

⬅ B_2 は A，B，C から 2 つ取り出して並べた列の全体であるから，$b_2={}_3P_2=6$ である。

$$a_1=3,\ b_1=0$$

と考えると，①，②，③，したがって，④，⑤は $n=1$ でも成り立つ。したがって，

$$(-1)^nb_n=(-1)b_1+\sum_{k=1}^{n-1}\{-3(-2)^k\}$$

⬅ 注 参照。

$$=6\cdot\frac{1-(-2)^{n-1}}{1-(-2)}$$

$$=2+(-2)^n \quad \cdots\cdots⑥$$

となるので，両辺に $(-1)^n$ をかけると，

$$\boldsymbol{b_n}=(-1)^n\{2+(-2)^n\}$$

$$\boldsymbol{=2^n+2(-1)^n}$$

である。③に戻って，

$$\boldsymbol{a_n}=3\cdot2^{n-1}-b_n\boldsymbol{=2^{n-1}-2(-1)^n}$$

⬅ ①より，$a_n=b_{n-1}$ $(n\geqq2)$ と考えてもよい。

である。

注 ⑤は $n\geqq2$ で成り立つと考えたときには，⑤の n の代わりに，2，3，…，$n-1$ とおいた式の辺々を加えると

$$(-1)^nb_n-(-1)^2b_2=\sum_{k=2}^{n-1}\{-3(-2)^k\}$$

$$\therefore\quad (-1)^nb_n=b_2+\sum_{k=2}^{n-1}\{-3(-2)^k\}$$

⬅ 右辺第 2 項は初項 $-3(-2)^2=-12$，公比 -2，項数 $n-2$ の等比数列の和である。

$$=6-12\cdot\frac{1-(-2)^{n-2}}{1-(-2)}$$

$$=2+(-2)^n$$

⬅ ⑥に等しい。

となる。

☆ 参考

②でnの代わりに$n+1$とおいた式で，①を用いると，数列$\{b_n\}$だけの漸化式

$$b_{n+2}=2a_{n+1}+b_{n+1}$$
$$=2b_n+b_{n+1}$$
$$\therefore\quad b_{n+2}=b_{n+1}+2b_n \qquad \cdots\cdots⑦$$

が得られる。

⑦のような隣接3項間の漸化式においては，2数α，βを

$$b_{n+2}-\alpha b_{n+1}=\beta(b_{n+1}-\alpha b_n) \qquad \cdots\cdots⑧$$

となるように選べる。実際，⑧は

$$b_{n+2}=(\alpha+\beta)b_{n+1}-\alpha\beta b_n \qquad \cdots\cdots⑨$$

となるので，⑦，⑨を比較すると

$$\alpha+\beta=1,\ \alpha\beta=-2 \quad \text{より} \quad (\alpha,\ \beta)=(2,\ -1),\ (-1,\ 2)$$

である。したがって，⑧は

$$\begin{cases} b_{n+2}-2b_{n+1}=-(b_{n+1}-2b_n) \\ b_{n+2}+b_{n+1}=2(b_{n+1}+b_n) \end{cases}$$

と2通りに変形される。

ここで，$b_2=6$，$b_3=3!=6$ であるから，$b_1=0$ とすると，⑦は $n=1$ でも成り立つので，

$$\begin{cases} b_{n+1}-2b_n=(-1)^{n-1}(b_2-2b_1)=6(-1)^{n-1} & \cdots\cdots⑩ \\ b_{n+1}+b_n=2^{n-1}(b_2+b_1)=6\cdot2^{n-1}=3\cdot2^n & \cdots\cdots⑪ \end{cases}$$

となる。したがって，$\dfrac{1}{3}\{⑪-⑩\}$ より

$$b_n=2^n-2(-1)^{n-1}=2^n+2(-1)^n$$

となる。

類題 18 →解答 p.377

nは2以上の整数とする。

(1) サイコロをn回ふって出た目の数字を1列に並べる。隣り合う2つの数がすべて異なる確率a_nを求めよ。

(2) サイコロをn回ふって出た目の数字を円周上に並べる。隣り合う2つの数がすべて異なる確率をb_nとする。(1)の確率a_nをb_nとb_{n-1}を用いて表せ。

(3) (2)の確率b_nを求めよ。 (お茶の水女大*)

608 第 n 項 a_n の符号によって変わる漸化式

数列 $\{a_n\}$ を次のように定める。

$$a_1=1,\ a_{n+1}=\begin{cases} a_n-1 & (a_n>0 \text{ のとき}) \\ n & (a_n \leqq 0 \text{ のとき}) \end{cases} \quad (n=1,\ 2,\ 3,\ \cdots)$$

(1) $a_n=100$ となる最小の n の値を求めよ。

(2) (1)で求めた n の値を N とするとき，数列 $\{a_n\}$ の初項から第 N 項までの和 S を求めよ。

精講 (1) 一般項 a_n を求めるのは難しそうです。そこで，$a_n\,(n=1,\ 2,\ \cdots)$ を順に書き出してみると，この数列では，$a_n=0$ となる n がわかれば解決できそうだとわかるはずです。

(2) $a_n=0$ となる項を順に考えたとき，それらの中で隣り合う 2 つの項の間にはさまれた項全体は等差数列をなすことに着目しましょう。

解答 (1) $a_n\,(n=1,\ 2,\ \cdots)$ を順に調べてみる。

n	1	2	3	4	5	6	7	8	9	10	11	12	13	$\cdots$
a_n	1	0	2	1	0	5	4	3	2	1	0	11	10	$\cdots$

ここで，0 となる項に着目し，たとえば，$a_p=0$ (p は 2 以上の整数) とするとき，そのあとに続く項は順に

$$p,\ p-1,\ \cdots,\ 2,\ 1,\ 0$$

← $a_p=0$ より $a_{p+1}=p$ であり，$a_n>0$ のとき，$a_{n+1}=a_n-1$ であるから。

であるから，“$a_p=0$ の次に 0 となる項は $(p+1)$ 個進んだ項，つまり，$a_{2p+1}=0$ である。” ……(＊)

したがって，$a_n=0$ となる n を小さい方から順に，$m(k)\,(k=1,\ 2,\ \cdots)$ と表すことにすると，表より

$$m(1)=2,\ m(2)=5,\ m(3)=11 \quad \cdots\cdots①$$

であり，(＊) より

$$m(k+1)=2m(k)+1$$

← (＊) で，$p=m(k)$ とおくと，$a_{m(k)}=0$ のあとで最初に 0 となる項は $a_{2m(k)+1}$ であるから。

が成り立つ。これより，

$$m(k+1)+1=2\{m(k)+1\}$$

$$\therefore\quad m(k)+1=2^{k-1}\{m(1)+1\}$$

であり，①を用いると，

$$m(k)=3\cdot 2^{k-1}-1 \quad \cdots\cdots②$$

である。

$a_n=100$ となる項が現れるのは，

$$a_{m(k)}=0,\ m(k)\geqq 100 \quad \cdots\cdots③$$

を満たす項のあとである。②より，③は

$$3\cdot 2^{k-1}-1\geqq 100 \quad \therefore \quad 2^{k-1}\geqq \frac{101}{3}=33+\frac{2}{3}$$

となるので，③を満たす最小の k は $k=7$ である。

②より，$m(7)=191$ であり，

$$a_{191}=0,\ a_{192}=191,\ a_{193}=190,\ \cdots,\ a_{283}=100$$

であるから，$a_n=100$ となる最小の n は $\boldsymbol{n=283}$

である。

⬅ $a_{m(k)}=0$ から $a_{m(k+1)}=0$ までの項はすべて $m(k)$ 以下であることに注意する。

⬅ $2^5=32$，$2^6=64$。

⬅ $192+191=193+190$
$=\cdots=283+100$

(2)　0 である 2 つの項 $a_{m(k)}$ と $a_{m(k+1)}$ の間にはさまれた項全体を第 k 群とし，その和を $T_k\ (k=1,\ 2,\ \cdots)$ とすると，

$$\begin{aligned}T_k&=m(k)+\{m(k)-1\}+\cdots+2+1\\&=\frac{1}{2}m(k)\{m(k)+1\}\\&=\frac{1}{2}\{3\cdot 2^{k-1}-1\}\cdot 3\cdot 2^{k-1}\\&=\frac{9}{2}\cdot 4^{k-1}-\frac{3}{2}\cdot 2^{k-1}\end{aligned}$$

である。

⬅ 第 k 群は，$a_{m(k)+1}=m(k)$ から始まり，1 つずつ減って，1 で終わる，項数 $m(k)$ の等差数列をなす。

$N=283$ であり，$a_{283}=100$ は，$a_{192}=191$ から始まる第 7 群の 92 番目の項である。したがって，

$$\begin{aligned}S&=a_1+\sum_{k=1}^{6}T_k+(191+190+\cdots+100)\\&=1+\sum_{k=1}^{6}\left(\frac{9}{2}\cdot 4^{k-1}-\frac{3}{2}\cdot 2^{k-1}\right)\\&\qquad\qquad+\frac{1}{2}\cdot 92\cdot(191+100)\\&=1+\frac{9}{2}\cdot\frac{4^6-1}{4-1}-\frac{3}{2}\cdot\frac{2^6-1}{2-1}+13386\\&=\boldsymbol{19435}\end{aligned}$$

である。

⬅（　）内は，初項 191，末項 100，項数 92 の等差数列の和である。

⬅ $\frac{9}{2}\cdot\frac{4^6-1}{4-1}-\frac{3}{2}\cdot\frac{2^6-1}{2-1}$
$=\frac{3(4^6-2^6)}{2}=6048$

609 群数列

数列 1, 1, 3, 1, 3, 5, 1, 3, 5, 7, 1, 3, 5, 7, 9, 1, … において，次の問いに答えよ。ただし，k, n は自然数とする。

(1) $(k+1)$ 回目に現れる 1 は第何項か。

(2) 第 400 項を求めよ。

(3) 初項から第 n 項までの和を S_n とするとき，$S_n>2700$ となる最小の n を求めよ。

精講 与えられた数列において，{1}, {1, 3}, {1, 3, 5}, … を順に 1 つの群とみなして考えます。いわゆる，群数列の問題です。

(1) $(k+1)$ 回目の 1 は，第 $(k+1)$ 群の最初の項です。

(2) まず，第 400 項が含まれる群を調べます。第 k 群に含まれるとすると，第 $(k-1)$ 群の最後の項と第 k 群の最後の項の間にあると考えます。

(3) 第 1 群から第 k 群までに含まれる項の総和を求めて，まず，その和がはじめて 2700 を超える k を決めます。

解答 (1) この数列を

$$\underbrace{1},\ \underbrace{1,\ 3},\ \underbrace{1,\ 3,\ 5},\ \underbrace{1,\ 3,\ 5,\ 7},\ \underbrace{\cdots\cdots}$$

のような群に分けて考える。つまり，第 i 群には

i 個の奇数 $1,\ 3,\ 5,\ \cdots,\ 2i-1$

が入っているとする。

このとき，第 k 群までに現れる項数は

$$1+2+3+\cdots+k=\frac{1}{2}k(k+1)$$

であり，$(k+1)$ 回目に現れる 1 は第 $(k+1)$ 群の最初の項であるから，第 $\left\{\boldsymbol{\frac{1}{2}k(k+1)+1}\right\}$ 項である。

(2) 第 400 項が第 k 群に現れるとすると，(1)で調べたことから

$$\frac{1}{2}k(k-1)<400\leqq\frac{1}{2}k(k+1)$$

$$\therefore\ (k-1)k<800\leqq k(k+1) \qquad \cdots\cdots①$$

← 第 $(k-1)$ 群の最後の項が第 $\frac{1}{2}k(k-1)$ 項である。

となる。ここで，

$$27\cdot 28=756,\ 28\cdot 29=812$$

より，①を満たす正の整数kは $k=28$ である。

← $k^2 \fallingdotseq 800$, $k \fallingdotseq 20\sqrt{2} \fallingdotseq 28.28\cdots$ となるkを考えた。

第27群までに現れる項数は378項であるから，第400項は第28群の22番目の数，すなわち，$22\cdot 2-1=\mathbf{43}$ である。

← $\frac{1}{2}\cdot 28\cdot 27=378$

(3) 第i群に現れるi個の奇数の和は

$$1+3+\cdots+(2i-1)=i^2$$

であるから，第k群までに現れる項の総和をT_kとおくと，

$$T_k=1^2+2^2+\cdots+k^2=\frac{1}{6}k(k+1)(2k+1)$$

である。まず，$T_k>2700$，つまり

$$\frac{1}{6}k(k+1)(2k+1)>2700$$

を満たす最小の正の整数kを探すと，

← 3次不等式としてまともに解くのは無理なので，次のように考える。
$\frac{1}{6}k(k+1)(2k+1)$
$\fallingdotseq \frac{1}{6}k\cdot k\cdot 2k=\frac{k^3}{3}$
より
$\frac{k^3}{3}\fallingdotseq 2700$, $k^3 \fallingdotseq 8100$
となるので，$20^3=8000$ を思い出す。

$$T_{20}=\frac{1}{6}\cdot 20\cdot 21\cdot 41=2870$$

$$T_{19}=\frac{1}{6}\cdot 19\cdot 20\cdot 39=2470$$

より，$k=20$ であるから，求める項は第20群にある。そこで，第20群のj番目までの和が2700を超えるとすると，

$$T_{19}+1+3+\cdots+(2j-1)>2700$$

$$\therefore\ 2470+j^2>2700$$

$$\therefore\ j^2>230 \qquad \therefore\ j\geqq 16$$

← $15^2=225$, $16^2=256$

となる。したがって，初項から第20群の16番目までの和がはじめて2700を超えるので，$S_n>2700$ となる最小のnは

$$n=1+2+\cdots+18+19+16$$

$$=\frac{1}{2}\cdot 19\cdot 20+16=\mathbf{206}$$

である。

610 絶対値を含む Σ の計算

x を実数とする。関数

$$f(x)=\sum_{k=1}^{100}|kx-1|=|x-1|+|2x-1|+|3x-1|+\cdots+|100x-1|$$

を最小にする x の値と最小値を求めよ。　(早稲田大*)

精講　絶対値の中に現れる式 $x-1$, $2x-1$, $3x-1$, $\cdots$, $100x-1$ の符号はそれぞれ $x=1$, $\frac{1}{2}$, $\frac{1}{3}$, $\cdots$, $\frac{1}{100}$ において変わります。そこで，区間

$$x\leqq\frac{1}{100},\ \frac{1}{100}\leqq x\leqq\frac{1}{99},\ \cdots,\ \frac{1}{3}\leqq x\leqq\frac{1}{2},\ \frac{1}{2}\leqq x\leqq 1,\ x\geqq 1$$

において，絶対値をはずしてみると，それぞれの区間では $f(x)$ は x の1次式となるので，グラフは直線の一部(線分，半直線)となることがわかります。

$f(x)$ が最小となるのは線分の傾きがどのように変わるときかを考えます。

解答　$f(x)=|x-1|+|2x-1|+|3x-1|$
$\qquad+\cdots+|100x-1|$

において，区間を決めて絶対値をはずして調べる。

⬅ 絶対値の中の符号が変化する x の値 1, $\frac{1}{2}$, $\frac{1}{3}$, $\cdots$, $\frac{1}{100}$ を端点とする区間に分割して調べる。

(i)　$x\geqq 1$ のとき

絶対値の中はすべて0以上であるから

$$\begin{aligned}f(x)&=(x-1)+(2x-1)+\cdots+(100x-1)\\&=(1+2+\cdots+100)x-100\\&=5050x-100\quad\cdots\cdots①\end{aligned}$$

(ii)　$x\leqq\frac{1}{100}$ のとき

絶対値の中はすべて0以下であるから

$$\begin{aligned}f(x)&=-(x-1)-(2x-1)-\cdots-(100x-1)\\&=-5050x+100\quad\cdots\cdots②\end{aligned}$$

(iii)　$\frac{1}{k+1}\leqq x\leqq\frac{1}{k}$ $(k=1,\ 2,\ \cdots,\ 99)$ のとき

$$x-1\leqq 0,\ 2x-1\leqq 0,\ \cdots,\ kx-1\leqq 0$$

であり，

$$(k+1)x-1\geqq 0,\ \cdots,\ 100x-1\geqq 0$$

⬅ $\frac{1}{k+1}\leqq x$, $x\leqq\frac{1}{k}$ の分母を払って移項するとそれぞれ $(k+1)x-1\geqq 0$, $kx-1\leqq 0$

第6章

であるから

$$f(x)=-(x-1)-(2x-1)-\cdots-(kx-1)$$
$$+\{(k+1)x-1\}+\cdots+(100x-1) \quad \cdots\cdots③$$

となる。③における x の係数を a，定数項を b とすると，

$$a=-(1+2+\cdots+k)+(k+1)+\cdots+100$$
$$=1+2+\cdots+k+(k+1)+\cdots+100-2(1+2+\cdots+k)$$
$$=\frac{1}{2}\cdot100\cdot101-2\cdot\frac{1}{2}k(k+1)$$
$$=5050-k(k+1) \quad \cdots\cdots④$$
$$b=k-(100-k)=2k-100$$

であるから，

$$f(x)=\{5050-k(k+1)\}x+2k-100 \quad \cdots\cdots⑤$$

である。

(i)では，①より $f(x)$ は増加し，(ii)では，②より $f(x)$ は減少するから，最小となるのは(iii)においてである。

⬅ x の係数は(i)では正，(ii)では負である。

④において，

$$70\cdot71=4970,\ 71\cdot72=5112$$

に注意すると，a の符号は

$1\leqq k\leqq70$ のとき　$a>0$

$71\leqq k\leqq99$ のとき　$a<0$

⬅ $k(k+1)\fallingdotseq k^2$ と考え $k^2\fallingdotseq5050\fallingdotseq5000$ より $k\fallingdotseq50\sqrt{2}\fallingdotseq70.7$ と見当をつける。

であるから，$f(x)$ は

$\dfrac{1}{100}\leqq x\leqq\dfrac{1}{71}$ では減少，$\dfrac{1}{71}\leqq x\leqq1$ では増加

である。

⬅ 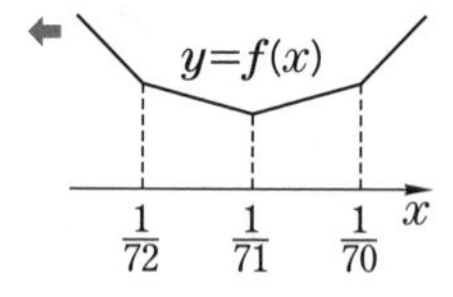

したがって，$f(x)$ を最小にする値は $\boldsymbol{x=\dfrac{1}{71}}$ であり，最小値は⑤で $k=70$，$x=\dfrac{1}{71}$ とおいて，

$$f\left(\frac{1}{71}\right)=80\cdot\frac{1}{71}+40=\boldsymbol{\frac{2920}{71}}$$

である。

⬅ ⑤で $k=70$ のとき $f(x)=80x+40$ $k=71$ のとき $f(x)=-62x+42$ であり，$f\left(\dfrac{1}{71}\right)$ はいずれで計算してもよい。

611 3辺の長さが整数である三角形の個数

nを正の整数とする。

(1) 周の長さが$12n$である三角形の3辺の長さをx, y, z(ただし, $x \geqq y \geqq z$)とおくとき，このようなx, yを座標とする点(x, y)の存在範囲をxy平面に図示せよ。

(2) 周の長さが$12n$で，各辺の長さが整数である三角形のうち，互いに合同でないものは全部で何個あるか。

精講 三角形の3辺の長さに関して次のことを確認しておきましょう。

3つの実数a, b, cが三角形の3辺の長さとなるための条件は，次のⒶまたはⒷである。Ⓐ, Ⓑは同値な条件である。

$|a-b|<c<a+b$ ……Ⓐ

$c<a+b$, $a<b+c$, $b<c+a$ ……Ⓑ

Ⓐにおいて，

$$|a-b|<c \iff -c<a-b<c \iff a<b+c,\ b<c+a$$

であるから，Ⓐ, Ⓑは同値である。

また，Ⓐ, Ⓑのもとでは“$a>0$, $b>0$, $c>0$”である。たとえば，Ⓑの左2式を加えると，$c+a<(a+b)+(b+c)$ より $b>0$ となる。

(1) $x \geqq y \geqq z$ の条件があるから，x, y, zが3辺の長さとなるための条件は，Ⓑで考えると，1つの不等式に帰着します。

(2) x, yが決まるとzは1通りに定まるので，(1)で求めた範囲にある格子点(x, y)の個数を数えることになります。

解答 (1) $x \geqq y \geqq z>0$ ……①

を満たす数x, y, zが三角形の3辺の長さとなる条件は

$y+z>x$ ……②

である。また，周の長さが$12n$であるから，

$x+y+z=12n$

第6章

$\therefore \quad z=12n-(x+y)$ ……③

である。

したがって，x，y の満たすべき条件は，③を①，②に代入した

$$\begin{cases} x \geqq y \geqq 12n-(x+y)>0 \\ y+12n-(x+y)>x \end{cases}$$

$$\therefore \quad \begin{cases} x \geqq y, \quad x+2y \geqq 12n \\ x+y<12n, \quad x<6n \end{cases} \quad \cdots\cdots ④$$

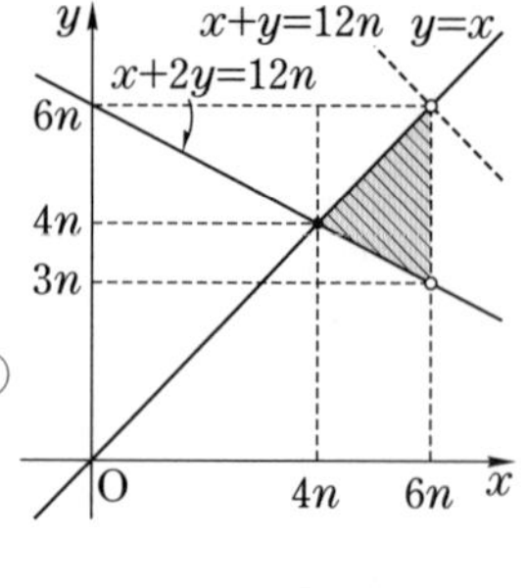

であり，$(x,\ y)$ の存在範囲は④で表される右図の斜線部分（境界は $x=6n$ だけを除く）である。

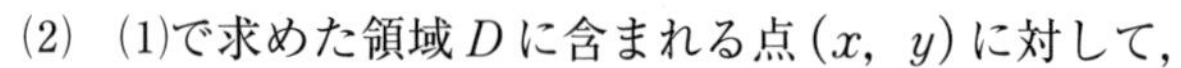

(2)　(1)で求めた領域 D に含まれる点 $(x,\ y)$ に対して，③より z が定まり，これより三角形が１つ定まるが，それらは互いに合同でない。したがって，領域 D に含まれる格子点の個数が求めるものである。

⬅異なる $(x,\ y)$ に対応する三角形どうしでは，長い方の２辺の長さのいずれかが異なるので。

そこで，x 軸に平行な直線上にある格子点を数える。

$y=4n$ ……⑤　上には

$x=4n,\ 4n+1,\ \cdots,\ 6n-1$ の $2n$ 個

あり，⑤より上の方の直線

$y=4n+1,\ y=4n+2,\ \cdots,\ y=6n-1$

上にはそれぞれ

$2n-1$ 個，$2n-2$ 個，…，１個

ある。また，⑤より下の方の直線

$y=4n-1,\ y=4n-2,\ \cdots,\ y=3n+1$

上にはそれぞれ

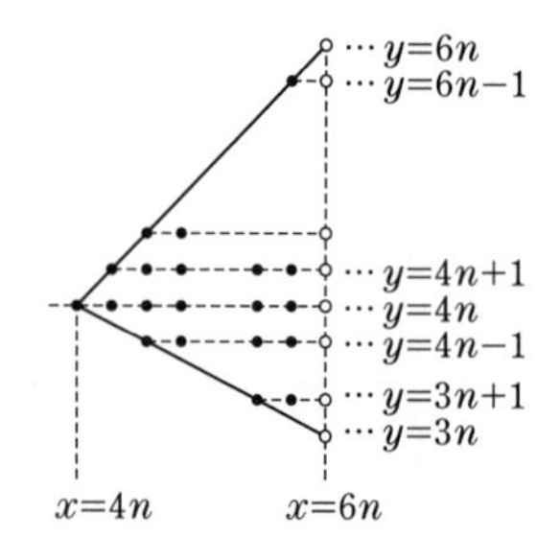

$2n-2$ 個，$2n-4$ 個，…，２個

⬅図からわかるように，y の値が１減ると，格子点は２個減る。

ある。したがって，求める個数は

$$2n+(2n-1)+(2n-2)+\cdots+1$$
$$+(2n-2)+(2n-4)+\cdots+2$$
$$=\frac{1}{2}\cdot 2n(2n+1)+\frac{1}{2}(n-1)\{(2n-2)+2\}$$
$$=\boldsymbol{3n^2}\ (\text{個})$$

⬅等差数列の和の公式を用いた。

である。

☆ **612** **数学的帰納法**

n 個の正の数 x_1, x_2, …, x_n が $x_1x_2\cdots x_n=1$ を満たしているとき,

$$x_1+x_2+\cdots+x_n \geqq n$$

が成り立つことを示せ。ただし, $n \geqq 2$ とする。

精講 数学的帰納法を利用しますが, 第Ⅱ段階, すなわち, n 個の場合の成立を仮定して, $(n+1)$ 個の場合の成立を示すためには, 少し工夫が必要となります。

$x_1x_2\cdots x_nx_{n+1}=1$ のとき, n 個の正の数を x_1, x_2, …, x_{n-1}, x_nx_{n+1} と考えると, 帰納法の仮定から

$$x_1+x_2+\cdots+x_{n-1}+x_nx_{n+1} \geqq n \quad \cdots\cdots Ⓐ$$

が成り立ちますが, 示すべき不等式は

$$x_1+x_2+\cdots+x_{n-1}+x_n+x_{n+1} \geqq n+1 \quad \cdots\cdots Ⓑ$$

であって, このままではⒶからⒷを導くことはできません。そこで, ⒶからⒷの成立を示すことができるように, x_1, x_2, …, x_n, x_{n+1} をうまく並び換えておいてから議論を始めることが必要です。

解答 $n=2, 3, \cdots$ に対して, 命題 P_n「n 個の正の数の積が1のとき, それらの和は n 以上である」を数学的帰納法で示す。

← P_n が示すべきことである。

(Ⅰ) $n=2$ のとき, $x_1x_2=1$ を満たす正の数 x_1, x_2 は

$$x_1+x_2-2=x_1+\frac{1}{x_1}-2$$

$$=\left(\sqrt{x_1}-\frac{1}{\sqrt{x_1}}\right)^2 \geqq 0 \quad \cdots\cdots ①$$

← 等号の成立については 研究 1° 参照。

を満たす。したがって,

$$x_1+x_2 \geqq 2$$

であるから, P_2 は成り立つ。

(Ⅱ) P_n (n は2以上の整数) が成り立つとして,

$$x_1x_2\cdots x_nx_{n+1}=1 \quad \cdots\cdots ②$$

を満たす $(n+1)$ 個の正の数 x_1, x_2, …, x_n, x_{n+1} について調べる。

x_1, x_2, …, x_n, x_{n+1} の順序を変えてもよいか

第6章

ら，これらの最大のものが x_n，最小のものが x_{n+1} であるとしてよい。このとき，②より，

$$x_n \geqq 1,\ x_{n+1} \leqq 1 \quad \cdots\cdots ③$$

である。

②より n 個の正の数 x_1, x_2, …, x_{n-1}, x_nx_{n+1} の積が1であるから，帰納法の仮定より

$$x_1+x_2+\cdots+x_{n-1}+x_nx_{n+1} \geqq n \quad \cdots\cdots ④$$

が成り立つ。

ここで，③より

$$x_n+x_{n+1}-(x_nx_{n+1}+1)$$
$$=(x_n-1)(1-x_{n+1}) \geqq 0 \quad \cdots\cdots ⑤$$

であるから，

$$x_n+x_{n+1} \geqq x_nx_{n+1}+1 \quad \cdots\cdots ⑥$$

である。したがって，④，⑥の辺々を加え合わせると，

$$x_1+x_2+\cdots+x_{n-1}+x_n+x_{n+1}+x_nx_{n+1}$$
$$\geqq x_nx_{n+1}+n+1$$

$$\therefore \quad x_1+x_2+\cdots+x_n+x_{n+1} \geqq n+1 \quad \cdots\cdots ⑦$$

となるので，P_{n+1} が成り立つ。

(I)，(II)より $n=2$, 3, … について，P_n の成立が示された。 (証明おわり)

⬅ $(n+1)$ 個の正の数の最大のものが1より小さいとすると，それらの積は1より小となり，②と反するので，$x_n \geqq 1$ である。$x_{n+1} \leqq 1$ についても同様。

⬅ 示したい不等式は
$x_1+\cdots+x_{n-1}+x_n$
$+x_{n+1} \geqq n+1$
であるから，④の両辺に1を加えた式
$x_1+\cdots+x_{n-1}$
$+x_nx_{n+1}+1 \geqq n+1$
と比較すると，
$x_n+x_{n+1} \geqq x_nx_{n+1}+1$
を示すとよいことがわかる。その証明のために③を準備した。

研究

1° 命題 Q_n「x_1, x_2, …, x_n が $x_1x_2\cdots x_n=1$ を満たす正の数であるとき，

$$x_1+x_2+\cdots+x_n \geqq n$$

の等号が成り立つのは

$$x_1=x_2=\cdots=x_n=1$$

の場合に限る」を数学的帰納法で証明する。

(I) $n=2$ のとき，$x_1+x_2=2$ となるのは，解答 の①より

$$\sqrt{x_1}=\frac{1}{\sqrt{x_1}} \qquad \therefore \quad x_1=1 \quad つまり \quad x_1=x_2=1$$

のときである。

(II) Q_n が成り立つとして，②を満たす $(n+1)$ 個の x_1, x_2, …, x_n, x_{n+1} について考える。

解答 の⑦において等号が成り立つのは，④と⑥，つまり，④と⑤の等号がともに成り立つときであるが，④の等号が成り立つのは，帰納法の仮定から，

$$x_1=x_2=\cdots=x_{n-1}=x_nx_{n+1}=1$$

のときであり，⑤の等号が成り立つのは，

$$x_n=1 \text{ または } x_{n+1}=1$$

のときであるから，結局

$$x_1=x_2=\cdots=x_n=x_{n+1}=1$$

の場合である。したがって，Q_{n+1} も成り立つ。

(I)，(II)より，$n=2,\ 3,\ \cdots$ について，Q_n の成立が示された。

2° 以上のことを利用して，相加平均・相乗平均の不等式を証明しよう。

相加平均・相乗平均の不等式 (AM-GM inequality)

n 個の正の数 $a_1,\ a_2,\ \cdots,\ a_n$ に対して，

$$\frac{a_1+a_2+\cdots+a_n}{n} \geqq \sqrt[n]{a_1a_2\cdot\cdots\cdot a_n} \quad \cdots\cdots(☆)$$

が成り立つ。また，等号成立は $a_1=a_2=\cdots=a_n$ のときに限る。

(証明) $k=1,\ 2,\ \cdots,\ n$ に対して，

$$x_k=\frac{a_k}{\sqrt[n]{a_1a_2\cdot\cdots\cdot a_n}}$$

とおくと，$x_1,\ x_2,\ \cdots,\ x_n$ は正の数であり，

$$x_1x_2\cdots x_n=\frac{a_1}{\sqrt[n]{a_1a_2\cdot\cdots\cdot a_n}}\cdot\frac{a_2}{\sqrt[n]{a_1a_2\cdot\cdots\cdot a_n}}\cdot\cdots\cdot\frac{a_n}{\sqrt[n]{a_1a_2\cdot\cdots\cdot a_n}}$$

$$=\frac{a_1a_2\cdot\cdots\cdot a_n}{(\sqrt[n]{a_1a_2\cdot\cdots\cdot a_n})^n}=1$$

を満たす。したがって，解答 で示したことより，

$$x_1+x_2+\cdots\cdots+x_n \geqq n$$

が成り立つ。つまり

$$\frac{a_1}{\sqrt[n]{a_1a_2\cdot\cdots\cdot a_n}}+\frac{a_2}{\sqrt[n]{a_1a_2\cdot\cdots\cdot a_n}}+\cdots+\frac{a_n}{\sqrt[n]{a_1a_2\cdot\cdots\cdot a_n}} \geqq n$$

$$\therefore\quad \frac{a_1+a_2+\cdots+a_n}{n} \geqq \sqrt[n]{a_1a_2\cdot\cdots\cdot a_n}$$

が成り立つ。さらに，等号が成立するのは，**1°** で示したことより

$$x_1=x_2=\cdots=x_n=1,\ \text{すなわち，}\ a_1=a_2=\cdots=a_n$$

のときに限る。 (証明おわり)

第6章

なお，n 個の正の数 a_1, a_2, $\cdots$, a_n において，$\dfrac{a_1+a_2+\cdots+a_n}{n}$ を相加平均 (arithmetic mean)，$\sqrt[n]{a_1a_2\cdot\cdots\cdot a_n}$ を相乗平均 (geometric mean) という。

相加平均・相乗平均の不等式 (☆) は，$n=3$ のとき，

$$\frac{a_1+a_2+a_3}{3} \geqq \sqrt[3]{a_1a_2a_3}$$

となるが，この不等式の別の証明で，知っておくべき計算を含むものを以下に示しておく。

まず，$a^3+b^3+c^3-3abc$ を因数分解すると

$$\begin{aligned} & a^3+b^3+c^3-3abc \\ =& (a+b)^3-3ab(a+b)+c^3-3abc \\ =& (a+b)^3+c^3-3ab(a+b+c) \\ =& \{(a+b)+c\}\{(a+b)^2-(a+b)c+c^2-3ab\} \\ =& (a+b+c)(a^2+b^2+c^2-ab-bc-ca) \quad \cdots\cdots ⑧ \end{aligned}$$

となる。ここで，a, b, c が正の数のとき，

$$a+b+c>0 \quad \cdots\cdots ⑨$$

$$\begin{aligned} & a^2+b^2+c^2-ab-bc-ca \\ =& \frac{1}{2}\{(a-b)^2+(b-c)^2+(c-a)^2\} \geqq 0 \quad \cdots\cdots ⑩ \end{aligned}$$

であることから，⑧，⑨，⑩より

$$a^3+b^3+c^3-3abc \geqq 0$$

が成り立つ。ここで，$a=\sqrt[3]{a_1}$, $b=\sqrt[3]{a_2}$, $c=\sqrt[3]{a_3}$ とおくと，

$$a_1+a_2+a_3-3\sqrt[3]{a_1a_2a_3} \geqq 0 \qquad \therefore \quad \frac{a_1+a_2+a_3}{3} \geqq \sqrt[3]{a_1a_2a_3}$$

が得られる。等号が成り立つのは，⑩の等号が成り立つときであるから，$a=b=c$, すなわち，$a_1=a_2=a_3$ のときである。

類題 19 → 解答 p.378

n 個の正の数 x_1, x_2, $\cdots$, x_n が $x_1+x_2+\cdots+x_n=n$ を満たしているとき，

$$x_1x_2\cdots x_n \leqq 1$$

が成り立つことを示せ。ただし，$n \geqq 2$ とする。

613 nの偶奇が関係する命題と数学的帰納法

正の整数 $n=2^a b$ (ただし a は 0 以上の整数で b は奇数) に対して $f(n)=a$ とおくとき，次の問いに答えよ。

(1) 正の整数 k，m に対して $f(km)=f(k)+f(m)$ であることを示せ。

(2) $f(3^n+1)$ $(n=0,\ 1,\ 2,\ \cdots)$ を求めよ。

☆ (3) $f(3^n-1)-f(n)$ $(n=1,\ 2,\ 3,\ \cdots)$ を求めよ。 (横浜国大)

精講 (2) 3^n+1 で $n=0,\ 1,\ 2,\ \cdots$ とおくと，$3^0+1=2$，$3^1+1=2^2$，$3^2+1=2\cdot5$，$3^3+1=2^2\cdot7$ より“$f(3^n+1)$ の値は n が奇数のときは 2，n が偶数のときは 1 である”……(＊) と予想できます。(＊)を数学的帰納法で示すには，隣り合う偶数，奇数の n を一まとめにした命題を用意するとよいでしょう。

解答 (1) k，m が $k=2^c d$，$m=2^e f$ (c，e は 0 以上の整数，d，f は奇数) と表されるとき，

$$f(k)=c,\ f(m)=e,\ km=2^{c+e}df$$

である。ここで，df は奇数であるから，

$$f(km)=c+e=f(k)+f(m) \quad \cdots\cdots①$$

が成り立つ。 (証明おわり)

(2) $m=0,\ 1,\ 2,\ \cdots$ に対して

$$f(3^{2m}+1)=1,\ f(3^{2m+1}+1)=2 \quad \cdots\cdots②$$

であることを数学的帰納法によって示す。

← n が偶数 $(n=2m)$，奇数 $(n=2m+1)$ の場合をまとめた命題である。

(I) $m=0$ のとき，

$$f(3^0+1)=f(2)=1,\ f(3^1+1)=f(2^2)=2$$

より，②は成り立つ。

(II) $m=k$ (k は 0 以上の整数) のとき，②が成り立つとする。すなわち，

$$3^{2k}+1=2A,\ 3^{2k+1}+1=2^2B=4B$$

(A，B は奇数 ……(☆)) とする。このとき，

$$3^{2(k+1)}+1=9\cdot3^{2k}+1$$
$$=9(2A-1)+1=2(9A-4)$$

← $3^{2(k+1)}+1=3\cdot3^{2k+1}+1$ $=3(4B-1)+1$ $=2(6B-1)$ でもよい。

第6章

$$3^{2(k+1)+1}+1=9\cdot 3^{2k+1}+1$$
$$=9(4B-1)+1=2^2(9B-2)$$

となる。ここで，(☆) より $9A-4$, $9B-2$ は奇数であるから

$$f(3^{2(k+1)}+1)=1,\quad f(3^{2(k+1)+1}+1)=2$$

である。よって，②は $m=k+1$ でも成り立つ。

(I), (II)より，$m=0, 1, 2, \cdots$ に対して②が成り立つ。

したがって，

$$\boldsymbol{f(3^n+1)=\begin{cases}1 & (n\text{が偶数のとき})\\ 2 & (n\text{が奇数のとき})\end{cases}} \quad \cdots\cdots③$$

である。

(3) (i) n が奇数のとき

$$3^n-1=(3-1)(3^{n-1}+3^{n-2}+\cdots+3+1)$$
$$=2(3^{n-1}+3^{n-2}+\cdots+3+1)$$

であり，右辺の(　)内は n 個の奇数の和であるから，奇数である。したがって，

$$f(3^n-1)-f(n)=1-0=1$$

である。

⬅(　)内を b (奇数) とおくと，$3^n-1=2b$ より，$f(3^n-1)=1$

⬅n は奇数であるから，$f(n)=0$

(ii) n が偶数のとき，$n=2^pq$ (p は正の整数，q は奇数) とおける。

$3^{2^p}=r$ とおくと，r は奇数で，

$$3^n-1=3^{2^pq}-1=(3^{2^p})^q-1=r^q-1$$
$$=(r-1)(r^{q-1}+r^{q-2}+\cdots+r+1)$$

であり，右辺の右側の(　)内は q 個の奇数の和であるから，奇数である。したがって，

$$f(3^n-1)-f(n)=f(r-1)-f(2^pq)$$
$$=f(3^{2^p}-1)-p \quad \cdots\cdots④$$

である。

⬅右側の(　)内を c (奇数) とおくと，$3^n-1=(r-1)c$ であるから，(1)より
$f(3^n-1)=f((r-1)c)$
$=f(r-1)+f(c)$
$=f(r-1)$

ここで，$a_p=f(3^{2^p}-1)$ とおくと，

$$a_{p+1}=f(3^{2^{p+1}}-1)=f((3^{2^p}-1)(3^{2^p}+1))$$
$$=f(3^{2^p}-1)+f(3^{2^p}+1)$$
$$=a_p+1$$

となる。$\{a_p\}$ は公差 1 の等差数列であり，

⬅$3^{2^{p+1}}-1=(3^{2^p})^2-1$

⬅③より，$f(3^{2^p}+1)=1$

⬅$a_{p+1}-a_p=1$

$$a_1=f(3^2-1)=f(2^3)=3$$

より，

$$a_p=a_1+1\cdot(p-1)=p+2$$

である。④に戻ると

$$f(3^n-1)-f(n)=a_p-p=2$$

である。

(i)，(ii)より

$$\boldsymbol{f(3^n-1)-f(n)=\begin{cases}1 & (n\text{が奇数のとき})\\ 2 & (n\text{が偶数のとき})\end{cases}}$$

である。

参考

(2)では，二項定理を利用することもできる。以下では，$n \geqq 2$ とする。

nが偶数のとき

$$3^n+1=(4-1)^n+1=\sum_{k=0}^{n}{}_n\mathrm{C}_k4^{n-k}(-1)^k+1$$

$$=\underbrace{4^n-{}_n\mathrm{C}_1\cdot4^{n-1}+\cdots+{}_n\mathrm{C}_{n-1}\cdot4\cdot(-1)^{n-1}}_{(4\text{の倍数})}+(-1)^n+1$$

$$=4M+1+1=2(2M+1)\quad(M\text{は整数})$$

nが奇数のとき

$$3^n+1=(4-1)^n+1=\sum_{k=0}^{n}{}_n\mathrm{C}_k4^{n-k}(-1)^k+1$$

$$=\underbrace{4^n-{}_n\mathrm{C}_1\cdot4^{n-1}+\cdots+{}_n\mathrm{C}_{n-2}\cdot4^2(-1)^{n-2}}_{(4^2\text{の倍数})}+{}_n\mathrm{C}_{n-1}\cdot4\cdot(-1)^{n-1}+(-1)^n+1$$

$$=4^2N+n\cdot4\cdot1-1+1=2^2(4N+n)\quad(N\text{は整数})$$

となり，n は奇数であるから，$4N+n$ は奇数である。

類題 20 →解答 p.378

数列 $\{a_n\}$ が

$$\begin{cases}(a_1+a_2+\cdots+a_n)^2=a_1{}^3+a_2{}^3+\cdots+a_n{}^3 & (n=1,\ 2,\ 3,\ \cdots)\\ a_{3m-2}>0,\ a_{3m-1}>0,\ a_{3m}<0 & (m=1,\ 2,\ 3,\ \cdots)\end{cases}$$

を満たすとき，次の問いに答えよ。

(1) a_1，a_2，…，a_6 を求めよ。

(2) a_{3m-2}，a_{3m-1}，a_{3m} $(m=1,\ 2,\ 3,\ \cdots)$ を m の式で表せ。　(横浜国大)

701 ある条件を満たす4桁の整数の個数

次の条件を満たす正の整数全体の集合をSとおく。

「各桁の数字は互いに異なり，どの2つの桁の数字の和も9にならない。」

ただし，Sの要素は10進法で表す。また，1桁の正の整数はSに含まれるとする。

(1) Sの要素でちょうど4桁のものは何個あるか。

(2) 小さい方から数えて2000番目のSの要素を求めよ。（東京大）

精講 (1)「どの2つの桁の数字の和も9にならない」ということは，たとえば，千の位の数が2のとき，百以下の位の数に7は現れないということです。さらに，「各桁の数字が互いに異なる」条件のもとで千の位から順に何通りずつあるかを調べます。

(2) Sの要素で1桁，2桁，3桁のものの個数を数えると，2000番目の要素は4桁であることがわかりますから，4桁の小さい方から何番目となるかを調べます。

解答 (1) 0から9までの異なる2数で，それらの和が9となるのは，

$\{0,\ 9\},\ \{1,\ 8\},\ \{2,\ 7\},\ \{3,\ 6\},\ \{4,\ 5\}$ ……①

であり，Sに属する数の桁の数字としては，①の同じ集合に属する2数が現れることはない。

したがって，Sの要素で4桁のものを$abcd$と表すことにし，①において，a，b，c，dと同じ集合に入っている数をそれぞれa'，b'，c'，d'とするとき，

⇐たとえば，$a=2$ のとき，$a'=7$ $b=3$ のとき，$b'=6$ などである。

aの決め方は0以外の9通り，
bの決め方はa，a'以外の8通り，
cの決め方はa，a'，b，b'以外の6通り，
dの決め方はa，a'，b，b'，c，c'以外の4通り

あるので，全部で

$9\times8\times6\times4=$**1728**(個)

である。

(2) (1)と同様に考えると，Sの要素で

3 桁のものは　$9 \cdot 8 \cdot 6 = 432$ (個)

2 桁のものは　$9 \cdot 8 = 72$ (個)

1 桁のものは　9 (個)

ある。これより，小さい方から数えて 2000 番目の Sの要素Nは，4 桁のものの小さい方から

$2000 - (432 + 72 + 9) = 1487$ (番目)

の要素である。

(1)で調べたことから，$a = 1$ であるものは，

$8 \cdot 6 \cdot 4 = 192$ (個)

あり，$a = 2, 3, \cdots, 9$ であるものも同様である。

ここで，

$1487 = 192 \cdot 7 + 143$

より，Nは $a = 8$ であるものの中で小さい方から 143 番目のものである。

⬅ $a = 1, 2, \cdots, 7$ であるものの合計は $192 \cdot 7 = 1344$ 個である。

次に，$a = 8$，$b = 0$ であるものは

$6 \cdot 4 = 24$ (個)

あり，$b = 2, 3, \cdots, 9$ であるものも同様である。

⬅ $a = 8$ のとき，$b \neq a' = 1$ に注意する。

ここで，

$143 = 24 \cdot 5 + 23$

より，Nは $a = 8$，$b = 6$ であるものの中で小さい方から 23 番目，逆に大きい方から 2 番目であるが，c，dとして使える数字は 0，2，4，5，7，9 であるから $c = 9$，$d = 5$ である。結局，

⬅ $a = 8$ で $b = 0, 2, 3, 4, 5$ であるものがそれぞれ 24 個ある。

$N = \mathbf{8695}$

である。

⬅ $a = 8$，$b = 6$ である最も大きい数は 8697 となる。

第7章

類題 21　→ 解答 p.380

1000 から 9999 までの 4 桁の自然数について，次の問いに答えよ。

(1) 1 が使われているものはいくつあるか。

(2) 1，2 の両方が使われているものはいくつあるか。

(3) 1，2，3 のすべてが使われているものはいくつあるか。

702 行も列も4数の順列である4×4のマス目

縦4個，横4個のマス目のそれぞれに1，2，3，4の数字を入れていく。このマス目の横の並びを行といい，縦の並びを列という。どの行にも，どの列にも同じ数字が1回しか現れない入れ方は何通りあるか求めよ。右図はこのような入れ方の1例である。 （京都大）

1	2	3	4
3	4	1	2
4	1	2	3
2	3	4	1

精講 左端が1である行が，たとえば，(1，2，3，4)であるとき，左端が2である行(2，x，y，z)については，$x \neq 2$，$y \neq 3$，$z \neq 4$ …(☆) より，$x=1$，3，または4であり，xが決まると，(☆) よりy，zは1通りに決まるので，左端が2である行は3通りです。左端が3，4である行も同様です。さらに，どの列にも同じ数字が1回しか現れない条件から絞り込みます。

解答 左端が1，2，3，4である行をそれぞれ，R_1，R_2，R_3，R_4とする。

$R_1=(1,\ a,\ b,\ c)$ において，$(a,\ b,\ c)$は2，3，4の順列であるから，R_1としては3! 通りある。次に，たとえば，$R_1=(1,\ 2,\ 3,\ 4)$ のとき，“どの列にも同じ数字は1回しか現われない”…(＊) ことから，R_2，R_3，R_4としては以下の3通りずつが考えられる。

R_2 (2，1，4，3)，(2，4，1，3)，(2，3，4，1)
R_3 (3，1，4，2)，(3，4，1，2)，(3，4，2，1)
R_4 (4，1，2，3)，(4，3，1，2)，(4，3，2，1)

⇐ R_2において，左から2番目の数が1，3，4のいずれかに決まると，左から3番目，4番目の数は1通りに決まる。
R_3，R_4についても同様。

さらに，$R_1=(1,\ 2,\ 3,\ 4)$ のとき，上に示したR_2に対して，(＊)を満たすようにR_3，R_4を決めると，R_2，R_3，R_4の組としては以下の4通りに限られる。

$$\begin{cases}(2,\ 1,\ 4,\ 3)\\(3,\ 4,\ 1,\ 2)\\(4,\ 3,\ 2,\ 1)\end{cases}\qquad\begin{cases}(2,\ 1,\ 4,\ 3)\\(3,\ 4,\ 2,\ 1)\\(4,\ 3,\ 1,\ 2)\end{cases}$$

$$\begin{cases}(2,\ 4,\ 1,\ 3)\\(3,\ 1,\ 4,\ 2)\\(4,\ 3,\ 2,\ 1)\end{cases}\qquad\begin{cases}(2,\ 3,\ 4,\ 1)\\(3,\ 4,\ 1,\ 2)\\(4,\ 1,\ 2,\ 3)\end{cases}$$

⇐ $R_1=(1,\ 2,\ 3,\ 4)$
$R_2=(2,\ 1,\ 4,\ 3)$ のとき，
R_3，R_4の左側2数は3，4，右側2数は1，2に限る。

同様に，$R_1=(1,\ 2,\ 3,\ 4)$ 以外の $R_1=(1,\ a,\ b,\ c)$ のときにも，対応する R_2，R_3，R_4 の組としては 4 通りずつある。

(＊) を満たす行 R_1，R_2，R_3，R_4 が決まったあと，4 つの行を上下に並べる場合の数は 4! 通りある。

以上より，条件を満たす数字の入れ方は $3!\cdot4\cdot4!=$**576**(通り) である。

参考

解答 では，$R_1=(1,\ 2,\ 3,\ 4)$ のとき，R_2，R_3，R_4 の順列 $(a_1,\ a_2,\ a_3,\ a_4)$ として，$a_1\neq1$，$a_2\neq2$，$a_3\neq3$，$a_4\neq4$ を満たすものを考えたが，一般に n 個の正の整数 $\{1,\ 2,\ \cdots,\ n\}$ の順列 $(a_1,\ a_2,\ \cdots,\ a_n)$ の中で，

$$a_1\neq1,\ a_2\neq2,\ \cdots,\ a_n\neq n$$

を満たすものを完全順列という。

n 個の整数 $\{1,\ 2,\ \cdots,\ n\}$ の完全順列の個数 w_n について考えてみよう。

$\{1\}$ の完全順列はないので $w_1=0$，$\{1,\ 2\}$ の完全順列は $(2,\ 1)$ だけなので $w_2=1$，$\{1,\ 2,\ 3\}$ の完全順列は $(2,\ 3,\ 1)$，$(3,\ 1,\ 2)$ に限るので $w_3=2$ であり，$\{1,\ 2,\ 3,\ 4\}$ の完全順列は 解答 前半で示した R_2，R_3，R_4 だけであるから，$w_4=3\times3=9$ である。また，数列 $\{w_n\}$ については，漸化式

$$w_{n+2}=(n+1)(w_{n+1}+w_n) \qquad \cdots\cdots(\Diamond)$$

が成り立つ。(◇) は次のように説明できる。

$\{1,\ 2,\ \cdots,\ n+1,\ n+2\}$ の完全順列 $(a_1,\ a_2,\ \cdots,\ a_{n+1},\ a_{n+2})$ において，$a_j=n+2$ となる j については，$j=1,\ 2,\ \cdots,\ n+1$ の $(n+1)$ 通りある。

(i) $a_{n+2}=j$ のとき，$(a_1,\ a_2,\ \cdots,\ a_{n+1},\ a_{n+2})$ から $a_j(=n+2)$，$a_{n+2}(=j)$ を除いて得られる順列は $\{1,\ 2,\ \cdots,\ n+1,\ n+2\}$ から j と $n+2$ を除いた n 個の数の完全順列であるから，w_n 通りある。

(ii) $a_{n+2}=k$ $(k\neq j,\ n+2)$ のとき，$(a_1,\ a_2,\ \cdots,\ a_{n+1})$ において，$a_j=n+2$ を $a_j=k$ に置き換えて得られる順列は $\{1,\ 2,\ \cdots,\ n+1\}$ の完全順列であるから，w_{n+1} 通りある。

また，(i)，(ii)で得られる n 個，$(n+1)$ 個の完全順列において，(i)，(ii)の逆の操作を行うと，$(n+2)$ 個の完全順列が得られるので，(◇) が成り立つ。

(◇) において，$n=3,\ 4,\ \cdots$ とおくと，

$$w_5=4(w_4+w_3)=4(9+2)=44,\ w_6=5(w_5+w_4)=5(44+9)=265$$

などが得られる。

第7章

703 最短経路に関する場合の数

図1と図2は碁盤の目状の道路とし，すべて等間隔であるとする。

(1) 図1において，点Aから点Bに行く最短経路は全部で何通りあるか求めよ。

(2) 図1において，点Aから点Bに行く最短経路で，点Cと点Dのどちらも通らないものは全部で何通りあるか求めよ。

(3) 図2において，点Aから点Bに行く最短経路は全部で何通りあるか求めよ。ただし，斜線の部分は通れないものとする。　　　　（九州大）

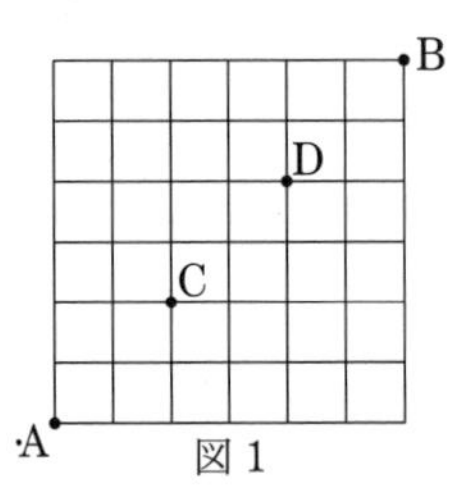

図1

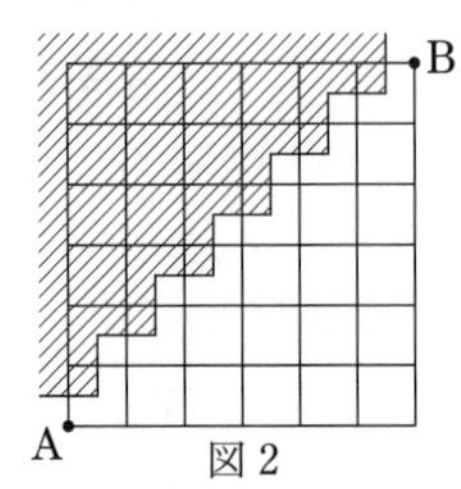

図2

精講　(1) 方向は2種類で，それぞれ6回ずつ進むことになります。あとはその順序だけです。

(2) 除かれるのは「点C，点Dの少なくとも一方を通る最短経路」です。

(3) ここでは面倒なことを考えずに，斜線部分を通らずに点Aから達することができるすべての頂点までの最短経路の本数を順に数えていくのが，結果としては一番早いことになります。

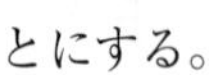

(1) 右方向，上方向にそれぞれ1区画ずつ進むことをそれぞれX，Yと表すことにする。

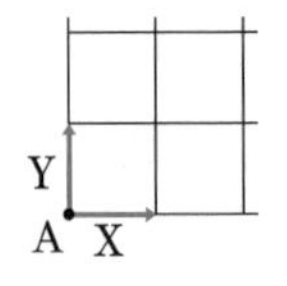

AからBに行く最短経路では，X，Yをそれぞれ6回ずつ行うことになるので，

$$ {}_{12}C_6=\frac{12\cdot 11\cdot 10\cdot 9\cdot 8\cdot 7}{6\cdot 5\cdot 4\cdot 3\cdot 2\cdot 1}=\mathbf{924}\ (\text{通り}) $$

ある。

⬅12回のうち，Xがどこに入るかを考えた。

(2) まず，Cを通るものは(1)と同様にA→C，C→Bと考えると

⬅A→CはX2回，Y2回で，C→BはX4回，Y4回である。

$$ {}_4C_2\cdot {}_8C_4=\frac{4\cdot 3}{2\cdot 1}\cdot\frac{8\cdot 7\cdot 6\cdot 5}{4\cdot 3\cdot 2\cdot 1}=420\ (\text{通り}) $$

あり，Dを通るものも同様である。また，C，Dの両方を通るものはA→C，C→D，D→Bと考えると

$${}_4C_2 \cdot {}_4C_2 \cdot {}_4C_2 = 6^3 = 216$$ (通り)

あるから，CまたはDの少なくとも一方を通る最短経路は

$$2 \cdot 420 - 216 = 624$$ (通り)

である。したがって，C，Dのどちらも通らないものは

$$924 - 624 = \mathbf{300}$$ (**通り**)

である。

⬅C，Dの両方を通るものはCを通るもの，Dを通るものとして二重に数えられている。

(3)　斜線の部分を通らずにAから各点に達する最短経路の本数は右図の通りである。たとえば，Hへの最短経路はFまたはGを通るから，5+9=14 通りあることになる。

この結果，求める最短経路は **132 通り** である。

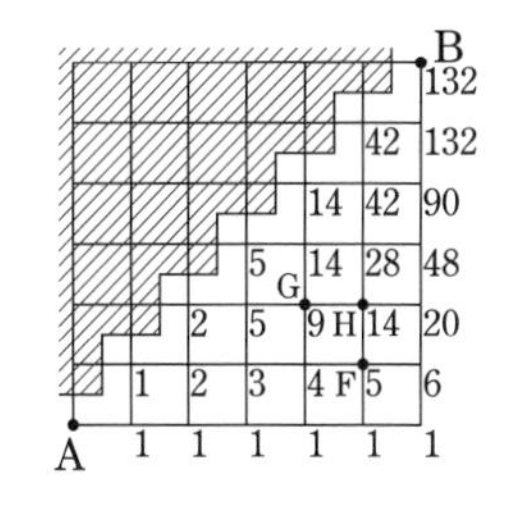

参考

(3)はよく知られた問題を一辺の長さ 6 の正方形の形に直したものである。コツコツと数え上げても大した手間ではないが，より一般化された場合にも通用する考え方を紹介しておく。

まず，右図のように，直線 l に関して A, I と対称な点 A′, I′ をとり，5 つの小正方形を加えておく。このとき，斜線部分を通る最短経路は必ず l 上の点を通るから，Aから出発して最初に達する l 上の点をPとし，A→Pの経路(たとえば，青線部分)だけを l に関して折り返すと，A′ からBまでの最短経路が得られる。逆に，A′ からBまでの最短経路は必ず l 上の点を通るから，A′ から最初の l 上の点までの経路を l に関して折り返すと斜線部分を通るAからBまでの最短経路となる。この結果，斜線部分を通るものの個数はA′ からBまでの最短経路の個数 ${}_{12}C_5 = 792$ に等しい。

よって，求める最短経路は $924 - 792 = 132$ (通り) である。

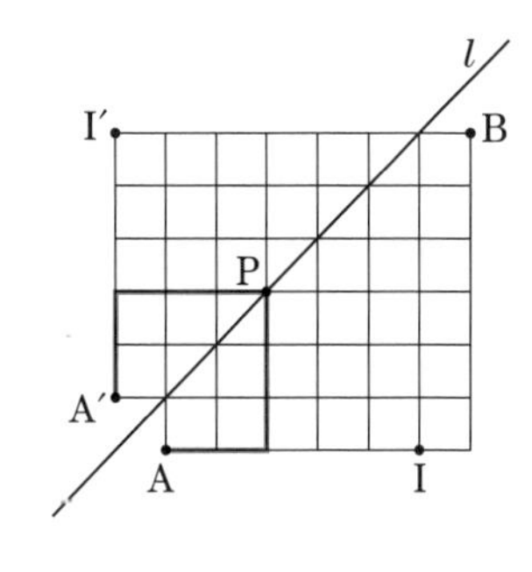

第7章

704 異なるn個のものを3つの箱に入れる場合の数

nを正の整数とし，1からnまで異なる番号のついたn個のボールを3つの箱に分けて入れる問題を考える。ただし，1個のボールも入らない箱があってもよいものとする。次の場合について，それぞれ相異なる入れ方の総数を求めたい。

(1) A，B，Cと区別された3つの箱に入れる場合，その入れ方は全部で何通りあるか。

(2) 区別のつかない3つの箱に入れる場合，その入れ方は全部で何通りあるか。

(東京大*)

精講 (2)では，順列の個数から組合せの個数を導くときの考え方が役に立ちます。つまり，異なるn個のものからr個取り出して1列に並べる順列の総数は${}_nP_r$ですが，それをまずn個からr個取り出して，そのあとで1列に並べると考えると順列の総数は${}_nC_r \cdot r!$となります。これから，

$${}_nP_r = {}_nC_r \cdot r! \qquad \therefore \quad {}_nC_r = \frac{{}_nP_r}{r!}$$

が導かれます。同様に，まずn個のボールを区別のつかない3つの箱に分けたあと，それらの箱にA，B，Cと名前を付けたと考えると(1)の入れ方が得られることを利用するのです。ただし，ボールの分かれ方によって，A，B，Cの名前の付け方の場合の数が変わることに注意が必要です。

解答 (1) 1個のボールについて，A，B，Cのいずれに入れるかで3通りずつあるから，全体として$\mathbf{3^n}$**通り**ある。

(2) 区別のつかない3つの箱にボールを入れたあとで，これらの箱にA，B，Cの名前を付けると，(1)の入れ方となるので，この対応関係を利用して求める場合の数M通りと(1)の場合の数3^n通りの関係を調べる。

(i) n個がすべて1つの箱に入るとき

(2)としては1通りであり，(1)としては，n個が入った箱の名前の付け方で3通りあるから，3通りある。

⬅空の2つの箱の名前は入れ換わっても関係ない。

(ii) n 個が 2 つ以上の箱に分かれて入るとき

(2)としては $(M-1)$ 通りあり，それぞれの場合，3 つの箱の中身は区別がつくので，名前の付け方は $3!$ 通りある。よって，(1)としては，$(M-1)\cdot 3!$ 通りある。

⬅(2)の場合の数は全部で M 通りで，そこから(i)の 1 通りを除いた場合である。

⬅空の箱があっても，他の 2 つの箱とは区別がつくことに注意する。

(i)，(ii)の場合を合わせると，(1)のすべての分け方が得られるので，

$$3+(M-1)\cdot 3!=3^n$$

が成り立つ。これより，求める場合の数は

$$M=\frac{3^n+3}{3!}=\mathbf{\frac{3^{n-1}+1}{2}}\ (\text{通り})$$

である。

参考

(2)は次のように処理することもできる。

別解

求める場合の数を a_n 通りとおく。

このとき，a_{n+1} を a_n を用いて表すことを考える。そのために，①から ⓝ までのボールを 3 つの箱に分けたあとで，$\boxed{n+1}$ のボールを入れるとする。

(I) ①から ⓝ までが 1 つの箱に入っている場合には，$\boxed{n+1}$ をその箱に入れるか，空の箱に入れるかの 2 通りである。

(II) (I)以外の (a_n-1) 通りの場合には，3 つの箱は区別できるから，$\boxed{n+1}$ の入れ方は 3 通りずつあるので，全部で $3(a_n-1)$ 通りである。

以上より

$$a_{n+1}=2+3(a_n-1)=3a_n-1 \qquad \therefore\ a_{n+1}-\frac{1}{2}=3\left(a_n-\frac{1}{2}\right)$$

が成り立つ。$a_1=1$ であるから，

$$a_n-\frac{1}{2}=3^{n-1}\left(a_1-\frac{1}{2}\right)=\frac{1}{2}\cdot 3^{n-1}$$

$$\therefore\ a_n=\frac{1}{2}(3^{n-1}+1)$$

である。

705 区別のつかないn個のものを3つの箱に入れる場合の数

nを正の整数とし，互いに区別のつかないn個のボールを3つの箱に分けて入れる問題を考える。ただし，1個のボールも入らない箱があってもよいものとする。次の場合について，それぞれ相異なる入れ方の総数を求めたい。

(1) A，B，Cと区別された3つの箱に入れる場合，その入れ方は全部で何通りあるか。

☆ (2) nが6の倍数$6m$であるとき，区別のつかない3つの箱に入れる場合，その入れ方は全部で何通りあるか。 (東京大*)

精講 (1) 入れ方の総数は3つの文字A，B，Cから重複を許してn個取り出す場合の数に等しいので，いわゆる，重複組合せについて復習しておきましょう。

(異なるn種のものから重複を許してr個取り出す組合せの総数H)
＝(n種それぞれからx_1，x_2，…，x_n個取り出すとすると，

$x_1+x_2+\cdots+x_n=r$，$x_1\geqq 0$，$x_2\geqq 0$，…，$x_n\geqq 0$ ……(＊)

を満たす整数の組$(x_1, x_2, \cdots, x_n)$の個数)
＝(r個の○と$(n-1)$本の仕切り｜の順列の総数)
$={}_{n+r-1}\mathrm{C}_r={}_{n+r-1}\mathrm{C}_{n-1}$

(＊)を満たす整数の組$(x_1, x_2, \cdots, x_n)$は，r個の○と$(n-1)$本の仕切り｜の順列と次のように対応させることができます。

1本目　$(k-1)$本目　k本目　$(n-1)$本目
○……○｜…………｜○……○｜…………｜○……○
x_1個　x_k個　x_n個

このような順列は，○と｜を合わせた$(n+r-1)$個の場所から○の入るrか所(または，｜の入る$(n-1)$か所)を選ぶと決まりますから，
${}_{n+r-1}\mathrm{C}_r$ $(={}_{n+r-1}\mathrm{C}_{n-1})$通りあります。したがって，

$$H={}_{n+r-1}\mathrm{C}_r={}_{n+r-1}\mathrm{C}_{n-1}$$

が成り立ちます。

(2) n個のボールを区別のつかない3つの箱に分けたあと，それらの箱にA，B，Cと名前を付けたと考えると(1)の入れ方が得られます。ただし，$6m$個のボールの分け方によって，名前の付け方の場合の数が変わります。

(1)　A，B，Cの箱に入れるボールの個数を順に a，b，c とすると，

$$a+b+c=n,\ a\geqq 0,\ b\geqq 0,\ c\geqq 0 \quad \cdots\cdots①$$

← 参考 1° 参照。

となるから，求める場合の数は①を満たす整数の組 $(a,\ b,\ c)$ の個数に等しい。

このような組 $(a,\ b,\ c)$ は n 個の○と 2 本の仕切り | の順列と対応しているので，求める場合の数はこのような順列の個数，つまり，$(n+2)$ か所から | の入る 2 か所の選び方の総数に等しいから，

← 精講 参照。

$${}_{n+2}\mathrm{C}_2=\boldsymbol{\frac{1}{2}(n+2)(n+1)}\ \textbf{(通り)}$$

である。

(2)　区別のつかない 3 つの箱にボールを入れたあとで，これらの箱に A，B，C の名前を付けると，(1)の入れ方になるので，この対応関係を利用して求める場合の数 N 通りと(1)の場合の数の関係を調べる。

← **704** (2)と同様に考える。

$n=6m$ として，3 つの箱に入るボールの個数が，

(i)　すべて等しい

(ii)　2 つだけが等しい

(iii)　いずれも異なる

場合に分けて調べる。

(i)　すべての箱に $2m$ 個ずつ入っているので，(1)の入れ方としても 1 通りである。

← 名前の付け方は 1 通りで，A，B，C の箱すべてに $2m$ 個ずつ入っている。

(ii)　3 つの箱のボールの個数については，

$$(0,\ 0,\ 6m),\ (1,\ 1,\ 6m-2),\ \cdots,\ (3m,\ 3m,\ 0)$$

の $(3m+1)$ 通りから，(i)の $(2m,\ 2m,\ 2m)$ を除いた $3m$ 通りある。(1)の入れ方としては，名前の付け方でそれぞれにつき 3 通りずつあるので，全体としては $3m\cdot 3=9m$（通り）である。

← 異なる個数のボールが入る箱の名前だけを決めるとよい。

(iii)　(i)，(ii)以外の $\{N-(1+3m)\}$ 通りの分け方では，3 つの箱のボールの個数が異なり，(1)の入れ方としては，それぞれにつき $3!$ 通りあるので，全体としては $\{N-(1+3m)\}\cdot 3!$ 通りある。

第7章

(ⅰ)～(ⅲ)より，(1)の入れ方をNを用いて表すと，

$$1+9m+\{N-(1+3m)\}\cdot 3!$$
$$=(6N-9m-5)\text{（通り）}$$

であり，これが(1)で求めた場合の数で，$n=6m$ とおいたものに等しいから

$$6N-9m-5$$
$$=\frac{1}{2}(6m+2)(6m+1)$$
$$\therefore\quad N=3m^2+3m+1=\boldsymbol{\frac{n^2}{12}+\frac{1}{2}n+1}\text{（通り）}$$

である。

参考

1° (1)において，①を満たす整数の組$(a,\ b,\ c)$の個数は次のように求めることもできる。

$c=k$ $(k=0,\ 1,\ 2,\ \cdots,\ n)$ のとき，①は

$$a+b=n-k,\ a\geqq 0,\ b\geqq 0 \qquad \cdots\cdots②$$

となるが，②を満たす整数の組$(a,\ b)$は

$$(0,\ n-k),\ (1,\ n-k-1),\ \cdots,\ (n-k,\ 0)$$

の$(n-k+1)$通りある。したがって，求める組$(a,\ b,\ c)$の個数は

$$\sum_{k=0}^{n}(n-k+1)=\frac{1}{2}(n+1)(n+2)$$

である。

しかし，①のような方程式で未知数の個数が多い，たとえば，4個$(a,\ b,\ c,\ d)$などの場合には，同様の計算を何度も繰り返すことが必要となる。

2° (2)では，$6m$を3個の0以上の整数の和に分ける場合の数に等しいから，次のような解法も考えられる。

別解

3つの箱のボールの個数を多い順に$x,\ y,\ z$個とおくと，

$$x+y+z=6m,\ x\geqq y\geqq z\geqq 0 \qquad \cdots\cdots③$$

となるので，③を満たす整数の組$(x,\ y,\ z)$の個数が求める場合の数である。

z の取り得る値の範囲は

$$6m=x+y+z \geqq z+z+z=3z$$

より

$$0 \leqq z \leqq 2m$$

である。

(i) $z=2k$ $(k=0,\ 1,\ 2,\ \cdots,\ m)$ のとき

$$x=x'+2k,\ y=y'+2k$$

とおくと，③は

$$x'+y'=6m-6k,\ x' \geqq y' \geqq 0 \quad \cdots\cdots ④$$

となる。④を満たす整数の組 $(x',\ y')$ では，

$$y'=0,\ 1,\ \cdots,\ 3m-3k$$

であるから，$(3m-3k+1)$ 通りある。

(ii) $z=2k-1$ $(k=1,\ 2,\ \cdots,\ m)$ のとき

$$x=x'+2k-1,\ y=y'+2k-1$$

とおくと，③は

$$x'+y'=6m-6k+3,\ x' \geqq y' \geqq 0 \quad \cdots\cdots ⑤$$

となる。⑤を満たす整数の組 $(x',\ y')$ では，

$$y'=0,\ 1,\ \cdots,\ 3m-3k+1$$

であるから，$(3m-3k+2)$ 通りある。

したがって，(i)，(ii)より，③を満たす整数の組 $(x,\ y,\ z)$ の個数は

$$\sum_{k=0}^{m}(3m-3k+1)+\sum_{k=1}^{m}(3m-3k+2)$$

$$=\frac{1}{2}(m+1)(3m+2)+\frac{1}{2}m(3m+1)$$

$$=3m^2+3m+1$$

である。

⬅ ④，⑤からわかるように，z の偶奇による場合分けが必要となる。

⬅ 対応する x' は $x'=6m-6k,\ 6m-6k-1,\ \cdots,\ 3m-3k$ である。

⬅ 対応する x' は $x'=6m-6k+3,\ 6m-6k+2,\ \cdots,\ 3m-3k+2$

⬅ いずれも等差数列の和とみなすことができる。

第7章

類題 22 → 解答 p.380

(1) m を 0 以上の整数とするとき，$x+2y \leqq m$ を満たす 0 以上の整数の組 $(x,\ y)$ の個数を求めよ。

☆(2) n を 0 以上の整数とするとき，$\dfrac{x}{6}+\dfrac{y}{3}+\dfrac{z}{2} \leqq n$ を満たす 0 以上の整数の組 $(x,\ y,\ z)$ の個数を求めよ。

706 定義にもとづいた確率

n は 2 以上の整数とする。座標平面上の，x 座標，y 座標がともに 0 から $n-1$ までの整数であるような n^2 個の点のうちから，異なる 2 個の点 $(x_1,\ y_1)$，$(x_2,\ y_2)$ を無作為に選ぶ。

(1) $x_1 \neq x_2$ かつ $y_1 \neq y_2$ である確率を求めよ。

(2) $x_1+y_1=x_2+y_2$ である確率を求めよ。 (一橋大)

精講 n^2 個の点のうちから異なる 2 点を選ぶ場合の数 ${}_{n^2}\mathrm{C}_2$ で，(1)，(2) それぞれを満たす場合の数を割るだけです。

(2)では 2 点 $(x_1,\ y_1)$，$(x_2,\ y_2)$ はともに直線 $x+y=k$ (k は整数) 上にあると考えます。k の取り得る値の範囲と k のそれぞれの値に対応する直線上の 2 点の選び方を数え上げます。

解答 (1) 異なる 2 点 $(x_1,\ y_1)$，$(x_2,\ y_2)$ の選び方は ${}_{n^2}\mathrm{C}_2$ 通りあり，すべて同様に確からしい。このうち，

$$x_1 \neq x_2 \text{ かつ } y_1 \neq y_2 \quad \cdots\cdots ①$$

を満たす 2 点の x 座標 x_1，x_2 に現れる異なる 2 数 a，b $(a<b)$ は n 個の数 0，1，…，$n-1$ の 2 数であるから，${}_n\mathrm{C}_2$ 通りあって，同様に y 座標 y_1，y_2 に現れる 2 数 c，d $(c<d)$ についても ${}_n\mathrm{C}_2$ 通りある。

a，b，c，d が決まったあと，①を満たす 2 点としては $(a,\ c)$ と $(b,\ d)$，$(a,\ d)$ と $(b,\ c)$ の 2 通りがあるので，結局，①を満たす 2 点の選び方は $({}_n\mathrm{C}_2)^2\cdot 2$ 通りある。したがって，求める確率は

← 下図の黒 2 点または青 2 点である。

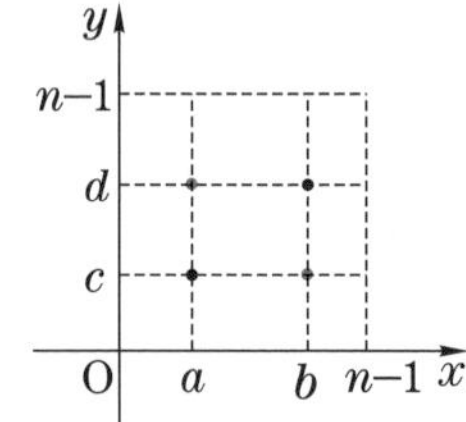

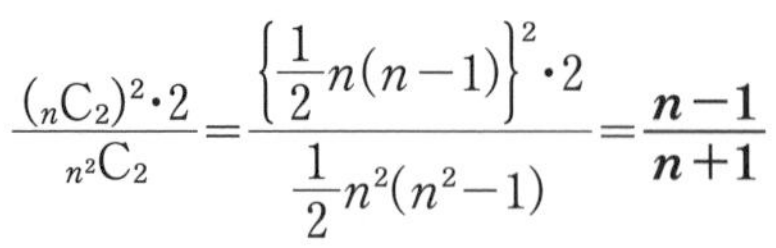

$$\frac{({}_n\mathrm{C}_2)^2\cdot 2}{{}_{n^2}\mathrm{C}_2}=\frac{\left\{\dfrac{1}{2}n(n-1)\right\}^2\cdot 2}{\dfrac{1}{2}n^2(n^2-1)}=\boldsymbol{\frac{n-1}{n+1}}$$

である。

(2) 異なる 2 点 $(x_1,\ y_1)$，$(x_2,\ y_2)$ が

$$x_1+y_1=x_2+y_2 \quad \cdots\cdots ②$$

を満たすのは，2 点がともに直線

$$x+y=k \quad \cdots\cdots ③$$

$(k=1,\ 2,\ \cdots,\ 2n-3)$ 上にあるときである。

直線③上の格子点 $(x,\ y)$ で

$0 \leqq x \leqq n-1$ かつ $0 \leqq y \leqq n-1$

を満たすものの個数は，右図より，

$k=1,\ 2,\ \cdots,\ n-2,\ n-1,\ n,\ \cdots,\ 2n-4,\ 2n-3$

のとき，それぞれ

$2,\ 3,\ \cdots,\ n-1,\ n,\ n-1,\ \cdots,\ 3,\ 2$

個であるので，②を満たす 2 点の選び方はそれぞれ

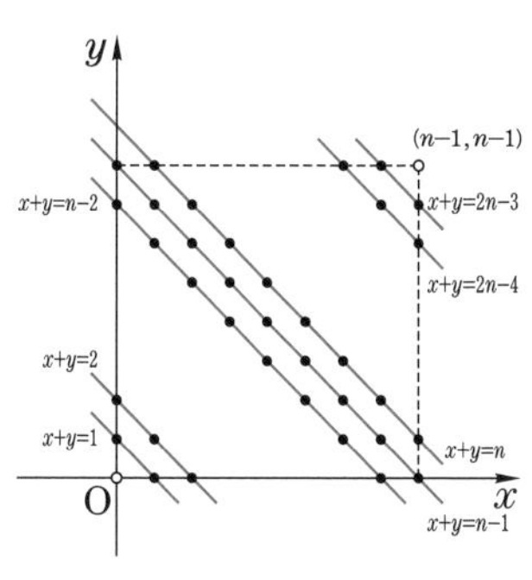

${}_2C_2,\ {}_3C_2,\ \cdots,\ {}_{n-1}C_2,\ {}_nC_2,\ {}_{n-1}C_2,\ \cdots,\ {}_3C_2,\ {}_2C_2$

通りずつあり，その総数は

$$2({}_2C_2+{}_3C_2+\cdots+{}_{n-1}C_2)+{}_nC_2$$
$$=2\sum_{j=1}^{n-2}{}_{j+1}C_2+{}_nC_2$$
$$=\sum_{j=1}^{n-2}(j+1)j+\frac{1}{2}n(n-1)$$
$$=\frac{1}{6}n(n-1)(2n-1)$$

← $2\sum_{j=1}^{n-2}{}_{j+1}C_2 = 2\sum_{j=1}^{n-2}\frac{1}{2}(j+1)j$

← $\sum_{j=1}^{n-2}(j+1)j = \frac{1}{3}n(n-1)(n-2)$

この式は $n=2$ のとき 0 となるので，④は $n=2$ でも成り立っている。

である。したがって，求める確率は

$$\frac{\frac{1}{6}n(n-1)(2n-1)}{\frac{1}{2}n^2(n^2-1)}=\boldsymbol{\frac{2n-1}{3n(n+1)}} \quad \cdots\cdots④$$

である。

参考

(1)では，2 点を順に選ぶと考えると次のようになる。

別解

まず $(x_1,\ y_1)$ を勝手に選んだと考えると，$(x_2,\ y_2)$ の選び方は (n^2-1) 通りである。このうち，①を満たすのは，右図の $2(n-1)$ 個の。点を除いた $n^2-1-2(n-1)=(n-1)^2$（通り）であるから，

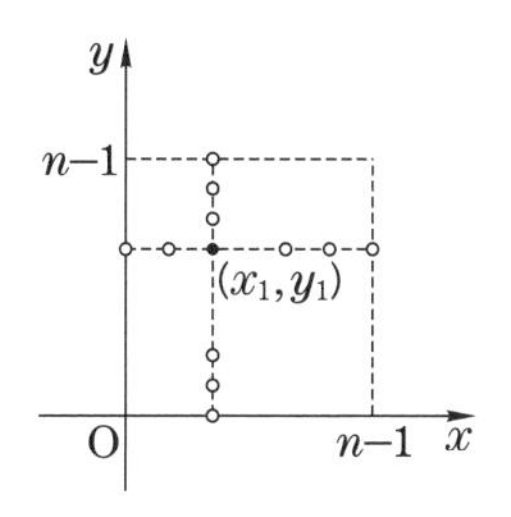

$$\frac{(n-1)^2}{n^2-1}=\frac{n-1}{n+1}$$

である。

第7章

707 和事象の確率 $P(A\cup B)=P(A)+P(B)-P(A\cap B)$

n を 3 以上の自然数とする。1 個のさいころを n 回投げるとき，次の確率を求めよ。

(I)(1) 出る目の最小値が 2 である確率 p

(2) 出る目の最小値が 2 かつ最大値が 5 である確率 q (滋賀大*)

(II)(1) 1 の目が少なくとも 1 回出て，かつ 2 の目も少なくとも 1 回出る確率 r

(2) 1 の目が少なくとも 2 回出て，かつ 2 の目が少なくとも 1 回出る確率 s

(一橋大*)

精講 (I) (1)「最小値が 2 である」のは,「出る目はすべて 2 以上であり，少なくとも 1 回は 2 である」，すなわち,「出る目はすべて 2 以上であるが，“すべてが 3 以上” ではない」ときです。(2)も同様に考えます。

(II) 「少なくとも…」の確率では，余事象を考えると簡単になることが多いです。

解答 n 回の目の出方は 6^n 通りであって，それらは同様に確からしい。

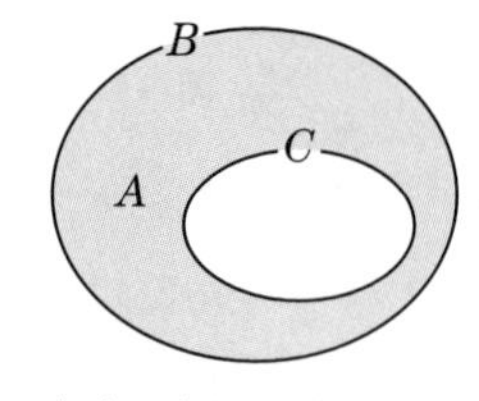

(I) (1) 事象 A「最小値が 2 である」は，B「すべての目が 2 以上」(5^n 通り) から C「すべての目が 3 以上」(4^n 通り) を除いた場合であるから，

$$p=P(A)=P(B)-P(C)$$
$$=\frac{5^n}{6^n}-\frac{4^n}{6^n}=\left(\frac{5}{6}\right)^n-\left(\frac{2}{3}\right)^n$$

である。

⬅ $P(A)$ は事象 A が起こる確率を表す。

⬅ $P(B)=\frac{5^n}{6^n}$，$P(C)=\frac{4^n}{6^n}$

(2) D「最小値が 2 かつ最大値が 5 である」のは，E「すべての目が 2 以上かつ 5 以下」(4^n 通り) から，F「すべての目が 3 以上かつ 5 以下」(3^n 通り) または G「すべての目が 2 以上かつ 4 以下」(3^n 通り) つまり，$F\cup G$ を除いた場合である。ここで，$F\cap G$「すべての目が 3 または 4」(2^n 通り) であるから，

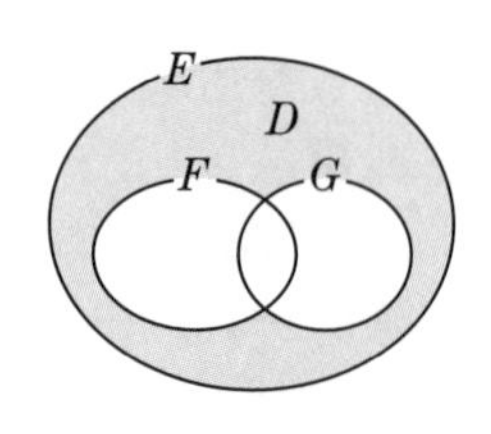

⬅ F のときは (最小値)$\geqq 3$，G のときは (最大値)$\leqq 4$ となる。

$$q=P(D)=P(E)-P(F\cup G)$$
$$=P(E)-\{P(F)+P(G)-P(F\cap G)\}$$
$$=\frac{4^n}{6^n}-\left(2\cdot\frac{3^n}{6^n}-\frac{2^n}{6^n}\right)$$
$$=\left(\frac{2}{3}\right)^n-2\cdot\left(\frac{1}{2}\right)^n+\left(\frac{1}{3}\right)^n$$

である。

⬅ $P(E)=\frac{4^n}{6^n}$, $P(F)=P(G)=\frac{3^n}{6^n}$, $P(F\cap G)=\frac{2^n}{6^n}$

(II) (1) H「1の目が少なくとも1回出て，かつ2の目も少なくとも1回出る」の余事象はI「1の目が出ない」(5^n 通り)またはJ「2の目が出ない」(5^n 通り)，つまり $I\cup J$ である。ここで，$I\cap J$「1の目も2の目も出ない」(4^n 通り)であるから，

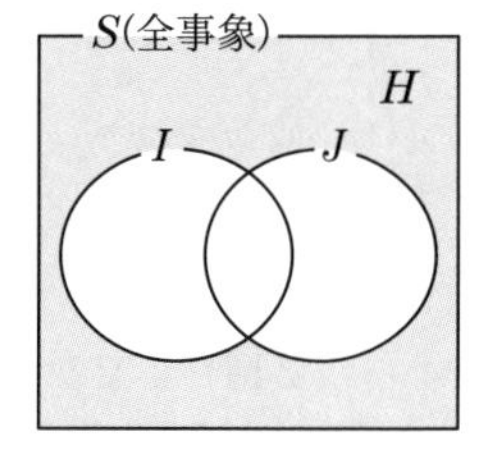

$$r=P(H)=1-P(I\cup J)$$
$$=1-\{P(I)+P(J)-P(I\cap J)\}$$
$$=1-\left(2\cdot\frac{5^n}{6^n}-\frac{4^n}{6^n}\right)$$
$$=1-2\cdot\left(\frac{5}{6}\right)^n+\left(\frac{2}{3}\right)^n$$

である。

⬅ $P(I)=P(J)=\frac{5^n}{6^n}$, $P(I\cap J)=\frac{4^n}{6^n}$

(2) K「1の目が少なくとも2回出て，かつ2の目が少なくとも1回出る」の余事象はIまたはL「1の目がちょうど1回出る」(${}_nC_1\cdot1\cdot5^{n-1}=n\cdot5^{n-1}$ 通り)またはJである。ここで，IとLは同時には起こらなくて，$J\cap L$「1の目がちょうど1回出るが，2の目は出ない」(${}_nC_1\cdot1\cdot4^{n-1}=n\cdot4^{n-1}$ 通り)であるから，

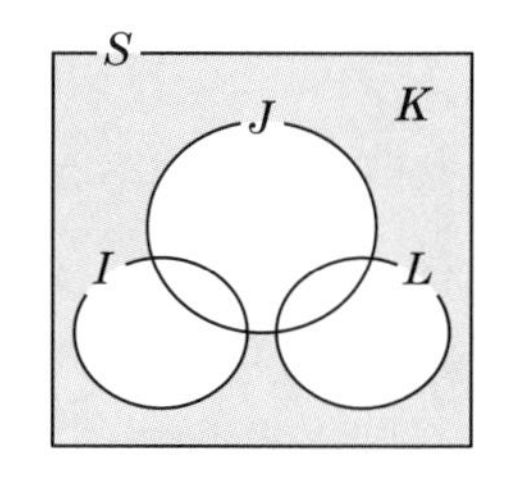

⬅ $J\cap L$ において1の目が出る回について，${}_nC_1$ 通り，他の回はいずれも1，2以外の4通りある。

$$s=P(K)$$
$$=1-P(I\cup J\cup L)$$
$$=1-\{P(I)+P(J)+P(L)-P(I\cap J)-P(J\cap L)\}$$
$$=r-P(L)+P(J\cap L)$$
$$=1-\left(2+\frac{n}{5}\right)\left(\frac{5}{6}\right)^n+\left(1+\frac{n}{4}\right)\left(\frac{2}{3}\right)^n$$

である。

⬅ $P(L)=\frac{n\cdot5^{n-1}}{6^n}$, $P(J\cap L)=\frac{n\cdot4^{n-1}}{6^n}$

第7章

708 2回のじゃんけんで勝者が決まる確率

最初，n 人 $(n \geqq 3)$ でじゃんけんをする。

勝者が1人だけのときには，そこで終了する。勝者が2人以上のときには勝者だけで，また，誰も勝たないときには全員で，2回目のじゃんけんをする。ただし，各人はじゃんけんでグー，チョキ，パーをどれも確率 $\dfrac{1}{3}$ で出すものとする。

(1) 最初のじゃんけんで k 人 $(1 \leqq k \leqq n-1)$ が勝つ確率を P_k とする。P_1，P_k $(2 \leqq k \leqq n-1)$ をそれぞれ求めよ。

(2) 最初のじゃんけんで誰も勝たない確率を求めよ。

☆ (3) 2回目までのじゃんけんで勝者が1人に決まる確率を求めよ。 （宮崎大*）

精講 (2) “誰も勝たない”のは“誰かが勝つ”の余事象です。“誰かが勝つ”とき，出される「手」(グー，チョキ，パー)の種類は？と考えます。

(3) 途中の計算では，**115** 精講 で学習した二項定理を利用します。

解答 n 人それぞれの「手」(グー，チョキ，パー)が決まれば，全体としてそのような「手」が出る確率は $\left(\dfrac{1}{3}\right)^n$ である。

(1) 1人の勝者について ${}_n\mathrm{C}_1$ 通りあり，勝者の「手」は3通りあり，その「手」が決まると残りの人の「手」は1通りであるから，

⬅勝者の「手」がグー，チョキ，パーのとき，対応する敗者の「手」はそれぞれチョキ，パー，グーである。

$$P_1 = {}_n\mathrm{C}_1 \cdot 3 \cdot \left(\frac{1}{3}\right)^n = \boldsymbol{\frac{n}{3^{n-1}}} \quad \cdots\cdots ①$$

である。

次に，k 人 $(2 \leqq k \leqq n-1)$ の勝者について ${}_n\mathrm{C}_k$ 通りあり，勝者の「手」は3通りあり，あとは(1)と同様であるから，

$$P_k = {}_n\mathrm{C}_k \cdot 3 \cdot \left(\frac{1}{3}\right)^n = \boldsymbol{\frac{n!}{k!(n-k)!} \cdot \frac{1}{3^{n-1}}}$$

である。

(2) “誰かが勝つ”のは，「手」がちょうど2種類のときである。2種類の「手」について ${}_3\mathrm{C}_2$ 通りあり，全員がその2種のいずれかの「手」である 2^n 通りから，全員が同じ「手」の2通りを除くので，${}_3\mathrm{C}_2(2^n-2)$ 通りである。“誰も勝たない”のは“誰かが勝つ”の余事象であるから，その確率 Q は

$$Q=1-{}_3\mathrm{C}_2\cdot(2^n-2)\cdot\left(\frac{1}{3}\right)^n=\mathbf{1-\frac{2^n-2}{3^{n-1}}}\quad\cdots\cdots②$$

である。

← これより，“誰かが勝つ”確率は ${}_3\mathrm{C}_2(2^n-2)\cdot\left(\frac{1}{3}\right)^n$ である。

(3) 勝者が1人に決まるのは，次の3つの場合である。

(i) 1回目で1人だけ勝つ

(ii) 1回目では誰も勝たないで，2回目に1人だけ勝つ

(iii) $2\leqq k\leqq n-1$ として，“1回目で k 人が勝ち，2回目で1人だけ勝つ” ……(＊)

(i)の確率は P_1，(ii)の確率は QP_1 である。

(iii)において，(＊)の確率 S_k は

$$S_k=P_k\cdot\frac{k}{3^{k-1}}=\frac{n!}{k!(n-k)!}\cdot\frac{1}{3^{n-1}}\cdot\frac{k}{3^{k-1}}$$

$$=\frac{n}{3^{n-1}}\cdot{}_{n-1}\mathrm{C}_{k-1}\left(\frac{1}{3}\right)^{k-1}$$

← 2回目に k 人でじゃんけんをして1人だけ勝つ確率は①から $\frac{k}{3^{k-1}}$ である。

← $\frac{n!}{k!(n-k)!}\cdot\frac{k}{3^{k-1}}=n\cdot\frac{(n-1)!}{(k-1)!(n-k)!}\cdot\frac{1}{3^{k-1}}$

であるから，(iii)の確率 S は，

$$S=\sum_{k=2}^{n-1}S_k=\frac{n}{3^{n-1}}\sum_{k=2}^{n-1}{}_{n-1}\mathrm{C}_{k-1}\left(\frac{1}{3}\right)^{k-1}$$

$$=\frac{n}{3^{n-1}}\sum_{j=1}^{n-2}{}_{n-1}\mathrm{C}_j\left(\frac{1}{3}\right)^j$$

$$=\frac{n}{3^{n-1}}\left\{\sum_{j=0}^{n-1}{}_{n-1}\mathrm{C}_j\left(\frac{1}{3}\right)^j-{}_{n-1}\mathrm{C}_0-{}_{n-1}\mathrm{C}_{n-1}\left(\frac{1}{3}\right)^{n-1}\right\}$$

$$=\frac{n}{3^{n-1}}\left\{\left(\frac{4}{3}\right)^{n-1}-1-\frac{1}{3^{n-1}}\right\}=\frac{n(4^{n-1}-3^{n-1}-1)}{9^{n-1}}$$

である。

← 和において，$k-1=j$ と置換する。

← 二項定理より $\sum_{j=0}^{n-1}{}_{n-1}\mathrm{C}_j\left(\frac{1}{3}\right)^j=\left(1+\frac{1}{3}\right)^{n-1}=\left(\frac{4}{3}\right)^{n-1}$

(i)，(ii)，(iii)より，求める確率は

$$P_1+QP_1+S=\boldsymbol{\frac{n(4^{n-1}+3^{n-1}-2^n+1)}{9^{n-1}}}$$

である。

← $P_1+QP_1=(1+Q)P_1=\left(2-\frac{2^n-2}{3^{n-1}}\right)\cdot\frac{n}{3^{n-1}}=\frac{n(2\cdot3^{n-1}-2^n+2)}{9^{n-1}}$

第7章

709 等比数列の和に帰着する確率

「1つのサイコロを振り，出た目が4以下ならばAに1点を与え，5以上ならばBに1点を与える」という試行を繰り返す。

(1) AとBの得点差が2になったところでやめて得点の多いほうを勝ちとする。n回以下の試行でAが勝つ確率 p_n を求めよ。

(2) Aの得点がBの得点より2多くなるか，またはBの得点がAの得点より1多くなったところでやめて，得点の多いほうを勝ちとする。n回以下の試行でAが勝つ確率 q_n を求めよ。 (一橋大)

精講 (1) 1回の試行における得点差の変化は1ですから，得点差が2(偶数)となるのは偶数回後に限ります。そこで，まず2回ごとまとめて考えて，勝負がつかない場合とAが勝つ場合を調べます。(2)も同様に考えますが，(1)とどこが違うでしょうか。

解答 (1) 1回の試行で4以下の目が出ることを a，5以上の目が出ることを b と表す。a，b が起こる確率はそれぞれ $\dfrac{2}{3}$，$\dfrac{1}{3}$ である。

⇐ a のときはAが，b のときはBが得点する。

この試行で得点差が偶数となるのは偶数回後であるから，勝負がつくのは偶数回後である。

⇐ 最初はともに0点で，1回の試行ごとに得点差が1ずつ変化するので。

まず，最初の2回について調べると，aa，bb ならばそれぞれA，Bが勝ち，“ab または ba”ならば得点差が0で，次の試行にうつる。これより，E_{2j}「ちょうど $2j$ 回後にAが勝つ」のは，“ab または ba”が $(j-1)$ 回続いて，最後が aa の場合である。2回の試行で“ab または ba”，aa が起こる確率はそれぞれ

$$\frac{2}{3}\cdot\frac{1}{3}+\frac{1}{3}\cdot\frac{2}{3}=\frac{4}{9},\quad \left(\frac{2}{3}\right)^2=\frac{4}{9}$$

であるから E_{2j} の起こる確率 r_{2j} は

$$r_{2j}=\left(\frac{4}{9}\right)^{j-1}\frac{4}{9}=\left(\frac{4}{9}\right)^j$$

である。

以上より，$n=2m,\ 2m+1$（mは0以上の整数）のとき，n回以下の試行でAが勝つのは，2回後，4回後，…，$2m$回後に限られるので，

$$\begin{aligned}p_n&=r_2+r_4+\cdots+r_{2m}\\&=\frac{4}{9}+\left(\frac{4}{9}\right)^2+\cdots+\left(\frac{4}{9}\right)^m\\&=\frac{4}{5}\left\{1-\left(\frac{2}{3}\right)^{2m}\right\}\end{aligned}$$

⬅ $p_1=0$ であるから，この結果は $n=1$，つまり，$m=0$ でも成り立つ。

であり，nの式で表すと

$$\begin{cases}\boldsymbol{n\,(=2m)}\text{ が偶数のとき} & \boldsymbol{p_n=\frac{4}{5}\left\{1-\left(\frac{2}{3}\right)^{n}\right\}}\\ \boldsymbol{n\,(=2m+1)}\text{ が奇数のとき} & \boldsymbol{p_n=\frac{4}{5}\left\{1-\left(\frac{2}{3}\right)^{n-1}\right\}}\end{cases}$$

⬅ $m=\frac{n}{2}$

⬅ $m=\frac{n-1}{2}$

である。

(2) (1)と同様にAが勝つのは偶数回後である。

まず，最初がbならばBの勝ちで，aaならばAの勝ちで，abならば得点差が0で次の試行にうつる。これより，F_{2j}「ちょうど$2j$回後にAが勝つ」のは，abが$(j-1)$回続いて，最後がaaの場合であるから，F_{2j}の起こる確率s_{2j}は

$$s_{2j}=\left(\frac{2}{3}\cdot\frac{1}{3}\right)^{j-1}\cdot\left(\frac{2}{3}\right)^2=2\left(\frac{2}{9}\right)^j$$

である。

(1)と同様に，$n=2m,\ 2m+1$（mは0以上の整数）のとき，

$$\begin{aligned}q_n&=s_2+s_4+\cdots+s_{2m}\\&=2\cdot\frac{2}{9}+2\cdot\left(\frac{2}{9}\right)^2+\cdots+2\cdot\left(\frac{2}{9}\right)^m\\&=\frac{4}{7}\left\{1-\left(\frac{2}{9}\right)^{m}\right\}\end{aligned}$$

⬅ $q_1=0$ であるから，この結果は $n=1$，つまり，$m=0$ でも成り立つ。

であり，nの式で表すと

$$\begin{cases}\boldsymbol{n\,(=2m)}\text{ が偶数のとき} & \boldsymbol{q_n=\frac{4}{7}\left\{1-\left(\frac{2}{9}\right)^{\frac{n}{2}}\right\}}\\ \boldsymbol{n\,(=2m+1)}\text{ が奇数のとき} & \boldsymbol{q_n=\frac{4}{7}\left\{1-\left(\frac{2}{9}\right)^{\frac{n-1}{2}}\right\}}\end{cases}$$

である。

第7章

710 条件付き確率

2地点間を，ある通信方法を使って，A，Bという2種類の信号を送信側から受信側へ送るとする。この通信方法では，送信側がAを送ったとき，受信側がこれを正しくAと受け取る確率は $\frac{4}{5}$，誤ってBと受け取る確率は $\frac{1}{5}$ である。また，送信側がBを送ったとき，受信側は確率 $\frac{9}{10}$ で正しくBと受け取り，確率 $\frac{1}{10}$ で誤ってAと受け取る。いま，送信側が確率 $\frac{4}{7}$ でAを，確率 $\frac{3}{7}$ でBを受信側へ送るとき，次の確率を求めよ。

(1) 受信側がAという信号を受け取る確率

(2) 受信側が信号を誤って受け取る確率

(3) 受信側が受け取った信号がAのとき，それが正しい信号である確率

（富山県大）

精講 (1)「Aを送り，正しくAと受け取る」,「Bを送り，誤ってAと受け取る」の2つの場合の確率を計算するだけです。そこでは，確率の乗法定理を当り前のように使うはずです。(2)についても同様です。

(3)で求めるのは，事象 E「Aを受け取った」が起こったときに事象 F「それが正しい信号である」，すなわち，「Aを送った」が起こる条件付き確率 $P_E(F)$ です。時間的には，Fの方がEより先に起こるので，考えにくいかもしれませんが，$P(E)$，$P(E\cap F)$ を求めたあと，確率の乗法定理を適用するだけです。

条件付き確率と確率の乗法定理

2つの事象 A，B について，A が起こったときのBの起こる条件付き確率を $P_A(B)$ で表すと，

$$P(A\cap B)=P(A)\cdot P_A(B)\quad（乗法定理）$$

すなわち，

$$P_A(B)=\frac{P(A\cap B)}{P(A)}$$

が成り立つ。

(1) 事象 E「信号Aを受け取る」が起こるのは，「Aを送り，正しくAと受け取

る」かまたは「Bを送り，誤ってAと受け取る」ときであるから，

$$P(E)=\frac{4}{7}\cdot\frac{4}{5}+\frac{3}{7}\cdot\frac{1}{10}=\mathbf{\frac{1}{2}}$$

である。

⬅ここで確率の乗法定理が使われている。

(2) 事象 C「信号を誤って受け取る」が起こるのは，「Aを送り，誤ってBと受け取る」かまたは，「Bを送り，誤ってAと受け取る」ときであるから，

$$P(C)=\frac{4}{7}\cdot\frac{1}{5}+\frac{3}{7}\cdot\frac{1}{10}=\mathbf{\frac{11}{70}}$$

である。

(3) 事象 E「信号Aを受け取る」が起こったときに，「それが正しい信号である」，つまり，事象 F「信号Aを送る」が起こっている条件付き確率 $P_E(F)$ が求めるものである。$E\cap F$ は「信号Aを送り，信号Aと受け取る」であり，

$$P(E\cap F)=\frac{4}{7}\cdot\frac{4}{5}=\frac{16}{35}$$

である。乗法定理より

$$P(E\cap F)=P(E)P_E(F)$$

であるから，

$$P_E(F)=\frac{P(E\cap F)}{P(E)}=\frac{16}{35}\cdot\frac{2}{1}=\mathbf{\frac{32}{35}}$$

である。

類題 23 →解答 p.381

n 個 $(n\geqq 2)$ の箱の中に，それぞれ n 個の球が入っている。k 番目の箱の中には，k 個の赤球 $(k=1,\ 2,\ \cdots,\ n)$ が入っている。n 個の箱の中から，無作為に1個の箱を選ぶものとし，選ばれた箱の中から，2個の球を1球ずつ取り出すものとする。A_1 を1球目に赤球が取り出されるという事象，A_2 を2球目に赤球が取り出されるという事象，B_k を k 番目の箱が選ばれるという事象とするとき

(1) 事象 A_1 の起こる確率 $P(A_1)$ を求めよ。

(2) 条件 A_1 のもとで B_k が起こる確率 $P_{A_1}(B_k)$ を求めよ。

(3) 条件 A_1 のもとで A_2 が起こる確率 $P_{A_1}(A_2)$ を求めよ。 (九州大)

711 異なる設定のもとでの条件付き確率

$3n$ 個 $(n \geqq 3)$ の小箱が1列に並んでいる。おのおのの小箱には小石を1個だけ入れることができる。1番目，2番目，3番目の3個の小箱の中にあわせて2個の小石が入っている状態をA，2番目，3番目，4番目の3個の小箱の中にあわせて2個の小石が入っている状態をBで表す。このとき，次の問いに答えよ。

(1) $3n$ 個の小箱において，おのおのに小石が入っているかどうかを独立試行とみなすことができるとし，各小箱に確率 $\frac{1}{3}$ で小石が入っているとする。事象AとBがともに起こっているとき，2番目の小箱に小石の入っている確率を求めよ。

(2) $3n$ 個の小箱から無作為に選ばれた n 個の小箱に小石が入っているとする。事象AとBがともに起こっているとき，2番目の小箱に小石の入っている確率を求めよ。

(横浜国大*)

精講　AとBがともに起こっているとき，1番目から4番目の小箱の中の小石の有無はどのようになっているかを考えます。そのあとで，それぞれの場合の確率を調べて，確率の乗法定理を適用します。

解答　事象Eを「AとBがともに起こっている」とし，事象Fを「2番目の箱に小石が入っている」とすると，(1)，(2)いずれも求めるのは条件付き確率 $P_E(F)$ である。

⇐ $P_E(F)=\frac{P(E\cap F)}{P(E)}$ より，$P(E)$，$P(E\cap F)$ がわかるとよい。

Eが起こるのは，「1，2，3番目の箱，2，3，4番目の箱それぞれに小石が2個入っている」場合であるから，箱に左から番号がついているとしたとき，

(i)　×○○×　　(ii)　○○×○　　(iii)　○×○○

(○，×はそれぞれ小石あり，なしを表す) の3つの場合がある。

⇐ Eが起こるとき，左から3つの箱への2個の小石の入り方が決まると，4番目の箱の状態は1通りに定まる。

(1) 各小箱に小石が入っているかどうかは独立試行であるから，1番目から4番目までの4つの箱だけを考えるとよい。したがって，(i)が起こる確率は

$\left(\frac{1}{3}\right)^2\cdot\left(\frac{2}{3}\right)^2$，(ii)，(iii)が起こる確率はいずれも

$\left(\frac{1}{3}\right)^3\cdot\frac{2}{3}$ であるから，

$$P(E)=\left(\frac{1}{3}\right)^2\cdot\left(\frac{2}{3}\right)^2+2\cdot\left(\frac{1}{3}\right)^3\cdot\frac{2}{3}=\frac{8}{81}$$

であり，$E\cap F$ は(i)または(ii)の場合であるから，

$$P(E\cap F)=\left(\frac{1}{3}\right)^2\cdot\left(\frac{2}{3}\right)^2+\left(\frac{1}{3}\right)^3\cdot\frac{2}{3}=\frac{6}{81}$$

である。以上より，

$$P_E(F)=\frac{P(E\cap F)}{P(E)}=\frac{6}{81}\cdot\frac{81}{8}=\boldsymbol{\frac{3}{4}}$$

である。

(2)　$3n$ 個の箱へ n 個の小石を入れる場合の数は ${}_{3n}\mathrm{C}_n$ 通りである。そのうち，(i)は残り $(3n-4)$ 個の小箱に $(n-2)$ 個の小石を入れる ${}_{3n-4}\mathrm{C}_{n-2}$ 通りで，(ii)，(iii)はいずれも $(n-3)$ 個を入れる ${}_{3n-4}\mathrm{C}_{n-3}$ 通りであるから，

$$P(E)=\frac{{}_{3n-4}\mathrm{C}_{n-2}+2\cdot{}_{3n-4}\mathrm{C}_{n-3}}{{}_{3n}\mathrm{C}_n}$$

$$P(E\cap F)=\frac{{}_{3n-4}\mathrm{C}_{n-2}+{}_{3n-4}\mathrm{C}_{n-3}}{{}_{3n}\mathrm{C}_n}$$

である。以上より

$$P_E(F)=\frac{P(E\cap F)}{P(E)}$$

$$=\frac{{}_{3n-4}\mathrm{C}_{n-2}+{}_{3n-4}\mathrm{C}_{n-3}}{{}_{3n-4}\mathrm{C}_{n-2}+2\cdot{}_{3n-4}\mathrm{C}_{n-3}}$$

$$=\frac{\dfrac{{}_{3n-4}\mathrm{C}_{n-2}}{{}_{3n-4}\mathrm{C}_{n-3}}+1}{\dfrac{{}_{3n-4}\mathrm{C}_{n-2}}{{}_{3n-4}\mathrm{C}_{n-3}}+2}$$

$$=\frac{\dfrac{2n-1}{n-2}+1}{\dfrac{2n-1}{n-2}+2}=\boldsymbol{\frac{3(n-1)}{4n-5}}$$

である。

⬅ $\dfrac{{}_{3n-4}\mathrm{C}_{n-2}}{{}_{3n-4}\mathrm{C}_{n-3}}$

$=\dfrac{(3n-4)!}{(n-2)!(2n-2)!}\cdot\dfrac{(n-3)!(2n-1)!}{(3n-4)!}$

$=\dfrac{2n-1}{n-2}$

第7章

712 正の整数nが関係する確率を最大にするnの値

袋の中に白球10個，黒球60個が入っている。この袋の中から1球ずつ40回取り出すとき，次の各場合において，白球が何回取り出される確率がもっとも大きいか。

(1) 取り出した球をもとに戻すとき

(2) 取り出した球をもとに戻さないとき　　　　(群馬大)

(1) 白球を取り出す確率は毎回一定ですから，40回のうち白球をn回取り出すという反復試行の確率となります。

反復試行の確率

1回の試行で事象Eが起こる確率がつねにpであるとき，n回の試行において，事象Eがちょうどk回起こる確率は${}_n\mathrm{C}_k p^k(1-p)^{n-k}$である。

(2) 取り出した40個の球の中に白球がn個含まれている確率を考えます。

(1), (2)ともに，n, $n+1$に対する確率p_n, p_{n+1}の大小，すなわち，それらの比$\dfrac{p_{n+1}}{p_n}$と1の大小を調べることによって，最大となるnを探します。

(1) 白球を取り出す確率はつねに一定で

$\dfrac{10}{10+60}=\dfrac{1}{7}$ であるから，40回のうち

白球をn回取り出す確率をp_n $(0\leqq n\leqq 40)$とおくと

$$p_n={}_{40}\mathrm{C}_n\left(\frac{1}{7}\right)^n\left(1-\frac{1}{7}\right)^{40-n}=\frac{{}_{40}\mathrm{C}_n\cdot 6^{40-n}}{7^{40}}$$

である。これより，$0\leqq n\leqq 39$ のとき

$$\frac{p_{n+1}}{p_n}=\frac{{}_{40}\mathrm{C}_{n+1}\cdot 6^{40-(n+1)}}{7^{40}}\cdot\frac{7^{40}}{{}_{40}\mathrm{C}_n\cdot 6^{40-n}}$$

$$=\frac{1}{6}\cdot\frac{40!}{(n+1)!\{40-(n+1)\}!}\cdot\frac{n!(40-n)!}{40!}$$

$$=\frac{40-n}{6(n+1)}$$

であり，

$$\frac{p_{n+1}}{p_n}-1=\frac{34-7n}{6(n+1)}$$

⬅ $\dfrac{(40-n)!}{\{40-(n+1)\}!}$
$=\dfrac{(40-n)(39-n)!}{(39-n)!}$
$=40-n$

$\dfrac{n!}{(n+1)!}=\dfrac{n!}{(n+1)n!}$
$=\dfrac{1}{n+1}$

となる。したがって，

$0 \leqq n \leqq 4$ のとき　$\dfrac{p_{n+1}}{p_n}>1$　　$\therefore$　$p_n<p_{n+1}$

$5 \leqq n \leqq 39$ のとき　$\dfrac{p_{n+1}}{p_n}<1$　　$\therefore$　$p_n>p_{n+1}$

であり，

$$p_0<p_1<\cdots<p_4<p_5>p_6>\cdots>p_{40}$$

となるから，p_5 が最大である，つまり，**5** 回取り出される確率が最大である。

(2)　40 回のうち白球を n 回取り出す，つまり，取り出した 40 個のうち白球が n 個，黒球が $(40-n)$ 個である確率を $q_n\,(0 \leqq n \leqq 10)$ とおくと

$$q_n=\frac{{}_{10}\mathrm{C}_n \cdot {}_{60}\mathrm{C}_{40-n}}{{}_{70}\mathrm{C}_{40}}$$

$$=\frac{10!}{n!(10-n)!}\cdot\frac{60!}{(40-n)!(20+n)!}\cdot\frac{40!30!}{70!}$$

である。これより，$0 \leqq n \leqq 9$ のとき

$$\frac{q_{n+1}}{q_n}$$

$$=\frac{n!(10-n)!(40-n)!(20+n)!}{(n+1)!\{10-(n+1)\}!\{40-(n+1)\}!\{20+(n+1)\}!}$$

$$=\frac{(10-n)(40-n)}{(n+1)(21+n)}$$

であり，

$$\frac{q_{n+1}}{q_n}-1=\frac{379-72n}{(n+1)(21+n)}$$

となる。したがって，

$0 \leqq n \leqq 5$ のとき　$\dfrac{q_{n+1}}{q_n}>1$　　$\therefore$　$q_n<q_{n+1}$

$6 \leqq n \leqq 9$ のとき　$\dfrac{q_{n+1}}{q_n}<1$　　$\therefore$　$q_n>q_{n+1}$

であり，

$$q_0<q_1<\cdots<q_5<q_6>q_7>\cdots>q_{10}$$

となるから，q_6 が最大である，つまり，**6** 回取り出される確率が最大である。

第7章

☆ **713** ***n*の偶奇によって異なる確率**

A，Bの2人がいる。投げたとき表裏の出る確率がそれぞれ$\frac{1}{2}$のコインが1枚あり，最初はAがそのコインを持っている。次の操作を繰り返す。

(i) Aがコインを持っているときは，コインを投げ，表が出ればAに1点を与え，コインはAがそのまま持つ。裏が出れば，両者に点を与えず，Aはコインを B に渡す。

(ii) Bがコインを持っているときは，コインを投げ，表が出ればBに1点を与え，コインはBがそのまま持つ。裏が出れば，両者に点を与えず，Bはコインを A に渡す。

そしてA，Bのいずれかが2点を獲得した時点で，2点を獲得した方の勝利とする。たとえば，コインが表，裏，表，表と出た場合，この時点でAは1点，Bは2点を獲得しているのでBの勝利となる。

A，Bあわせてちょうどn回コインを投げ終えたときにAの勝利となる確率$p(n)$を求めよ。 （東京大*）

精講 (i)，(ii)より，表が出れば必ずAまたはBに1点が与えられるので，Aが2点を獲得するまでに表が出る回数は(I) 2回（Bは0点）または(II) 3回（Bは1点）ですから，これら2つの場合に分けて調べます。

(I)が起こる場合を回数の少ない方から示すと，

○○，○××○，××○○，…… （○は表，×は裏）

(II)が起こる場合は

○×○×○，×○×○○，……

です。もう少し調べても，コインを投げる回数は(I)では偶数回で，(II)では奇数回です。そこから何か規則性を見つけ出しましょう。

解答 (i)，(ii)より

“最初に表が出るまでは奇数回目にはAが，偶数回目にはBが投げ，表が1回出るたびに奇数回目，偶数回目に投げる人が入れ替わる” ……(＊)

ことに注意する。

⬅ 裏が出ても奇数回目，偶数回目に投げる人はそれ以前と変わらない。

表が出たときだけ，A，Bのいずれかに1点が与えられるので，Aが2点で勝利するときまで，表の出る回数は(I)2回，または(II)3回である。

⬅裏が出たときには点は与えられない。

(I)のとき(表を出すのはAが2度)

(*)より，Aが最初の表を出すのは奇数回目で，2度目の表を出すのは偶数回目である。そこで，$n=2m$ (mは正の整数)とおくと，最初の表を出すのは1，3，…，$(2m-1)$回目のm通りあり，それぞれの起こる確率は$\left(\frac{1}{2}\right)^{2m}$であるから，(I)の場合の確率は

⬅(I)が起こるのはnが偶数のときに限る。

$$m\cdot\left(\frac{1}{2}\right)^{2m}=\frac{m}{2^{2m}}=\frac{n}{2^{n+1}}$$

⬅$m=\frac{n}{2}$

である。

(II)のとき(表を出すのはAが2度，Bが1度)

(*)より，A，Bが1度ずつ表を出したあと，Aが2度目の表を出すのは奇数回目である。そこで，$n=2m+1$ (mは2以上の整数)とおくと，$2m$回目までの2度の表の出方は次のいずれかである。

⬅(II)が起こるのはnが奇数のときに限る。

(a) 奇数回目にAが，その後の奇数回目にBが表を出す

(b) 偶数回目にBが，その後の偶数回目にAが表を出す

⬅奇数回目にAが表を出したあと，Aは偶数回目に，Bは奇数回目に投げるので。

$2m$回目までに奇数回目，偶数回目はそれぞれm回ずつあるので，(a)，(b)の起こり方はいずれも${}_m\mathrm{C}_2$通りであるから，(II)の場合の確率は

$$2\cdot{}_m\mathrm{C}_2\cdot\left(\frac{1}{2}\right)^{2m+1}=\frac{m(m-1)}{2^{2m+1}}=\frac{(n-1)(n-3)}{2^{n+2}}$$

⬅$m=\frac{n-1}{2}$

である。この結果は$n=1$，3でも成り立つ。

⬅$m=0$，1，つまり，$n=1$，3のとき，(II)は起こらないので。

以上より，

$$\boldsymbol{p(n)=\begin{cases}\dfrac{n}{2^{n+1}} & (n\text{が偶数のとき})\\[2mm] \dfrac{(n-1)(n-3)}{2^{n+2}} & (n\text{が奇数のとき})\end{cases}}$$

である。

第7章

714 漸化式を利用して求める確率 (1)

2つの箱 A，B のそれぞれに赤玉が 1 個，白玉が 3 個，合計 4 個ずつ入っている。1 回の試行で箱Aの玉 1 個と箱Bの玉 1 個を無作為に選び交換する。この試行を n 回繰り返した後，箱Aに赤玉が 1 個，白玉が 3 個入っている確率 p_n を求めよ。
(一橋大)

精講 $(n+1)$ 回目の試行における赤玉の移動，すなわち，箱Aの赤玉の個数の変化に着目して，p_{n+1} を p_n で表します。

解答 n 回後に箱Aに赤玉が 1 個だけ入っている事象 E_n の起こる確率が p_n である。

⬅ このとき，A，B いずれにも赤玉 1 個，白玉 3 個が入っている。

E_{n+1} が起こるのは，次の(i)，(ii)の場合である。

(i) E_n が起こり，$(n+1)$ 回目に同色の玉を交換する場合で，その確率は

$$p_n\left\{\left(\frac{3}{4}\right)^2+\left(\frac{1}{4}\right)^2\right\}=\frac{5}{8}p_n$$

である。

⬅ E_n のもとで，箱Aから白玉，赤玉を取り出す確率はそれぞれ $\frac{3}{4}$，$\frac{1}{4}$ であり，箱Bについても同様である。

(ii) E_n が起こらずに，$(n+1)$ 回目に赤玉 1 個が移る場合で，その確率は

$$(1-p_n)\cdot\frac{2}{4}=\frac{1}{2}(1-p_n)$$

である。

⬅ E_n が起こらないとき，一方の箱には赤玉 2 個，白玉 2 個，他方の箱には白玉 4 個が入っている。赤玉が入っている箱から赤玉を取り出す確率は $\frac{2}{4}$ である。

よって，(i)，(ii)から

$$p_{n+1}=\frac{5}{8}p_n+\frac{1}{2}(1-p_n)=\frac{1}{8}p_n+\frac{1}{2}$$

$$\therefore\quad p_{n+1}-\frac{4}{7}=\frac{1}{8}\left(p_n-\frac{4}{7}\right)$$

が成り立つ。$p_1=\left(\frac{3}{4}\right)^2+\left(\frac{1}{4}\right)^2=\frac{5}{8}$ より

⬅ (i)と同様に考える。

$$p_n-\frac{4}{7}=\left(\frac{1}{8}\right)^{n-1}\left(p_1-\frac{4}{7}\right)=\frac{3}{7}\left(\frac{1}{8}\right)^n$$

$$\therefore\quad \boldsymbol{p_n=\frac{3}{7}\left(\frac{1}{8}\right)^n+\frac{4}{7}}$$

である。

715 漸化式を利用して求める確率 (2)

1個のサイコロを投げて，5または6の目が出れば2点，4以下の目が出れば1点の得点が与えられる。サイコロを繰り返し投げるとき，得点の合計が途中でちょうどn点となる確率をp_nとする。

(1) $p_{n+2}=\frac{2}{3}p_{n+1}+\frac{1}{3}p_n$ が成立することを示せ。

(2) $p_{n+1}-p_n$ をnの式で表し，p_nを求めよ。

(3) 得点の合計が途中でn点とならないで$2n$点となる確率を求めよ。

精講 (1) 「得点が$(n+2)$点になる直前の得点は？」と考えます。

解答 (1) $(n+2)$点となるのは「$(n+1)$点のとき，4以下の目を出す」，または，「n点のとき，5または6の目を出す」の場合に限るから，

$$p_{n+2}=p_{n+1}\cdot\frac{4}{6}+p_n\cdot\frac{2}{6}=\frac{2}{3}p_{n+1}+\frac{1}{3}p_n \quad \cdots\cdots①$$

が成り立つ。　(証明おわり)

← n点のとき，4以下の目を2回続けて出す場合は，「$(n+1)$点のとき，4以下の目を出す」に含まれている。

(2) ①より

$$p_{n+2}-p_{n+1}=-\frac{1}{3}(p_{n+1}-p_n)$$

であり，$p_1=\frac{2}{3}$，$p_2=\left(\frac{2}{3}\right)^2+\frac{1}{3}=\frac{7}{9}$ より

$$p_{n+1}-p_n=\left(-\frac{1}{3}\right)^{n-1}(p_2-p_1)=\left(-\frac{1}{3}\right)^{n+1} \quad \cdots\cdots②$$

← ちょうど2点となるのは，“4以下の目が2回”または“5または6の目が1回”のときである。

である。②が$\{p_n\}$の階差数列であるから，$n\geqq2$ で

$$p_n=p_1+\sum_{k=1}^{n-1}\left(-\frac{1}{3}\right)^{k+1}=\mathbf{\frac{3}{4}\left\{1-\left(-\frac{1}{3}\right)^{n+1}\right\}} \quad \cdots\cdots③$$

である。③は $n=1$ でも成り立つ。

(3) 「途中でn点とならないで$2n$点となる」のは「$(n-1)$点となり，次の1回で2点をとり，そのあとちょうど$(n-1)$点とる」ときであるから，

$$p_{n-1}\cdot\frac{1}{3}\cdot p_{n-1}=\mathbf{\frac{3}{16}\left\{1-\left(-\frac{1}{3}\right)^n\right\}^2}$$

である。

←「$2n$点となる」場合から「途中でn点となる」場合を除くと考えて，
$p_{2n}-(p_n)^2$
を求めてもよい。

第7章

716 漸化式を利用して求める確率 (3)

片面を白色に，もう片面を黒色に塗った正方形の板が 3 枚ある。この 3 枚の板を机の上に横に並べ，次の操作を繰り返し行う。

さいころを振り，出た目が 1，2 であれば左端の板を裏返し，3，4 であればまん中の板を裏返し，5，6 であれば右端の板を裏返す。

たとえば，最初，板の表の色の並び方が「白白白」であったとし，1 回目の操作で出たさいころの目が 1 であれば，色の並び方は「黒白白」となる。更に，2 回目の操作を行って出たさいころの目が 5 であれば，色の並び方は「黒白黒」となる。

(1) 「白白白」から始めて，3 回の操作の結果，色の並び方が「黒白白」となる確率を求めよ。

(2) 「白白白」から始めて，n 回の操作の結果，色の並び方が「黒白白」または「白黒白」または「白白黒」となる確率を p_n とする。

p_{2k+1} (k は自然数) を求めよ。 (東京大)

精講 (2) 黒が 1 枚だけになるのは奇数回後に限られます。そこで，2 回をひとまとめにして，$(2k+1)$ 回後から $(2k+3)$ 回後の関係を調べて，p_{2k+1} と p_{2k+3} の間に成り立つ式を求めます。その際，$p_{2k+1}=q_k$ とおくと，$p_{2k+3}=p_{2(k+1)+1}=q_{k+1}$ となり，処理が楽になります。

解答 (1) 3 枚の板を左から A，B，C とする。

毎回，A，B，C のいずれかがそれぞれ確率 $\dfrac{1}{3}$ で裏返される。

3 回の操作で，「白白白」から「黒白白」になるのは，“Aが 3 回” または “Aが 1 回，Bが 2 回” または “Aが 1 回，Cが 2 回” 裏返されるときであるから，求める確率は

$$\left(\frac{1}{3}\right)^3+2\cdot{}_3\mathrm{C}_1\cdot\frac{1}{3}\cdot\left(\frac{1}{3}\right)^2=\mathbf{\frac{7}{27}}$$

である。

(2) 1 回の操作で，裏返されるのは 1 枚だけであるから，黒の枚数は 1 枚ずつ増減する。最初，黒はない

ので，奇数回後の黒は奇数枚である。したがって，$(2k+1)$ 回後の黒の面の枚数を N_{2k+1} と表すと，

$$N_{2k+1}=1 \text{ または } 3$$

であり，$N_{2k+1}=1$ となる確率が p_{2k+1} である。

⬅偶数回後の黒は偶数枚である。

$N_{2(k+1)+1}=N_{2k+3}=1$ となるのは，

(i) $N_{2k+1}=1$ で，続く 2 回で同じ板を 2 回，または $(2k+1)$ 回後における黒と白を 1 枚ずつ裏返す

(ii) $N_{2k+1}=3$ で，続く 2 回で異なる 2 枚を裏返す場合に限られる。

⬅$N_{2k+1}=3$ は $N_{2k+1}=1$ の余事象であるから，その確率は $1-p_{2k+1}$ である。

(i)の確率：

$$p_{2k+1}\left\{{}_3C_1\cdot\left(\frac{1}{3}\right)^2+{}_2C_1\cdot 2\cdot\left(\frac{1}{3}\right)^2\right\}=\frac{7}{9}p_{2k+1}$$

⬅“白と黒を 1 枚ずつ”のとき，白板 2 枚のいずれかで ${}_2C_1$ 通り，白と黒の板が裏返される順で 2 通りある。

(ii)の確率：

$$(1-p_{2k+1}){}_3P_2\left(\frac{1}{3}\right)^2=\frac{2}{3}(1-p_{2k+1})$$

であるから，

$$p_{2k+3}=\frac{7}{9}p_{2k+1}+\frac{2}{3}(1-p_{2k+1})$$

$$=\frac{1}{9}p_{2k+1}+\frac{2}{3} \quad \cdots\cdots ①$$

が成り立つ。ここで，$q_k=p_{2k+1}$ $(k=1,\ 2,\ \cdots)$ とおくと，①より

$$q_{k+1}=\frac{1}{9}q_k+\frac{2}{3}$$

⬅このとき，
$q_{k+1}=p_{2(k+1)+1}$
$=p_{2k+3}$
である。

$$\therefore\ q_{k+1}-\frac{3}{4}=\frac{1}{9}\left(q_k-\frac{3}{4}\right) \quad \cdots\cdots ②$$

となる。ここで，3 回後に「白黒白」，「白白黒」になる確率も(1)で求めた確率に等しいから，

$$q_1=p_3=3\cdot\frac{7}{27}=\frac{7}{9} \quad \cdots\cdots ③$$

である。よって，②，③より

$$q_k-\frac{3}{4}=\left(\frac{1}{9}\right)^{k-1}\left(q_1-\frac{3}{4}\right)=\frac{1}{4}\left(\frac{1}{9}\right)^k$$

$$\therefore\ \boldsymbol{p_{2k+1}}=q_k=\boldsymbol{\frac{3}{4}+\frac{1}{4}\left(\frac{1}{9}\right)^k}$$

である。

第7章

717 期待値

1枚の硬貨を10回投げる。$(k-1)$回目，およびk回目がともに表であるようなkが存在するとき，kの最小値をXとする。このようなkが存在しないときは $X=10$ とする。例えば，投げた結果が

裏裏表裏表表裏表表表

のときは $X=6$ であり，

裏表裏表裏裏裏表裏裏

のときは $X=10$ である。

(1) $X=n$ となる場合の数をa_nとするとき，a_5，a_6，a_7をそれぞれ求めよ。

(2) $X=10$ となる確率を求めよ。

(3) Xの期待値を求めよ。 (横浜国大)

精講 (1) $X=n$ となる場合，$(n+1)$回以降の表裏はどちらでもよいので，n回目で初めて表が連続して出るn回目までの場合の数を求めるとよいのですが，$n=5$，6，7 に対して別々に求めるのは面倒です。そこで，この場合の数についての漸化式を考えてみましょう。

解答 (1)「硬貨をn回投げたとき，n回目で初めて表が連続して出る」ことをE_nとし，その場合の数をb_nとおく。

E_1は起こらず，E_2は表表，E_3は裏表表のときであるから，

$$b_1=0,\ b_2=1,\ b_3=1 \quad \cdots\cdots①$$

である。$n\geqq4$ のとき，E_nが起こるのは，

(i) 1回目が裏で，続いてE_{n-1}

(ii) 1，2回目が表裏で，続いてE_{n-2}

のいずれかの場合に限るので，

$$b_n=b_{n-1}+b_{n-2} \quad \cdots\cdots②$$

が成り立つ。②で $n=4$, 5, 6, 7 とおくと，①より

$$b_4=1+1=2,\ b_5=2+1=3$$
$$b_6=3+2=5,\ b_7=5+3=8 \quad \cdots\cdots③$$

である。

⬅E_nを1回目の裏表で場合分けしたが，表の場合に2回目は必ず裏である。

⬅$b_4=b_3+b_2=1+1$,
$b_5=b_4+b_3=2+1$,
以下も同じ。

ここで，$n \leqq 9$ とすると，$X=n$ となるのは，n 回目までは E_n であり，残り $(10-n)$ 回は表裏のいずれでもよい場合であるから，

$$a_n = b_n \cdot 2^{10-n} \quad \cdots\cdots ④$$

である。よって，

$$a_5 = b_5 \cdot 2^5 = 3 \cdot 32 = \mathbf{96}$$
$$a_6 = b_6 \cdot 2^4 = 5 \cdot 16 = \mathbf{80}$$
$$a_7 = b_7 \cdot 2^3 = 8 \cdot 8 = \mathbf{64}$$

である。

(2) ①，③，④より

$$a_1 = 0,\ a_2 = 256,\ a_3 = 128,\ a_4 = 128$$

← $a_1 = 0 \cdot 2^9$，$a_2 = 1 \cdot 2^8$，$a_3 = 1 \cdot 2^7$，$a_4 = 2 \cdot 2^6$

である。また，②，③，④より

$$b_8 = 8+5 = 13 \quad \therefore \quad a_8 = 13 \cdot 2^2 = 52$$
$$b_9 = 13+8 = 21 \quad \therefore \quad a_9 = 21 \cdot 2 = 42$$

である。

ここで，10 回の表裏の出方は 2^{10} 通りあって，これらはすべて同様に確からしい。したがって，

← 参考 参照。

$$a_{10} = 2^{10} - \sum_{k=1}^{9} a_k = 178$$

← $a_{10} = 2^{10} - (0+256+128+128+96+80+64+52+42)$

であり，$X=10$ となる確率は $\dfrac{a_{10}}{2^{10}} = \mathbf{\dfrac{89}{512}}$ である。

(3) $X=n$ である確率は $\dfrac{a_n}{2^{10}}$ であるから，X の期待値は

$$\sum_{k=1}^{10} k \cdot \frac{a_k}{2^{10}} = \mathbf{\frac{2695}{512}}$$

である。

← $\dfrac{1}{2^{10}} \sum_{k=1}^{10} k a_k = \dfrac{1}{2^{10}}(1 \cdot 0 + 2 \cdot 256 + 3 \cdot 128 + 4 \cdot 128 + 5 \cdot 96 + 6 \cdot 80 + 7 \cdot 64 + 8 \cdot 52 + 9 \cdot 42 + 10 \cdot 178)$

参考

(2)で，$X=10$ のとき，9，10 回目が「表表」のときは E_{10} であり，「裏表」のときは E_{11} の 11 回目の表を除いたものであり，10 回目が裏のときは E_{12} の 11，12 回目の表を除いたものと考えることができる。したがって，

$$a_{10} = b_{10} + b_{11} + b_{12} = 34 + 55 + 89 = 178$$

と計算できる。

第7章

801 確率変数の平均と分散

n は2以上の整数とする。箱の中に数字1, 2, …, n が書かれたカードが1枚ずつ合計 n 枚入っている。この箱の中から2枚のカードを取り出し，2枚のカードに書かれた2数の差を確率変数 X とし，2数それぞれを2乗して得られる2数の差を確率変数 Y とする。

(1) X の平均 $E(X)$ と分散 $V(X)$ を求めよ。

(2) Y の平均 $E(Y)$ を求めよ。

精講 確率変数の平均（期待値）と分散についてまとめておきましょう。

確率変数 X の平均を $E(X)$，分散を $V(X)$ とするとき，

$$V(X)=E((X-m)^2)=E(X^2)-\{E(X)\}^2 \quad (\text{ここで, } m=E(X))$$

が成り立つ。また，a, b を実数とするとき，

$$E(aX+b)=aE(X)+b,\ V(aX+b)=a^2V(X)$$

が成り立つ。

(2)で，Y の確率分布そのものを調べるのは簡単ではありません。そこで，次のことを思い出し，いかに応用したらよいかを考えてみましょう。

2つの確率変数 X, Y について

$$E(X\pm Y)=E(X)\pm E(Y) \quad (\text{複号同順})$$

が成り立つ。

解答 (1) 2枚のカードの取り出し方は全部で ${}_n\mathrm{C}_2$ 通りである。

2枚のカードの数を a, b $(1\leqq a<b\leqq n)$ とすると，$X=b-a$ であるから，$1\leqq X\leqq n-1$ である。

$k=1$, 2, …, $n-1$ とするとき，$X=k$ となる a, b の組 $(a,\ b)$ は

$$(1,\ k+1),\ (2,\ k+2),\ \cdots,\ (n-k,\ n)$$

の $(n-k)$ 通りであるから,

$$P(X=k)=\frac{n-k}{{}_n\mathrm{C}_2}=\frac{2(n-k)}{n(n-1)} \quad \cdots\cdots①$$

である。これより,

$$E(X)=\sum_{k=1}^{n-1}kP(X=k)=\sum_{k=1}^{n-1}k\cdot\frac{2(n-k)}{n(n-1)}$$

$$=\frac{2}{n(n-1)}\left(n\sum_{k=1}^{n-1}k-\sum_{k=1}^{n-1}k^2\right)$$

$$=\boldsymbol{\frac{n+1}{3}}$$

⬅( )内は $n\cdot\frac{1}{2}n(n-1)-\frac{1}{6}n(n-1)(2n-1)=\frac{1}{6}(n-1)n(n+1)$

であり,

$$E(X^2)=\sum_{k=1}^{n-1}k^2P(X=k)=\sum_{k=1}^{n-1}k^2\cdot\frac{2(n-k)}{n(n-1)}$$

$$=\frac{2}{n(n-1)}\left(n\sum_{k=1}^{n-1}k^2-\sum_{k=1}^{n-1}k^3\right)$$

$$=\frac{n(n+1)}{6} \quad \cdots\cdots②$$

⬅( )内は $n\cdot\frac{1}{6}n(n-1)(2n-1)-\frac{1}{4}(n-1)^2n^2=\frac{1}{12}(n-1)n^2(n+1)$

である。したがって,

$$V(X)=E(X^2)-\{E(X)\}^2$$

$$=\frac{n(n+1)}{6}-\left(\frac{n+1}{3}\right)^2=\boldsymbol{\frac{(n+1)(n-2)}{18}}$$

である。

(2) 確率変数 A, B をそれぞれ2枚のカードの数のうち小さい方の数, 大きい方の数とすると,

$$Y=B^2-A^2$$

であるから,

$$E(Y)=E(B^2-A^2)=E(B^2)-E(A^2) \quad \cdots\cdots③$$

が成り立つ。

$k=1$, 2, …, $n-1$, n のとき,
$A=k$ となる a, b の組 (a, b) は
$(k, k+1)$, $(k, k+2)$, …, (k, n) の $(n-k)$ 通り, ⬅$k=n$ でも成り立つ。
$B=k$ となる組 (a, b) は
$(1, k)$, $(2, k)$, …, $(k-1, k)$ の $(k-1)$ 通り ⬅$k=1$ でも成り立つ。
であるから,

$$P(A=k)=\frac{n-k}{{}_n\mathrm{C}_2}=\frac{2(n-k)}{n(n-1)} \quad \cdots\cdots④$$

⬅$k=n$ でも成り立つ。

第8章

$$P(B=k)=\frac{k-1}{{}_n\mathrm{C}_2}=\frac{2(k-1)}{n(n-1)} \quad \cdots\cdots⑤$$

⬅$k=1$ でも成り立つ。

である。①，④より $P(A=k)=P(X=k)$ ……⑥

であるから，

$$E(A^2)=E(X^2)=\frac{n(n+1)}{6} \quad \cdots\cdots⑦$$

であり，⑤より

$$E(B^2)=\sum_{k=1}^{n}k^2P(B=k)=\sum_{k=1}^{n}k^2\cdot\frac{2(k-1)}{n(n-1)}$$

$$=\frac{2}{n(n-1)}\left(\sum_{k=1}^{n}k^3-\sum_{k=1}^{n}k^2\right)$$

$$=\frac{(n+1)(3n+2)}{6}$$

⬅（　）内は
$\frac{1}{4}n^2(n+1)^2$
$-\frac{1}{6}n(n+1)(2n+1)$
$=\frac{1}{12}(n-1)n(n+1)(3n+2)$

である。よって，③より

$$E(Y)=\frac{(n+1)(3n+2)}{6}-\frac{n(n+1)}{6}=\boldsymbol{\frac{(n+1)^2}{3}}$$

である。

参考

⑵で定めた確率変数 A，B に関して，AB の平均 $E(AB)$ を調べてみよう。

$X=B-A$ であるから，

$$E(X^2)=E((B-A)^2)=E(A^2-2AB+B^2)$$
$$=E(A^2)-2E(AB)+E(B^2)$$

であり，⑦を用いると，

$$E(AB)=\frac{1}{2}E(B^2)=\frac{(n+1)(3n+2)}{12} \quad \cdots\cdots⑧$$

である。一方，⑥，⑤より

$$E(A)=E(X)=\frac{n+1}{3},\ E(B)=\sum_{k=1}^{n}kP(B=k)=\sum_{k=1}^{n}k\cdot\frac{2(k-1)}{n(n-1)}=\frac{2(n+1)}{3}$$

であるから，

$$E(A)\cdot E(B)=\frac{n+1}{3}\cdot\frac{2(n+1)}{3}=\frac{2(n+1)^2}{9} \quad \cdots\cdots⑨$$

である。$n \geqq 3$ のとき，⑧，⑨より

$$E(AB)\neq E(A)\cdot E(B)$$

であるが，これは確率変数 A，B が独立でないことを示している。

802 独立な確率変数の和の２乗の平均

xy 平面上で点 $P_n(X_n,\ Y_n)$, $(n=0,\ 1,\ 2,\ \cdots)$ を次のように定める。

$P_0(0,\ 0)$ であり，$n=1,\ 2,\ \cdots$ に対して，点 P_{n-1} が決まったあと，4 枚のカード[1]，[2]，[3]，[4]が入った箱Bから無作為に取り出した 1 枚のカードが[1]，[2]，[3]，[4]であるときそれぞれ，点 P_{n-1} を x 軸方向に $+1$ だけ移動した点，x 軸方向に -1 だけ移動した点，y 軸方向に $+1$ だけ移動した点，y 軸方向に -1 だけ移動した点を $P_n(X_n,\ Y_n)$ とする。

(1) $S=\sqrt{X_3{}^2+Y_3{}^2}$ とするとき，確率変数 S の平均 $E(S)$ を求めよ。

(2) 確率変数 U_k $(k=1,\ 2,\ \cdots,\ n)$ を次のように定める。

点 P_{k-1} が決まったあと，箱Bから取り出した 1 枚のカードが[1]のときは $U_k=1$，[2]のときは $U_k=-1$，[3]，[4]のときは $U_k=0$ とする。

このとき，確率変数 X_n を U_k $(1\leqq k\leqq n)$ を用いて表せ。

(3) $T_n=X_n{}^2+Y_n{}^2$ とするとき，確率変数 T_n の平均 $E(T_n)$ が n であることを示せ。

(名古屋大*1986)

精講　(1) $P_3(X_3,\ Y_3)$ までの移動をコツコツと正しく調べるだけです。

(3) $P(X_n=k)$ (k は整数，$-n\leqq k\leqq n$) を求めるのは難しそうです。たとえば，$X_n=0$ となるのは[1]，[2]が同じ回数ずつ取り出される場合ですが，その最大回数は n の偶奇で表現が異なり，$P(X_n=0)$ ですら簡単ではありません。そこで，(2)の結果と確率変数の和の平均の性質を適用して，$E(X_n{}^2)$ を求めることを考えてみましょう。

解答　(1) x 軸方向に $+1$，-1，y 軸方向に $+1$，-1 進む移動をそれぞれ→，←，↑，↓と表すことにすると，1 回につき，それぞれが起こる確率はいずれも $\dfrac{1}{4}$ であり，これらの重複を許した 3 回の移動によって，$P_3(X_3,\ Y_3)$ に達する。その移動の仕方は 4^3 通りあり，いずれも起こる確率は $\left(\dfrac{1}{4}\right)^3=\dfrac{1}{64}$ である。

$P_3(X_3,\ Y_3)$ が達する点とそれぞれの点までの移動の仕方は，次の(i)，(ii)，(iii)のいずれかである。

第8章

(i)　4 点 $(\pm3,\ 0)$, $(0,\ \pm3)$ のとき

たとえば, $(3,\ 0)$ となるのは, → 3 回の 1 通りであるから, (i)の移動の仕方は 4 通りである。

(ii)　8 点 $(\pm2,\ \pm1)$, $(\pm1,\ \pm2)$ (複号任意) のとき

⇐ $(\pm2,\ \pm1)$ で表される 4 点, $(\pm1,\ \pm2)$ で表される 4 点である。

たとえば, $(2,\ 1)$ になるのは, → 2 回, ↑ 1 回で, これらの順序に関して, ${}_3C_1$ 通りある。他の点に関しても同様であるから, (ii)の移動の仕方は $8\cdot{}_3C_1=24$ (通り) である。

(iii)　4 点 $(\pm1,\ 0)$, $(0,\ \pm1)$ のとき

たとえば $(1,\ 0)$ に達するのは, → 2 回, ← 1 回の ${}_3C_1$ 通り, または, →, ↑, ↓がそれぞれ 1 回の $3!$ 通りであるから, 合わせて, ${}_3C_1+3!=9$ (通り) である。他の点に関しても同様であるから, (iii)の移動の仕方は, $4\cdot9=36$ (通り) である。

⇐ →, ↑, ↓の順序を考えて, $3!$ 通りである。

⇐ (i), (ii), (iii)の移動の仕方を合わせると,
$4+24+36=64=4^3$ (通り)
となることを確かめる。

(i), (ii), (iii)のとき, それぞれ $S=3$, $S=\sqrt{5}$, $S=1$ であるから,

$$E(S)=3\cdot\frac{4}{64}+\sqrt{5}\cdot\frac{24}{64}+1\cdot\frac{36}{64}$$
$$=\boldsymbol{\frac{6+3\sqrt{5}}{8}}$$

である。

(2)　$P_n(X_n,\ Y_n)$, U_k $(1\leqq k\leqq n)$ の決め方から,

$$X_n=\boldsymbol{U_1+U_2+\cdots+U_n} \quad \cdots\cdots①$$

である。

(3)　$T_n=X_n{}^2+Y_n{}^2$ より

$$E(T_n)=E(X_n{}^2+Y_n{}^2)$$
$$=E(X_n{}^2)+E(Y_n{}^2) \quad \cdots\cdots②$$

⇐ 確率変数の和の性質より。

であるから, まず, $E(X_n{}^2)$ について調べる。

①より

$$X_n{}^2$$
$$=(U_1+U_2+\cdots+U_n)^2$$
$$=U_1{}^2+U_2{}^2+\cdots+U_n{}^2$$
$$+2U_1U_2+2U_1U_3+\cdots+2U_{n-1}U_n$$

であるから,

$$
\begin{aligned}
&E(X_n{}^2)\\
&=E(U_1{}^2)+E(U_2{}^2)+\cdots+E(U_n{}^2)\\
&\quad +E(2U_1U_2)+E(2U_1U_3)+\cdots+E(2U_{n-1}U_n)\\
&=\sum_{k=1}^{n}E(U_k{}^2)+2\sum_{1\leqq i<j\leqq n}E(U_iU_j) \qquad \cdots\cdots③
\end{aligned}
$$

が成り立つ。

⬅ 確率変数の和の性質 $E(X+Y)=E(X)+E(Y)$ を繰り返し用いる。

⬅ $\sum_{1\leqq i<j\leqq n}$ は $1\leqq i<j\leqq n$ を満たすすべての整数の組 $(i,\ j)$ についての ${}_n\mathrm{C}_2$ 個の和を表す。

$U_k\ (k=1,\ 2,\ \cdots,\ n)$ の定義から,

$$P(U_k=1)=P(U_k=-1)=\frac{1}{4},\ P(U_k=0)=\frac{1}{2}$$

である。よって，$U_k{}^2=1$ または 0 であり,

$$
\begin{aligned}
P(U_k{}^2=1)&=P(U_k=1 \text{ または } U_k=-1)\\
&=\frac{1}{4}+\frac{1}{4}=\frac{1}{2}
\end{aligned}
$$

$$P(U_k{}^2=0)=P(U_k=0)=\frac{1}{2}$$

であるから,

$$E(U_k{}^2)=1\cdot\frac{1}{2}+0\cdot\frac{1}{2}=\frac{1}{2} \qquad \cdots\cdots④$$

である。

また，$1\leqq i<j\leqq n$ のとき,

$$U_iU_j=1 \text{ または } -1 \text{ または } 0$$

であり，確率変数 U_i, U_j は独立である。よって,

⬅ i 回目, j 回目に取り出すカードの数は互いに独立であるから,
$P(U_i=U_j=1)$
$=P(U_i=1)\cdot P(U_j=1)$
$=\left(\frac{1}{4}\right)^2$
などが成り立つ。

$$
\begin{aligned}
&P(U_iU_j=1)\\
&=P(U_i=U_j=1 \text{ または } U_i=U_j=-1)\\
&=P(U_i=U_j=1)+P(U_i=U_j=-1)\\
&=\left(\frac{1}{4}\right)^2+\left(\frac{1}{4}\right)^2=\frac{1}{8}
\end{aligned}
$$

$$
\begin{aligned}
&P(U_iU_j=-1)\\
&=P(U_i=\pm1,\ U_j=\mp1 \ (\text{複号同順}))\\
&=P(U_i=1,\ U_j=-1)+P(U_i=-1,\ U_j=1)\\
&=\left(\frac{1}{4}\right)^2+\left(\frac{1}{4}\right)^2=\frac{1}{8}
\end{aligned}
$$

$$
\begin{aligned}
&P(U_iU_j=0)\\
&=1-\{P(U_iU_j=1)+P(U_iU_j=-1)\}\\
&=1-\frac{1}{8}\cdot2=\frac{3}{4}
\end{aligned}
$$

⬅ $P(U_iU_j=0)$
$=P(U_i=0)+P(U_j=0)$
$\quad -P(U_i=U_j=0)$
$=\frac{1}{2}+\frac{1}{2}-\left(\frac{1}{2}\right)^2=\frac{3}{4}$
としてもよい。

第8章

であるから，

$$E(U_iU_j)=1\cdot\frac{1}{8}+(-1)\cdot\frac{1}{8}+0\cdot\frac{3}{4}=0 \quad \cdots\cdots⑤$$

である。

④，⑤を③に代入して，

$$E(X_n{}^2)=\sum_{k=1}^{n}\frac{1}{2}+2\sum_{1\leqq i<j\leqq n}0=\frac{n}{2} \quad \cdots\cdots⑥$$

である。

U_k の代わりに，確率変数 V_k ($k=1,\ 2,\ \cdots,\ n$) を，箱Bから取り出したカードが1，2のときは $V_k=0$，3のときは $V_k=1$，4のときは $V_k=-1$ と定めると，

$$Y_n=V_1+V_2+\cdots+V_n$$

であるから，

$$Y_n{}^2=(V_1+V_2+\cdots+V_n)^2$$

であり，X_n についてと全く同様に

$$E(Y_n{}^2)=\frac{n}{2} \quad \cdots\cdots⑦$$

である。

したがって，⑥，⑦を②に代入すると

$$E(T_n)=n$$

である。　　　　　　　　　　　（証明おわり）

類題 24　→解答 p.382

n 本のくじの中に1本だけ当たりくじがある。このくじを無作為に1本引き，引いたくじをもとに戻すという試行を l 回繰り返す。l 回のうち当たった回数をXとする。確率変数 X_i ($1\leqq i\leqq l$) を次により定める。

$$X_i=\begin{cases}1 & i\text{ 回目に当たりくじが出たとき}\\ 0 & i\text{ 回目に当たりくじが出ないとき}\end{cases}$$

(1)　確率変数Xを X_i ($1\leqq i\leqq l$) で表せ。

(2)　X^2 の平均 $E(X^2)$ を求めよ。

(3)　$E(X^2)>2$ となる最小の l は何か。　　　　　　　　（京都大）

803 二項分布

n 個のさいころがある。1回目の試行では n 個すべてのさいころを振る。2回目の試行では1回目の試行で1以外の目が出たさいころだけを振る。1回目および2回目の試行で1の目が出たさいころの個数の合計を表す確率変数を X とする。

(1) 確率 $P(X=n)$ を求めよ。

(2) 確率 $P(X=k)$ $(k=0,\ 1,\ 2,\ \cdots,\ n)$ を求めよ。

(3) 確率変数 X の平均 $E(X)$ と標準偏差 $\sigma(X)$ を求めよ。　　(横浜国大*)

精講 (1)では，1回目に1の目が j 個 $(j=0,\ 1,\ \cdots,\ n)$ 出て，2回目は残りすべてが1の目である確率を計算しても解決しますが，その方針で(2)を処理するためにはかなり面倒な計算が必要となります。そこで発想を変えて，それぞれのさいころに着目して，2回目までに1の目が出る確率を考えてみると，X はある二項分布に従っていることがわかるはずです。

(3)では，二項分布に関する関係式を適用することになります。そこで，二項分布についての基本事項を確認しておきましょう。

二項分布

ある試行で事象 A が起こる確率を p とし，起こらない確率を $q=1-p$ とするとき，この試行を n 回繰り返す反復試行において事象 A が起こる回数を X とすると，X は確率変数であり，X のとる値は0から n までの整数である。X の確率分布は

$$P(X=r)={}_n\mathrm{C}_r p^r q^{n-r} \quad (r=0,\ 1,\ 2,\ \cdots,\ n)$$

であり，この確率分布を確率 p に対する次数 n の二項分布といい，$B(n,\ p)$ で表す。

確率変数 X が二項分布 $B(n,\ p)$ に従うとき，X の平均 $E(X)$，分散 $V(X)$，標準偏差 $\sigma(X)$ は

$$E(X)=np,\ V(X)=npq,\ \sigma(X)=\sqrt{V(X)}=\sqrt{npq}$$

(ただし，$q=1-p$) である。

これらの式を一度自分の力で導いてみると，理解が一層深まるはずです。

第8章

解答　(1)　1つのさいころについて考えると，
"2回目の試行までに1の目が出る"
……(＊) のは，"1回目が1の目，または，1回目が1以外の目で，2回目が1の目" の場合であるから，
(＊)の確率は $\frac{1}{6}+\frac{5}{6}\cdot\frac{1}{6}=\frac{11}{36}$ である。

$X=n$ となるのは，n 個のさいころすべてにおいて(＊)が起こるときであるから，

$$P(X=n)=\left(\mathbf{\frac{11}{36}}\right)^n$$

である。

(2)　$k=0,\ 1,\ \cdots,\ n$ に対して，$X=k$ となるのは，n 個のさいころのうち，ちょうど k 個のさいころにおいて，(＊)が起こり，残り $(n-k)$ 個のさいころでは(＊)が起こらないときであるから，

$$P(X=k)={}_n\mathrm{C}_k\left(\frac{11}{36}\right)^k\left(1-\frac{11}{36}\right)^{n-k}$$

← 反復試行の確率と同じである。712 精講 参照。

$$={}_n\mathrm{C}_k\left(\mathbf{\frac{11}{36}}\right)^k\left(\mathbf{\frac{25}{36}}\right)^{n-k} \quad \cdots\cdots①$$

である。

(3)　①より，確率変数 X は二項分布 $B\left(n,\ \frac{11}{36}\right)$ に従うので，平均 $E(X)$，標準偏差 $\sigma(X)$ は

$$E(X)=\mathbf{\frac{11}{36}n}$$

$$\sigma(X)=\sqrt{V(X)}=\sqrt{\frac{11}{36}\cdot\frac{25}{36}n}=\mathbf{\frac{5\sqrt{11n}}{36}}$$

← $V(X)$ は X の分散である。

である。

参考

精講 の最初に示した方向で(1)，(2)を処理すると以下のようになるが，(2)については読んで理解できれば十分である。

別解

(1)　$0\leqq j\leqq n$ として，1回目に j 個のさいころの目が

1であって，2回目には残り $(n-j)$ 個のさいころすべての目が1である確率を p_j とおくと，

$$p_j={}_n\mathrm{C}_j\left(\frac{1}{6}\right)^j\left(\frac{5}{6}\right)^{n-j}\cdot\left(\frac{1}{6}\right)^{n-j}={}_n\mathrm{C}_j\left(\frac{1}{6}\right)^j\left(\frac{5}{36}\right)^{n-j}$$

である。したがって，

$$P(X=n)=\sum_{j=0}^{n}p_j=\sum_{j=0}^{n}{}_n\mathrm{C}_j\left(\frac{1}{6}\right)^j\left(\frac{5}{36}\right)^{n-j}$$

$$=\left(\frac{1}{6}+\frac{5}{36}\right)^n=\left(\frac{11}{36}\right)^n$$

← $(a+b)^n=\sum_{j=0}^{n}{}_n\mathrm{C}_ja^jb^{n-j}$ において，$a=\frac{1}{6}$，$b=\frac{5}{36}$。

である。

(2)　$X=k$ となるのは，$0\leqq j\leqq k$ を満たす j に対して，“1回目に j 個のさいころの目が1であって，2回目には残り $(n-j)$ 個のさいころのうち $(k-j)$ 個の目が1である”……(＊＊) 場合である。そこで，(＊＊)の確率を q_j とおくと，

$$q_j={}_n\mathrm{C}_j\left(\frac{1}{6}\right)^j\left(\frac{5}{6}\right)^{n-j}\cdot{}_{n-j}\mathrm{C}_{k-j}\left(\frac{1}{6}\right)^{k-j}\left(\frac{5}{6}\right)^{n-k}$$

$$=\frac{n!}{j!(n-j)!}\cdot\frac{(n-j)!}{(k-j)!(n-k)!}\cdot\left(\frac{1}{6}\right)^k\left(\frac{5}{6}\right)^{2n-k-j}$$

$$=\frac{n!}{k!(n-k)!}\cdot\frac{k!}{j!(k-j)!}\cdot\left(\frac{1}{6}\right)^k\left(\frac{5}{6}\right)^{2n-k}\left(\frac{6}{5}\right)^j$$

$$={}_n\mathrm{C}_k\left(\frac{1}{6}\right)^k\left(\frac{5}{6}\right)^{2n-k}\cdot{}_k\mathrm{C}_j\left(\frac{6}{5}\right)^j$$

← ${}_{n-j}\mathrm{C}_{k-j}=\frac{(n-j)!}{(k-j)!\{n-j-(k-j)\}!}=\frac{(n-j)!}{(k-j)!(n-k)!}$

である。したがって，

$$P(X=k)$$

$$=\sum_{j=0}^{k}q_j=\sum_{j=0}^{k}{}_n\mathrm{C}_k\left(\frac{1}{6}\right)^k\left(\frac{5}{6}\right)^{2n-k}\cdot{}_k\mathrm{C}_j\left(\frac{6}{5}\right)^j$$

$$={}_n\mathrm{C}_k\left(\frac{1}{6}\right)^k\left(\frac{5}{6}\right)^{2n-k}\sum_{j=0}^{k}{}_k\mathrm{C}_j\left(\frac{6}{5}\right)^j$$

$$={}_n\mathrm{C}_k\left(\frac{1}{6}\right)^k\left(\frac{5}{6}\right)^{2n-k}\left(\frac{6}{5}+1\right)^k \quad\cdots\cdots②$$

$$={}_n\mathrm{C}_k\cdot\frac{5^{2n-2k}\cdot11^k}{6^{2n}}={}_n\mathrm{C}_k\cdot\frac{25^{n-k}\cdot11^k}{36^n}$$

$$={}_n\mathrm{C}_k\left(\frac{11}{36}\right)^k\left(\frac{25}{36}\right)^{n-k}$$

← $(a+1)^k=\sum_{j=0}^{k}{}_k\mathrm{C}_ja^j$ において，$a=\frac{6}{5}$。

である。

← ②をここまで変形しないと，X が二項分布に従うことを見抜けないので，(3)の処理が難しくなる。

第8章

804 チェビシェフの不等式

(1) 離散型確率変数Xのとる値はx_1, x_2, $\cdots$, x_nであり，Xの平均$E(X)$をm，分散$V(X)$をσ^2とする。任意の正の数εに対して，

$$P(|X-m|\geqq\varepsilon)\leqq\frac{\sigma^2}{\varepsilon^2}$$

が成り立つことを示せ。

(2) どの目も出る確率が$\dfrac{1}{6}$であるさいころをn回投げるときに1の目が出る回数を確率変数Yとする。$n\geqq 50000$ のとき，

$$P\left(\left|\frac{Y}{n}-\frac{1}{6}\right|<\frac{1}{60}\right)\geqq 0.99$$

が成り立つことを示せ。

精講 (1) 確率変数Xのとる値$x_i\,(i=1,\ 2,\ \cdots,\ n)$は

$$|x_i-m|\geqq\varepsilon \quad\cdots\cdots Ⓐ,\qquad |x_i-m|<\varepsilon \quad\cdots\cdots Ⓑ$$

のいずれか一方だけを満たします。そこで，$x_i\,(i=1,\ 2,\ \cdots,\ n)$を不等式Ⓐ，Ⓑのいずれを満たすかで分類して，$X$の分散 $V(X)=\sigma^2$ を計算するとどうなるでしょう。

(2) Yは二項分布$B\left(n,\ \dfrac{1}{6}\right)$に従うので，平均$m$，分散$\sigma^2$は$n$の式で表されます。得られた式において，(1)の不等式を適用することを考えましょう。

解答 (1) $i=1,\ 2,\ \cdots,\ n$ に対して

$$P(X=x_i)=p_i$$

とおくとき，

$$p_i\geqq 0,\qquad \sum_{i=1}^{n}p_i=1 \qquad\cdots\cdots①$$

である。

正の数εに対して，$\{1,\ 2,\ \cdots,\ n\}$に含まれる整数iについて，

$|x_i-m|\geqq\varepsilon$ を満たすiの全体をA

$|x_i-m|<\varepsilon$ を満たすiの全体をB

とすると，

$$A\cup B=\{1,\ 2,\ \cdots,\ n\},\ A\cap B=\varnothing$$

である。これより

$$\sigma^2=E((X-m)^2)=\sum_{i=1}^{n}(x_i-m)^2p_i$$

において，右辺の和を $i\in A$ である i についての和と $i\in B$ である i についての和に分けると，

$$\sigma^2=\sum_{i\in A}(x_i-m)^2p_i+\sum_{i\in B}(x_i-m)^2p_i \quad \cdots\cdots ②$$

が得られる。

← $\sum_{i\in A}$ は $i\in A$ である i についての和を表す。$\sum_{i\in B}$ も同様。

$i=1,\ 2,\ \cdots,\ n$ に対して，$(x_i-m)^2p_i\geqq 0$ であり，$i\in A$ に対して，$|x_i-m|\geqq\varepsilon$ であるから，②より

$$\begin{aligned}\sigma^2&\geqq\sum_{i\in A}(x_i-m)^2p_i\\&\geqq\sum_{i\in A}\varepsilon^2p_i=\varepsilon^2\sum_{i\in A}p_i \quad \cdots\cdots ③\end{aligned}$$

である。ここで，A，B の決め方から

$$\sum_{i\in A}p_i=P(|X-m|\geqq\varepsilon)$$

であるから，③より

$$\sigma^2\geqq\varepsilon^2\sum_{i\in A}p_i=\varepsilon^2P(|X-m|\geqq\varepsilon)$$

$$\therefore\quad P(|X-m|\geqq\varepsilon)\leqq\frac{\sigma^2}{\varepsilon^2} \quad \cdots\cdots ④$$

が成り立つ。（証明おわり）

← $\sum_{i\in B}p_i=P(|X-m|<\varepsilon)$
$\sum_{i\in A}p_i+\sum_{i\in B}p_i=\sum_{i=1}^{n}p_i=1$
である。

(2)　Yは二項分布 $B\left(n,\ \frac{1}{6}\right)$ に従うので

$$m=E(Y)=\frac{n}{6},\quad \sigma^2=V(Y)=n\cdot\frac{1}{6}\cdot\frac{5}{6}=\frac{5n}{36}$$

である。

← ここに示された m，σ^2 はそれぞれYの平均，分散であり，(1)における m，σ^2 とは異なるものである。混同しないように注意する。

したがって，(1)より，正の数 ε に対して

$$P\left(\left|Y-\frac{n}{6}\right|\geqq\varepsilon\right)\leqq\frac{5n}{36}\cdot\frac{1}{\varepsilon^2} \quad \cdots\cdots ⑤$$

が成り立つ。⑤で，$\varepsilon=\frac{n}{60}$ とおくと，

$$P\left(\left|Y-\frac{n}{6}\right|\geqq\frac{n}{60}\right)\leqq\frac{5n}{36}\cdot\left(\frac{60}{n}\right)^2=\frac{500}{n}$$

より

$$P\left(\left|\frac{Y}{n}-\frac{1}{6}\right|\geqq\frac{1}{60}\right)\leqq\frac{500}{n}$$

であるから，

← $\left|Y-\frac{n}{6}\right|\geqq\frac{n}{60}$
$\iff\left|\frac{Y}{n}-\frac{1}{6}\right|\geqq\frac{1}{60}$

第8章

$$P\left(\left|\frac{Y}{n}-\frac{1}{6}\right|<\frac{1}{60}\right)$$

$$=1-P\left(\left|\frac{Y}{n}-\frac{1}{6}\right|\geqq\frac{1}{60}\right)\geqq 1-\frac{500}{n} \quad \cdots\cdots ⑥$$

⬅ $\left|\frac{Y}{n}-\frac{1}{6}\right|<\frac{1}{60}$, $\left|\frac{Y}{n}-\frac{1}{6}\right|\geqq\frac{1}{60}$ は互いに余事象の関係である。

である。

$n\geqq 50000$ のとき，$1-\frac{500}{n}\geqq 1-\frac{500}{50000}=0.99$

であるから，⑥より

$$P\left(\left|\frac{Y}{n}-\frac{1}{6}\right|<\frac{1}{60}\right)\geqq 0.99$$

が成り立つ。　　　　　　　　　　　（証明おわり）

参考

(1)で示した不等式④をチェビシェフの不等式という。④において，特に $\varepsilon=k\sigma$（k は正の数）とおくと，

$$P(|X-m|\geqq k\sigma)\leqq\frac{1}{k^2} \quad \cdots\cdots ⑦$$

となるので，

$$P(|X-m|<k\sigma)\geqq 1-\frac{1}{k^2} \quad \cdots\cdots ⑧$$

も成り立つ。⑦，⑧もチェビシェフの不等式という。

⑦，⑧で，たとえば $k=3$ とおくと

$$P(|X-m|\geqq 3\sigma)\leqq 0.111\cdots,\ P(|X-m|<3\sigma)\geqq 0.888\cdots$$

となる。これは任意の確率分布において確率変数 X が平均 m から標準偏差 σ の 3 倍以上離れた値をとる確率は 0.111… 以下であることを表している。

(2)で示した不等式⑤で $\varepsilon=n\delta$（δ は正の数）とおくと，解答と同様に

$$P\left(\left|\frac{Y}{n}-\frac{1}{6}\right|\geqq\delta\right)\leqq\frac{5}{36\delta^2 n} \text{ より } P\left(\left|\frac{Y}{n}-\frac{1}{6}\right|<\delta\right)\geqq 1-\frac{5}{36\delta^2 n} \quad \cdots\cdots ⑨$$

が成り立つ。⑨において，δ を任意の小さな正の数としても，対応する n を十分に大きくとることによって，右辺の値を 1 に近づけることができる。（たとえば，$\delta=0.01$ のとき，$n=1000000$ とすれば，⑨の右辺は 0.998… となる。）これは，さいころを投げる回数 n を大きくすると，1 の目が出る回数の割合が限りなく $\frac{1}{6}$ に近づくことを意味する。

805 区間推定と仮説検定

(1) ある改良新薬を作っている工場で，大量の製品全体の中から無作為に 1000 個を抽出し検査を行ったところ，20 個の不良品があった。この工場で作られる製品の不良率 p に対する信頼度 95% の信頼区間を求めよ。

(2) この改良新薬を無作為に抽出された 400 人の患者に用いたら，8 人に副作用が発生した。従来から用いていた薬の副作用の発生する割合を 4% とするとき，この改良新薬は従来から用いていた薬に比べて，副作用が発生する割合が低下したといえるか。有意水準 5%，1% それぞれで検定せよ。必要ならば，$\sqrt{6}=2.449$，$\sqrt{10}=3.162$ とし，以下の正規分布表を利用せよ。

z	**0.00**	**0.01**	**0.02**	**0.03**	**0.04**	**0.05**	**0.06**	**0.07**	**0.08**	**0.09**
1.6	0.4452	0.4463	0.4474	0.4484	0.4495	0.4505	0.4515	0.4525	0.4535	0.4545
1.7	0.4554	0.4564	0.4573	0.4582	0.4591	0.4599	0.4608	0.4616	0.4625	0.4633
1.8	0.4641	0.4649	0.4656	0.4664	0.4671	0.4678	0.4686	0.4693	0.4699	0.4706
1.9	0.4713	0.4719	0.4726	0.4732	0.4738	0.4744	0.4750	0.4756	0.4761	0.4767
2.0	0.4772	0.4778	0.4783	0.4788	0.4793	0.4798	0.4803	0.4808	0.4812	0.4817
2.1	0.4821	0.4826	0.4830	0.4834	0.4838	0.4842	0.4846	0.4850	0.4854	0.4857
2.2	0.4861	0.4864	0.4868	0.4871	0.4875	0.4878	0.4881	0.4884	0.4887	0.4890
2.3	0.4893	0.4896	0.4898	0.4901	0.4904	0.4906	0.4909	0.4911	0.4913	0.4916
2.4	0.4918	0.4920	0.4922	0.4925	0.4927	0.4929	0.4931	0.4932	0.4934	0.4936
2.5	0.4938	0.4940	0.4941	0.4943	0.4945	0.4946	0.4948	0.4949	0.4951	0.4952

精講 (1) 母比率の推定に関して復習しておきましょう。

母集団の中である性質Aをもつ個体の割合（母比率）を p とする。この母集団から大きさ n の標本を無作為抽出し，その標本の中で性質Aをもつものの個数を X とするとき，X の確率分布は二項分布 $B(n,\ p)$ であり，n が十分大きければ近似的に正規分布 $N(np,\ np(1-p))$ に従うので，確率変数 $Z=\dfrac{X-np}{\sqrt{np(1-p)}}$ は近似的に標準正規分布 $N(0,\ 1)$ に従う。

正規分布表から，

$$P(-1.96\leqq Z\leqq 1.96)\fallingdotseq 0.95$$

であるから，

$$P\left(-1.96\leqq \frac{X-np}{\sqrt{np(1-p)}}\leqq 1.96\right)\fallingdotseq 0.95$$

第8章

であり，これより

$$P\left(-1.96\sqrt{\frac{p(1-p)}{n}} \leqq \frac{X}{n}-p \leqq 1.96\sqrt{\frac{p(1-p)}{n}}\right) \fallingdotseq 0.95 \qquad \cdots\cdots(*)$$

が得られる。

n が十分大きいときには，標本における比率 $\frac{X}{n}=p_0$ をとり，$p \fallingdotseq p_0$ とみなしてよいから，母比率 p に対する信頼度 95% の信頼区間は (*) より

$$p_0-1.96\sqrt{\frac{p_0(1-p_0)}{n}} \leqq p \leqq p_0+1.96\sqrt{\frac{p_0(1-p_0)}{n}}$$

となる。

(2) 仮説検定の手順を確認しておきましょう。

(i) 母集団における性質，事象が起こる原因などに関して検証したい仮説 H（対立仮説），および，H を否定する仮説 G（帰無仮説）を設定する。

(ii) 仮説 G を棄却するための基準となる確率 α（有意水準）を 0.05 (5%)，0.01 (1%) などと定め，α の値に応じて G の棄却域を求める。

(iii) 標本調査の結果から定まる確率変数の値が(ii)で求めた棄却域に入るか，入らないかによって，仮説 G を棄却するか，棄却しないかを決め，その結果として，仮説 H の妥当性を判断する。

なお，本問では，「改良新薬では副作用が発生する割合が 4% より低下したといえるか」が問われているので，片側検定をすることになります。

解答 (1) 抽出した 1000 個のうち 20 個が不良品であり，標本における不良率 p_0 は

$$p_0=\frac{20}{1000}=\frac{1}{50}$$

であるから，不良率 p に対する信頼度 95% の信頼区間は

$$\frac{1}{50}-1.96\times\frac{7\sqrt{10}}{5000} \leqq p \leqq \frac{1}{50}+1.96\times\frac{7\sqrt{10}}{5000}$$

$$\mathbf{0.011 \leqq p \leqq 0.029}$$

である。

⬅ $n=1000$，$p_0=\frac{1}{50}$ より
$\sqrt{\frac{p_0(1-p_0)}{n}}$
$=\sqrt{\frac{1}{1000}\cdot\frac{1}{50}\cdot\frac{49}{50}}=\frac{7\sqrt{10}}{5000}$
$=\frac{7\times3.162}{5000}=0.0044268$

(2) 改良新薬の副作用の発生する割合を p とする。発生する割合が低下したならば，$p<0.04$ である。そこで，仮説 H「副作用が発生する割合が低下した」に対して，仮説 G「副作用が発生する割合は低下し

⬅ G が帰無仮説，H が対立仮説である。

なかった，すなわち，$p=0.04$」を設定する。

Gが正しいとすると，400 人の患者のうち副作用が起こる人数Xは二項分布 $B(400,\ 0.04)$ に従う。Xの期待値 m と標準偏差 σ は

$$m=400\times0.04=16$$
$$\sigma=\sqrt{400\times0.04\times0.96}=1.6\sqrt{6}$$

であるから，$Z=\dfrac{X-16}{1.6\sqrt{6}}$ ……① は近似的に標準正規分布 $N(0,\ 1)$ に従う。

片側検定を行うとき，正規分布表より

$P(-1.64\leqq Z\leqq 0)=P(0\leqq Z\leqq 1.64)=0.45$

$P(-2.33\leqq Z\leqq 0)=P(0\leqq Z\leqq 2.33)=0.49$

であるから，Gについての有意水準 5 %，1 % の棄却域はそれぞれ

$$Z\leqq -1.64 \quad ……②,\ Z\leqq -2.33 \quad ……③$$

である。

⬅ 対立仮説として，「副作用が発生する割合が変化した」を考えるときには，両側検定となり，
$P(|Z|\leqq 1.96)=0.95$
$P(|Z|\leqq 2.58)=0.99$
を用いることになる。

$X=8$ であるとき，①より

$$Z=\frac{-8}{1.6\sqrt{6}}=-\frac{5}{\sqrt{6}}=-2.04\cdots$$

であり，この値は②の範囲にあるが，③の範囲にはないので，Gは有意水準 5 % では棄却できるが，1 % では棄却できない。したがって，仮説 H に戻ると，**有意水準 5 % では副作用が発生する割合が低下したといえるが，有意水準 1 % では副作用が発生する割合が低下したとはいえない。**

⬅「従来から用いていた薬に比べて，副作用が発生する割合が低下した」の意味である。

第8章

類題 25 → 解答 p.383

ある動物用の新しい飼料を試作し，任意抽出された 100 匹にこの新しい飼料を毎日与えて 1 週間後に体重の変化を調べた。増加量の平均は 2.57 kg，標準偏差は 0.35 kg であった。この増加量について母平均 m に対する信頼度 95 % の信頼区間を求めよ。

901 正の整数で割った余りによる整数の分類

任意の整数nに対して，n^9-n^3 は 72 で割り切れることを示せ。　(京都大*)

精講　$72=9\cdot 8$ で，9 と 8 は互いに素ですから，ある整数Nが 72 で割り切れることを示すには，Nが 9 の倍数であり，かつ，8 の倍数であることを示すとよいのです。

n^9-n^3 が 9 の倍数であることを示すためには，n を 3 で割ったときの余りで場合分けをして，8 の倍数であることについてはnを 2 で割った余りで，つまり，nの偶奇で場合分けをして調べることになります。そこで，次のことを確認しておきましょう。

> pを正の整数とするとき，整数nをpで割った余りは
> $$0,\ 1,\ 2,\ \cdots,\ p-1$$
> のいずれかであるから，nは整数mを用いて
> $$pm,\ pm+1,\ pm+2,\ \cdots,\ pm+(p-1)$$
> のいずれかで表される。

たとえば，3 で割った余りで分類すると，すべての整数は

$3m,\ 3m+1,\ 3m+2$　(mは整数)　……Ⓐ

のいずれかで表されますが，$3m+2=3(m+1)-1$ ですから，すべての整数は

$3m,\ 3m\pm 1$　(mは整数)　……Ⓑ

のいずれかで表されると考えることもできます。問題処理においては，ⒶよりもⒷの方が見かけ上の場合分けが少なくてすむ利点があります。

解答　$N=n^9-n^3$ とおく。まず，

$N=n^9-n^3=n^3(n^3-1)(n^3+1)$　……①

と表し，Nが 9 の倍数であることを $n=3m,\ 3m\pm 1$ (mは整数) の場合に分けて示す。①において，

$n=3m$ のとき

$n^3=(3m)^3=9\cdot 3m^3$

$n=3m+1$ のとき　　← 参考 1° 参照。

$n^3-1=(3m+1)^3-1=9(3m^3+3m^2+m)$

$n=3m-1$ のとき

$$n^3+1=(3m-1)^3+1=9(3m^3-3m^2+m)$$

となるので，いずれの場合にも N は 9 の倍数である。

次に，

$$N=n^3(n^6-1)=n^3(n^2-1)(n^4+n^2+1) \quad \cdots\cdots②$$

⬅以下の議論のために①とは違う形で表した。

と表し，N が 8 の倍数であることを，$n=2l$，$2l+1$（l は整数）の場合に分けて示す。②において，

$n=2l$ のとき　　$n^3=8l^3$

$n=2l+1$ のとき　　$n^2-1=4l(l+1)$　　$\cdots\cdots③$

⬅参考 2° 参照。

となるが，③においては，連続する整数 l，$l+1$ の一方は偶数であるから，$l(l+1)$ は偶数である。したがって，いずれの場合にも N は 8 の倍数である。

以上より，$N=n^9-n^3$ は 9 の倍数であり，かつ 8 の倍数であるから，N は 72 で割り切れる。

（証明おわり）

参考

1°　n が 3 の倍数でないとき，すなわち，$n=3m\pm1$ のときに $N=n^3(n^6-1)$ において，n^6-1 が 9 の倍数であることを二項定理を用いて示すこともできる。

$$\begin{aligned}n^6-1&=(3m\pm1)^6-1\\&=\sum_{k=0}^{6}{}_6C_k(3m)^{6-k}(\pm1)^k-1\\&=(3m)^6+{}_6C_1(3m)^5(\pm1)+\cdots+{}_6C_4(3m)^2(\pm1)^4+{}_6C_5 3m(\pm1)^5+(\pm1)^6-1\\&=((3m)^2\text{ の倍数})\pm{}_6C_5 3m+1-1\\&=(9m^2\text{ の倍数})\pm18m\quad(\text{複号同順})\end{aligned}$$

であるから，n^6-1 は 9 の倍数であることがわかる。

2°　n が奇数のとき，n を 4 で割った余りで分類すると，$n=4k\pm1$（k は整数）と表されるので，

$$n^2-1=(4k\pm1)^2-1=8(2k^2\pm k)\quad(\text{複号同順})$$

となることから，②において N は 8 の倍数であるとしてもよい。

第9章

902 文字式で表された整数が素数である条件

(I) 4個の整数 $n+1$, n^3+3, n^5+5, n^7+7 がすべて素数となるような正の整数 n は存在しないことを示せ。 (大阪大)

(II) 素数 p, q を用いて p^q+q^p と表される素数をすべて求めよ。 (京都大)

精講 (I) この種の問題では与えられた数の約数として，まず2を，次には3を調べてみることになります。そこでは，次のことを思い出しましょう。

・ 2つの整数 a, b において，a, b の偶奇が一致していれば $a\pm b$ は偶数であり，a, b の偶奇が異なれば，$a\pm b$ は奇数である。

・ 整数 n が3の倍数でないとき，$n=3m\pm1$ (m は整数) と表され，n^2 は (3の倍数)+1 であり，n^3, n^5, n^7 は (3の倍数)±1 (複号同順) である。

解答 (I) 正の整数 n に対して，"n^3+3, n^5+5, n^7+7 ……①
はいずれも4以上の整数である。" ……(＊)

正の整数 n は，0以上の整数 m を用いて，

$$n=3m-1,\ 3m,\ 3m+1 \quad \cdots\cdots②$$

⬅ $1=3\cdot0+1$, $2=3\cdot1-1$, $3=3\cdot1$, …。

のいずれかで表され，

$n=3m-1$ のとき，二項定理より

⬅ 参考 参照。

$$n^7+7=(3m-1)^7+7$$
$$=(3\text{の倍数})+(-1)^7+7=(3\text{の倍数})+6$$

⬅ 二項定理より
$(3m-1)^7$
$=\sum_{k=0}^{7} {}_7C_k(3m)^{7-k}\cdot(-1)^k$
$=3m\sum_{k=0}^{6} {}_7C_k(3m)^{6-k}\cdot(-1)^k$
$+(-1)^7$

$n=3m$ のとき，

$$n^3+3=(3m)^3+3=(3\text{の倍数})$$

$n=3m+1$ のとき，二項定理より

$$n^5+5=(3m+1)^5+5$$
$$=(3\text{の倍数})+1^5+5=(3\text{の倍数})+6$$

⬅ 上と同様の計算による。

である。

以上より，正の整数 n が②のいずれであっても，①の3数のうちの1つは3の倍数であるから，(＊)と合わせると，その1つは合成数である。したがって，$n+1$ と①の3数すべてが素数となるような正の整数 n は存在しない。 (証明おわり)

(II)　$N=p^q+q^p$ とおく。

p, q がいずれも偶数の素数，つまり，$p=q=2$ のとき，$N=2^2+2^2=8$ は素数でない。

また，p, q がいずれも奇数の素数のとき，Nは偶数であり，$p \geqq 3$, $q \geqq 3$ より，$N \geqq 3^3+3^3=54$ であるから，Nは素数でない。

⬅ p^q, q^p はいずれも奇数。

⬅ 奇数の素数は3以上であるから。

以上より，Nが素数のとき，p, q の一方は2で，他方は奇数の素数であるから，$p=2$, $q \geqq 3$ としてよい。このとき，

$$N=2^q+q^2 \quad \cdots\cdots③$$

である。

$q=3$ のとき，$N=2^3+3^2=17$ は素数である。

qが3より大きい素数のとき，qは奇数であるから，

$$2^q=(3-1)^q=(3\text{の倍数})+(-1)^q$$
$$=(3\text{の倍数})-1 \quad \cdots\cdots④$$

⬅ 二項定理より

$(3-1)^q=\sum_{k=0}^{q} {}_q\mathrm{C}_k 3^{q-k}(-1)^k$

$=3\sum_{k=0}^{q-1} {}_q\mathrm{C}_k 3^{q-1-k}(-1)^k+(-1)^q$

または，2^n ($n=1, 2, \cdots$) を3で割った余りは2，1の繰り返しであることから説明してもよい。

であり，qは3以外の素数であるから，$q=3r+1$, $3r-1$ (rは正の整数) のいずれかで表されるので，

$$q^2=(3r\pm1)^2=3(3r^2\pm2r)+1$$
$$=(3\text{の倍数})+1 \quad \cdots\cdots⑤$$

となる。よって，③において，④，⑤より

$$N=(3\text{の倍数})$$

であり，$q \geqq 5$ より，$N \geqq 2^5+5^2$ であるから，Nは素数でない。

以上より，求める素数は**17**に限る。

参考

(I)において，$n=3m-1$ のとき，$m=1$ に対応する $n=2$ に対しては，$n^7+7=2^7+7=135=27\cdot5$ が，$m \geqq 2$ のときは $n+1=3m$ が素数でないとしてもよい。

類題 26　→ 解答 p.383

(1)　6以上の整数nに対して不等式 $2^n>n^2+7$ が成り立つことを数学的帰納法により示せ。

(2)　等式 $p^q=q^p+7$ を満たす素数の組 (p, q) をすべて求めよ。　(東北大)

903 整数の偶奇に関連する問題

(I) kは正の整数とする。方程式 $x^2-y^2=k$ が整数x, yの解$(x,\ y)$をもつための必要十分条件を求めよ。 (京都大*, 一橋大*, 静岡大*)

(II) a, bは正の整数で, $a<b$ とするとき, a以上b以下の整数の総和をSとする。

(1) $S=500$ を満たす組$(a,\ b)$をすべて求めよ。

(2) kを正の整数とするとき, $S=2^k$ を満たす組$(a,\ b)$は存在しないことを示せ。 (大阪大*, 滋賀大*)

精講 (I), (II)いずれにおいても, 次の事実が役に立ちます。

a, bを整数とするとき, $a+b$と$a-b$の偶奇は一致して,

$$\begin{cases} a+b,\ a-b\text{が偶数ならば, }a,\ b\text{の偶奇は一致する} \\ a+b,\ a-b\text{が奇数ならば, }a,\ b\text{の偶奇は異なる} \end{cases}$$

解答 (I) $x^2-y^2=k$ ……①

$\therefore\ (x+y)(x-y)=k$

が整数の解$(x,\ y)$をもつとき, $x+y$と$x-y$の偶奇は一致するから, これらがともに偶数ならばkは4の倍数であり, ともに奇数ならばkは奇数である。

⬅$(x+y)+(x-y)=2x$ が偶数であるから。

⬅"整数の解$(x,\ y)$をもつ"……(＊) ための必要条件は, "kは4の倍数または奇数である"……(＊＊)が示された。

逆に, kが4の倍数のとき, $k=4l$ (lは正の整数)とおくと,

$$(x+y)(x-y)=4l$$

は, たとえば,

$$x+y=2l,\ x-y=2$$

$$\therefore\ (x,\ y)=(l+1,\ l-1)$$

という整数の解$(x,\ y)$をもつ。

また, kが奇数のとき, $k=2m+1$ (mは0以上の整数) とおくと

$$(x+y)(x-y)=2m+1$$

は, たとえば,

$$x+y=2m+1,\ x-y=1$$

$\therefore\ (x,\ y)=(m+1,\ m)$

という整数の解 $(x,\ y)$ をもつ。

以上より，①が整数の解 $(x,\ y)$ をもつための k の必要十分条件は "**k は 4 の倍数または奇数である**" ことである。

⬅ $(**)$ は $(*)$ のための十分条件であることが示された。

(II) (1)

$$S=a+(a+1)+\cdots+(b-1)+b$$
$$=\frac{1}{2}(a+b)(b-a+1) \quad \cdots\cdots①$$

である。

⬅ 初項 a，末項 b，公差 1，項数 $b-(a-1)=b-a+1$ の等差数列の和である。

$S=500$ のとき，①より

$$\frac{1}{2}(a+b)(b-a+1)=500$$
$$\therefore\ (a+b)(b-a+1)=2^3\cdot5^3 \quad \cdots\cdots②$$

である。

ここで，

$$(a+b)+(b-a+1)=2b+1$$

より，"$a+b$ と $b-a+1$ の偶奇は異なる。" ……(☆)　また，$1\leqq a<b$ より，

$$2\leqq b-a+1<a+b \quad \cdots\cdots③$$

である。

⬅ $a+b$ と $b-a+1$ の和が奇数であることを示した。

⬅ $a+b-(b-a+1)$
$=2a-1>0$,
$b-a+1\geqq1+1=2$。

(☆) と③に注意すると，②より

$$\begin{pmatrix}a+b\\b-a+1\end{pmatrix}=\begin{pmatrix}5^3\\2^3\end{pmatrix},\ \begin{pmatrix}2^3\cdot5\\5^2\end{pmatrix},\ \begin{pmatrix}2^3\cdot5^2\\5\end{pmatrix}$$
$$=\begin{pmatrix}125\\8\end{pmatrix},\ \begin{pmatrix}40\\25\end{pmatrix},\ \begin{pmatrix}200\\5\end{pmatrix}$$

$\therefore\ (\boldsymbol{a},\ \boldsymbol{b})=(\mathbf{59},\ \mathbf{66}),\ (\mathbf{8},\ \mathbf{32}),\ (\mathbf{98},\ \mathbf{102})$

である。

⬅ ②と (☆) より $a+b$，$b-a+1$ のどちらか一方が 2^3 の倍数である。

(2)　$S=2^k$ (k は正の整数) のとき，①より

$$(a+b)(b-a+1)=2^{k+1}$$

である。(☆) と③の右側の不等式より

$$a+b=2^{k+1},\ b-a+1=1$$
$$\therefore\ a=b=2^k$$

となり，$a<b$ と矛盾するので，$S=2^k$ を満たす組 $(a,\ b)$ は存在しない。　(証明おわり)

第9章

904 正の整数の約数の個数とその総和

(I) 正の約数の個数が 28 個である最小の正の整数を求めよ。 (早稲田大)

(II) 2021 以下の正の整数で，すべての正の約数の和が奇数であるものの個数を求めよ。 (早稲田大*)

精講 正の整数の正の約数については次が成り立ちます。

正の整数 n の素因数分解が $n=p_1^{\alpha_1}p_2^{\alpha_2}\cdots p_m^{\alpha_m}$ (p_1, p_2, …, p_m は互いに異なる素数, α_1, α_2, …, α_m は正の整数) であるとき,

(n の正の約数の個数)

$=(\alpha_1+1)(\alpha_2+1)\cdots(\alpha_m+1)$

(n の正の約数の総和)

$=(1+p_1+\cdots+p_1^{\alpha_1})(1+p_2+\cdots+p_2^{\alpha_2})\cdots(1+p_m+\cdots+p_m^{\alpha_m})$ ……(＊)

$=\dfrac{p_1^{\alpha_1+1}-1}{p_1-1}\cdot\dfrac{p_2^{\alpha_2+1}-1}{p_2-1}\cdot\cdots\cdot\dfrac{p_m^{\alpha_m+1}-1}{p_m-1}$

である。

(＊) を展開したとき現れる数が n の正の約数のすべてです。

解答 (I) 正の整数 N の素因数分解を

$N=p^{\alpha}q^{\beta}\cdots r^{\gamma}$ ……①

(p, q, …, r は異なる素数, α, β, …, γ は正の整数) とするとき, N の約数の個数は

$(\alpha+1)(\beta+1)\cdots(\gamma+1)$ (個) ……②

である。したがって, N の約数の個数が $28=2\cdot2\cdot7$ (個) のとき, N の異なる素因数の個数 K は 3 以下である。

⇐ $\alpha+1$, $\beta+1$, …, $\gamma+1$ は 2 以上の整数である。

$K=1$ のとき, $\alpha+1=28$ より $\alpha=27$ であるから,

$N=p^{27}\geqq2^{27}$ ……③

⇐ 以下, $\alpha\geqq\beta\geqq\gamma$ として調べることにする。

$K=2$ のとき, $(\alpha+1,\ \beta+1)=(7,\ 4)$, $(14,\ 2)$ より $(\alpha,\ \beta)=(6,\ 3)$, $(13,\ 1)$ であるから,

$N=p^6q^3\geqq2^6\cdot3^3$, $N=p^{13}q\geqq2^{13}\cdot3$ ……④

⇐ ②より, $(\alpha+1)(\beta+1)=28$

$K=3$ のとき，$(\alpha+1,\ \beta+1,\ \gamma+1)=(7,\ 2,\ 2)$ より　$(\alpha,\ \beta,\ \gamma)=(6,\ 1,\ 1)$ であるから，

$$N=p^6qr\geqq 2^6\cdot 3\cdot 5 \quad\cdots\cdots⑤$$

である。③，④，⑤において

$$2^{27}>2^{13}\cdot 3>2^6\cdot 3^3>2^6\cdot 3\cdot 5$$

であるから，求める最小の整数は

$$2^6\cdot 3\cdot 5=\mathbf{960}$$

である。

⬅ $(\alpha+1)(\beta+1)(\gamma+1)=28$

(II)　①で表される正の整数Nのすべての正の約数の和をSとすると，

$$S=(1+p+\cdots+p^{\alpha})(1+q+\cdots+q^{\beta})\cdots(1+r+\cdots+r^{\gamma}) \quad\cdots\cdots⑥$$

である。Sが奇数となる条件は，⑥のすべての(　)内の和が奇数のときである。そこで

$$T=1+p+\cdots+p^{\alpha}$$

の偶奇について調べる。

⬅ 以下は，$1+q+\cdots+q^{\beta}$ などについても同じである。

$p=2$ のとき，αの偶奇によらず，Tは奇数である。また，pが奇数の素数のとき，Tは$(\alpha+1)$個の奇数の和であるから，Tが奇数となるのはαが偶数のときに限る。

⬅ $p=2$ のとき，p，…，p^{α} はすべて偶数であるから。

以上のことから，Sが奇数となるのは，Nの素因数分解において，2の指数は偶数(0を含む)，奇数いずれでもよいが，奇数の素因数の指数は偶数であるときに限る。つまり，

(i)　$N=$(平方数)　または　(ii)　$N=2\cdot$(平方数)

である。Nは2021以下の正の整数であるから，

(i)のとき，$44^2=1936$，$45^2=2025$ より

$$N=1^2,\ 2^2,\ \cdots,\ 44^2 \text{ の 44 個}$$

(ii)のとき，$2020=2\cdot 1010$，$31^2=961$，$32^2=1024$ より

$$N=2\cdot 1^2,\ 2\cdot 2^2,\ \cdots,\ 2\cdot 31^2 \text{ の 31 個}$$

である。

⬅ 整数の2乗で表される数を平方数という。したがって，(i)，(ii)の例として，
(i)　$N=15^2=3^2\cdot 5^2$
(ii)　$N=2\cdot 18^0=2^0\cdot 3^4$。

以上より，求める個数は

$$44+31=\mathbf{75}\text{(個)}$$

である。

第9章

905 平方数 n^2 を正の整数で割った余り

直角三角形の 3 辺の長さがすべて整数であるとき，面積は 6 の倍数であることを示せ。

(一橋大*)

精講 整数の 2 乗で表される数，すなわち，平方数に関する次の性質を用いて証明します。

整数 n を正の整数 p で割った余りには 0，1，2，…，$p-1$ のすべてが現れるが，平方数 n^2 を割った余りには 0，1，2，…，$p-1$ のうちのいくつかが現れないことがある。

たとえば，平方数 1^2，2^2，3^2，4^2，… を 3 で割った余りは順に 1，1，0，1，… となり，余りに 2 は現れません。また，これらの平方数を 4 で割った余りは 1，0，1，0，… となり，余りに 2，3 は現れません。

解答 直角三角形の直角をはさむ 2 辺の長さを a，b，斜辺の長さを c (a，b，c は正の整数)，面積を S とすると

$$a^2+b^2=c^2 \quad \cdots\cdots ①$$

$$S=\frac{1}{2}ab \qquad \therefore \quad ab=2S$$

である。

“S が 6 の倍数である，つまり，ab が 12 の倍数である” ことを示すには，“ab が 3 の倍数であり，かつ，4 の倍数である” ……(☆)　ことを示すとよい。

まず，準備として，“平方数 n^2 を 3 で割った余りは，n が 3 の倍数のときは 0 であり，3 の倍数でないときは 1 である” ……Ⓐ　を示す。

n は $n=3m$，$3m\pm1$ (m は整数) のいずれかで表され，

$$n^2=(3m)^2=3\cdot3m^2$$

$$n^2=(3m\pm1)^2=3(3m^2\pm2m)+1 \quad (複号同順)$$

より，Ⓐが成り立つ。

← n が 3 の倍数のときは $n=3m$，n が 3 の倍数でないときは，$n=3m\pm1$ のいずれかで表される。
901 精講 参照。

Ⓐを用いて，①において，“a，bの少なくとも一方は3の倍数である”……(＊)　ことを背理法によって示す。

a，bのいずれも3の倍数でないとすると，Ⓐよりa^2，b^2を3で割った余りはいずれも1であるから，①の左辺を3で割った余りは2である。一方，右辺c^2を3で割った余りは0または1であるから，矛盾する。したがって，a，bの少なくとも一方は3の倍数である。

以上で，(＊)が示された。

“平方数n^2を4で割った余りはnが偶数のときは0であり，奇数のときは1である。”……Ⓑ　実際，nは$n=2l$，$2l+1$（lは整数）のいずれかで表されるから，

$$(2l)^2=4l^2,\ (2l+1)^2=4(l^2+l)+1$$

よりⒷは明らかである。

Ⓑを用いて，“abは4の倍数である”……(＊＊)ことを示す。

まず，a，bがいずれも奇数とすると，Ⓑより①の左辺 a^2+b^2 を4で割った余りは $1+1=2$ で，右辺c^2を4で割った余り0または1であるから，矛盾である。よって，a，bの少なくとも一方は偶数である。

⬅a，bの少なくとも一方は偶数であることを背理法によって示している。

そこで，a，bがいずれも偶数とすると，abは4の倍数である。

次に，a，bの一方が偶数で，他方が奇数の場合については，aを偶数，bを奇数として調べると十分である。このとき，Ⓑより①の左辺を4で割った余りは1であるから，c^2を4で割った余りも1，つまり，cは奇数である。そこで，

$$b=2p+1,\ c=2q+1\ (p,\ q\text{は0以上の整数})$$

とおくと，①より

$$a^2=c^2-b^2=(2q+1)^2-(2p+1)^2$$
$$=4q(q+1)-4p(p+1) \quad \cdots\cdots②$$

⬅注参照。

となるが，ここで連続する2整数の積$q(q+1)$，$p(p+1)$は偶数であるから，a^2は8の倍数である。

したがって，aは4の倍数であり，(＊＊)が成り立つ。

⬅a^2が$8=2^3$の倍数のとき，aは$2^2=4$を約数にもつ。

第9章

以上で(＊＊)が示された。結果として，(☆)が証明された。　(証明おわり)

注　②の代わりに

$$a^2=4(q-p)(q+p+1)\quad\cdots\cdots②'$$

と変形した場合に，a^2 が 8 の倍数であることは次のように示される。2 つの整数 $q-p$，$q+p+1$ の和

$$(q-p)+(q+p+1)=2q+1$$

が奇数であるから，これら 2 つの整数の一方は偶数，他方は奇数となり，②′において，a^2 は 8 の倍数である。

← $(2q+1)^2-(2p+1)^2$
$=\{2q+1-(2p+1)\}$
$\times(2q+1+2p+1)$
$=4(q-p)(q+p+1)$

← 903 精講 参照。

参考

実は，“①が成り立つとき，a，b の少なくとも一方は 4 の倍数である”……(＊＊)′　が成り立っている。

解答 後半の議論から，a，b がともに偶数であるとした場合だけを調べるとよい。

← これ以外の場合は，a，b の一方は 4 の倍数であった。

a，b がともに偶数のとき，①の左辺は偶数であるから，右辺 c^2 も偶数，つまり，c も偶数である。よって，

$$a=2a',\ b=2b',\ c=2c'$$

(a'，b'，c' は正の整数) とおける。①に代入すると

$$(2a')^2+(2b')^2=(2c')^2 \qquad \therefore\ a'^2+b'^2=c'^2$$

となるから，解答 と同様に考えると，a'，b' の少なくとも一方は偶数となるので，$a=2a'$，$b=2b'$ の少なくとも一方は 4 の倍数である。

☆類題 27　→ 解答 p.384

集合 S を $S=\{a^2+b^2 \mid a,\ b \text{ は整数である}\}$ と定める。

(1)　S に属する整数 x，y の積 xy は S に属することを示せ。

(2)　290 および 1885 は S に属することを示し，2 つの平方数の和で表せ。

(3)　7542 は S に属さないことを示せ。

(4)　整数 p を 5 で割ったときの余りが 1 であり，整数 q を 5 で割ったときの余りが 2 であるとき，$\dfrac{p^2+q^2}{5}$ は S に属することを示せ。

(5)　S に属する自然数 n が 5 の倍数であるとき，$\dfrac{n}{5}$ も S に属することを示せ。

(島根大＊)

906 合同式の応用

p を素数とし，a は p では割り切れない正の整数とする。

(1) $k=1,\ 2,\ \cdots,\ p-1$ に対して，ka を p で割った余りを r_k とする。$i,\ j$ を $1 \leqq i < j \leqq p-1$ を満たす整数とするとき，$r_i \neq r_j$ を示せ。

(2) $a^{p-1}-1$ は p で割り切れることを示せ。

精講 (1)の証明のためには，次のことを思い出しましょう。

> m を正の整数とし，$a,\ b$ を整数とするとき，
> $a,\ b$ を m で割った余りが等しい $\Longleftrightarrow$ $a-b$ が m で割り切れる

(2) 高校の数学教科書で扱われているとは限りませんが，合同式という整数どうしの関係を表す式を用いると，説明が簡潔になることがあります。そこで，合同式について学習しておきましょう。

m を正の整数とする。2つの整数 $a,\ b$ に対して，$a-b$ が m で割り切れるとき，「a と b は m を法として合同である」といい，$a \equiv b \pmod{m}$ ……(☆) と表し，(☆) を m を法とする合同式という。

合同式については，次のことが成り立ちます。

> $a \equiv b \pmod{m}$，$c \equiv d \pmod{m}$ のとき，
> **1°** $a \pm c \equiv b \pm d \pmod{m}$ （複号同順）
> 特に，k を整数とするとき，$a \pm k \equiv b \pm k \pmod{m}$ （複号同順）
> **2°** $ac \equiv bd \pmod{m}$
> 特に，k を整数とするとき，$ka \equiv kb \pmod{m}$
> **3°** n を正の整数とするとき，$a^n \equiv b^n \pmod{m}$

解答 (1) $1 \leqq i < j \leqq p-1$ ……① のとき，

$ia,\ ja$ を p で割った商を $q_i,\ q_j$ とすると，

$ia = pq_i + r_i$ ……②

$ja = pq_j + r_j$ ……③

であり，③－② より

第9章

$$(j-i)a=p(q_j-q_i)+r_j-r_i \quad \cdots\cdots④$$

である。①より

$$1 \leqq j-i \leqq p-2$$

であるから，④の左辺は p の倍数ではない。したがって，右辺も p の倍数ではないので，

⬅ p は素数であるから，p の倍数でない2つの整数 $j-i$，a の積 $(j-i)a$ は p の倍数でない。

$$r_j-r_i \neq 0 \quad \therefore \quad r_i \neq r_j$$

である。（証明おわり）

(2) $k=1,\ 2,\ \cdots,\ p-1$ に対して，ka は p で割り切れないので，$r_k \neq 0$ であるから，

⬅ p は素数であり，k，a は p では割り切れない整数であるから。

$$1 \leqq r_k \leqq p-1 \quad \cdots\cdots⑤$$

である。また，(1)より，$r_1,\ r_2,\ \cdots,\ r_{p-1}$ は互いに異なるから，

$$\{r_1,\ r_2,\ \cdots,\ r_{p-1}\}=\{1,\ 2,\ \cdots,\ p-1\} \quad \cdots\cdots⑥$$

⬅ ⑤より，$(p-1)$ 個の整数 r_1，r_2，$\cdots$，r_{p-1} は1以上，$p-1$ 以下の整数のいずれかであり，かつ，互いに異なっているから，全体としては⑥の右辺と一致する。

である。

②，③からわかるように，p を法とする合同式（$(\bmod\ p)$ は書くのを省略）を用いると，

$$a \equiv r_1,\ 2a \equiv r_2,\ \cdots,\ (p-1)a \equiv r_{p-1}$$

であり，これらの式の辺々をかけ合わせると，

$$a \cdot 2a \cdot \cdots \cdot (p-1)a \equiv r_1 r_2 \cdots r_{p-1}$$

である。⑥を用いると

$$(p-1)!\,a^{p-1} \equiv (p-1)!$$

$$\therefore \quad (p-1)!\,(a^{p-1}-1) \equiv 0 \quad \cdots\cdots⑦$$

⬅ ⑦は左辺が p で割り切れることを表す。

となる。ここで，$(p-1)!$ は p で割り切れないので，$a^{p-1}-1$ は p で割り切れる。

⬅ $1,\ 2,\ \cdots,\ p-1$ のいずれも素数 p の倍数でない。

（証明おわり）

注 p を素数とし，a，b を整数とするとき，ab が p で割り切れるならば，a，b の少なくとも一方は p で割り切れる。つまり，

$$ab \equiv 0 \pmod{p} \Longrightarrow a \equiv 0 \pmod{p} \text{ または } b \equiv 0 \pmod{p}$$

が成り立つ。

しかし，p が素数でないときには，このような命題は成り立たないことに注意する。たとえば，合成数 $6=2 \cdot 3$ については，

$3 \cdot 4 \equiv 0 \pmod{6}$ であるが，$3 \not\equiv 0 \pmod{6}$ かつ $4 \not\equiv 0 \pmod{6}$

である。

907 1次不定方程式 $ax+by=c$

(1) 方程式 $65x+31y=1$ の整数解をすべて求めよ。

(2) $65x+31y=2016$ を満たす正の整数の組 $(x,\ y)$ を求めよ。

(3) 2016 以上の整数 m は，正の整数 x，y を用いて $m=65x+31y$ と表せることを示せ。

精講 (1) 方程式の係数どうしの割り算によって，係数(の絶対値)がより小さい方程式を導いて，まず，1組の解 $(x,\ y)$ を求めます。

(2)では，(1)の計算を利用して，すべての解を1つの整数 k を用いて表したあと，$x>0$，$y>0$ となるような k の値を決めるとよいでしょう。

(3)でも，(2)と同様に考えて，$x>0$，$y>0$ となるような整数 k が存在することを示すことになります。他にも，帰納法的に(3)を証明することもできますので，別解 として取り上げますが，思い付きにくいかもしれません。

解答 (1) $65x+31y=1$ ……①

を，

$(31\cdot 2+3)x+31y=1$

∴ $3x+31(2x+y)=1$

← 係数の大きい方 65 を小さい方 31 で割る。

と変形して，$u=2x+y$ ……② とおくと，

$3x+31u=1$

∴ $3(x+10u)+u=1$ ……③

← 1つの解として，$x+10u=0$，$u=1$。

となる。③を満たす整数 u，x として，$u=1$，$x=-10$ をとると，②より $y=21$ となるので，①に戻ると，

$65\cdot(-10)+31\cdot 21=1$ ……④

である。よって，①−④ より

$65(x+10)=-31(y-21)$

← ①の書き換えである。

となる。65 と 31 は互いに素であるから，求める整数解は，

← 2つの整数 a，b が 1 以外の公約数をもたないとき，a と b は互いに素であるという。

$x+10=31n$，$y-21=-65n$

∴ $\boldsymbol{x=-10+31n}$，$\boldsymbol{y=21-65n}$ (**n は整数**)

である。

(2)　　$65x+31y=2016$ ……⑤

⬅ $2016=65\cdot 31+1$ より，$65(x-31)+31y=1$ と表すこともできる。

とし，⑤−④×2016 を整理すると，

$$65(x+20160)=-31(y-42336)$$

⬅ ⑤の書き換えである。

である。(1)と同様に，⑤の整数解 x，y は，

$$x+20160=31k,\ y-42336=-65k\ (k\ は整数)$$

$$\therefore\ x=-20160+31k,\ y=42336-65k \quad \cdots\cdots⑥$$

と表される。$x>0$，$y>0$ のとき，

$$-20160+31k>0,\ 42336-65k>0$$

より　$650.3\cdots=\dfrac{20160}{31}<k<\dfrac{42336}{65}=651.3\cdots$

であるから，$k=651$ である。よって，求める組 $(x,\ y)$ は⑥より，

$$(x,\ y)=(\mathbf{21},\ \mathbf{21})$$

⬅ $x=-20160+31\cdot 651=21$
$y=42336-65\cdot 651=21$

である。

(3)　2016 以上の整数 m に対して，

$$65x+31y=m \quad \cdots\cdots⑦$$

を満たす正の整数 x，y が存在することを示す。

⑦−④×m を整理すると，

$$65(x+10m)=-31(y-21m)$$

⬅ ⑦の書き換えである。

である。(2)と同様に整数 k を用いて，

$$x+10m=31k,\ y-21m=-65k$$

$$\therefore\ x=-10m+31k,\ y=21m-65k \quad \cdots\cdots⑧$$

と表される。$m\geqq 2016$　…⑨　のとき，⑧において，$x>0$，$y>0$ となる整数 k の存在を示すとよい。

$$-10m+31k>0,\ 21m-65k>0$$

であるための k の条件は

$$\frac{10}{31}m<k<\frac{21}{65}m \quad \cdots\cdots⑩$$

である。ここで，⑨より

$$\frac{21}{65}m-\frac{10}{31}m=\frac{m}{2015}>1$$

すなわち，区間 $\left(\dfrac{10}{31}m,\ \dfrac{21}{65}m\right)$ の幅が 1 より大きいので，⑩を満たす整数 k が存在し，対応する⑧の x，y は⑦を満たす正の整数 x，y の 1 つである。(証明おわり)

別解

(3)　正の整数 x, y を用いて，$65x+31y$ と表される整数の全体を S とおく。また，2つの式

$$65\cdot(-10)+31\cdot21=1 \quad \cdots\cdots④$$

$$65\cdot21+31\cdot(-44)=1 \quad \cdots\cdots⑪$$

を用意する。

⬅(1)の結果で $n=1$ とおくと，$x=21$, $y=-44$。

(2)で示したことから，$2016\in S$ であり，

$$65\cdot21+31\cdot21=2016 \quad \cdots\cdots⑫$$

である。したがって，⑫＋④ より

$$65\cdot11+31\cdot42=2017$$

となるので，$2017\in S$ である。

⬅この部分は省略できるが，以下で何をするのかが分かるように示してある。

次に，$m_0\geqq2016$ かつ $m_0\in S$ とすると，

$$65x_0+31y_0=m_0 \quad \cdots\cdots⑬$$

となる正の整数 x_0, y_0 がある。このとき，

$$x_0\geqq11 \text{ または } y_0\geqq45 \quad \cdots\cdots⑭$$

の少なくとも一方が成り立つことを示す。

もし，⑭のいずれも成り立たない，すなわち，$x_0\leqq10$ かつ $y_0\leqq44$ とすると，⑬において

$$m_0=65x_0+31y_0\leqq65\cdot10+31\cdot44=2014$$

となり，$m_0\geqq2016$ と矛盾する。したがって，⑭が成り立つ。

$x_0\geqq11$ のときには，⑬＋④ より

$$65(x_0-10)+31(y_0+21)=m_0+1$$

⬅$x_0-10>0$ に注意。

であり，$y_0\geqq45$ のときには，⑬＋⑪ より

$$65(x_0+21)+31(y_0-44)=m_0+1$$

⬅$y_0-44>0$ に注意。

であるから，いずれにしても，$m_0+1\in S$ である。

以上のことから，帰納的に，$m\geqq2016$ を満たす整数 m は S に属する。　　　　（証明おわり）

研究

$$65x+31y=2015 \quad \cdots\cdots⑮$$

を満たす正の整数の組 $(x,\ y)$ は存在しない。実際，$2015=65\cdot31$ より，⑮を

$$65(x-31)=-31y \quad \cdots\cdots⑮'$$

と変形すると，⑮を満たす整数 x, y は

第9章

$x-31=31l,\ y=-65l$

$x=31(l+1),\ y=-65l$　　(l は整数)

と表されるが，$x>0$，$y>0$ となる整数 l はない。

一般に次の事実が成り立つ。特に，$a=65$，$b=31$ とすると，(3)および上に示したことに対応する。

> a，b を互いに素である正の整数とし，m を整数とするとき，整数 x，y に関する方程式 $ax+by=m$ ……㋐ について，次のことが成り立つ。
> (i) $m=ab$ のとき，㋐を満たす正の整数 x，y は存在しない。
> (ii) $m>ab$ のとき，㋐を満たす正の整数 x，y が存在する。

証明は以下の通り。

(i) $ax+by=ab$ は $a(x-b)=-by$ と変形され，a，b は互いに素であるから，⑮′ の処理と同様，その整数解は $x=b(l+1)$，$y=-al$ (l は整数) と表されるが，$x>0$，$y>0$ となる整数 l は存在しない。

(ii) まず，“b 個の正の整数 a，$2a$，$3a$，…，ba を b で割った余りは互いに異なる”……(A) ことを示す。

整数 i，j が $1\leqq i<j\leqq b$ を満たすとき，$1\leqq j-i\leqq b-1$ であり，a，b は互いに素であるから，$ja-ia=(j-i)a$ は b で割り切れないので，(A)が成り立つ。

また，一般に整数を b で割った余り r は $0\leqq r\leqq b-1$ を満たすので，b 通りしかない。したがって，(A)と合わせると，“a，$2a$，$3a$，…，ba を b で割った余りは全体として $\{0,\ 1,\ 2,\ \cdots,\ b-1\}$ と一致する”……(B)

(B)より，pa を b で割った余りが m を b で割った余りと一致する，すなわち，$m-pa$ が b の倍数であるような正の整数 p ($1\leqq p\leqq b$) が存在する。このとき，$m>ab$ より，$m-pa>0$ であるから，$m-pa$ は b の正の倍数であり，$m-pa=qb$ ……㋑ となる正の整数 q がある。㋑より，$pa+qb=m$ であるから，㋐を満たす正の整数の組 $(x,\ y)=(p,\ q)$ が存在する。

類題 28　→解答 p.385

(1) $35x+91y+65z=3$ を満たす整数の組 $(x,\ y,\ z)$ を1組求めよ。

(2) $35x+91y+65z=3$ を満たす整数の組 $(x,\ y,\ z)$ の中で x^2+y^2 の値が最小となるもの，およびその最小値を求めよ。　　(東京工大)

908 正の整数が 9，11 で割り切れる条件

正の整数 N は 10 進法で $a_na_{n-1}\cdots a_1a_0$ (a_n，a_{n-1}，…，a_1，a_0 は 0 以上，9 以下の整数で，$a_n \neq 0$) と表されている。このとき，

$$\alpha = a_n + a_{n-1} + \cdots + a_1 + a_0$$

$$\beta = (-1)^n a_n + (-1)^{n-1} a_{n-1} + \cdots - a_1 + a_0$$

とする。

(1) N が 99 で割り切れるための必要十分条件は，α が 9 で割り切れ，かつ β が 11 で割り切れることであることを示せ。

(2) α を 9 で割った余りが 6，β を 11 で割った余りが 3 であるとき，N を 99 で割った余りを求めよ。

(立教大*)

精講 “N と α を 9 で割った余りは等しい”，“N と β を 11 で割った余りは等しい” ことを示します。そのためには，$N-\alpha$ が 9 の倍数であること，$N-\beta$ が 11 の倍数であることを示すとよいのです。(906 精講 参照)

解答 (1) N は 10 進法で $a_na_{n-1}\cdots a_1a_0$ と表されているから，

$$N = a_n \cdot 10^n + a_{n-1} \cdot 10^{n-1} + \cdots + a_1 \cdot 10 + a_0$$

である。これより

$$N-\alpha$$
$$= a_n(10^n - 1) + a_{n-1}(10^{n-1} - 1) + \cdots + a_1(10-1) \quad \cdots\cdots①$$

である。ここで，k を正の整数とするとき，

$$10^k - 1$$
$$= (10-1)(10^{k-1} + 10^{k-2} + \cdots + 10 + 1)$$
$$= 9(10^{k-1} + 10^{k-2} + \cdots + 10 + 1)$$

⇐ $x^k - 1 = (x-1) \times (x^{k-1} + x^{k-2} + \cdots + x + 1)$

は 9 の倍数であるから，①より，$N-\alpha$ は 9 の倍数である。したがって，

“N と α を 9 で割った余りは等しい。” $\cdots\cdots$(A)

が成り立つ。また，

$$N-\beta$$
$$= a_n\{10^n - (-1)^n\} + a_{n-1}\{10^{n-1} - (-1)^{n-1}\}$$

第9章

$$+\cdots+a_1\{10-(-1)\} \quad \cdots\cdots②$$

である。ここで，k を正の整数とするとき，

$$x^k-y^k$$
$$=(x-y)(x^{k-1}+x^{k-2}y+\cdots+xy^{k-2}+y^{k-1})$$

であり，$x=10$，$y=-1$ とおくと

$$10^k-(-1)^k$$
$$=11\{10^{k-1}-10^{k-2}+\cdots+10(-1)^{k-2}+(-1)^{k-1}\}$$

となるので，$10^k-(-1)^k$ は 11 の倍数である。

したがって，②より，$N-\beta$ は 11 の倍数であるから，

"N と β を 11 で割った余りは等しい。" ……(B)

が成り立つ。

N が 99 で割り切れる，すなわち，N が 9 で割り切れ，かつ 11 で割り切れるための必要十分条件は(A)，(B)より，α が 9 で割り切れ，かつ，β が 11 で割り切れることである。　　(証明おわり)

⬅ N が 9 で割り切れる。
⟺ N を 9 で割った余りが 0。
⟺ α を 9 で割った余りが 0。
⟺ α は 9 で割り切れる。
11 についても同様である。

(2)　(A)，(B)より，N を 9 で割った余りが 6，11 で割った余りが 3 であるから，N は

$$N=9p+6 \quad \cdots\cdots③$$
$$N=11q+3 \quad \cdots\cdots④$$

(p，q は整数) と表される。③，④より

$$9p+6=11q+3$$
$$\therefore\quad 9p-11q=-3 \quad \cdots\cdots⑤$$

であり，

$$9\cdot7-11\cdot6=-3 \quad \cdots\cdots⑥$$

⬅ $9(p-q)-2q=-3$ より $p-q=1$，$q=6$ とした。
$p-q=-1$，$q=-3$ として，⑥の代わりに
$9\cdot(-4)-11\cdot(-3)=-3$
を用いてもよい。

であるから，⑤−⑥ より

$$9(p-7)=11(q-6)$$

となる。9 と 11 は互いに素であるから，$p-7$ は 11 の倍数であり，

$$p-7=11l,\quad q-6=9l$$
$$\therefore\quad p=11l+7,\quad q=9l+6 \quad (l \text{ は整数})$$

となる。③に代入すると

⬅ ④に代入しても同じ。

$$N=9(11l+7)+6=99l+69$$

となるので，N を 99 で割った余りは **69** である。

参考

(A), (B)から，10 進法で表された整数 N が 9, 11 で割り切れる条件は以下の通りである。

N が 9 で割り切れる $\iff$ N の各位の数字の和が 9 で割り切れる

N が 11 で割り切れる $\iff$ N の 1 の位から数えて奇数番目の位の数字の和を K，偶数番目の位の数字の和を L とするとき，$K-L$ が11 で割り切れる

たとえば，71082 は $7+1+0+8+2=18$ より 9 で割り切れ，54318 は $(8+3+5)-(1+4)=11$ より 11 で割り切れる。

研究

(2)を合同式を利用して解くと次のようになる。

N を 9, 11 で割った余りがそれぞれ 6, 3 であるから，合同式を用いると，

$N\equiv 6 \pmod 9$ ……㋐

$N\equiv 3 \pmod{11}$ ……㋑

と表される。㋐より，

$N-6=9p$ $\therefore$ $N=9p+6$ ……㋒ （p は整数）

と表されるので，㋑に代入すると

$9p+6\equiv 3 \pmod{11}$

$\therefore$ $9p\equiv -3 \pmod{11}$ ……㋓

となる。ここで，

$9x\equiv 1 \pmod{11}$ ……㋔

となる x を，㋔に $x=1, 2, \cdots$ を順に代入して探すと，$x=5$ が見つかる。すなわち，

$45\equiv 1 \pmod{11}$

であるから，両辺に p をかけると，

$45p\equiv p \pmod{11}$ ……㋕

である。そこで，㋓の両辺に 5 をかけると，

$45p\equiv -15 \pmod{11}$

となるので，㋕と結ぶと，

$\therefore$ $p\equiv 45p\equiv -15\equiv -15+2\cdot 11=7 \pmod{11}$ ……㋖

となる。㋖より，

$p-7=11l$ $\therefore$ $p=11l+7$ （l は整数）

第9章

と表されるから，ⓤに代入すると，

$N=9(11l+7)+6=99l+69$ ……ⓚ

が得られる。

ⓔからⓚを導くときに，ⓞを満たす整数xを探したが，そのようなxがあることは，

“a，bが互いに素な整数であるとき，$bx\equiv 1 \pmod{a}$ ……ⓚ

となる整数xが存在する” ……(＊)

という事実に基づいている。(＊)は次のように説明される。

906 (1)と同様に考えると，a，bは互いに素であるから，b，$2b$，…，$(a-1)b$ ……ⓚ をaで割った余りはいずれも0ではなくて，互いに異なるので，全体として$\{1,\ 2,\ \cdots,\ a-1\}$と一致することがわかる。したがって，ⓚの中で，aで割った余りが1となる$jb\,(1\leqq j\leqq a-1)$を取り出し，jbをaで割った商をqとすると，

$jb=qa+1$ より $bj\equiv 1 \pmod{a}$

が成り立つ。つまり，$x=j$ とおくと，(＊)が成り立つことになる。

(2)において，さらにNを7で割った余りが4であるとしたとき，Nを$7\cdot 9\cdot 11=693$ で割った余りを求めてみよう。

ⓐ，ⓘに加えて，

$N\equiv 4 \pmod{7}$ ……ⓢ

であるから，ⓢにⓚを代入すると，

$99l+69\equiv 4 \pmod{7}$ ……ⓢ

となる。ここで，

$99l\equiv l \pmod{7}$，$69\equiv 6 \pmod{7}$

であるから，ⓢより

$l+6\equiv 4 \pmod{7}$ $\therefore$ $l\equiv -2\equiv 5 \pmod{7}$

である。よって，

$l-5=7m$ $\therefore$ $l=7m+5$ (mは整数)

と表されるので，ⓚに代入すると

$N=99(7m+5)+69=693m+564$

となるから，求める余りは564である。

類題 29 →解答 p.385

$(2\times 3\times 5\times 7\times 11\times 13)^{10}$ の10進法での桁数を求めよ。 (一橋大)

☆ **909 鳩の巣原理**

Aを100以下の自然数の集合とする。また，50以下の自然数kに対し，Aの要素でその奇数の約数のうち最大のものが$2k-1$となるものからなる集合をA_kとする。

(1) Aの各要素は，A_1からA_{50}までの50個の集合のうちのいずれか1つに属することを示せ。

(2) Aの部分集合Bが51個の要素からなるとき，$\dfrac{y}{x}$が整数となるようなBの異なる要素x，yが存在することを示せ。

(3) 50個の要素からなるAの部分集合Cで，その中に$\dfrac{y}{x}$が整数となるような異なる要素x，yが存在しないものを1つ求めよ。（愛知教育大）

精講 (2) 同じ集合A_k（kは整数，$1\leqq k\leqq 50$）に属する2つの数の関係がわかると，あとは次の簡単な事実を用いるだけです。

> 鳩の巣原理 (Pigeonhole Principle)
> $(n+1)$個以上のものをn個の箱に入れたとき，2個以上のものが入っている箱が少なくとも1つはある。

(3) (2)との関連はあまり考えない方がよいでしょう。

解答 (1) 100以下の自然数nを考える。

nが奇数のとき，50以下の自然数kを用いて$n=2k-1$と表されるならば，$n\in A_k$である。

⇐ $1=2\cdot1-1\in A_1$
$3=2\cdot2-1\in A_2$
$\cdots$,
$99=2\cdot50-1\in A_{50}$

また，nが偶数のとき，nを2で割って得られた数が偶数ならばさらに2で割ることを繰り返すと最後には奇数が現れるから，割った回数をa回とすると，

⇐ $a\geqq1$である。

$$n=2^a(2l-1)\ (\ l\text{は50以下の自然数})$$

⇐ nを2でa回割ると奇数$2l-1$となるとする。

と表される。このとき，nの奇数の約数の最大のものは$2l-1$であるから，$n\in A_l$である。

⇐ たとえば，
$36=2^2\cdot9\in A_5$
$64=2^6\cdot1\in A_1$

いずれにしても，nはA_1からA_{50}のいずれか1つに属する。（証明おわり）

第9章

(2) 集合 A_k $(k=1, 2, \cdots, 50)$ は 50 個しかないので，B に属する 51 個の数の中には，これら A_k のうちの同じ集合に属する 2 数が必ずある。それらを x，y $(x<y)$ として，いずれも A_m に属するとすると，

$$x=2^p(2m-1),\ y=2^q(2m-1)$$

(p，q は整数，$0\leqq p<q$，m は 50 以下の自然数) と表されるので，

$$\frac{y}{x}=\frac{2^q(2m-1)}{2^p(2m-1)}=2^{q-p}$$

は整数となる。 (証明おわり)

⬅鳩の巣原理を用いた。

(3) $C=\{51, 52, \cdots, 100\}$ とするとき，C の任意の 2 つの要素 x，y $(x<y)$ は

$$51\leqq x<y\leqq 100$$

であり，

$$1<\frac{y}{x}\leqq\frac{100}{51}<2$$

となるので，$\frac{y}{x}$ は整数とはならない。

⬅注 参照。

⬅$x<y$ より $\frac{y}{x}>1$，$x\geqq 51$，$y\leqq 100$ より $\frac{y}{x}\leqq\frac{100}{51}$

よって，$C=\{\mathbf{51}, \mathbf{52}, \cdots, \mathbf{100}\}$ の中には $\frac{y}{x}$ が整数となるような異なる要素 x，y は存在しない。

注 (3)の C をすぐに思いつくことができれば苦労しないが，問題で与えられた集合 A_k から考えていくと次のようになる。

(2)の証明からわかる通り，このような集合 C の要素は A_1，A_2，$\cdots$，A_{50} から 1 個ずつ取り出されているはずである。また，異なる A_k に属する 2 数 x，y で，$\frac{y}{x}$ が整数になる例 ($3\in A_2$，$60\in A_8$) もある。そこで各 A_k に属する最大の数を集めてみると，結果として(3)に示した集合 C が得られる。

類題 30 → 解答 p.386

1，11，111，1111 のようにすべての桁の数字が 1 である正の整数の全体を U とする。m を 2 でも 5 でも割り切れない正の整数とするとき，m の倍数である U の要素が存在することを示せ。

910　3つの整数解をもつ3次方程式

3次方程式 $x^3-12x^2+41x-a=0$ の3つの解がすべて整数となるような定数 a と，そのときの3つの解を求めよ。　(埼玉大)

精講　この方程式の実数解を曲線 $y=x^3-12x^2+41x$ と直線 $y=a$ の共有点の x 座標として視覚的に捉えます。そのとき，3つの共有点のうち，中間にあるものが存在する範囲に着目しましょう。

解答　3次方程式

$$x^3-12x^2+41x-a=0 \quad \cdots\cdots①$$

$\therefore\ \ x^3-12x^2+41x=a$

の実数解は，曲線

$$y=x^3-12x^2+41x \quad \cdots\cdots②$$

と直線

$$y=a \quad \cdots\cdots③$$

の共有点の x 座標に等しい。……(＊)

$f(x)=x^3-12x^2+41x$ とおくと

$$f'(x)=3x^2-24x+41$$

より，$f(x)$ は $x_1=\dfrac{12-\sqrt{21}}{3}$ で極大値をとり，$x_2=\dfrac{12+\sqrt{21}}{3}$ で極小値をとるので，曲線 $y=f(x)$ ……② の概形は右図のようになる。

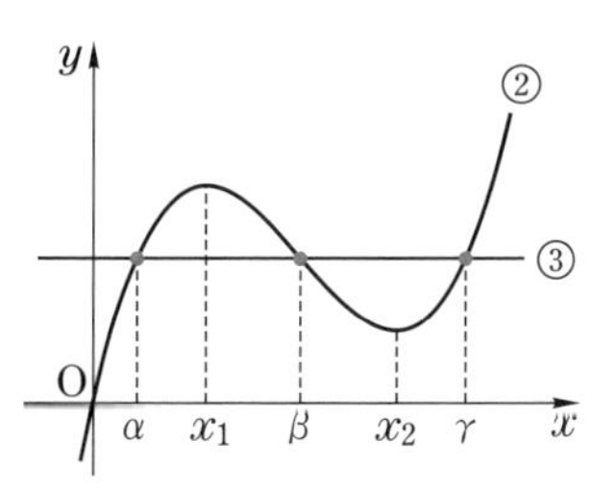

方程式①が3つの整数解 α, β, $\gamma\ (\alpha \leqq \beta \leqq \gamma)$ をもつとすると，右図より

$$x_1<\beta<x_2 \quad \cdots\cdots④$$

である。ここで，$4<\sqrt{21}<5$ より

$$\frac{7}{3}<x_1<\frac{8}{3},\ \ \frac{16}{3}<x_2<\frac{17}{3}$$

←$\dfrac{12-5}{3}<\dfrac{12-\sqrt{21}}{3}<\dfrac{12-4}{3}$, $\dfrac{12+4}{3}<\dfrac{12+\sqrt{21}}{3}<\dfrac{12+5}{3}$

であるから，④を満たす整数 β は

$$\beta=3,\ 4,\ 5$$

のいずれかである。

$\beta=3$ のとき　$a=f(3)=42$ より，①は

$$x^3-12x^2+41x-42=0$$

⬅ $(x-3)(x^2-9x+14)=0$

$$\therefore \quad (x-3)(x-2)(x-7)=0$$

となるので，3 解は 2，3，7 である。

$\beta=4$ のとき　$a=f(4)=36$ より，①は

$$x^3-12x^2+41x-36=0$$

$$\therefore \quad (x-4)(x^2-8x+9)=0$$

$$\therefore \quad x=4,\ 4\pm\sqrt{7}$$

となるので不適である。

$\beta=5$ のとき　$a=f(5)=30$ より，①は

$$x^3-12x^2+41x-30=0$$

⬅ $(x-5)(x^2-7x+6)=0$

$$\therefore \quad (x-5)(x-1)(x-6)=0$$

となるので，3 解は 1，5，6 である。

以上をまとめると

$$\begin{cases} \boldsymbol{a=42} \text{ のとき，3 つの解}\quad \mathbf{2,\ 3,\ 7} \\ \boldsymbol{a=30} \text{ のとき，3 つの解}\quad \mathbf{1,\ 5,\ 6} \end{cases}$$

となる。

参考

3 次方程式の解と係数の関係を利用することもできる。3 つの整数解を α，β，γ $(\alpha\leqq\beta\leqq\gamma$ ……㋐$)$ とおくと

$$\alpha+\beta+\gamma=12,\qquad \alpha\beta+\beta\gamma+\gamma\alpha=41,\qquad \alpha\beta\gamma=a$$

より，

$$\alpha^2+\beta^2+\gamma^2=(\alpha+\beta+\gamma)^2-2(\alpha\beta+\beta\gamma+\gamma\alpha)=62$$

である。

㋐より

$$12=\alpha+\beta+\gamma\leqq3\gamma \qquad \therefore \quad \gamma\geqq4 \qquad \cdots\cdots ㋑$$

となる。また，

$$62=\alpha^2+\beta^2+\gamma^2\geqq\gamma^2 \qquad \therefore \quad \gamma^2\leqq62 \qquad \cdots\cdots ㋒$$

となるから，㋑，㋒より

$$\gamma=4,\ 5,\ 6,\ 7 \qquad \cdots\cdots ㋓$$

のいずれかである。

㋓の γ に対応する a の値はそれぞれ

$$a=f(\gamma)=36,\ 30,\ 30,\ 42$$

となるので，これらについて調べるとよい。

911 実数xを超えない最大の整数$[x]$

(1) 不等式 $\dfrac{1995}{n}-\dfrac{1995}{n+1}\geqq 1$ を満たす最大の正の整数nを求めよ。

(2) 次の1995個の整数の中に異なる整数は何個あるか。その個数を求めよ。

$$\left[\frac{1995}{1}\right],\ \left[\frac{1995}{2}\right],\ \left[\frac{1995}{3}\right],\ \cdots,\ \left[\frac{1995}{1994}\right],\ \left[\frac{1995}{1995}\right]$$

ここに，$[x]$は，xを超えない最大の整数を表す(たとえば，$[2]=2$，$[2.7]=2$)。

(早稲田大)

精講 (2) 実数xに対して，xを超えない最大の整数を表す記号$[x]$についてまとめておきます。

nを整数とし，xを実数とするとき

$$[x]=n \iff n\leqq x<n+1$$

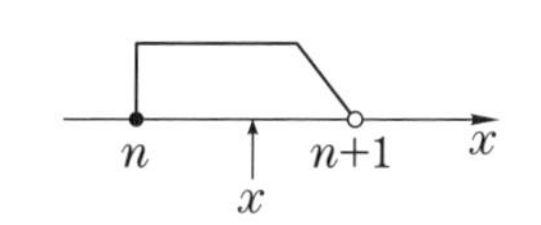

1° $x\leqq y$ のとき $[x]\leqq[y]$

2° kが整数のとき $[x+k]=[x]+k$

これより，$y-x\geqq 1$，つまり，$y\geqq x+1$ のときには，

$$[y]\geqq[x+1]=[x]+1 \qquad \therefore\ [y]>[x]$$

ですから，$\left[\dfrac{1995}{1}\right]$，$\left[\dfrac{1995}{2}\right]$，$\left[\dfrac{1995}{3}\right]$ などはすべて異なっています。一方，

nが大きくなり，$\dfrac{1995}{n}-\dfrac{1995}{n+1}<1$ となったあとでは，$\left[\dfrac{1995}{n}\right]$，$\left[\dfrac{1995}{n+1}\right]$，…

の中には同じ整数も現れますが，そのような整数より小さい正の整数もすべて現れることがわかるはずです。

解答 (1) $\dfrac{1995}{n}-\dfrac{1995}{n+1}\geqq 1$ ……①

は

$$1995\geqq n(n+1) \quad\cdots\cdots①'$$

となる。ここで，

$$44\cdot 45=1980,\ 45\cdot 46=2070$$

であるから，①つまり①′を満たす最大の整数nは

44 である。

第9章

(2)　$n=1,\ 2,\ \cdots,\ 1995$ に対して

$$a_n=\frac{1995}{n},\quad b_n=\left[\frac{1995}{n}\right]=[a_n]$$

とおく。(1)より，$n=1,\ 2,\ \cdots,\ 44$ のとき

$$a_n \geqq a_{n+1}+1$$

であるから

$$b_n \geqq b_{n+1}+1 \qquad \therefore \quad b_n > b_{n+1}$$

⬅ $y \geqq x+1$ のとき $[y] \geqq [x+1]=[x]+1$

である。つまり

$$b_1 > b_2 > \cdots > b_{44} > b_{45}=44 \qquad \cdots\cdots ②$$

⬅ $b_{45}=\left[\frac{1995}{45}\right]=[44.3\cdots]=44$

であり，ここには 45 個の整数が現れる。

また，$n \geqq 46$ のとき，(1)の結果から

$$\frac{1995}{n}-\frac{1995}{n+1}<1 \qquad \therefore \quad a_n-a_{n+1}<1$$

であるから，

$$a_{46}>a_{47}>\cdots>a_{1994}>a_{1995}$$

において，隣り合う 2 数の差は 1 より小さい。

よって，

$$a_{46}=\frac{1995}{46}=43.3\cdots\cdots,\quad a_{1995}=\frac{1995}{1995}=1$$

であることを合わせると，区間

$$I_m=\{x \mid m \leqq x < m+1\}\ (m=1,\ 2,\ \cdots,\ 43)$$

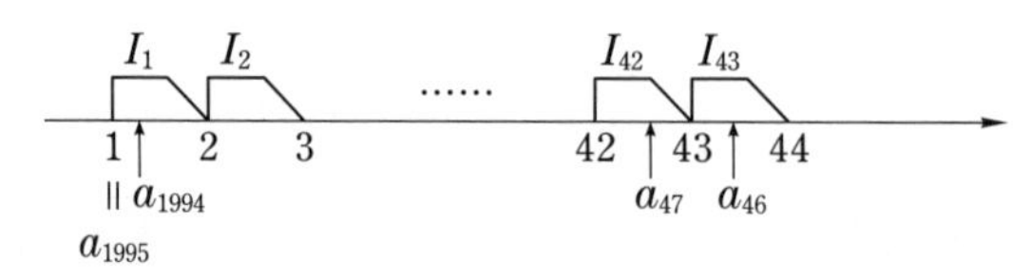

のすべてに，a_{46}，a_{47}，$\cdots$，a_{1994}，a_{1995} の少なくとも 1 つが含まれるので，

⬅ $x \in I_m$ のとき，$[x]=m$ である。

$$[a_{46}],\ [a_{47}],\ \cdots,\ [a_{1994}],\ [a_{1995}]$$

には 43，42，…，2，1 のすべての整数が現れる。

②と合わせると，$b_n=[a_n]=\left[\dfrac{1995}{n}\right]$

$(n=1,\ 2,\ \cdots,\ 1994,\ 1995)$ の中の異なる整数は

$$45+43=\mathbf{88}\ (個)$$

である。

912 単位分数の和に関する方程式

x, y, z は正の整数とする。

(1) $\dfrac{1}{x}+\dfrac{1}{y}+\dfrac{1}{z}=1$ を満たす x, y, z の組 $(x,\ y,\ z)$ は何通りあるか。

☆ (2) r を正の有理数とするとき，$\dfrac{1}{x}+\dfrac{1}{y}+\dfrac{1}{z}=r$ を満たす x, y, z の組 $(x,\ y,\ z)$ は有限個しかないことを証明せよ。ただし，そのような組が存在しない場合は 0 個とし，有限個であるとみなす。（信州大*）

精講 (1) この方程式だけでは分母を払ってみても何も見えてきません。

そこで，まず x, y, z の間に大小関係，たとえば，$x \leqq y \leqq z$，を仮定して考えます。そのときには，最小の整数 x，最大の整数 z のいずれかの取り得る値の範囲が絞り込まれるはずです。

(2) 同様に，$x \leqq y \leqq z$ のもとで考えたとき，解の個数が有限個であれば大小関係の仮定をはずしても，解の個数は最大でも $3!$ 倍になるだけです。

解答 (1) まず，$x \leqq y \leqq z$ ……① のもとで

$$\frac{1}{x}+\frac{1}{y}+\frac{1}{z}=1 \quad \cdots\cdots ②$$

を満たす正の整数 x, y, z を考える。

←このような条件設定をすることが問題解決への第一歩である。

①のもとで

$$\frac{1}{x} \geqq \frac{1}{y} \geqq \frac{1}{z} \quad \cdots\cdots ③$$

であるから，②より

$$1=\frac{1}{x}+\frac{1}{y}+\frac{1}{z} \leqq \frac{1}{x}+\frac{1}{x}+\frac{1}{x}=\frac{3}{x}$$

$$\therefore \quad x \leqq 3 \quad \cdots\cdots ④$$

←$1=\dfrac{1}{x}+\dfrac{1}{y}+\dfrac{1}{z} \geqq \dfrac{1}{z}+\dfrac{1}{z}+\dfrac{1}{z}=\dfrac{3}{z}$ $\therefore$ $z \geqq 3$ としても，3 以上の整数は無数にあるので役に立たない。

である。以下，④のもとで調べる。

$x=3$ のとき，②，③より

$$\frac{2}{3}=\frac{1}{y}+\frac{1}{z} \leqq \frac{1}{y}+\frac{1}{y}=\frac{2}{y}$$

←注 参照。

$$\therefore \quad y \leqq 3$$

となるが，$y \geqq x=3$ と合わせると，

第9章

$$(y,\ z)=(3,\ 3)$$

となるので，

$$(x,\ y,\ z)=(3,\ 3,\ 3) \qquad \cdots\cdots⑤$$

である。

← $\dfrac{2}{3}=\dfrac{1}{3}+\dfrac{1}{z}$ より
$z=3$

$x=2$ のとき，②，③より

$$\frac{1}{2}=\frac{1}{y}+\frac{1}{z}\leqq\frac{1}{y}+\frac{1}{y}=\frac{2}{y}$$

$$\therefore\quad y\leqq 4$$

となるが，$y\geqq x=2$ と合わせると，

$$(y,\ z)=(4,\ 4),\ (3,\ 6)$$

となるので，

$$(x,\ y,\ z)=(2,\ 4,\ 4),\ (2,\ 3,\ 6) \qquad \cdots\cdots⑥$$

となる。

← $y=2$ のとき
$\dfrac{1}{2}=\dfrac{1}{2}+\dfrac{1}{z}$
を満たす z はないので不適である。

また，$x=1$ とすると，②は

$$\frac{1}{y}+\frac{1}{z}=0$$

となり，このような正の整数 y，z はない。

以上より，①の仮定を取り除くと，②を満たす正の整数の組 $(x,\ y,\ z)$ は⑤から 1 組，⑥からそれぞれ ${}_3C_1=3$ 組，$3!=6$ 組 得られるので，全部で

$$1+3+6=\mathbf{10}\ \textbf{(通り)}$$

である。

← たとえば，⑥の左側からは，
$(x,\ y,\ z)$
$=(2,\ 4,\ 4),\ (4,\ 2,\ 4),$
$(4,\ 4,\ 2)$
の 3 組が得られる。

(2) ここでも，①のもとで

$$\frac{1}{x}+\frac{1}{y}+\frac{1}{z}=r \qquad \cdots\cdots⑦$$

を考える。④と同様に

$$r=\frac{1}{x}+\frac{1}{y}+\frac{1}{z}\leqq\frac{3}{x}$$

$$\therefore\quad x\leqq\frac{3}{r}$$

であるから，正の整数 x の取り得る値はせいぜい

$$1,\ 2,\ \cdots,\ \left[\frac{3}{r}\right] \qquad \cdots\cdots⑧$$

の $\left[\dfrac{3}{r}\right]$ 個である。

← $\left[\dfrac{3}{r}\right]$ は $\dfrac{3}{r}$ を超えない最大の整数である。**911** 参照。

次に，x が⑧の1つの値 x_0 をとるとき，⑦は

$$\frac{1}{y}+\frac{1}{z}=r-\frac{1}{x_0} \qquad \cdots\cdots ⑨$$

となる。⑨を満たす正の整数 y，z が存在するのは，

$$r-\frac{1}{x_0}>0$$

⬅⑧の中でこの不等式を満たさないものは除くことにする。

のときであり，このとき，⑨より

$$r-\frac{1}{x_0}=\frac{1}{y}+\frac{1}{z}\leqq\frac{1}{y}+\frac{1}{y}=\frac{2}{y}$$

$$\therefore\quad y\leqq\frac{2}{r-\dfrac{1}{x_0}}=\frac{2x_0}{rx_0-1}$$

であるから，正の整数 y の取り得る値は多くても $\left[\dfrac{2x_0}{rx_0-1}\right]$ 個であり，y が決まると⑨より z も1通りに決まる。

⬅z が整数とならないときには除くことにする。

以上より，仮定①のもとで，⑦を満たす組 $(x,\ y,\ z)$ において，x の取り得る値は有限個であり，x のそれぞれの値に対して，y，z の取り得る値も有限個であるから，$(x,\ y,\ z)$ の個数は有限個である。その個数を N とするとき，仮定①をはずしたときに⑦を満たす組 $(x,\ y,\ z)$ の個数は最大でも $3!N=6N$ であるから，やはり有限個である。

⬅0個の場合も含む。

⬅$(y,\ z)$ についても，0個の場合を含む。

⬅$N=0$ の場合を含む。

（証明おわり）

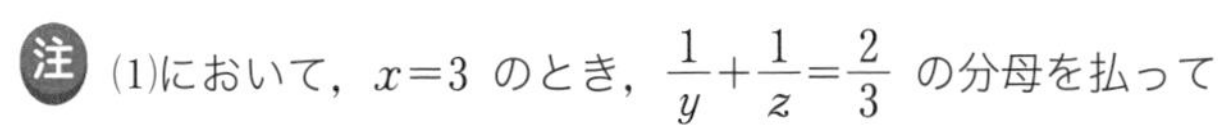

注 (1)において，$x=3$ のとき，$\dfrac{1}{y}+\dfrac{1}{z}=\dfrac{2}{3}$ の分母を払って

$$3z+3y=2yz \qquad \therefore\quad (2y-3)(2z-3)=9$$

とし，$3=x\leqq y\leqq z$ より

$$(2y-3,\ 2z-3)=(3,\ 3) \qquad \therefore\quad (y,\ z)=(3,\ 3)$$

を導いてもよい。

$x=2$ のとき，$\dfrac{1}{y}+\dfrac{1}{z}=\dfrac{1}{2}$ についても同様である。

類題 31 →解答 p.386

$7(x+y+z)=2(xy+yz+zx)$ を満たす自然数の組 x，y，z $(x\leqq y\leqq z)$ をすべて求めよ。

（大分大）

913 二項係数 ${}_m\mathrm{C}_r$ の約数

自然数 $m\geqq 2$ に対し，$m-1$ 個の二項係数

$${}_m\mathrm{C}_1,\ {}_m\mathrm{C}_2,\ \cdots,\ {}_m\mathrm{C}_{m-1}$$

を考え，これらすべての最大公約数を d_m とする。すなわち d_m はこれらすべてを割り切る最大の自然数である。

(1) m が素数ならば，$d_m=m$ であることを示せ。

(2) すべての自然数 k に対し，k^m-k が d_m で割り切れることを，k に関する数学的帰納法によって示せ。

(3) m が偶数のとき d_m は 1 または 2 であることを示せ。 (東京大)

精講 (1) m が素数のとき，$r=1,\ 2,\ \cdots,\ m-1$ に対して，$r!$ は m では割り切れないということを用いるだけです。

(2) 数学的帰納法の第 2 段階では二項定理を用います。

(3) (2)の結果，$(k-1)^m-(k-1)$，k^m-k はいずれも d_m の倍数です。これをどのように利用するかを考えることになります。

解答 (1) $1\leqq r\leqq m-1$ ……① のとき，

$${}_m\mathrm{C}_r=\frac{{}_m\mathrm{P}_r}{r!}$$

← ${}_m\mathrm{P}_r=m(m-1)\cdots(m-r+1)$

$\therefore\ \ r!\,{}_m\mathrm{C}_r=m(m-1)\cdots(m-r+1)$ ……②

である。②において，右辺は素数 m の倍数であり，①のもとで $r!=r(r-1)\cdots2\cdot1$ は m の倍数ではないから，${}_m\mathrm{C}_r$ は m の倍数である。つまり，m は ${}_m\mathrm{C}_r$ $(1\leqq r\leqq m-1)$ の公約数であるから，

$d_m\geqq m$ ……③ である。

← d_m は ${}_m\mathrm{C}_r$ $(1\leqq r\leqq m-1)$ の最大公約数であるから。

一方，d_m は ${}_m\mathrm{C}_1=m$ の約数であるから，③と合わせると，$d_m=m$ である。 (証明おわり)

← d_m は m の約数であるから，$d_m\leqq m$ である。

(2) $k=1,\ 2,\ 3,\ \cdots$ に対して，“k^m-k が d_m で割り切れる”……(＊) ことを数学的帰納法で示す。

(I) $1^m-1=0$ は d_m で割り切れるから，$k=1$ のとき，(＊) は成り立つ。

(II) $k=n$ (n は正の整数) のとき，(＊) が成り立つ，すなわち，“n^m-n は d_m で割り切れる”……Ⓐ

とする。このとき

$$(n+1)^m-(n+1)$$
$$=\sum_{r=0}^{m}{}_m\mathrm{C}_r n^{m-r}-(n+1)$$
$$=n^m+{}_m\mathrm{C}_1 n^{m-1}+\cdots+{}_m\mathrm{C}_{m-1}n+1-(n+1)$$
$$=n^m-n+({}_m\mathrm{C}_1 n^{m-1}+\cdots+{}_m\mathrm{C}_{m-1}n) \quad \cdots\cdots④$$

において，n^m-n はⒶより d_m で割り切れ，${}_m\mathrm{C}_1$，…，${}_m\mathrm{C}_{m-1}$ も d_m で割り切れるから，④，つまり，$(n+1)^m-(n+1)$ も d_m で割り切れる。

⬅ d_m は ${}_m\mathrm{C}_1$，…，${}_m\mathrm{C}_{m-1}$ の公約数である。

以上，(I)，(II)より，すべての自然数 k に対して，(＊)が成り立つ。　　(証明おわり)

(3)　m が偶数のとき，k を 2 以上の整数とすると，

$$(k-1)^m-(k-1)=\sum_{r=0}^{m}{}_m\mathrm{C}_r k^{m-r}(-1)^r-(k-1)$$
$$=k^m+\sum_{r=1}^{m-1}{}_m\mathrm{C}_r k^{m-r}(-1)^r+(-1)^m-(k-1)$$

⬅ m が偶数であるから，$(-1)^m=1$ となる。

$$=k^m-k+\sum_{r=1}^{m-1}{}_m\mathrm{C}_r k^{m-r}(-1)^r+2 \quad \cdots\cdots⑤$$

⬅ $r=1,\ 2,\ \cdots,\ m-1$ のとき d_m は ${}_m\mathrm{C}_r$ の約数である。

となる。(2)より，d_m は $(k-1)^m-(k-1)$，k^m-k の約数であり，定義から ${}_m\mathrm{C}_r\ (1\leqq r\leqq m-1)$ の約数であるから，⑤より，d_m は 2 の約数である。すなわち，d_m は 1 または 2 である。　　(証明おわり)

⬅ $2=(k-1)^m-(k-1)-(k^m-k)-\sum_{r=1}^{m-1}{}_m\mathrm{C}_r k^{m-r}(-1)^r$

参考

(2)の(＊)は $k=0$ でも成り立つので，(3)では，$(d_m-1)^m-(d_m-1)$ が d_m の倍数である。したがって，

$$(d_m-1)^m-(d_m-1)=\sum_{r=0}^{m}{}_m\mathrm{C}_r d_m{}^{m-r}(-1)^r-(d_m-1)$$
$$=\sum_{r=0}^{m-1}{}_m\mathrm{C}_r d_m{}^{m-r}(-1)^r+(-1)^m-d_m+1$$
$$=d_m\left\{\sum_{r=0}^{m-1}{}_m\mathrm{C}_r d_m{}^{m-r-1}(-1)^r-1\right\}+2$$

⬅ { }の中は整数である。

において，左辺は d_m で割り切れるから，d_m は 2 の約数，つまり，d_m は 1 または 2 であることが示せる。

⬅ 右辺第 1 項を移項すると $d_m\cdot$(整数)$=2$ となる。

第9章

☆ **914 二項係数を4で割った余り**

(1) 正の奇数K, Lと正の整数A, Bが$KA=LB$を満たしているとする。Kを4で割った余りがLを4で割った余りと等しいならば，Aを4で割った余りはBを4で割った余りと等しいことを示せ。

(2) 正の整数a, bが$a>b$を満たしているとする。このとき，$A={}_{4a+1}\mathrm{C}_{4b+1}$, $B={}_a\mathrm{C}_b$に対して$KA=LB$となるような正の奇数K, Lが存在することを示せ。

(3) a, bは(2)の通りとし，さらに$a-b$が2で割り切れるとする。${}_{4a+1}\mathrm{C}_{4b+1}$を4で割った余りは${}_a\mathrm{C}_b$を4で割った余りと等しいことを示せ。

(4) ${}_{2021}\mathrm{C}_{37}$を4で割った余りを求めよ。　(東京大)

精講　(2)では，${}_{4a+1}\mathrm{C}_{4b+1}$を分数の形で，$\dfrac{(4a+1)\cdot 4a\cdot\cdots\cdot(4a-4b+1)}{(4b+1)\cdot 4b\cdot\cdots\cdot 1}$と書き出してみましょう。この式を眺めて，分子，分母の4の倍数の項だけを取り出して得られる分数で，分子，分母を4で約分することを繰り返すと，${}_a\mathrm{C}_b$になることに気がつけば，ほぼ解決です。次は，分子，分母の4の倍数ではない偶数だけを取り出した「分数」を考えることになります。

(3)では，(2)の「分数」について調べることになりますが，合同式を用いると，説明が簡潔になります。

解答　(1) 正の奇数K, Lを4で割った余りが等しいとき，その余りは1または3であるから，

$$K=4k+r,\ L=4l+r \quad \cdots\cdots①$$

(k, lは整数，rは1または3)と表される。

$$KA=LB$$

に，①を代入すると，

$$(4k+r)A=(4l+r)B$$

$$\therefore\ r(A-B)=4(lB-kA)$$

であるから，$r(A-B)$は4で割り切れる。rは1または3であるから，$A-B$が4で割り切れて，A, Bを4で割った余りは等しい。　(証明おわり)

← 906 精講 参照。

(2) $A={}_{4a+1}\mathrm{C}_{4b+1}=\dfrac{{}_{4a+1}\mathrm{P}_{4b+1}}{(4b+1)!}$

$$=\frac{(4a+1)\cdot 4a\cdot(4a-1)\cdot(4a-2)\cdot\cdots\cdot(4a-4b+2)\cdot(4a-4b+1)}{(4b+1)\cdot 4b\cdot(4b-1)\cdot(4b-2)\cdot\cdots\cdot 2\cdot 1}$$

と表すとき，分子，分母はともに $(4b+1)$ 個の整数の積である。このうち，分子にある 4 の倍数の積，4 の倍数でない偶数の積，奇数の積をそれぞれ N_1，N_2，N_3 とし，分母にある 4 の倍数の積，4 の倍数でない偶数の積，奇数の積をそれぞれ D_1，D_2，D_3 とする。

⬅ $a>b$ のもとで考えている。

⬅ 分子 (分母) には，4 の倍数，4 の倍数でない偶数，奇数がそれぞれ b 個，b 個，$(2b+1)$ 個ある。

$$\frac{N_1}{D_1}=\frac{4a(4a-4)\cdot\cdots\cdot(4a-4b+4)}{4b(4b-4)\cdot\cdots\cdot 4}=\frac{a(a-1)\cdot\cdots\cdot(a-b+1)}{b(b-1)\cdot\cdots\cdot 1}={}_a\mathrm{C}_b$$

$$\frac{N_2}{D_2}=\frac{(4a-2)(4a-6)\cdot\cdots\cdot(4a-4b+2)}{(4b-2)(4b-6)\cdot\cdots\cdot 2}$$

$$=\frac{(2a-1)(2a-3)\cdot\cdots\cdot(2a-2b+1)}{(2b-1)(2b-3)\cdot\cdots\cdot 1}=\frac{N_2'}{D_2'}\quad\cdots\cdots②$$

$$\frac{N_3}{D_3}=\frac{(4a+1)(4a-1)\cdot\cdots\cdot(4a-4b+3)(4a-4b+1)}{(4b+1)(4b-1)\cdot\cdots\cdot 3\cdot 1}$$

である。ここで，

$$N_2'=(2a-1)(2a-3)\cdot\cdots\cdot(2a-2b+1)\quad\cdots\cdots③$$

$$D_2'=(2b-1)(2b-3)\cdot\cdots\cdot 1\quad\cdots\cdots④$$

であり，N_2'，D_2' はいずれも奇数である。

以上より，

$${}_{4a+1}\mathrm{C}_{4b+1}=\frac{N_1N_2N_3}{D_1D_2D_3}=\frac{N_1}{D_1}\cdot\frac{N_2}{D_2}\cdot\frac{N_3}{D_3}={}_a\mathrm{C}_b\cdot\frac{N_2'}{D_2'}\cdot\frac{N_3}{D_3}$$

つまり，

$$A=B\cdot\frac{N_2'}{D_2'}\cdot\frac{N_3}{D_3},\qquad\therefore\quad D_2'D_3A=N_2'N_3B\quad\cdots\cdots⑤$$

であり，D_2'，D_3，N_2'，N_3 はいずれも奇数であるから，$K=D_2'D_3$，$L=N_2'N_3$ とおくと，K，L は $KA=LB$ となる正の奇数である。 (証明おわり)

(3) “$a-b$ が 2 で割り切れる” ……(＊) として，N_2' と D_2'，N_3 と D_3 を 4 で割った余りの関係を調べる。

③，④の右辺の積において k 番目 $(1\leqq k\leqq b)$ の数はそれぞれ $2a-(2k-1)$，$2b-(2k-1)$ であり，その差

$$2a-(2k-1)-\{2b-(2k-1)\}=2(a-b)$$

第9章

は(＊)より，4で割り切れるので，これら2数を4で割った余りは等しい。4を法とする合同式で表すと，

$2a-(2k-1)\equiv 2b-(2k-1) \pmod 4$ ……⑥

⬅合同式については 906 精講 を参照。

である。⑥で $k=1, 2, \cdots, b$ とおいて，辺々を掛け合わせると

$(2a-1)(2a-3)\cdot\cdots\cdot(2a-2b+1)\equiv(2b-1)(2b-3)\cdot\cdots\cdot 1$

$\therefore\ N_2'\equiv D_2' \pmod 4$ ……⑦

が成り立つ。同様の議論によって，

$N_3\equiv D_3 \pmod 4$ ……⑧

も成り立つので，⑦，⑧の辺々を掛け合わせると

$N_2'N_3\equiv D_2'D_3 \pmod 4$ ……⑨

である。

⑤において，$N_2'N_3$，$D_2'D_3$ は正の奇数であって，⑨より2数を4で割った余りは等しいので，(1)で示したことより，$A={}_{4a+1}\mathrm{C}_{4b+1}$ と $B={}_a\mathrm{C}_b$ を4で割った余りは等しい。 （証明おわり）

(4) $2021=4\cdot 505+1$，$37=4\cdot 9+1$ であり，$505-9=496$ が2で割り切れるから，(3)より

${}_{2021}\mathrm{C}_{37}={}_{4\cdot 505+1}\mathrm{C}_{4\cdot 9+1}\equiv{}_{505}\mathrm{C}_9 \pmod 4$ ……⑩

⬅(3)で，$a=505$，$b=9$ と考える。

である。さらに，$505=4\cdot 126+1$，$9=4\cdot 2+1$ であり，$126-2=124$ が2で割り切れるから，

$${}_{505}\mathrm{C}_9={}_{4\cdot 126+1}\mathrm{C}_{4\cdot 2+1}\equiv{}_{126}\mathrm{C}_2=\frac{126\cdot 125}{2\cdot 1}$$

$$=63\cdot 125\equiv 3\cdot 1=3 \pmod 4 \quad \cdots\cdots ⑪$$

⬅(3)で，$a=126$，$b=2$ と考える。

である。⑩，⑪より ${}_{2021}\mathrm{C}_{37}\equiv 3 \pmod 4$ であるから，${}_{2021}\mathrm{C}_{37}$ を4で割った余りは**3**である。

研究

(3)において，"$a-b$ が2で割り切れる" ……(＊) ことを仮定しなくても，"${}_{4a+1}\mathrm{C}_{4b+1}$ と ${}_a\mathrm{C}_b$ を4で割った余りが等しい"……(＊＊) ことが示される。

その準備として，

"${}_{2a}\mathrm{C}_{2b}$ を4で割った余りは ${}_a\mathrm{C}_b$ を4で割った余りに等しい" ……(☆)

を示しますが，高校数学にはほとんど現れない考え方をするので，読んで理解できれば十分でしょう。

以下では，x の整式 $f(x)$ において，x^j (j は0以上の整数) の係数を $C(f(x),\ x^j)$ と表すことにする。$a>b$ のとき，二項定理より，$(x+1)^{2a}$ の展開式において x^{2b} の係数が ${}_{2a}\mathrm{C}_{2b}$ であるから，

$${}_{2a}\mathrm{C}_{2b}=C((x+1)^{2a},\ x^{2b}) \qquad \cdots\cdots⑫$$

である。また，

$$(x+1)^{2a}=\{(x^2+1)+2x\}^a=\sum_{j=0}^{a}{}_a\mathrm{C}_j(x^2+1)^{a-j}(2x)^j$$

$$=(x^2+1)^a+\underbrace{{}_a\mathrm{C}_1(x^2+1)^{a-1}\cdot 2x}_{S(x)}+\underbrace{\sum_{j=2}^{a}2^j{}_a\mathrm{C}_j(x^2+1)^{a-j}x^j}_{T(x)} \qquad \cdots\cdots⑬$$

において，$S(x)$ に現れる項は x の奇数べきの項であり，$T(x)$ に現れる項の係数は 2^j $(j\geqq 2)$ の倍数，したがって，すべて4の倍数であるから，

$$C((x+1)^{2a},\ x^{2b})\equiv C((x^2+1)^a,\ x^{2b}) \pmod 4 \qquad \cdots\cdots⑭$$

が成り立つ。さらに，$(x+1)^a$ において，x の代わりに x^2 とおいた式が $(x^2+1)^a$ であるから，

$$C((x^2+1)^a,\ x^{2b})=C((x+1)^a,\ x^b)={}_a\mathrm{C}_b \qquad \cdots\cdots⑮$$

である。したがって，⑫，⑭，⑮を結ぶと

$${}_{2a}\mathrm{C}_{2b}\equiv{}_a\mathrm{C}_b \pmod 4 \qquad \cdots\cdots⑯$$

すなわち，(☆) が成り立つ。

⑯を繰り返し用いると，

$${}_a\mathrm{C}_b\equiv{}_{2a}\mathrm{C}_{2b}\equiv{}_{2\cdot 2a}\mathrm{C}_{2\cdot 2b}={}_{4a}\mathrm{C}_{4b} \pmod 4 \qquad \cdots\cdots⑰$$

が成り立つ。また，

$${}_{4a+1}\mathrm{C}_{4b+1}=\frac{4a+1}{4b+1}\cdot{}_{4a}\mathrm{C}_{4b} \quad \therefore \quad (4b+1)\,{}_{4a+1}\mathrm{C}_{4b+1}=(4a+1)\,{}_{4a}\mathrm{C}_{4b}$$

であるから，(1)より，

$${}_{4a+1}\mathrm{C}_{4b+1}\equiv{}_{4a}\mathrm{C}_{4b} \pmod 4 \qquad \cdots\cdots⑱$$

である。⑰，⑱より

$${}_{4a+1}\mathrm{C}_{4b+1}\equiv{}_a\mathrm{C}_b \pmod 4$$

が成り立つ。したがって，(＊) の仮定なしに，(＊＊) が成り立つことが示された。

☆類題32 →解答 p.387

m を2015以下の正の整数とする。${}_{2015}\mathrm{C}_m$ が偶数となる最小の m を求めよ。

(東京大)

第9章

915 3項間の漸化式で定まる整数列の性質

整数からなる数列 $\{a_n\}$ を漸化式

$$a_1=1,\ a_2=3,\ a_{n+2}=3a_{n+1}-7a_n \quad (n=1,\ 2,\ \cdots)$$

によって定める。

(1) a_n が偶数となることと，n が3の倍数となることは同値であることを示せ。

(2) a_n が10の倍数となるための条件を(1)と同様の形式で求めよ。　（東京大）

精講 (1) 漸化式を用いて，$a_n\,(n=1,\ 2,\ \cdots)$ の値を順に調べてみると次のようになります。

n	1	2	3	4	5	6	7	8	9	…
a_n	1	3	2	−15	−59	−72	197	1095	1906	…

確かに，$a_n\,(n=1,\ 2,\ 3,\ \cdots)$ においては奇数，奇数，偶数の並びが繰り返されていると予想できます。予想が正しいことを数学的帰納法で示すには証明すべき命題をどのように設定するとよいでしょうか。

(2) a_n が10の倍数，すなわち，偶数かつ5の倍数になる条件ですが，偶数については(1)で調べたので，5の倍数について調べることになります。上の表からは，a_n が5の倍数になるのは n が4の倍数のときのようですが，これを(1)と同様の数学的帰納法で示すのは難しいでしょう。(その理由は，偶奇の場合とは異なり，a_n が5の倍数でないとき，5で割った余りとして1，2，3，4の4通りがあるからです。)

そこで，“a_{n+4} と a_n を5で割った余りは等しい” という予想をたててみます。これを示すためには何を示すとよいかは，**906** 精講 で学習したはずです。

(1) $a_1=1,\ a_2=3$ ……①

$a_{n+2}=3a_{n+1}-7a_n$ ……②

である。

$m=0,\ 1,\ 2,\ \cdots$ に対して，命題 (P_m) “a_{3m+1}，a_{3m+2}，a_{3m+3} は順に奇数，奇数，偶数である” が成り立つことを数学的帰納法で示す。

以下，奇数を㊅，偶数を(偶)と表す。

(I) $a_1=1$, $a_2=3$ は奇数であり，②より，

$$a_3=3a_2-7a_1=3\cdot3-7\cdot1=2$$

であるから，(P_0) は成り立つ。

(II) (P_k) (k は 0 以上の整数) が成り立つとすると，

$$a_{3k+1}=㊅,\ a_{3k+2}=㊅,\ a_{3k+3}=\text{(偶)}$$

である。このとき，②より

← 以下の 3 式は，②で $n=3k+2$, $3k+3$, $3k+4$ とおいたものである。

$$a_{3(k+1)+1}=a_{3k+4}=3a_{3k+3}-7a_{3k+2}$$
$$=3\cdot\text{(偶)}-7\cdot\text{(奇)}=\text{(奇)}$$
$$a_{3(k+1)+2}=a_{3k+5}=3a_{3k+4}-7a_{3k+3}$$
$$=3\cdot\text{(奇)}-7\cdot\text{(偶)}=\text{(奇)}$$
$$a_{3(k+1)+3}=a_{3k+6}=3a_{3k+5}-7a_{3k+4}$$
$$=3\cdot\text{(奇)}-7\cdot\text{(奇)}=\text{(偶)}$$

であるから，(P_{k+1}) が成り立つ。

以上より，$m=0$, 1, 2, … に対して，(P_m) が成り立つから，a_n が偶数になることと n が 3 の倍数となることは同値である。　(証明おわり)

(1) **別解** (①，②までは同じとする。)

← (2)で示す 5 の倍数に関する証明と同じ方針である。

②より，

← ②で n の代わりに $n+1$ とおく。

$$a_{n+3}=3a_{n+2}-7a_{n+1}$$
$$=3(3a_{n+1}-7a_n)-7a_{n+1}$$
$$=2a_{n+1}-21a_n \qquad \cdots\cdots③$$

$$\therefore\quad a_{n+3}-a_n=2(a_{n+1}-11a_n)$$

である。これより，$a_{n+3}-a_n$ は偶数であるから，

"a_{n+3} と a_n の偶奇は一致する。" ……(＊)

← 903 **精講** 参照。

ここで，①，②より

$$a_1=1,\ a_2=3,\ a_3=3\cdot3-7\cdot1=2 \qquad \cdots\cdots④$$

である。

← a_1, a_2, a_3 は順に奇数，奇数，偶数である。

④と (＊) より，

a_n は偶数である $\Longleftrightarrow$ n は 3 の倍数である

が成り立つ。　(証明おわり)

(2) a_n が 10 の倍数となるための条件は，"a_n が偶数である" ……(A)　かつ "a_n が 5 の倍数である" ……(B)　が成り立つことである。(A)については，(1)で調べたので，以下，(B)について調べる。

②，③より

$$a_{n+4}=3a_{n+3}-7a_{n+2}$$
$$=3(2a_{n+1}-21a_n)-7(3a_{n+1}-7a_n)$$
$$=-15a_{n+1}-14a_n$$

⬅②で n の代わりに $n+2$ とおいた。

$\therefore\ a_{n+4}-a_n=-15(a_{n+1}+a_n)$

である。これより，$a_{n+4}-a_n$ は 5 の倍数であるから，“a_{n+4} と a_n を 5 で割った余りは一致する。”
……(＊＊)

ここで，①，②，④より

$a_1=1,\ a_2=3,\ a_3=2,\ a_4=-15$ ……⑤

⬅$a_4=3\cdot2-7\cdot3=-15$

である。

⑤と (＊＊) より

(B) $\iff$ n は 4 の倍数である

⬅$a_1,\ a_2,\ a_3,\ a_4$ の中で 5 の倍数は a_4 だけである。

が成り立つ。

以上より，a_n が 10 の倍数となることは，n が 3 の倍数となり，かつ 4 の倍数となる，すなわち，**n が 12 の倍数となることと同値である。**

⬅(1)より，(A) $\iff$ “n が 3 の倍数である”

研究

1° $a_n\,(n=1,\ 2,\ \cdots)$ を 5 で割ったときの余りを r_n とする，つまり，

$a_n=5b_n+r_n$　(b_n，r_n は整数，$0\leqq r_n\leqq4$)

とする。

$a_1=1,\ a_2=3,\ a_3=2,\ a_4=-15=5(-3),$
$a_5=-59=5(-12)+1,\ a_6=-72=5\cdot(-15)+3,\ \cdots$

より，

$r_1=1,\ r_2=3,\ r_3=2,\ r_4=0,\ r_5=1,\ r_6=3,\ \cdots$

であるが，$r_n\,(n=1,\ 2,\ \cdots)$ だけならば次のように求めることができる。

5 を法とする合同式で考えると，$a_n\equiv r_n$ であるから，②より，

$r_{n+2}\equiv3r_{n+1}-7r_n\equiv3(r_{n+1}+r_n)$ ……㋐

が成り立つ。$r_1=1,\ r_2=3$ と㋐より

$r_3\equiv3(3+1)\equiv2,\ r_4\equiv3(2+3)\equiv0,\ r_5\equiv3(0+2)\equiv1,$
$r_6\equiv3(1+0)\equiv3,\ \cdots$

であることがわかる。

ここで，$(r_5,\ r_6)=(r_1,\ r_2)$ であるから，㋐より

$$r_7 \equiv 3(r_5+r_6) \equiv 3(r_1+r_2) \equiv r_3 \qquad \therefore \quad r_7 \equiv r_3 \qquad \cdots\cdots ④$$

である。r_3，r_7 はいずれも 0 以上 4 以下の整数であることとⓘより，$r_7=r_3$ である。同様にして，$r_8=r_4$，… であるから，数列 $\{r_n\}$ $(n=1,\ 2,\ \cdots)$ は r_1，r_2，r_3，r_4 の繰り返し，つまり，1，3，2，0 の繰り返しである。

2° **1°** で述べたことは次のように一般化できる。

整数からなる数列 $\{a_n\}$ を漸化式

$$a_1=a,\ a_2=b,\ a_{n+2}=ca_{n+1}+da_n \quad (n=1,\ 2,\ \cdots) \qquad \cdots\cdots ⓤ$$

によって定める。ここで，a，b，c，d は整数とする。

p を 2 以上の整数とし，a_n $(n=1,\ 2,\ \cdots)$ を p で割った余りを r_n とすると，数列 $\{r_n\}$ においては途中から（最初からの場合もあるが）一定の数の並びが繰り返し現れることになる。実際，**1°** に示した数列 $\{r_n\}$ においては最初から，1，3，2，0 の並びが繰り返し現れた。

その理由は，r_n $(n=1,\ 2,\ \cdots)$ の取り得る値は 0，1，2，…，$p-1$ の p 通りであるから，組 $(r_n,\ r_{n+1})$ $(n=1,\ 2,\ \cdots)$ の中で異なるものは最大でも p^2 通りしかない。したがって，必ず，

$$(r_l,\ r_{l+1})=(r_m,\ r_{m+1}),\ l<m \qquad \cdots\cdots ⓔ$$

となる l，m がある。漸化式ⓤから，

$$r_{n+2} \equiv cr_{n+1}+dr_n \pmod{p}$$

であり，r_{n+2} は $(r_n,\ r_{n+1})$ によって定まるので，ⓔのとき，r_m，r_{m+1}，r_{m+2}，… は r_l，r_{l+1}，r_{l+2}，… と一致する。したがって，r_l，r_{l+1}，… のあとは，r_l，r_{l+1}，…，r_{m-1} の並びが繰り返し現れることになる。

類題 33 → 解答 p.388

数列 $\{a_n\}$ を次のように定める。

$$a_1=1,\ a_{n+1}={a_n}^2+1 \quad (n=1,\ 2,\ 3,\ \cdots)$$

(1) 正の整数 n が 3 の倍数のとき，a_n は 5 の倍数となることを示せ。

(2) k，n を正の整数とする。a_n が a_k の倍数となるための必要十分条件を k，n を用いて表せ。

(3) a_{2022} と $(a_{8091})^2$ の最大公約数を求めよ。 （東京大）

☆ **916** **連立漸化式で定まる整数列の公約数**

nを2以上の自然数とし，整式 x^n を $x^2-6x-12$ で割った余りを a_nx+b_n とする。

(1) a_{n+1}，b_{n+1} を a_n と b_n を用いて表せ。

(2) 各 n に対して，a_n と b_n の公約数で素数となるものをすべて求めよ。

（東北大*）

精講 (1) x^{n+1} の余りは，$x^{n+1}=x\cdot x^n$ と考えることによって x^n の余りを用いて表せます。

(2) a_n，b_n が6を公約数にもつことは簡単にわかります。あとは，2と3以外の素数の約数はあるのかということですが，あるとすれば……と考えてみる（背理法）と，矛盾が生じるはずです。

解答 (1) x^n を $x^2-6x-12$ で割った商を $Q(x)$ とおくと

$$x^n=(x^2-6x-12)Q(x)+a_nx+b_n$$

と表されるので，両辺にxをかけると

$$\begin{aligned}x^{n+1}&=(x^2-6x-12)xQ(x)+a_nx^2+b_nx\\&=(x^2-6x-12)\{xQ(x)+a_n\}\\&\qquad+(6a_n+b_n)x+12a_n\end{aligned}$$

⬅ $a_nx^2+b_nx$ $=a_n(x^2-6x-12)$ $+(6a_n+b_n)x$ $+12a_n$

となる。

一方，定義から x^{n+1} を $x^2-6x-12$ で割った余りは $a_{n+1}x+b_{n+1}$ であるから，

$$\begin{cases}\boldsymbol{a_{n+1}=6a_n+b_n} & \cdots\cdots①\\ \boldsymbol{b_{n+1}=12a_n} & \cdots\cdots②\end{cases}$$

が成り立つ。

(2) $$x^2=(x^2-6x-12)\cdot1+6x+12$$

より

$$a_2=6,\quad b_2=12 \qquad\cdots\cdots③$$

⬅ x^2 を $x^2-6x-12$ で割った余りが a_2x+b_2 である。

である。また，①，②より，a_n，b_n が6の倍数であるとすると，a_{n+1}，b_{n+1} も6の倍数となる。

したがって，数学的帰納法より，$n=2,\ 3,\ \cdots$ に対して，a_n，b_n は6の倍数であるから，a_n と b_n は素

数の公約数 2，3 をもつ。

次に，2 以上のいずれの整数 n に対しても，a_n と b_n は 2，3 以外の素数の公約数をもたないことを背理法によって示す。

ある整数 m $(m \geqq 3)$ に対して，a_m と b_m は 2，3 以外の素数 p を公約数にもつとする。

← $a_2=6$，$b_2=12$ の素数の公約数は 2，3 だけであるから，$m \geqq 3$ としてよい。

このとき，①，②より

$$\begin{cases} a_m = 6a_{m-1} + b_{m-1} & \cdots\cdots④ \\ b_m = 12a_{m-1} & \cdots\cdots⑤ \end{cases}$$

であるが，⑤において，左辺 b_m は 2，3 以外の素数 p の倍数であるから，a_{m-1} は p の倍数である。さらに，④を

← p は 12 と互いに素であることに注意する。

$$b_{m-1} = a_m - 6a_{m-1}$$

と表すと，右辺の a_m，a_{m-1} が p の倍数であるから，b_{m-1} は p の倍数である。したがって，p は a_{m-1} と b_{m-1} の公約数である。

同様のことを繰り返すと，p は

← 注 1° 参照。

$$a_{m-2} \text{ と } b_{m-2},\ \cdots,\ a_3 \text{ と } b_3,\ a_2 \text{ と } b_2$$

の公約数であることになる。しかし，③より a_2 と b_2 は 2，3 以外の素数の公約数をもたないから矛盾である。

以上のことから，すべての整数 m $(m \geqq 3)$ に対して，a_m と b_m は 2，3 以外の素数を公約数にもたない。

← 注 2° 参照。

よって，各 n に対して，a_n，b_n の公約数で素数となるものは **2，3** だけである。

注 **1°** (2)の背理法において，a_m と b_m の性質から a_{m-1} と b_{m-1} の性質を導くという，“逆向きの帰納法” を用いたが，「“a_n と b_n が 2，3 以外の素数の公約数 p をもつ” ……(☆)　ような整数 n $(\geqq 3)$ があるとして，そのうち最小のもの を m とする」と仮定すると，a_{m-1} と b_{m-1} が公約数 p をもつことが示された時点で (☆) を満たす最小の n が m であることに反するので，矛盾が示されたことになる。

2° (2)では，命題 P「ある整数 m $(m \geqq 3)$ に対して，a_m と b_m は 2，3 以外の素数 p を公約数にもつ」として矛盾を導いて，P の否定「すべての整数 m $(\geqq 3)$ に対して，a_m と b_m は 2，3 以外の素数を公約数にもたない」が成り立つことを示した。

1001 有理数と無理数

n を1以上の整数とするとき，次の2つの命題はそれぞれ正しいか。正しいときは証明し，正しくないときはその理由を述べよ。

命題 p ：ある n に対して，$\sqrt{n}$ と $\sqrt{n+1}$ はともに有理数である。

命題 q ：すべての n に対して，$\sqrt{n+1}-\sqrt{n}$ は無理数である。　（京都大）

精講　有理数とは $\dfrac{a}{b}$ (a，b は整数，$b \neq 0$) と表される実数であり，無理数とは有理数ではない実数です。命題 p ではまず有理数のこのような定義に基づいて，$\sqrt{n}$ が有理数となるような正の整数 n はどのようなものかを調べます。その結果，n は平方数 (整数の2乗) であることがわかりますから，n，$n+1$ のいずれもが平方数であることが起こり得るかを考えます。

無理数の定義からわかるように一般にある数 x が無理数であることを示すには，x が有理数と仮定して矛盾を導くという論法 (背理法) を用いることになります。命題 q についても同様に考えることになります。

命題 p，q において背理法を用いるときには，命題「ある n に対して，……」，「すべての n に対して，……」を否定するとどのようになるかを思い出すことも必要です。

解答　“正の整数 n において，$\sqrt{n}$ が有理数であるとき，n は平方数である”……($*$) ことを示す。

⬅ 有理数とは $\dfrac{(\text{整数})}{(\text{整数})}$ と表される実数である。

$\sqrt{n}$ が有理数であるとき，$\sqrt{n}=\dfrac{a}{b}$ ……① (a，b は正の整数で互いに素である ……(☆)) と表される。

⬅ 2つの整数 a，b が1以外の公約数をもたないとき，a，b は互いに素であるという。

①を2乗して分母を払うと

$$nb^2=a^2 \quad \cdots\cdots②$$

となる。ここで，b が素数の約数 d をもつとすると，②の右辺 a^2 が素数 d を約数にもつ，したがって，a が素数 d を約数にもつことになり，(☆) と矛盾するから，b は素数の約数をもたない。すなわち，$b=1$ であり，②より $n=a^2$ は平方数である。

⬅ a，b が素数 d を公約数にもつことになったので。

⬅ 1より大きい整数はすべて素数の約数をもつので。

命題pが正しい，つまり，“あるnに対して，$\sqrt{n}$，$\sqrt{n+1}$ がともに有理数である”とすると，(*)より，n，$n+1$ はいずれも平方数であるから，

$$n=k^2,\ n+1=l^2 \quad \cdots\cdots③$$

となる正の整数k，lがある。③より，

$$1=l^2-k^2 \quad \therefore \quad (l-k)(l+k)=1 \quad \cdots\cdots④$$

となるが，$l-k$，$l+k$ は整数で，$l+k$ は 2 以上であるから，④と矛盾する。

よって，**命題p**は正しくない。

← 命題pが正しくないことを背理法で示そうとしている。

次に，命題qが正しくない，つまり，“あるnに対して，$\sqrt{n+1}-\sqrt{n}$ が有理数である”とすると，

$$\sqrt{n+1}-\sqrt{n}=r \quad \cdots\cdots⑤ \quad (r\text{ は正の有理数})$$

とおける。⑤より

$$\frac{1}{\sqrt{n+1}-\sqrt{n}}=\frac{1}{r}$$

$$\therefore \quad \sqrt{n+1}+\sqrt{n}=\frac{1}{r} \quad \cdots\cdots⑥$$

であり，$\frac{1}{2}\{⑥-⑤\}$，$\frac{1}{2}\{⑥+⑤\}$ より

$$\sqrt{n}=\frac{1}{2}\left(\frac{1}{r}-r\right),\ \sqrt{n+1}=\frac{1}{2}\left(\frac{1}{r}+r\right) \quad \cdots\cdots⑦$$

となる。rは有理数であるから，⑦より$\sqrt{n}$，$\sqrt{n+1}$ はともに有理数となり，命題pについて示したことと矛盾する。

よって，**命題q**は正しい。

←「すべてのnに対して，……である」を否定すると，「あるnに対して，……でない」となる。

← $\frac{1}{\sqrt{n+1}-\sqrt{n}}$ の分母の有理化を行うと $\sqrt{n+1}+\sqrt{n}$ となる。

類題 34 →解答 p.389

以下のa，b，cはいずれも正の実数とする。

(1) 「abが有理数ならば，$(a+b)^2$ は有理数である」という主張が正しければ証明し，誤りならば反例を与えよ。

(2) ab，ac，bcが有理数ならば，a^2は有理数であることを示し，更に$(a+b+c)^2$ は有理数であることを示せ。

(3) ab，ac，bcが有理数で，さらに$(a+b+c)^3$ が有理数となるならば，a，b，cはそれぞれ有理数であることを示せ。

☆

1002 2組の n 個の数どうしの積の和の最大・最小

$a_1>a_2>\cdots>a_n$ および $b_1>b_2>\cdots>b_n$ を満たす $2n$ 個の実数がある。集合 $\{a_1, a_2, \cdots, a_n\}$ から要素を1つ，集合 $\{b_1, b_2, \cdots, b_n\}$ から要素を1つ取り出して掛け合わせ，積を作る。どの要素も一度しか使わないこととし，この操作を繰り返し n 個の積を作る。それら n 個の積の和を S とする。

(1) $n=2$ のとき，S の最大値と最小値を求めよ。

(2) n が2以上のとき，S の最大値と最小値を求めよ。　　　　(お茶の水女大)

精講 (1) $n=2$ のとき，S は2つしかないので，どちらが大きいかを調べるだけです。

(2) (1)の結果から最大値，最小値を予想する，その予想が正しいことを示す，という2つの作業が要求されます。

解答 (1) S としては

$$S_1=a_1b_1+a_2b_2,\ S_2=a_1b_2+a_2b_1$$

の2つしかなくて，

$$S_1-S_2=(a_1-a_2)(b_1-b_2)>0$$

であるから，

最大値 $\boldsymbol{a_1b_1+a_2b_2}$，最小値 $\boldsymbol{a_1b_2+a_2b_1}$

である。

(2) 最初に，“S が最大値をとるときには，S は a_1b_1 を含む”……(＊) ことを示す。

⇐ $\{a_n\}$，$\{b_n\}$ の両方で，それぞれ大きい方から順に取り出した数どうしの積を作ったときに最大となると予想している。

もし，S が a_1b_1 を含まずに，a_1b_i，a_jb_1 $(i\neq1,\ j\neq1)$ を含むとすると，

$$a_1b_1+a_jb_i-(a_1b_i+a_jb_1)$$
$$=(a_1-a_j)(b_1-b_i)>0$$

⇐ $a_1>a_j$，$b_1>b_i$

より，S において，$a_1b_i+a_jb_1$ を $a_1b_1+a_jb_i$ に置き換えた方が大きくなる。したがって，S が最大となるときには，a_1b_1 を含む。

⇐ 残り $(n-2)$ 個の積はそのままにしておく。

また，最大となる S において，a_1b_1 以外の $(n-1)$ 個の積を考えると，

$$a_2>a_3>\cdots>a_n,\ b_2>b_3>\cdots>b_n$$

第10章

であるから，同様の理由で，Sは

a_2b_2，a_3b_3，…，a_nb_n

を含むことが順に示される。したがって，**最大値は**

$$\boldsymbol{a_1b_1+a_2b_2+\cdots+a_nb_n}$$

である。

← この部分に関しては，帰納法を用いてもよい。

次に，“Sが最小値をとるときには，Sはa_1b_nを含む”……(＊＊)　ことを示す。

← $\{a_n\}$では大きい方から，$\{b_n\}$では小さい方から順に取り出した数どうしの積を作ったときに最小となると予想している。

もし，Sがa_1b_nを含まずに，a_1b_k，a_lb_n ($k \neq n$，$l \neq 1$) を含むとすると

$$a_1b_n+a_lb_k-(a_1b_k+a_lb_n)$$
$$=(a_1-a_l)(b_n-b_k)<0$$

← $a_1>a_l$，$b_k>b_n$

より，Sにおいて，$a_1b_k+a_lb_n$ を $a_1b_n+a_lb_k$ に置き換えた方が小さくなる。したがって，Sが最小となるときには，a_1b_nを含む。

← 残り $(n-2)$ 個の積はそのままにしておく。

また，最小となるSにおいて，a_1b_n以外の $(n-1)$ 個の積を考えると，

$a_2>a_3>\cdots>a_n$，$b_1>b_2>\cdots>b_{n-1}$

であるから，同様の理由で，Sは

a_2b_{n-1}，a_3b_{n-2}，…，a_nb_1

を含むことが順に示される。したがって，**最小値は**

$$\boldsymbol{a_1b_n+a_2b_{n-1}+\cdots+a_nb_1}$$

である。

参考

この問題は有名なものであり，過去に何度も大学入試において出題されている。また，次のような同種の問題の出題例も多い。

「a_k，b_k ($k=1$，2，…，n) は同じ仮定を満たすとして，b_1，b_2，…，b_nの並び換え (置換) を x_1，x_2，…，x_n とするとき，$Q=\sum_{k=1}^{n}(a_k-x_k)^2$ を最大，最小にするような x_k ($k=1$，2，…，n) は何か」という問題である。

$\sum_{k=1}^{n}a_k{}^2=A$，$\sum_{k=1}^{n}x_k{}^2=\sum_{k=1}^{n}b_k{}^2=B$ は一定であり，**1002** のSを用いると

$$Q=\sum_{k=1}^{n}(a_k{}^2-2a_kx_k+x_k{}^2)=A+B-2S$$

となるので，Qの最大・最小はSの最小・最大に対応することになる。

1003 必要条件と十分条件

a, bを正の実数とする。

(1) $0<a<1$ を満たすどのようなaに対しても $|4x-1|\leqq a$ かつ $|4y-1|\leqq a$ が $|x-y|\leqq b$ かつ $|x+y|\leqq b$ であるための十分条件であるという。そのようなbの最小値を求めよ。

(2) aを $1<a$ とする。$|4x-1|\leqq a$ かつ $|4y-1|\leqq a$ が $|x-y|\leqq 1$ かつ $|x+y|\leqq 1$ であるための必要条件であるという。そのようなaの最小値を求めよ。

(神戸学院大)

精講 まず，必要条件と十分条件について復習しておきましょう。

2つの条件p, qにおいて，

$$p\text{ならば}q \quad (p \Longrightarrow q)$$

が成り立つ(真である)とき

pはqであるための十分条件，qはpであるための必要条件

という。

また，

条件p, qを満たすもの全体の集合(真理集合)をそれぞれP, Qと表すとき，

$$p\text{ならば}q\text{が成り立つ} \Longleftrightarrow P\subset Q$$

である。

したがって，(1), (2)でも，2つの条件それぞれを満たす点$(x,\ y)$全体の集合を図示して，それらの包含関係を調べることになります。

解答 (1) 領域P, Qを

$$P:|4x-1|\leqq a \quad \text{かつ} \quad |4y-1|\leqq a \quad \cdots\cdots①$$

$$Q:|x-y|\leqq b \quad \text{かつ} \quad |x+y|\leqq b \quad \cdots\cdots②$$

によって定める。

①は

$$\left|x-\frac{1}{4}\right|\leqq\frac{a}{4} \quad \text{かつ} \quad \left|y-\frac{1}{4}\right|\leqq\frac{a}{4}$$

となるから，P は右図のような点 $\left(\frac{1}{4},\ \frac{1}{4}\right)$ を中心とする1辺の長さ $\frac{a}{2}$ の正方形全体である。

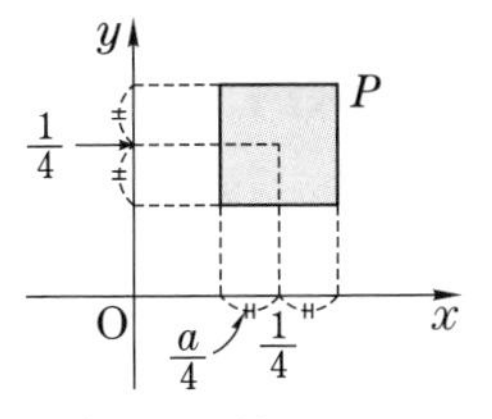

②は

$$-b \leqq x-y \leqq b \quad かつ \quad -b \leqq x+y \leqq b$$

$\therefore\ \ x-b \leqq y \leqq x+b$ かつ $-x-b \leqq y \leqq -x+b$

となるから，Q は右図のような正方形全体である。

⬅実数 x，c に対して
$|x| \leqq c \iff -c \leqq x \leqq c$

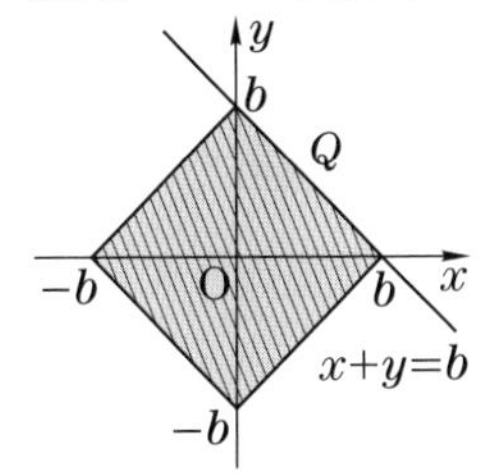

したがって，①が②の十分条件である，すなわち，$P \subset Q$ が成り立つのは，P の右上方の頂点 $\left(\frac{1}{4}+\frac{a}{4},\ \frac{1}{4}+\frac{a}{4}\right)$ が直線 $x+y=b$ より下方に(直線上を含む)あるときであるから，

$$\left(\frac{1}{4}+\frac{a}{4}\right)+\left(\frac{1}{4}+\frac{a}{4}\right) \leqq b \qquad \therefore\ \ b \geqq \frac{a+1}{2} \qquad \cdots\cdots③$$

のときである。

⬅a を $0<a<1$ で固定したとき，①が②の十分条件となるような b の値の範囲である。

$0<a<1$ を満たすすべての a に対して③が成り立つような b の範囲は $b \geqq 1$ であるから，求める b の最小値は **1** である。

(2) P は(1)と同様とし，領域 R を

$$R : |x-y| \leqq 1 \ かつ\ |x+y| \leqq 1 \qquad \cdots\cdots④$$

によって定めると，R は Q において，$b=1$ としたときの正方形全体となる。

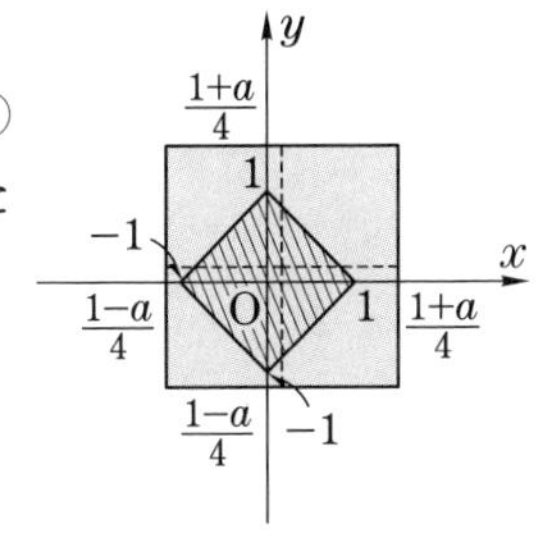

①が④であるための必要条件である，すなわち，$R \subset P$ が成り立つような a の値の範囲は，

$$\frac{1-a}{4} \leqq -1 \ かつ\ \frac{1+a}{4} \geqq 1 \qquad \therefore\ \ a \geqq 5$$

である。このような a の最小値は **5** である。

参考

本問とは異なり，2つの条件 p，q の真理集合 P，Q を簡単に図示できない場合に，p が q の十分条件である，つまり，$P \subset Q$ を示すには，“P の任意の要素が Q の要素である”こと，つまり，“$x \in P$ ならばつねに $x \in Q$”であることを示さなければならない。逆に，p が q の必要条件であることを示すには，“$x \in Q$ ならばつねに $x \in P$”を示すことになる。

1004 座標が有理数である点と正三角形の関係

xy 平面上の点 $(a,\ b)$ は，a と b がともに有理数のときに有理点と呼ばれる。xy 平面において，3 つの頂点がすべて有理点である正三角形は存在しないことを示せ。ただし，必要ならば $\sqrt{3}$ が無理数であることを証明せずに用いてもよい。 (大阪大)

精講 最初に，正三角形の１つの頂点は原点 O(0, 0) としてもよいことを見抜けると，議論をかなり簡潔にできます。有理数，無理数に関する証明ですから，背理法を用いることになります。

解答 “xy 平面上に，3 つの頂点すべてが有理点である正三角形が存在する”……(＊)と仮定して，矛盾を導く。

⬅ 背理法によって証明しようとしている。

このような正三角形の１つの頂点が原点Oに移るように平行移動したとき，残りの頂点は有理点に移るので，最初から１つの頂点は原点Oであるとしてよい。

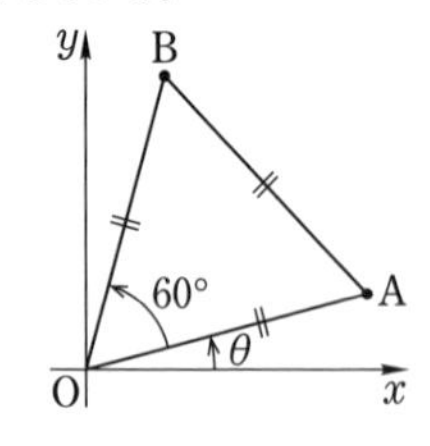

そこで，3 つの頂点がすべて有理点である正三角形 OAB の１辺の長さを a とし，x 軸の正の向きから半直線 OA，OB までの角は右図のようにそれぞれ θ，$\theta+60°$ であるとしてよい。

A$(x_1,\ y_1)$，B$(x_2,\ y_2)$ $(x_1,\ y_1,\ x_2,\ y_2$ は有理数$)$ とするとき，……(☆)

$$(x_1,\ y_1)=(a\cos\theta,\ a\sin\theta)$$
$$(x_2,\ y_2)=(a\cos(\theta+60°),\ a\sin(\theta+60°))$$

である。このとき

$$x_2=a\cos(\theta+60°)=\frac{1}{2}x_1-\frac{\sqrt{3}}{2}y_1 \quad \cdots\cdots ①$$

$$y_2=a\sin(\theta+60°)=\frac{\sqrt{3}}{2}x_1+\frac{1}{2}y_1 \quad \cdots\cdots ②$$

である。

⬅ $a\cos(\theta+60°)$ $=a\left(\frac{1}{2}\cos\theta-\frac{\sqrt{3}}{2}\sin\theta\right)$ $=\frac{1}{2}a\cos\theta-\frac{\sqrt{3}}{2}a\sin\theta$ であるから。②についても同様である。

ここで，A$\neq$O より，x_1，y_1 の少なくとも一方は 0 以外の有理数であるから，$\frac{\sqrt{3}}{2}x_1$，$\frac{\sqrt{3}}{2}y_1$ の少なくと

⬅ $\frac{1}{2}x_1$，$\frac{1}{2}y_1$ は有理数である。

も一方は有理数ではない。よって，①，②において，x_2，y_2 の少なくとも一方は有理数ではなくなり，Bが有理点であることと矛盾するので，(＊) は成立しない。

したがって，3つの頂点がすべて有理点である正三角形は存在しない。　　　　　　（証明おわり）

精講　正三角形の面積に着目して考えることもできます。その際には次のことを利用することになります。

xy 平面上の △OAB において，A$(x_1,\ y_1)$，B$(x_2,\ y_2)$ とするとき，

$$(\triangle \mathrm{OAB}\ の面積\ S)=\frac{1}{2}|x_1y_2-x_2y_1|$$

である。

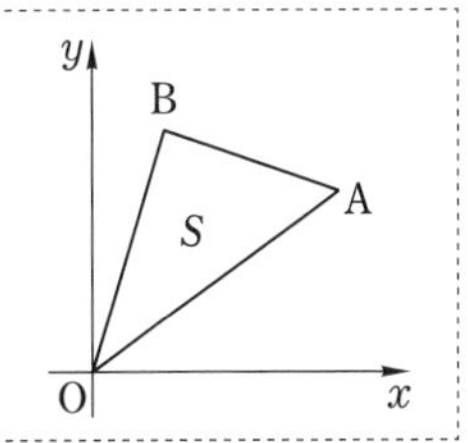

（証明）　直線 OA：$x_1y-y_1x=0$ であるから，

$$S=\frac{1}{2}\cdot \mathrm{OA}\cdot(\mathrm{B}\ から直線\ \mathrm{OA}\ までの距離)$$

$$=\frac{1}{2}\cdot\sqrt{x_1{}^2+y_1{}^2}\cdot\frac{|x_1y_2-y_1x_2|}{\sqrt{x_1{}^2+y_1{}^2}}=\frac{1}{2}|x_1y_2-x_2y_1|$$

⬅401 精講 参照。

である。

別解

解答 の (☆) までは同じとする。

正三角形OABの面積を S とおく。1辺の長さOAの正三角形であるから，

$$S=\frac{1}{2}\mathrm{OA}^2\cdot\sin 60^\circ=\frac{\sqrt{3}}{4}(x_1{}^2+y_1{}^2) \quad \cdots\cdots ③$$

である。また，S をA，Bの座標を用いて表すと，

$$S=\frac{1}{2}|x_1y_2-x_2y_1| \quad \cdots\cdots ④$$

⬅ 精講 に示した式である。

である。

A≠O より，$x_1{}^2+y_1{}^2$ は正の有理数であるから，③は無理数であり，④は有理数であるから，矛盾である。

以下は 解答 と同じである。

1005 格子点中心の円による座標平面の被覆

座標平面上の点の集合 S を

$$S=\{(a-b,\ a+b)\,|\,a,\ b \text{ は整数}\}$$

とするとき，次の命題が成り立つことを証明せよ。

(1) 座標平面上の任意の点Pに対し，S の点QでPとQの距離が1以下となるものが存在する。

(2) 1辺の長さが2より大きい正方形は，必ずその内部に S の点を含む。

(お茶の水女大)

精講 (1) x 座標，y 座標がともに整数である点を格子点といいます。

そこでまず，S はどのような格子点の集合であるかと考えると，x 座標と y 座標の偶奇が一致する格子点の全体であることがわかります。次に，任意の点Pをとったとき，PQ≦1 となる S の点Qの存在を直接示すのは面倒です。逆に，S に属するすべての点を中心とする半径1の円が平面全体を覆うことを示す方が楽なはずです。そのときの説明をスッキリさせるための工夫を考えます。

(2) (1)で示したことの利用を考えます。

解答 (1) $S=\{(a-b,\ a+b)\,|\,a,\ b \text{ は整数}\}$

において，$a-b$，$a+b$ は偶奇が一致する整数であるから，S の点の x 座標，y 座標は偶奇が一致する整数である。

← 903 精講 参照。

← “S の点は偶奇が一致する格子点である”を示した。

逆に，m，n を偶奇が一致する2つの整数とするとき，$a=\dfrac{m+n}{2}$，$b=\dfrac{n-m}{2}$ とおくと，a，b は整数であって，

← $a-b=m$，$a+b=n$ を解いた。

$$(m,\ n)=(a-b,\ a+b)\in S$$

である。

← “偶奇が一致する格子点は S の点である”を示した。

したがって，

$$S=\{(m,\ n)\,|\,m,\ n \text{ は偶奇が一致する整数}\}$$

である。

座標平面を右図のようにSの点を頂点とする1辺の長さ$\sqrt{2}$の正方形に分割する。(注 参照)

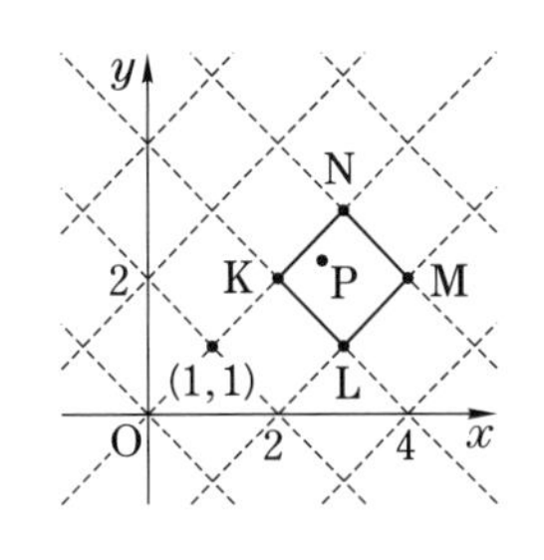

任意の点Pをとったとき，この分割でできた正方形(境界を含む)の中でPを含むものを正方形KLMNとする。頂点K, L, M, Nを中心とする半径1の円をそれぞれD_K, D_L, D_M, D_Nとおくと，これら4つの円は正方形KLMN全体を覆うので，点Pはいずれかの円に含まれる。たとえば，円D_Kに含まれるときには，KP≦1となるから，Q=Kとすると，QはSの点でPQ≦1となる。

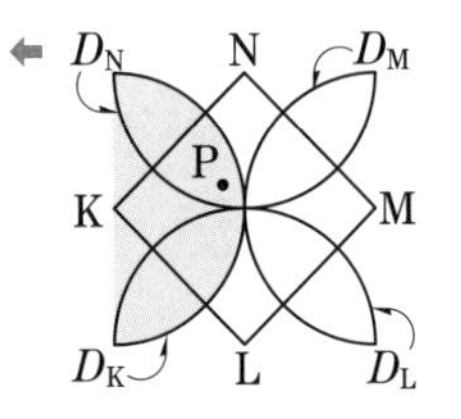

(証明おわり)

(2) 1辺の長さが2より大きい正方形Eの対角線の交点をPとするとき，Pを中心とする半径1の円D_PはEの内部(周は除く)に含まれる。また，(1)で示したことより，円D_P内にはSの点Qが存在する。

結果として，Eの内部にSの点Qが含まれる。

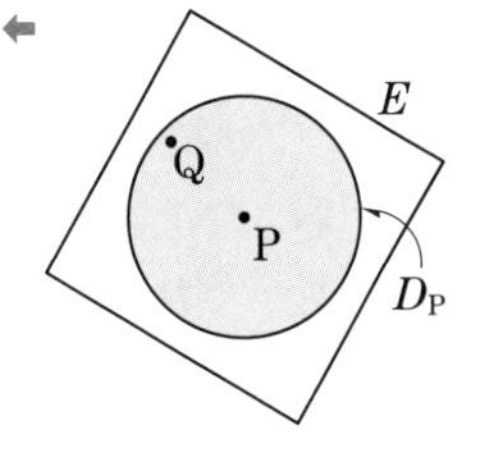

(証明おわり)

注 座標平面のSの点を頂点とする正方形の分割における境界は，

$$y=x+2k,\ y=-x+2l\quad (k,\ l=0,\ \pm1,\ \pm2,\ \cdots)$$

である。

参考

(1)では，格子点を頂点として，各辺がx軸，y軸に平行な1辺の長さ1の正方形によって座標平面を分割してもよい。

このとき，任意にとった点Pが正方形ABCDに含まれるとすると，(AとC)または，(BとD)のいずれか一方の組の2点だけがSの要素である。たとえば，A, CがSの要素のときには，A, Cを中心とする半径1の円D_A, D_Cによって正方形ABCDは覆われるので，AP≦1またはCP≦1が成り立つ。このことから(1)が示される。

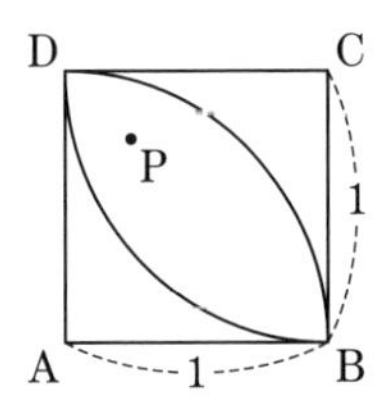

1006 整数から整数への対応に関する論証

(1) 円周上にm個の赤い点とn個の青い点を任意の順序に並べる。これらの点により，円周は$(m+n)$個の弧に分けられる。このとき，これらの弧のうち両端の点の色が異なるものの数は偶数であることを証明せよ。ただし，$m \geqq 1$，$n \geqq 1$ であるとする。 (東京大)

(2) n，kは自然数で $k \leqq n$ とする。穴のあいた$2k$個の白玉と$(2n-2k)$個の黒玉にひもを通して輪を作る。このとき適当な2箇所でひもを切ってn個ずつの2組に分け，どちらの組も白玉k個，黒玉$(n-k)$個からなるようにできることを示せ。 (京都大)

精講 (1) 最初赤い点だけがあるとして，青い点を1個ずつ加えたときの変化を調べるとか，$(m+n)$個の弧を両端の色(赤赤，赤青，青青)で分類したときの，それぞれの個数を調べるなどが考えられます。

(2) n個ずつ2組に分けたとき，2組の白玉の個数の「差」に着目します。切る2箇所がそれぞれ玉1個分ずつ移ったとき，「差」はどのように変化するでしょうか？ そこから，「差」$=0$ が起こることを示すとよいのです。

解答 (1) まず，m個の赤い点があるとして，青い点を順に1個ずつ加えていくと考えて，そのときの両端の色の異なる弧の個数Nの変化を調べる。

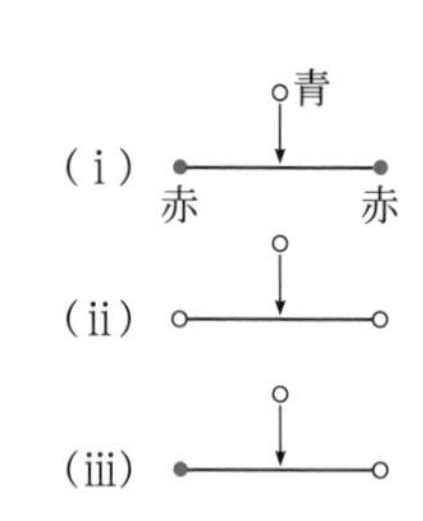

右図の(i)，(ii)，(iii)の場合があるが，Nは(i)では2増え，(ii)，(iii)では変化しない。

赤い点だけのとき，$N=0$ であることと合わせると，Nはつねに偶数である。 (証明おわり)

別解

$(m+n)$個の弧に分けたとき，弧の端点は$2(m+n)$個できるが，このうち赤い端点は$2m$個である。したがって，両端が赤い弧がr個，両端の色が異なる弧がd個とすると，

⇐弧に分けたあとでは，1つの赤い点から2つの赤い端点ができる。

$$2r+d=2m \qquad \therefore \quad d=2(m-r)$$

⇐赤い端点にだけ着目する。

となるので，dは偶数である。 (証明おわり)

(2) できた輪を平面上に置いて，$2n$ 個の玉に時計回りに順に，$\boxed{1}$, $\boxed{2}$, …, $\boxed{2n}$ の番号をつける。

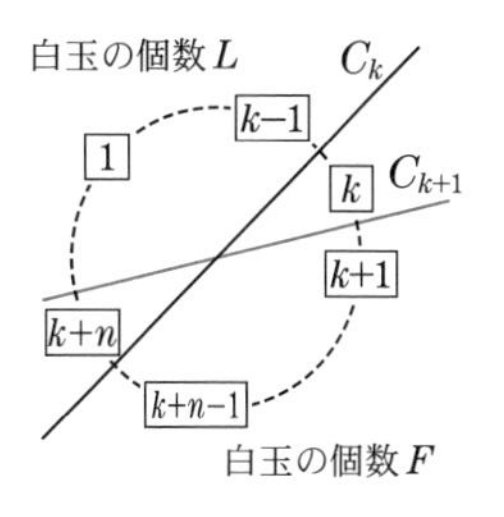

$k=1, 2, \cdots, 2n$ とし，$\boxed{k-1}$ と $\boxed{k}$, $\boxed{k+n-1}$ と $\boxed{k+n}$ の間で切ることを C_k で表す。さらに，n 個の玉 $\boxed{k}$, $\boxed{k+1}$, …, $\boxed{k+n-1}$ の中の白玉の個数を F，残り n 個の中の白玉の個数を L とし，

$$f(k)=F-L \quad \cdots\cdots ①$$

とおく。ただし，$\boxed{2n+1}=\boxed{1}$, $\boxed{2n+2}=\boxed{2}$, …, とし，$\boxed{0}=\boxed{2n}$ と考える。

ここで，$F+L=2k$ が偶数であり，F と L の偶奇が一致するから，$f(k)$ は偶数である。

⬅$F-L$ は偶数となる。

また，

$$f(k+1)-f(k)$$
$$=\begin{cases} 2 & \boxed{k}\text{が黒, }\boxed{k+n}\text{が白のとき} \\ 0 & \boxed{k}, \boxed{k+n}\text{が同じ色のとき} \\ -2 & \boxed{k}\text{が白, }\boxed{k+n}\text{が黒のとき} \end{cases}$$

⬅F は $+1$，L は -1。
⬅F，L は変化なし。
⬅F は -1，L は $+1$。

であり，k が 1 だけ変化すると，$f(k)$ は 2, 0, -2 だけ変化する。 ……(＊)

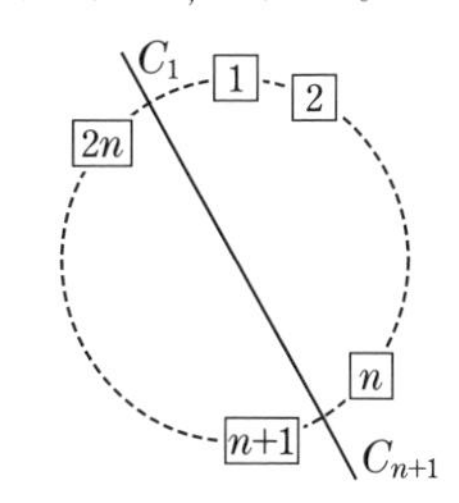

右図からわかるように，C_{n+1} における F, L はそれぞれ C_1 における L，F に等しいから，①より

$$f(n+1)=-f(1) \quad \cdots\cdots ②$$

である。

条件を満たす切り方は，$F=L$，つまり，$f(k)=0$ となるものであるから，$f(1)=0$ のときには，C_1 が条件を満たす。また，$f(1)\neq 0$ のとき，②より，$f(1)$ と $f(n+1)$ は異符号の偶数であるから，(＊)を考え合わせると，$f(2)$, $f(3)$, …, $f(n)$ の中に 0 であるものが少なくとも 1 つある。それを $f(l)$ とすると，C_l が条件を満たす切り方である。

⬅正の偶数から 2 ずつ変化して負の偶数になるとき，また，その逆のとき，途中に必ず 0 が現れることに注意する。

(証明おわり)

1101 平面上のベクトルの１次独立

s を正の実数とする。鋭角三角形 ABC において，辺 AB を $s:1$ に内分する点を D とし，辺 BC を $s:3$ に内分する点を E とする。線分 CD と線分 AE の交点を F とする。

(1) $\overrightarrow{AF}=\alpha\overrightarrow{AB}+\beta\overrightarrow{AC}$ とするとき，α と β を求めよ。

(2) F から辺 AC に下ろした垂線を FG とする。FG の長さが最大となるときの s を求めよ。 （東北大）

精講 (1) 平面上のベクトルの問題で，内積が関係しない，つまり，長さとか角度とかが与えられていない問題では，ベクトルの分点公式と次の事実を用いて処理することになります。

> 平面上の $\vec{0}$ でない２つのベクトル $\vec{a}$，$\vec{b}$ が平行でないとき，（このとき，２つのベクトル $\vec{a}$，$\vec{b}$ は１次独立であるという。）
>
> (i) 実数 α，β，α'，β' に対して，次が成り立つ。
>
> $$\alpha\vec{a}+\beta\vec{b}=\vec{0} \Longrightarrow \alpha=\beta=0$$
>
> $$\alpha\vec{a}+\beta\vec{b}=\alpha'\vec{a}+\beta'\vec{b} \Longrightarrow \alpha=\alpha',\ \beta=\beta'$$
>
> (ii) 平面上の任意のベクトル $\vec{u}$ に対して，
>
> $$\vec{u}=p\vec{a}+q\vec{b}$$
>
> となる実数 p，q が存在する。ここで，p，q は $\vec{u}$ によってただ１通りに定まる。

なお，メネラウスの定理（207 精講 参照）を用いて，CF : FD を求めることも考えられます。

解答 (1) CF : FD $=p:1-p$ とおくと，

$$\overrightarrow{AF}=p\overrightarrow{AD}+(1-p)\overrightarrow{AC}$$

$$=\frac{sp}{s+1}\overrightarrow{AB}+(1-p)\overrightarrow{AC} \quad\cdots\cdots①$$

であり，AF : FE $=q:1-q$ とおくと，

$$\overrightarrow{AF}=q\overrightarrow{AE}=q\cdot\frac{3\overrightarrow{AB}+s\overrightarrow{AC}}{s+3}$$

$$=\frac{3q}{s+3}\overrightarrow{AB}+\frac{sq}{s+3}\overrightarrow{AC} \quad\cdots\cdots②$$

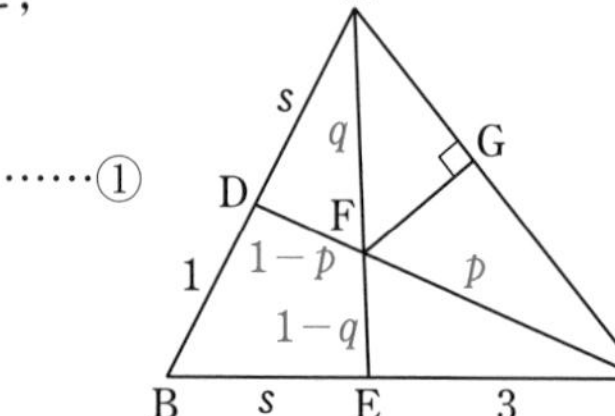

である。“$\overrightarrow{AB}$, $\overrightarrow{AC}$ は平行でない” …(＊)から，①，②が一致することにより，

$$\frac{sp}{s+1}=\frac{3q}{s+3}\quad\cdots\cdots③,\quad 1-p=\frac{sq}{s+3}\quad\cdots\cdots④$$

である。③，④を p，q について解くと，

⬅ ③×s−④×3 より $\frac{s^2+3s+3}{s+1}p-3=0$

$$p=\frac{3(s+1)}{s^2+3s+3},\quad q=\frac{s(s+3)}{s^2+3s+3}\quad\cdots\cdots⑤$$

である。(＊)より，α，β は1通りに定まるので，②に⑤を代入した式から，

⬅ ①に⑤を代入してもよい。

$$\boldsymbol{\alpha=\frac{3s}{s^2+3s+3},\quad \beta=\frac{s^2}{s^2+3s+3}}$$

である。

(2)
$$\triangle ACF=\frac{1}{2}\cdot AC\cdot FG$$

⬅ △ACF は面積を表す。

において，AC の長さは一定であるから，FG の長さが最大となるのは，△ACF の面積が最大となるときである。

△ABC$=S$ とおくと，BE：EC$=s$：3 より

$$\triangle ACE=\frac{3}{s+3}\triangle ABC=\frac{3}{s+3}S$$

であり，AF：FE$=q$：$1-q$ より

$$\triangle ACF=q\triangle ACE=\frac{s(s+3)}{s^2+3s+3}\cdot\frac{3}{s+3}S$$

$$=\frac{3s}{s^2+3s+3}S=\frac{3}{s+3+\frac{3}{s}}S\quad\cdots\cdots⑥$$

である。これより，△ACF の面積が最大となるのは，⑥の右辺の分母が最小になるときである。相加平均・相乗平均の不等式から，

$$s+3+\frac{3}{s}\geqq 2\sqrt{s\cdot\frac{3}{s}}+3=2\sqrt{3}+3$$

であり，不等号の等号は $s=\frac{3}{s}$ $(s>0)$，つまり，$s=\sqrt{3}$ のときに成り立つから，求める s は

⬅ 分母は $s=\sqrt{3}$ のとき，最小値 $2\sqrt{3}+3$ をとる。

$\boldsymbol{s=\sqrt{3}}$ である。

1102 三角形に含まれる点のベクトル表示

平面上に△OABがあり，OA=5, OB=6, AB=7 を満たしている。s, tを実数とし，点Pを $\overrightarrow{OP}=s\overrightarrow{OA}+t\overrightarrow{OB}$ によって定める。

(1) △OABの面積を求めよ。

(2) s, tが $s\geqq 0$, $t\geqq 0$, $1\leqq s+t\leqq 2$ を満たすとき，点Pが存在しうる部分の面積を求めよ。

(3) s, tが $s\geqq 0$, $t\geqq 0$, $1\leqq 2s+t\leqq 2$, $s+3t\leqq 3$ を満たすとき，点Pが存在しうる部分の面積を求めよ。 (横浜国大)

精講 (2), (3)では次のことを利用することになります。

△OABがあり，実数s, tに対して，点Pを

$$\overrightarrow{OP}=s\overrightarrow{OA}+t\overrightarrow{OB} \quad \cdots\cdots ㋐$$

によって定める。このとき，s, tが満たす条件と点Pの存在範囲に関して次の関係が成り立つ。

(i) $s\geqq 0$, $t\geqq 0$ かつ $s+t=1$ のとき 線分AB

(ii) $s\geqq 0$, $t\geqq 0$ かつ $s+t\leqq 1$ のとき △OABの内部と周

(i), (ii)について簡単に説明すると，以下のようになります。

(i) $s=1-t$ を用いて，sを消去すると，

$$\overrightarrow{OP}=(1-t)\overrightarrow{OA}+t\overrightarrow{OB}=\overrightarrow{OA}+t\overrightarrow{AB},\ 0\leqq t\leqq 1$$

となることからわかります。

(ii) $s+t=0$ のとき，$s=t=0$ より P=O である。

$s+t=k$ ($0<k\leqq 1$ ……㋑) のとき，$s=ks'$, $t=kt'$ とおき，$\overrightarrow{OA_k}=k\overrightarrow{OA}$, $\overrightarrow{OB_k}=k\overrightarrow{OB}$ となる点A_k, B_k (A_k, B_kはそれぞれOA, OBを $k:1-k$ に内分する点)をとると，㋐より

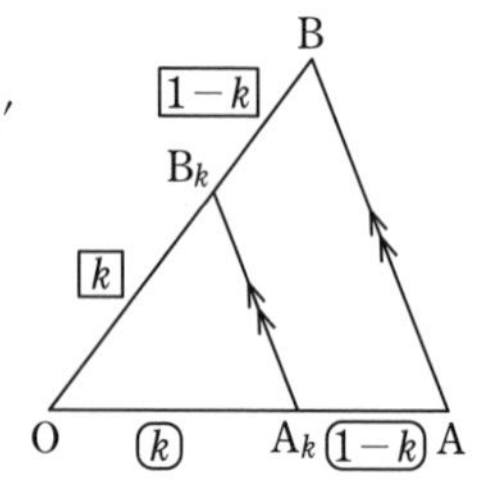

$$\overrightarrow{OP}=ks'\overrightarrow{OA}+kt'\overrightarrow{OB}=s'\overrightarrow{OA_k}+t'\overrightarrow{OB_k}$$

$$s'\geqq 0,\ t'\geqq 0,\ s'+t'=1$$

となるので，(i)より，Pは線分A_kB_k上を動く。また，kが㋑の範囲で変化すると，線分A_kB_kは△OABから点Oを除いた部分すべてを覆う。

結果として，点Pは△OAB全体を動くことになります。

(1) $\cos\angle AOB=\dfrac{5^2+6^2-7^2}{2\cdot5\cdot6}=\dfrac{1}{5}$

← △OAB において，余弦定理から。

であるから，

$$\triangle OAB=\frac{1}{2}\cdot OA\cdot OB\cdot\sin\angle AOB$$

← $\sin\angle AOB>0$ である。

$$=\frac{1}{2}\cdot5\cdot6\cdot\sqrt{1-\left(\frac{1}{5}\right)^2}=\mathbf{6\sqrt{6}}$$

である。

(2) $\overrightarrow{OP}=s\overrightarrow{OA}+t\overrightarrow{OB}$ ……①

において，s，t が

$s\geqq0$，$t\geqq0$，$1\leqq s+t\leqq2$ ……②

を満たすとする。そこでまず，s，t が

$s\geqq0$，$t\geqq0$，$s+t\leqq2$ ……③

← $s+t\leqq2$ より $\dfrac{s}{2}+\dfrac{t}{2}\leqq1$ において，$\dfrac{s}{2}=s'$，$\dfrac{t}{2}=t'$ とおくと考える。

を満たすときを考える。$s=2s'$，$t=2t'$ とおくと，

$s'\geqq0$，$t'\geqq0$，$s'+t'\leqq1$ ……③′

であり，$\overrightarrow{OA_2}=2\overrightarrow{OA}$，$\overrightarrow{OB_2}=2\overrightarrow{OB}$ となる点 A_2，B_2 をとると，①は

$$\overrightarrow{OP}=2s'\overrightarrow{OA}+2t'\overrightarrow{OB}=s'\overrightarrow{OA_2}+t'\overrightarrow{OB_2}$$

となるので，③，つまり，③′ のもとで，P は $\triangle OA_2B_2$ 全体(内部および周)を動く。

したがって，②のもとで，P が存在する範囲は $\triangle OA_2B_2$ 全体から，

$s\geqq0$，$t\geqq0$，$s+t<1$

に対応する部分(△OAB から辺 AB を除いた部分)を除いた部分，つまり，台形 ABB_2A_2 全体である。

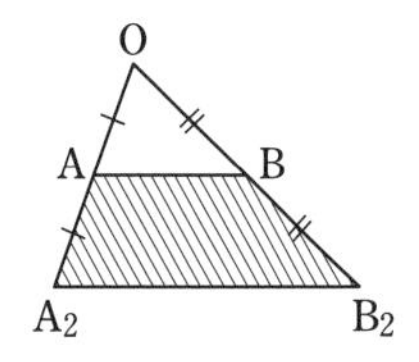

$\triangle OA_2B_2$ と △OAB は相似で，相似比は 2：1 であるから，求める面積は

$2^2\triangle OAB-\triangle OAB=\mathbf{18\sqrt{6}}$

← $\triangle OAB=6\sqrt{6}$

である。

(3) $s\geqq0$，$t\geqq0$，$1\leqq2s+t\leqq2$ ……④

のもとで，P が存在する範囲を U とする。

$2s=u$ とおき，$\overrightarrow{OC}=\dfrac{1}{2}\overrightarrow{OA}$ となる点Cをとると，

①，④は

$\overrightarrow{OP}=u\overrightarrow{OC}+t\overrightarrow{OB}$

← $\overrightarrow{OP}=\dfrac{1}{2}u\overrightarrow{OA}+t\overrightarrow{OB}$ より。

$u \geqq 0,\ t \geqq 0,\ 1 \leqq u+t \leqq 2$

となる。$\overrightarrow{\mathrm{OA}}=2\overrightarrow{\mathrm{OC}}$，$\overrightarrow{\mathrm{OB_2}}=2\overrightarrow{\mathrm{OB}}$ であるから，(2)より，U は台形 $\mathrm{CBB_2A}$ 全体である。次に，

⬅(2)において，s を u，A をCと置き換えたと考える。

$$s \geqq 0,\ t \geqq 0,\ s+3t \leqq 3 \qquad \cdots\cdots⑤$$

つまり，

$$s \geqq 0,\ t \geqq 0,\ \frac{s}{3}+t \leqq 1 \qquad \cdots\cdots⑤'$$

のもとで，P が存在する範囲を V とする。

$\dfrac{s}{3}=v$ とおき，$\overrightarrow{\mathrm{OA_3}}=3\overrightarrow{\mathrm{OA}}$ となる点 $\mathrm{A_3}$ をとると，①，⑤′より

$$\overrightarrow{\mathrm{OP}}=v\overrightarrow{\mathrm{OA_3}}+t\overrightarrow{\mathrm{OB}}$$

$$v \geqq 0,\ t \geqq 0,\ v+t \leqq 1$$

⬅$\overrightarrow{\mathrm{OP}}=3v\overrightarrow{\mathrm{OA}}+t\overrightarrow{\mathrm{OB}}$
$=v\overrightarrow{\mathrm{OA_3}}+t\overrightarrow{\mathrm{OB}}$

となるので，V は $\triangle \mathrm{OA_3B}$ 全体である。

④かつ⑤のもとで，P が存在する範囲は U と V の共通部分であるから，右図の四角形 ADBC 全体である。

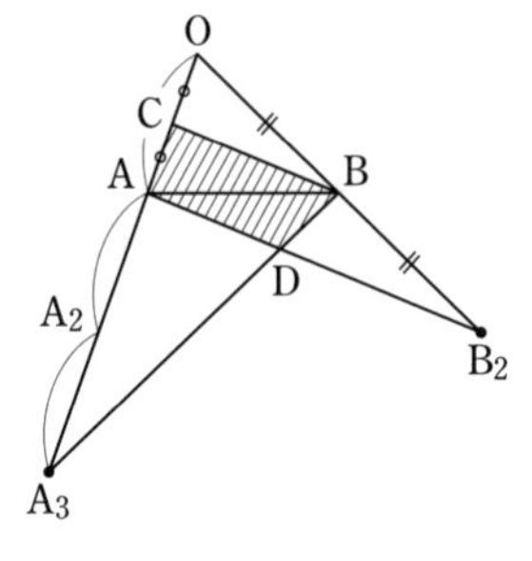

C，B はそれぞれ OA，$\mathrm{OB_2}$ の中点であり，$\mathrm{CB} /\!/ \mathrm{AB_2}$ であるから，$\triangle \mathrm{A_3CB}$ と $\triangle \mathrm{A_3AD}$ は相似で，相似比は $\mathrm{A_3C}:\mathrm{A_3A}=5:4$ である。また，$\mathrm{CA_3}:\mathrm{OA}=5:2$ より，

$$\triangle \mathrm{A_3CB}=\frac{5}{2}\triangle \mathrm{OAB}$$

⬅$\triangle \mathrm{A_3CB}$，$\triangle \mathrm{OAB}$ において，直線 $\mathrm{OA_3}$ 上の辺を底辺と考えると，高さは等しいので。

であるから，

$$\begin{aligned}台形\ \mathrm{ADBC}&=\triangle \mathrm{A_3CB}-\triangle \mathrm{A_3AD}\\&=\left\{1-\left(\frac{4}{5}\right)^2\right\}\triangle \mathrm{A_3CB}=\frac{9}{25}\cdot\frac{5}{2}\cdot\triangle \mathrm{OAB}\\&=\boldsymbol{\frac{27\sqrt{6}}{5}}\end{aligned}$$

⬅$\triangle \mathrm{OAB}=6\sqrt{6}$

である。

類題 35 → 解答 p.390

1 辺の長さが 1 の正六角形 ABCDEF が与えられている。点 P が辺 AB 上を，点 Q が辺 CD 上をそれぞれ独立に動くとき，線分 PQ を 2：1 に内分する点 R が通りうる範囲の面積を求めよ。 (東京大)

1103 円の2つの弦のなすベクトルの内積

半径1の円周上に3点A，B，Cがある。内積 $\overrightarrow{AB}\cdot\overrightarrow{AC}$ の最大値と最小値を求めよ。　　(一橋大)

第11章

精講　この種の問題では，まず3点のうちの1点または2点だけを動かして考えることになります。A，Bを固定してCを動かす場合(解答)，B，Cを固定してAを動かす場合(別解)を示しますが，Aを固定して，B，Cを動かすことによって処理することも可能です(参考 2°参照。)。

解答　$I=\overrightarrow{AB}\cdot\overrightarrow{AC}$ とおいて，まず，A，Bを固定して考える。

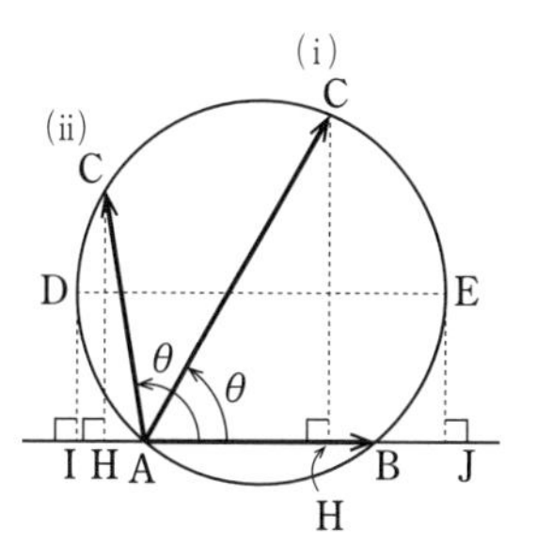

A=B のとき，$I=0$ であるから，以下，A≠B として，

$AB=2x$ $(0<x\leqq 1$ ……①)

とおく。右図のように，ABと平行な直径をDEとし，D，Eから直線ABに垂線DI，EJを下ろすと，

$AI=1-x$，$AJ=1+x$

である。

点Cをとり，$\overrightarrow{AB}$ と $\overrightarrow{AC}$ のなす角を θ とおくと，

$I=|\overrightarrow{AB}||\overrightarrow{AC}|\cos\theta$

← C=A のときは $I=0$ であるから，θ は考えないことにする。

である。Cから直線ABに垂線CHを下ろすと，

(i)　$0^\circ\leqq\theta\leqq 90^\circ$ のとき　$I=AB\cdot AH$　……②

(ii)　$\theta\geqq 90^\circ$ のとき　$I=-AB\cdot AH$　……③

である。

(i)のとき，$0\leqq AH\leqq AJ=1+x$ であるから，②より，

$0\leqq I\leqq 2x(1+x)$　……④

← 右側の等号は C=E のときに成り立つ。

であり，(ii)のとき，$0\leqq AH\leqq AI\leqq 1-x$ であるから，③より

$-2x(1-x)\leqq I\leqq 0$　……⑤

← 左側の等号は C=D のときに成り立つ。

である。したがって，$AB=2x$ のとき，I の取りうる値の範囲は，④，⑤より

$-2x(1-x)\leqq I\leqq 2x(1+x)$

である。

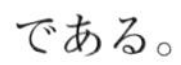

①の範囲のxに対して，

$$2x(1+x)=2\left(x+\frac{1}{2}\right)^2-\frac{1}{2}$$

は $x=1$ のとき，最大値 4 をとり，

⇐ ①において，$2x(1+x)$が単調増加であることからもわかる。

$$-2x(1-x)=2\left(x-\frac{1}{2}\right)^2-\frac{1}{2}$$

は $x=\frac{1}{2}$ のとき，最小値 $-\frac{1}{2}$ をとる。

したがって，Iの**最大値は 4，最小値は $-\frac{1}{2}$** である。

別解

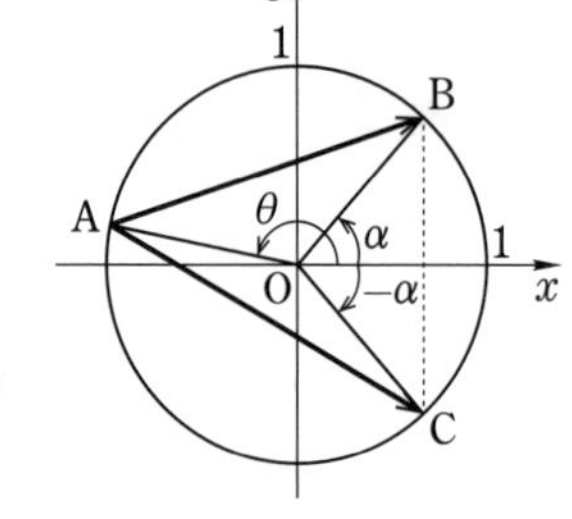

B，C を固定して，右図のような座標軸をとり，

$B(\cos\alpha,\ \sin\alpha)$，$C(\cos\alpha,\ -\sin\alpha)$，$0\leqq\alpha\leqq\frac{\pi}{2}$ ……⑥

とする。ここで，点Aを

$$A(\cos\theta,\ \sin\theta),\ 0\leqq\theta<2\pi \quad \cdots\cdots⑦$$

とする。このとき，

$$\overrightarrow{AB}=(\cos\alpha-\cos\theta,\ \sin\alpha-\sin\theta),$$
$$\overrightarrow{AC}=(\cos\alpha-\cos\theta,\ -\sin\alpha-\sin\theta)$$

であるから，

$$\begin{aligned}I&=\overrightarrow{AB}\cdot\overrightarrow{AC}\\&=(\cos\alpha-\cos\theta)^2\\&\qquad+(\sin\alpha-\sin\theta)(-\sin\alpha-\sin\theta)\\&=-2\cos\alpha\cos\theta+2\cos^2\alpha \quad \cdots\cdots⑧\end{aligned}$$

⇐ $\cos^2\alpha-2\cos\alpha\cos\theta+\cos^2\theta-\sin^2\alpha+\sin^2\theta$ となる。

である。

A を動かすと，⑦より

$$-1\leqq\cos\theta\leqq1$$

であり，⑥のもとで $\cos\alpha\geqq0$ に注意すると，Iの取りうる値の範囲は⑧より

⇐ ⑧は，$\cos\theta=-1$ で最大，$\cos\theta=1$ で最小となる。

$$-2\cos\alpha+2\cos^2\alpha\leqq I\leqq2\cos\alpha+2\cos^2\alpha \quad \cdots\cdots⑨$$

である。

次に，αを変化させると，⑥より

$$0\leqq\cos\alpha\leqq1$$

であり，

$$(⑨の右辺)=2\left(\cos\alpha+\frac{1}{2}\right)^2-\frac{1}{2}\ の最大値\ 4$$ ⬅ $\cos\alpha=1$ のとき。

$$(⑨の左辺)=2\left(\cos\alpha-\frac{1}{2}\right)^2-\frac{1}{2}\ の最小値\ -\frac{1}{2}$$ ⬅ $\cos\alpha=\frac{1}{2}$ のとき。

であるから，求める**最大値は 4，最小値は $-\frac{1}{2}$** である。

参考

1° 最大値だけならば簡単に求めることができる。

実際，$\overrightarrow{AB}\cdot\overrightarrow{AC}\leqq|\overrightarrow{AB}||\overrightarrow{AC}|\leqq 2\cdot 2=4$ であり，AB が直径で，$\overrightarrow{AB}=\overrightarrow{AC}$ のとき，$\overrightarrow{AB}\cdot\overrightarrow{AC}=4$ であるから，最大値は 4 である。

また，$I=\overrightarrow{AB}\cdot\overrightarrow{AC}$ が最小となるときについては，たとえば，〈別解〉より，$\cos\alpha=\frac{1}{2}$，$\cos\theta=1$　つまり，$\alpha=\frac{\pi}{3}$，$\theta=0$ のときであるから，$AB=AC=1$，$\angle BAC=\frac{2}{3}\pi$ のときであることがわかる。

2° A を固定して，B，C を動かすと考えると，次のようになる。

$A(-1,\ 0)$，$B(\cos\beta,\ \sin\beta)$，$C(\cos\gamma,\ \sin\gamma)$，$0\leqq\beta<2\pi$，$0\leqq\gamma<2\pi$

とおくと，

$$\begin{aligned}I=\overrightarrow{AB}\cdot\overrightarrow{AC}&=(\cos\beta+1)(\cos\gamma+1)+\sin\beta\sin\gamma\\&=\cos(\beta-\gamma)+\cos\beta+\cos\gamma+1\\&=2\cos\frac{\gamma}{2}\cos\left(\beta-\frac{\gamma}{2}\right)+\cos\gamma+1\end{aligned}$$

となる。ここで，β だけを変化させたときの最大値，最小値を考えると，

$$-2\left|\cos\frac{\gamma}{2}\right|+\cos\gamma+1\leqq I\leqq 2\left|\cos\frac{\gamma}{2}\right|+\cos\gamma+1$$

$$2\left|\cos\frac{\gamma}{2}\right|^2-2\left|\cos\frac{\gamma}{2}\right|\leqq I\leqq 2\left|\cos\frac{\gamma}{2}\right|^2+2\left|\cos\frac{\gamma}{2}\right|$$

となり，このあとの処理は〈解答〉，〈別解〉と同じである。

類題 36　→ 解答 p.390

円に内接する四角形 ABPC は次の条件(i)，(ii)を満たすとする。

(i)　三角形 ABC は正三角形である。

(ii)　AP と BC の交点は線分 BC を $p:1-p$ $(0<p<1)$ の比に内分する。

このときベクトル $\overrightarrow{AP}$ を $\overrightarrow{AB}$，$\overrightarrow{AC}$，p を用いて表せ。　　（京都大）

1104 空間内のベクトルの1次独立

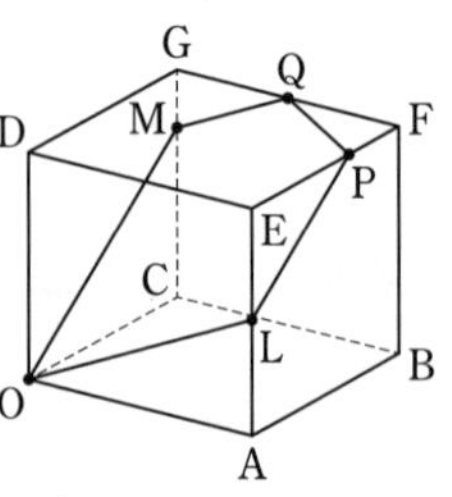

右図のように，1辺の長さが1の立方体DEFG-OABCがある。点Lは線分AEを1：1に，点Mは線分CGを3：1に内分する点である。また，3点O，L，Mを通る平面Tは，辺EFおよび辺GFと2点P，Qで交わる。$\overrightarrow{OA}=\vec{a}$，$\overrightarrow{OC}=\vec{c}$，$\overrightarrow{OD}=\vec{d}$とするとき，次の問いに答えよ。

(1) $\overrightarrow{OL}$，$\overrightarrow{OM}$，$\overrightarrow{OP}$，$\overrightarrow{OQ}$を，それぞれ$\vec{a}$，$\vec{c}$，$\vec{d}$を用いて表せ。

(2) 五角形OLPQMの面積Sを求めよ。

(3) 点Dから平面Tに垂線DHを下ろすとき，$\overrightarrow{OH}$を$\vec{a}$，$\vec{c}$，$\vec{d}$を用いて表せ。

(4) 点Dを頂点とし，五角形OLPQMを底面とする五角錐D-OLPQMの体積Vを求めよ。

(長崎大*)

精講 (1) $\overrightarrow{OP}$については，Pが平面OLM上にあり，かつ，辺EF上にあることから，$\overrightarrow{OP}$を2通りに表現したあと，次の事実を用います。$\overrightarrow{OQ}$についても同様です。

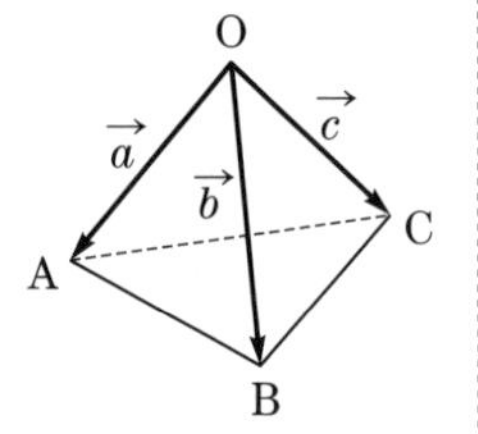

空間内の3つのベクトル$\vec{a}$，$\vec{b}$，$\vec{c}$が同一平面上におけない，つまり，$\overrightarrow{OA}=\vec{a}$，$\overrightarrow{OB}=\vec{b}$，$\overrightarrow{OC}=\vec{c}$となる四面体OABCが存在するとき，(このとき，3つのベクトル$\vec{a}$，$\vec{b}$，$\vec{c}$は1次独立であるという。)

(i) 実数α，β，γ，α'，β'，γ'に対して

$$\alpha\vec{a}+\beta\vec{b}+\gamma\vec{c}=\vec{0} \Longrightarrow \alpha=\beta=\gamma=0$$

$$\alpha\vec{a}+\beta\vec{b}+\gamma\vec{c}=\alpha'\vec{a}+\beta'\vec{b}+\gamma'\vec{c} \Longrightarrow \alpha=\alpha',\ \beta=\beta',\ \gamma=\gamma'$$

が成り立つ。

(ii) 空間内の任意のベクトル$\vec{u}$に対して

$$\vec{u}=p\vec{a}+q\vec{b}+r\vec{c}$$

となる実数p，q，rが存在する。ここでp，q，rは$\vec{u}$によってただ1通りに定まる。

(2) 五角形OLPQMをいくつかの三角形に分割して，次の面積公式を利用します。

△OAB において $\overrightarrow{OA}=\vec{a}$, $\overrightarrow{OB}=\vec{b}$ とするとき，△OAB の面積 S は

$$S=\frac{1}{2}\sqrt{|\vec{a}|^2|\vec{b}|^2-(\vec{a}\cdot\vec{b})^2} \quad \cdots\cdots(*)$$

である。

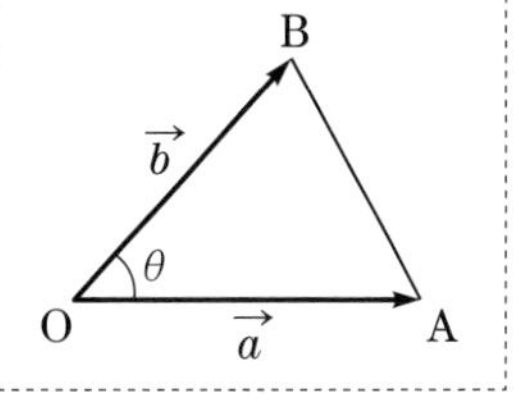

∠AOB$=\theta$ とおくと

$$S^2=\left(\frac{1}{2}\mathrm{OA}\cdot\mathrm{OB}\cdot\sin\theta\right)^2=\frac{1}{4}|\vec{a}|^2|\vec{b}|^2(1-\cos^2\theta)$$

$$=\frac{1}{4}\{|\vec{a}|^2|\vec{b}|^2-(\vec{a}\cdot\vec{b})^2\}$$

となることから，(＊)が導かれます。

解答 (1) AL：LE=1：1, CM：MG=3：1 より

$$\overrightarrow{\mathbf{OL}}=\overrightarrow{OA}+\overrightarrow{AL}=\vec{\boldsymbol{a}}+\frac{\mathbf{1}}{\mathbf{2}}\vec{\boldsymbol{d}} \quad \cdots\cdots①$$

$$\overrightarrow{\mathbf{OM}}=\overrightarrow{OC}+\overrightarrow{CM}=\vec{\boldsymbol{c}}+\frac{\mathbf{3}}{\mathbf{4}}\vec{\boldsymbol{d}} \quad \cdots\cdots②$$

である。P は平面 T 上にあるから，

$$\overrightarrow{OP}=s\overrightarrow{OL}+t\overrightarrow{OM}$$

$$=s\vec{a}+t\vec{c}+\frac{2s+3t}{4}\vec{d} \quad \cdots\cdots③$$

と表される。また，EP：PF$=p：1-p$ $(0<p<1)$ とすると，

$$\overrightarrow{OP}=\overrightarrow{OA}+\overrightarrow{AE}+\overrightarrow{EP}$$

$$=\vec{a}+\vec{d}+p\vec{c} \quad \cdots\cdots④$$

である。3つのベクトル $\vec{a}$, $\vec{c}$, $\vec{d}$ は同一平面上におけないので，③，④が一致する条件から

⬅“$\vec{a}$, $\vec{c}$, $\vec{d}$ は1次独立であるから”でもよい。

$$s=1,\quad t=p,\quad \frac{2s+3t}{4}=1$$

$$\therefore\quad s=1,\quad t=p=\frac{2}{3}$$

である。よって，

$$\overrightarrow{\mathbf{OP}}=\vec{\boldsymbol{a}}+\frac{\mathbf{2}}{\mathbf{3}}\vec{\boldsymbol{c}}+\vec{\boldsymbol{d}} \quad \cdots\cdots⑤$$

である。Q は平面 T 上にあるから，$\overrightarrow{\mathrm{OP}}$ と同様に

$$\overrightarrow{\mathrm{OQ}}=s\vec{a}+t\vec{c}+\frac{2s+3t}{4}\vec{d} \quad \cdots\cdots⑥$$

と表される。また，GQ：QF$=q：1-q$ $(0<q<1)$ とすると，

$$\overrightarrow{\mathrm{OQ}}=\overrightarrow{\mathrm{OC}}+\overrightarrow{\mathrm{CG}}+\overrightarrow{\mathrm{GQ}}$$
$$=\vec{c}+\vec{d}+q\vec{a} \quad \cdots\cdots⑦$$

である。上と同様に，⑥，⑦が一致する条件から

$$s=q,\ t=1,\ \frac{2s+3t}{4}=1$$

$$\therefore\quad s=q=\frac{1}{2},\ t=1$$

である。よって，

$$\boldsymbol{\overrightarrow{\mathrm{OQ}}=\frac{1}{2}\vec{a}+\vec{c}+\vec{d}} \quad \cdots\cdots⑧$$

である。

(2) $$S=\triangle\mathrm{OLP}+\triangle\mathrm{OPQ}+\triangle\mathrm{OQM} \quad \cdots\cdots⑨$$

である。ここで，

$$|\vec{a}|=|\vec{c}|=|\vec{d}|=1,\ \vec{a}\cdot\vec{c}=\vec{a}\cdot\vec{d}=\vec{c}\cdot\vec{d}=0$$

であるから，①，②，⑤，⑧より

$$|\overrightarrow{\mathrm{OL}}|^2=\left|\vec{a}+\frac{1}{2}\vec{d}\right|^2=|\vec{a}|^2+\vec{a}\cdot\vec{d}+\frac{1}{4}|\vec{d}|^2$$
$$=1+0+\frac{1}{4}=\frac{5}{4}$$

同様に，

$$|\overrightarrow{\mathrm{OM}}|^2=\frac{25}{16},\ |\overrightarrow{\mathrm{OP}}|^2=\frac{22}{9},\ |\overrightarrow{\mathrm{OQ}}|^2=\frac{9}{4}$$

$$\overrightarrow{\mathrm{OL}}\cdot\overrightarrow{\mathrm{OP}}=\frac{3}{2},\ \overrightarrow{\mathrm{OP}}\cdot\overrightarrow{\mathrm{OQ}}=\frac{13}{6},\ \overrightarrow{\mathrm{OQ}}\cdot\overrightarrow{\mathrm{OM}}=\frac{7}{4}$$

⬅たとえば，
$\overrightarrow{\mathrm{OL}}\cdot\overrightarrow{\mathrm{OP}}$
$=\left(\vec{a}+\frac{1}{2}\vec{d}\right)\cdot\left(\vec{a}+\frac{2}{3}\vec{c}+\vec{d}\right)$
$=|\vec{a}|^2+\frac{1}{2}|\vec{d}|^2=1+\frac{1}{2}=\frac{3}{2}$

である。したがって，

$$\triangle\mathrm{OLP}=\frac{1}{2}\sqrt{|\overrightarrow{\mathrm{OL}}|^2|\overrightarrow{\mathrm{OP}}|^2-(\overrightarrow{\mathrm{OL}}\cdot\overrightarrow{\mathrm{OP}})^2}$$
$$=\frac{1}{2}\sqrt{\frac{5}{4}\cdot\frac{22}{9}-\left(\frac{3}{2}\right)^2}=\frac{\sqrt{29}}{12}$$

$$\triangle\mathrm{OPQ}=\frac{1}{2}\sqrt{\frac{22}{9}\cdot\frac{9}{4}-\left(\frac{13}{6}\right)^2}=\frac{\sqrt{29}}{12}$$

⬅$\frac{1}{2}\sqrt{|\overrightarrow{\mathrm{OP}}|^2|\overrightarrow{\mathrm{OQ}}|^2-(\overrightarrow{\mathrm{OP}}\cdot\overrightarrow{\mathrm{OQ}})^2}$

$$\triangle \mathrm{OQM}=\frac{1}{2}\sqrt{\frac{9}{4}\cdot\frac{25}{16}-\left(\frac{7}{4}\right)^2}=\frac{\sqrt{29}}{16}$$

⬅ $\frac{1}{2}\sqrt{|\overrightarrow{\mathrm{OQ}}|^2|\overrightarrow{\mathrm{OM}}|^2-(\overrightarrow{\mathrm{OQ}}\cdot\overrightarrow{\mathrm{OM}})^2}$

であり，⑨より

$$S=\frac{\sqrt{29}}{12}+\frac{\sqrt{29}}{12}+\frac{\sqrt{29}}{16}=\boldsymbol{\frac{11\sqrt{29}}{48}} \quad \cdots\cdots⑩$$

である。

(3)　Hは平面 T 上にあるから，

$$\overrightarrow{\mathrm{OH}}=x\overrightarrow{\mathrm{OL}}+y\overrightarrow{\mathrm{OM}} \quad \cdots\cdots⑪$$

$$\therefore\quad \overrightarrow{\mathrm{DH}}=\overrightarrow{\mathrm{OH}}-\overrightarrow{\mathrm{OD}}=x\overrightarrow{\mathrm{OL}}+y\overrightarrow{\mathrm{OM}}-\vec{d}$$

⬅(2)で示した計算を利用するために，$\overrightarrow{\mathrm{OL}}$，$\overrightarrow{\mathrm{OM}}$ を用いて表している。

と表される。$\overrightarrow{\mathrm{DH}}$ は平面 T と垂直であるから，

$$\overrightarrow{\mathrm{DH}}\perp\overrightarrow{\mathrm{OL}},\ \overrightarrow{\mathrm{DH}}\perp\overrightarrow{\mathrm{OM}}$$

である。したがって，

$$\begin{cases}\overrightarrow{\mathrm{DH}}\cdot\overrightarrow{\mathrm{OL}}=(x\overrightarrow{\mathrm{OL}}+y\overrightarrow{\mathrm{OM}}-\vec{d})\cdot\overrightarrow{\mathrm{OL}}=0\\ \overrightarrow{\mathrm{DH}}\cdot\overrightarrow{\mathrm{OM}}=(x\overrightarrow{\mathrm{OL}}+y\overrightarrow{\mathrm{OM}}-\vec{d})\cdot\overrightarrow{\mathrm{OM}}=0\end{cases}$$

⬅ $\overrightarrow{\mathrm{OL}}\cdot\overrightarrow{\mathrm{OM}}$
$=\left(\vec{a}+\frac{1}{2}\vec{d}\right)\cdot\left(\vec{c}+\frac{3}{4}\vec{d}\right)=\frac{3}{8}$，
$\vec{d}\cdot\overrightarrow{\mathrm{OL}}=\frac{1}{2}$，$\vec{d}\cdot\overrightarrow{\mathrm{OM}}=\frac{3}{4}$

であるから，

$$\begin{cases}\frac{5}{4}x+\frac{3}{8}y-\frac{1}{2}=0\\ \frac{3}{8}x+\frac{25}{16}y-\frac{3}{4}=0\end{cases}\quad\therefore\quad\begin{cases}x=\frac{8}{29}\\ y=\frac{12}{29}\end{cases}$$

である。⑪に戻って，

$$\boldsymbol{\overrightarrow{\mathrm{OH}}}=\frac{8}{29}\overrightarrow{\mathrm{OL}}+\frac{12}{29}\overrightarrow{\mathrm{OM}}$$

$$=\boldsymbol{\frac{1}{29}(8\vec{a}+12\vec{c}+13\vec{d})}$$

⬅ $\frac{8}{29}\left(\vec{a}+\frac{1}{2}\vec{d}\right)+\frac{12}{29}\left(\vec{c}+\frac{3}{4}\vec{d}\right)$ より。

である。

(4)

$$\overrightarrow{\mathrm{DH}}=\overrightarrow{\mathrm{OH}}-\overrightarrow{\mathrm{OD}}=\frac{4}{29}(2\vec{a}+3\vec{c}-4\vec{d})$$

より

$$|\overrightarrow{\mathrm{DH}}|=\frac{4}{29}|2\vec{a}+3\vec{c}-4\vec{d}|=\frac{4\sqrt{29}}{29} \quad \cdots\cdots⑫$$

⬅ $|2\vec{a}+3\vec{c}-4\vec{d}|^2$
$=4+9+16=29$

である。したがって，⑩，⑫より

$$V=\frac{1}{3}\cdot S\cdot|\overrightarrow{\mathrm{DH}}|=\boldsymbol{\frac{11}{36}}$$

⬅ $\frac{1}{3}\cdot\frac{11\sqrt{29}}{48}\cdot\frac{4\sqrt{29}}{29}$ より。

である。

1105 動点から２定点までの距離の和の最小値

点 A(1, 2, 4) を通り，ベクトル $\vec{n}=(-3,\ 1,\ 2)$ に垂直な平面を α とする。平面 α に関して同じ側に 2 点 B(−2, 1, 7), C(1, 3, 7) がある。

(1) 平面 α に関して点Bと対称な点Dの座標を求めよ。

(2) 平面 α 上の点Pで，BP+CP を最小にする点Pの座標とそのときの最小値を求めよ。

(鳥取大*)

精講 一般に次の関係が成り立つことを確認しておきましょう。

点Aを通り，ベクトル $\vec{n}$ に垂直な平面 α 上に点Pがある
$\iff$ $\overrightarrow{\mathrm{AP}}$ は $\vec{n}$ と垂直である，または，P＝A
$\iff$ $\overrightarrow{\mathrm{AP}}\cdot\vec{n}=0$

解答 (1) 2 点 B, D が平面 α に関して対称であるから，

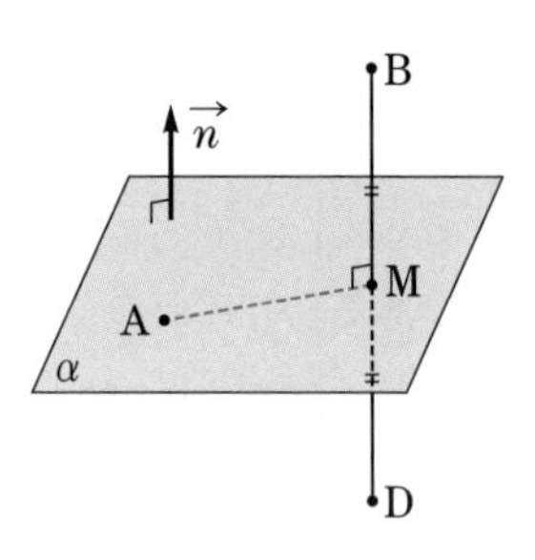

(i) BD は α と垂直である

(ii) BD の中点Mは α 上にある

が成り立つ。(i)より，

$$\overrightarrow{\mathrm{BD}}=t\vec{n}\quad (t \text{ は実数})$$

$$\therefore\ \overrightarrow{\mathrm{OD}}=\overrightarrow{\mathrm{OB}}+t\vec{n}\qquad \cdots\cdots①$$

と表される。これより，

$$\overrightarrow{\mathrm{OM}}=\frac{1}{2}(\overrightarrow{\mathrm{OB}}+\overrightarrow{\mathrm{OD}})=\overrightarrow{\mathrm{OB}}+\frac{t}{2}\vec{n}\qquad \cdots\cdots②$$

$$\therefore\ \overrightarrow{\mathrm{AM}}=\overrightarrow{\mathrm{OM}}-\overrightarrow{\mathrm{OA}}=\overrightarrow{\mathrm{OB}}-\overrightarrow{\mathrm{OA}}+\frac{t}{2}\vec{n}$$

$$=(-3,\ -1,\ 3)+\frac{t}{2}(-3,\ 1,\ 2)$$

である。(ii)より，

$$\overrightarrow{\mathrm{AM}}\cdot\vec{n}=0$$

←左辺は $(-3,\ -1,\ 3)\cdot\vec{n}+\frac{t}{2}|\vec{n}|^2$

であるから，

$$9-1+6+\frac{t}{2}(9+1+4)=0$$

$$\therefore\ t=-2$$

である。したがって，①より

$$\overrightarrow{\mathrm{OD}}=(-2,\ 1,\ 7)-2(-3,\ 1,\ 2)=(4,\ -1,\ 3)$$

であるから，**D(4, −1, 3)** である。

(2) B，D は平面 α に関して対称であるから，α 上の点 P に対して

$$\mathrm{BP}=\mathrm{DP}$$

が成り立つ。したがって，

$$\mathrm{BP}+\mathrm{CP}=\mathrm{DP}+\mathrm{CP} \qquad \cdots\cdots③$$

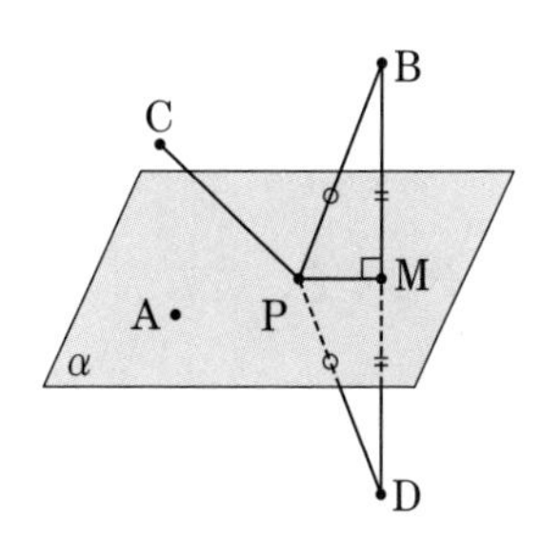

である。B，C は α に関して同じ側にあるから，D，C は α に関して反対側にある。したがって，③の右辺が最小となるのは，C，P，D がこの順に一直線上に並ぶときである。このとき，P は線分 CD 上にあるので，CP : PD $=s:1-s$ $(0<1<s)$ とすると，

⬅ P は線分 CD と平面 α の交点である。

$$\begin{aligned}\overrightarrow{\mathrm{OP}}&=(1-s)\overrightarrow{\mathrm{OC}}+s\overrightarrow{\mathrm{OD}}\\&=(1-s)(1,\ 3,\ 7)+s(4,\ -1,\ 3)\\&=(1+3s,\ 3-4s,\ 7-4s) \qquad \cdots\cdots④\end{aligned}$$

であり，

$$\overrightarrow{\mathrm{AP}}=\overrightarrow{\mathrm{OP}}-\overrightarrow{\mathrm{OA}}=(3s,\ 1-4s,\ 3-4s)$$

である。P が α 上にあることから，

$$\overrightarrow{\mathrm{AP}}\cdot\vec{n}=0$$

$$\therefore\ 3s\cdot(-3)+1-4s+(3-4s)\cdot 2=0$$

$$\therefore\ s=\frac{1}{3}$$

⬅ $s=\frac{1}{3}$ は $0<s<1$ を満たしている。

であり，④より **P$\left(2,\ \frac{5}{3},\ \frac{17}{3}\right)$** である。また，BP＋CP の最小値は

$$\mathrm{CD}=\sqrt{3^2+4^2+4^2}=\boldsymbol{\sqrt{41}}$$

である。

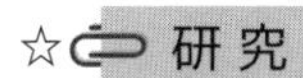

研究

精講 より，点 A(1, 2, 4) を通り，ベクトル $\vec{n}=(-3,\ 1,\ 2)$ に垂直な平面 α 上に点 P$(x,\ y,\ z)$ があるための条件は

$$\overrightarrow{\mathrm{AP}}\cdot\vec{n}=0$$

$\therefore\quad -3\cdot(x-1)+1\cdot(y-2)+2\cdot(z-4)=0$

$\therefore\quad -3x+y+2z-7=0$ ……⑤

である。

⑤を用いて，②，④における t，s を求めることもできる。②より，

$$\overrightarrow{\mathrm{OM}}=\overrightarrow{\mathrm{OB}}+\frac{t}{2}\vec{n}=\left(-2-\frac{3}{2}t,\ 1+\frac{t}{2},\ 7+t\right)$$

であるから，⑤に代入して，

$$-3\left(-2-\frac{3}{2}t\right)+1+\frac{t}{2}+2(7+t)-7=0$$

$\therefore\quad t=-2$

となる。また，④を⑤に代入して

$$-3(1+3s)+3-4s+2(7-4s)-7=0$$

$\therefore\quad s=\dfrac{1}{3}$

となる。

座標空間内の平面に関しては次が成り立つ。

> 点 $\mathrm{A}(x_0,\ y_0,\ z_0)$ を通り，ベクトル $\vec{n}=(a,\ b,\ c)$ に垂直な平面 α の方程式は
>
> $$a(x-x_0)+b(y-y_0)+c(z-z_0)=0$$
>
> である。ここで，$\vec{n}=(a,\ b,\ c)$ を平面 α の法線ベクトルという。

さらに，次のこともわかる。

> a，b，c，d $((a,\ b,\ c)\neq(0,\ 0,\ 0))$ を定数とするとき，
>
> $$ax+by+cz+d=0$$
>
> を満たす点 $(x,\ y,\ z)$ の全体はベクトル $\vec{n}=(a,\ b,\ c)$ に垂直な1つの平面である。

類題 37 → 解答 p.391

座標空間において原点Oと点 $\mathrm{A}(0,\ -1,\ 1)$ を通る直線を l とし，点 $\mathrm{B}(0,\ 2,\ 1)$ と点 $\mathrm{C}(-2,\ 2,\ -3)$ を通る直線を m とする。l 上の2点P，Qと，m 上の点Rを△PQRが正三角形となるようにとる。このとき，△PQRの面積が最小となるようなP，Q，Rの座標を求めよ。

1106 正四面体に関する計量

xyz 空間に3点 A(1, 0, 0), B(−1, 0, 0), C(0, $\sqrt{3}$, 0) をとる。△ABC を1つの面とし，$z \geqq 0$ の部分に含まれる正四面体 ABCD をとる。さらに △ABD を1つの面とし，点Cと異なる点Eをもう1つの頂点とする正四面体 ABDE をとる。

(1) 点Eの座標を求めよ。

(2) 正四面体 ABDE の $y \leqq 0$ の部分の体積を求めよ。 (東京大)

精講 (1) 正四面体の1辺の長さは2ですから，距離の公式を繰り返し用いると，単純な計算によってD，Eの座標を順に求めることができます。

(2) 正四面体 ABDE の xz 平面による切り口を底面と考えると，$y \leqq 0$ の部分の高さは|Eの y 座標|になります。

また，正四面体のいくつかの性質を利用すると，<別解> のように計算を少なくすることもできます。

解答 (1) 正四面体の1辺の長さは AB=2 であり，D(a, b, c) $(c \geqq 0)$ とおくと，

AD=2： $(a-1)^2+b^2+c^2=4$ ……①

BD=2： $(a+1)^2+b^2+c^2=4$ ……②

CD=2： $a^2+(b-\sqrt{3})^2+c^2=4$ ……③

である。

$c \geqq 0$ のもとで，これらを解くと，

$$a=0,\ b=\frac{\sqrt{3}}{3},\ c=\frac{2\sqrt{6}}{3}$$

となるので，$\mathrm{D}\left(0,\ \frac{\sqrt{3}}{3},\ \frac{2\sqrt{6}}{3}\right)$ である。

⬅①−② より $a=0$。
このとき，①，③より
$\begin{cases} b^2+c^2=3 \\ (b-\sqrt{3})^2+c^2=4 \end{cases}$
2式の差をとると，
$b=\frac{\sqrt{3}}{3}$。

次に，E(p, q, r) とおくと，

AE=2： $(p-1)^2+q^2+r^2=4$ ……④

BE=2： $(p+1)^2+q^2+r^2=4$ ……⑤

DE=2： $p^2+\left(q-\frac{\sqrt{3}}{3}\right)^2+\left(r-\frac{2\sqrt{6}}{3}\right)^2=4$ ……⑥

である。

④−⑤ より $p=0$ であり，このとき，④，⑥より

$$\begin{cases} q^2+r^2=3 & \cdots\cdots⑦ \\ \left(q-\dfrac{\sqrt{3}}{3}\right)^2+\left(r-\dfrac{2\sqrt{6}}{3}\right)^2=4 & \cdots\cdots⑧ \end{cases}$$

である。

⑦−⑧ を整理すると，

$$q=-2\sqrt{2}\,r+\sqrt{3}$$

となるので，これを⑦に代入すると，

$$(-2\sqrt{2}\,r+\sqrt{3})^2+r^2=3$$

$$\therefore\quad r(9r-4\sqrt{6})=0$$

となる。

$r=0$ のとき，$q=\sqrt{3}$ であり，$(p,\ q,\ r)$ はCの座標となる。よって，

$$r=\frac{4\sqrt{6}}{9},\ q=-\frac{7\sqrt{3}}{9}$$

であり，$\mathbf{E}\left(\mathbf{0},\ -\dfrac{\mathbf{7\sqrt{3}}}{\mathbf{9}},\ \dfrac{\mathbf{4\sqrt{6}}}{\mathbf{9}}\right)$ である。

(2) 線分 DE と z 軸との交点をFとする。

Fは線分 DE 上にあるから，

$$\overrightarrow{\mathrm{OF}}=(1-t)\overrightarrow{\mathrm{OD}}+t\overrightarrow{\mathrm{OE}}$$

$$=\left(0,\ \frac{\sqrt{3}}{9}(3-10t),\ \frac{2\sqrt{6}}{9}(3-t)\right)$$

と表され，(Fの y 座標)$=0$ より $t=\dfrac{3}{10}$ であるから，$\mathrm{F}\left(0,\ 0,\ \dfrac{3\sqrt{6}}{5}\right)$ である。

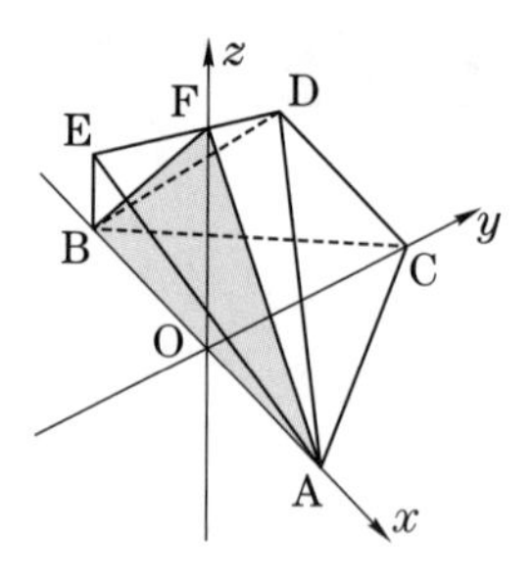

正四面体 ABDE の $y\leqq 0$ の部分は四面体 ABFE であり，その体積は

$$\frac{1}{3}\cdot\triangle\mathrm{ABF}\cdot|\mathrm{E}\text{の }y\text{ 座標}|$$

$$=\frac{1}{3}\cdot\left(\frac{1}{2}\cdot 2\cdot\frac{3\sqrt{6}}{5}\right)\cdot\frac{7\sqrt{3}}{9}=\mathbf{\frac{7\sqrt{2}}{15}}$$

である。

⬅ $\triangle\mathrm{ABF}$
$=\dfrac{1}{2}\cdot\mathrm{AB}\cdot$(Fの z 座標)

別解

(1)　正四面体 ABCD において，D から △ABC に下ろした垂線の足は，△ABC の重心 $G\left(0,\ \dfrac{\sqrt{3}}{3},\ 0\right)$ と一致する。また，正四面体の 1 辺の長さは AB＝2 であり，$CG=\dfrac{2}{3}CO=\dfrac{2\sqrt{3}}{3}$ であるから，

$$DG=\sqrt{DC^2-CG^2}=\sqrt{2^2-\left(\frac{2\sqrt{3}}{3}\right)^2}=\frac{2\sqrt{6}}{3}$$

である。これより $D\left(0,\ \dfrac{\sqrt{3}}{3},\ \dfrac{2\sqrt{6}}{3}\right)$ である。

⬅ 正三角形 ABC の重心 G は，中線 CO を 2：1 に内分する。

次に，2 つの正四面体で C，E それぞれから △DAB に下ろした垂線の足はいずれも △DAB の重心 $H\left(0,\ \dfrac{\sqrt{3}}{9},\ \dfrac{2\sqrt{6}}{9}\right)$ と一致し，CE の中点が H であるから，

⬅ $\overrightarrow{OH}=\frac{1}{3}(\overrightarrow{OA}+\overrightarrow{OB}+\overrightarrow{OD})$

$$\frac{1}{2}(\overrightarrow{OC}+\overrightarrow{OE})=\overrightarrow{OH}$$

$$\therefore\quad \overrightarrow{OE}=2\overrightarrow{OH}-\overrightarrow{OC}=\left(0,\ -\frac{7\sqrt{3}}{9},\ \frac{4\sqrt{6}}{9}\right)$$

である。E の座標も同じである。

(2)　1 辺の長さ 2 の正四面体 ABCD，ABDE の体積を V_0 とおくと，

$$V_0=\frac{1}{3}\cdot\frac{1}{2}\cdot2^2\cdot\sin60^\circ\cdot\frac{2\sqrt{6}}{3}=\frac{2\sqrt{2}}{3}$$

⬅ $V_0=\frac{1}{3}\cdot\triangle ABC\cdot DG$

である。ED と z 軸との交点を F とし，正四面体 ABDE を △ABF で 2 分したときの体積比は，

$$(\text{四面体 ABFE}):(\text{四面体 ABFD})$$
$$=\frac{1}{3}\triangle ABF\cdot|y_E|:\frac{1}{3}\triangle ABF\cdot y_D$$
$$=|y_E|:y_D=\frac{7\sqrt{3}}{9}:\frac{\sqrt{3}}{3}=7:3$$

⬅ y_E，y_D はそれぞれ E，D の y 座標を表す。

であるから，求める体積は

$$(\text{四面体 ABFE})=\frac{7}{7+3}\cdot V_0=\frac{7\sqrt{2}}{15}$$

である。

1107 2つの球面の交わりの円を含む球面

座標空間内の2つの球面

$S_1 : (x-1)^2+(y-1)^2+(z-1)^2=7$, $S_2 : (x-2)^2+(y-3)^2+(z-3)^2=1$

を考える。S_1とS_2の共通部分をCとする。このとき以下の問いに答えよ。

(1) S_1との共通部分がCとなるような球面のうち，半径が最小となる球面の方程式を求めよ。

(2) S_1との共通部分がCとなるような球面のうち，半径が$\sqrt{3}$となる球面の方程式を求めよ。

(大阪大)

精講 “共通部分Cは円であり，Cを含む平面はS_1の中心Aと，S_2の中心Bを結ぶ直線と垂直である”……(＊) ことを認めて答えてもよいでしょう。

(＊)が成り立つことは，C上の点Pのとり方によらず，△ABPはすべて合同な三角形であり，PからABに垂線PHを下ろすと，HはPによらない定点であり，PHは一定であることから説明できます。

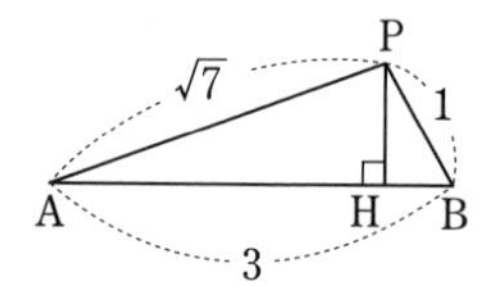

解答 (1) 2つの球面

$$S_1 : (x-1)^2+(y-1)^2+(z-1)^2=7 \quad \cdots\cdots①$$

$$S_2 : (x-2)^2+(y-3)^2+(z-3)^2=1 \quad \cdots\cdots②$$

の中心はそれぞれ A(1, 1, 1), B(2, 3, 3) である。

共通部分の円Cを含む平面をα，Cの中心をHとおくと，Hは直線ABとαとの交点である。

C上の点(x, y, z)は①，②を満たすから，

$$①-② : 2x+4y+4z=25 \quad \cdots\cdots③$$

を満たすので，αの方程式は③である。また，直線AB上の点(x, y, z)は，実数tを用いて，

$$(x, y, z)=\overrightarrow{OA}+t\overrightarrow{AB}$$
$$=(1+t, 1+2t, 1+2t) \quad \cdots\cdots④$$

と表される。

円Cの中心Hは，平面αと直線ABとの交点である。

⇐「③はx, y, zの1次方程式であるから平面を表し(**1105** 研究 参照)，Cは①と③，つまり，球面S_1と平面αの共通部分であるから円である」として，精講の(＊)を説明することもできる。

そこで，④を③に代入すると，

$$2(1+t)+4(1+2t)+4(1+2t)=25$$

より，$t=\dfrac{5}{6}$ であるから，$\mathrm{H}\left(\dfrac{11}{6},\ \dfrac{8}{3},\ \dfrac{8}{3}\right)$ である。

C を含む球面の半径は C の半径以上である。よって，最小の球面は，その半径が C の半径に等しい，つまり，その中心が C の中心Hと一致するものである。この球面の半径を r とおくと，

← C を含む球面の中心が平面 α 上にないとき，球面の半径は C の半径より大きい。

$$r^2=(\sqrt{7})^2-\mathrm{AH}^2$$

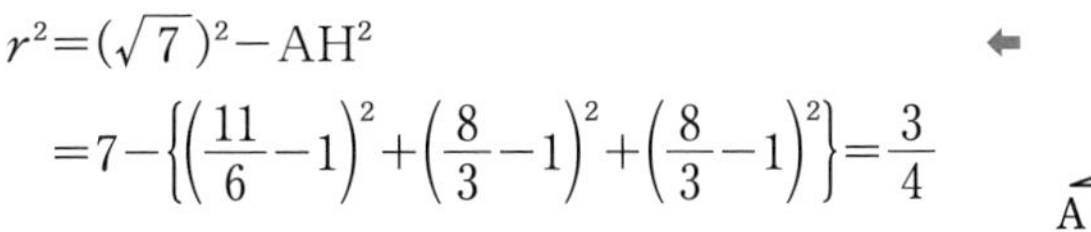

$$=7-\left\{\left(\frac{11}{6}-1\right)^2+\left(\frac{8}{3}-1\right)^2+\left(\frac{8}{3}-1\right)^2\right\}=\frac{3}{4}$$

←

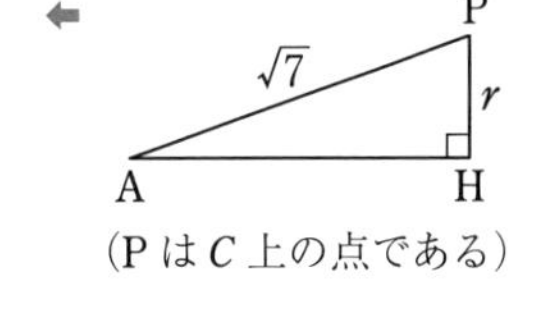

（P は C 上の点である）

であるから，求める球面の方程式は

$$\boldsymbol{\left(x-\frac{11}{6}\right)^2+\left(y-\frac{8}{3}\right)^2+\left(z-\frac{8}{3}\right)^2=\frac{3}{4}}$$

である。

(2) C を含む球面の中心は，C 上のすべての点からの距離が等しいので，C の中心Hを通り，α に垂直な直線，つまり，直線 AB 上にある。したがって，C を含み，半径が $\sqrt{3}$ である球面の中心をGとおくと，

$$\mathrm{HG}=\sqrt{(\sqrt{3})^2-r^2}=\sqrt{3-\frac{3}{4}}=\frac{3}{2}$$

←

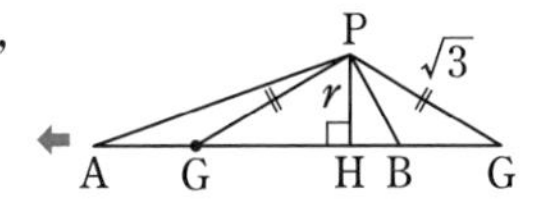

である。これより，$\overrightarrow{\mathrm{AB}}=(1,\ 2,\ 2)$ と同じ向きの単位ベクトルを $\vec{u}$ とすると，

← $\vec{u}=\dfrac{\overrightarrow{\mathrm{AB}}}{|\overrightarrow{\mathrm{AB}}|}=\left(\dfrac{1}{3},\ \dfrac{2}{3},\ \dfrac{2}{3}\right)$

$$\overrightarrow{\mathrm{HG}}=\pm\frac{3}{2}\vec{u}=\pm\left(\frac{1}{2},\ 1,\ 1\right)$$

となるから，

$$\overrightarrow{\mathrm{OG}}=\overrightarrow{\mathrm{OH}}+\overrightarrow{\mathrm{HG}}=\left(\frac{11}{6},\ \frac{8}{3},\ \frac{8}{3}\right)\pm\left(\frac{1}{2},\ 1,\ 1\right)$$

$$=\left(\frac{7}{3},\ \frac{11}{3},\ \frac{11}{3}\right),\ \left(\frac{4}{3},\ \frac{5}{3},\ \frac{5}{3}\right)$$

である。よって，求める球面の方程式は

$$\boldsymbol{\left(x-\frac{7}{3}\right)^2+\left(y-\frac{11}{3}\right)^2+\left(z-\frac{11}{3}\right)^2=3,}$$

$$\boldsymbol{\left(x-\frac{4}{3}\right)^2+\left(y-\frac{5}{3}\right)^2+\left(z-\frac{5}{3}\right)^2=3}$$

である。

類題の解答

第1章

1 (1) $x^2+(a+1)x+a^2-1=0$ ……①

①が異なる2つの実数解xをもつようなaの範囲は

$$(\text{判別式})=(a+1)^2-4(a^2-1)>0$$
$$\therefore\ (a+1)(3a-5)<0$$

より $-1<a<\dfrac{5}{3}$ ……② 答

(2) ①が実数解xをもつようなaの値の範囲は

$$-1\leqq a\leqq\frac{5}{3} \quad \cdots\cdots③$$

である。まず，aが③の範囲を動くとき，①の実数解xのとりうる値の範囲Sを考える。$x\in S$，つまり，実数xが(③を満たす)ある実数aに対応する①の解であるとき，見方を変えると次の関係が成り立つ。

$x\in S$

$\Longleftrightarrow$ ①をaの2次方程式 $a^2+xa+x^2+x-1=0$ ……④ とみなしたとき，実数解をもつ。

$\Longleftrightarrow$ (④の判別式) $=x^2-4(x^2+x-1)\geqq 0$

$\Longleftrightarrow -2\leqq x\leqq\dfrac{2}{3}$ ……⑤

求めるのは，aが②の範囲を動くときの①の実数解xのとりうる値の範囲Tであるから，③に含まれ，②に含まれない $a=-1,\ \dfrac{5}{3}$ に対応する①の解について調べる。

$a=-1$ のとき，①は重解 $x=0$ をもつが，逆に①で $x=0$ とおくと，$a=\pm 1$ となり，$a=1$ のとき，①は $x(x+2)=0$ となるので，$0\in T$ である。

$a=\dfrac{5}{3}$ のとき，①は重解 $x=-\dfrac{4}{3}$ をもつが，逆に①で $x=-\dfrac{4}{3}$ とおくと，$a=\dfrac{5}{3},\ -\dfrac{1}{3}$ となり，$a=-\dfrac{1}{3}$ のとき，①は $\left(x+\dfrac{4}{3}\right)\left(x-\dfrac{2}{3}\right)=0$ となるので，$-\dfrac{4}{3}\in T$ である。

したがって，求める範囲TもSと同じで，$-2\leqq x\leqq\dfrac{2}{3}$ である。…… 答

(注) (2)では"aの2次方程式④が②の範囲に少なくとも1つの解をもつ"と考えて処理することもできる。

2 $x^2+px+q=0$ の異なる2つの実数解がα，$\beta\,(\alpha<\beta)$であるから，

$$\alpha=\frac{-p-\sqrt{p^2-4q}}{2},$$
$$\beta=\frac{-p+\sqrt{p^2-4q}}{2}$$

であり，区間 $I=[\alpha,\ \beta]$ は $x=-\dfrac{p}{2}$ に関して対称である。したがって，$-\dfrac{p}{2}$ が整数とするとIに含まれる整数の個数は奇数個であるから，その個数が2個のときにはpは奇数である。そこで

$$p=-2m+1\ (m\text{は整数}) \quad \cdots\cdots①$$

とおくと，Iは

$$x=-\frac{p}{2}=m-\frac{1}{2}$$

に関して対称であるから，"含まれる2個の整数は$m-1$, mである。"……(*)

$$f(x)=x^2+px+q$$
$$=x^2-(2m-1)x+q$$

とおく。αが整数でないとき，

$\alpha+\beta=-p$ より，βも整数でないので，

(*)の条件は

$$\begin{cases} f(m)=-m^2+m+q<0 & \cdots\cdots② \\ f(m+1)=-m^2+m+2+q>0 & \cdots\cdots③ \end{cases}$$

である。

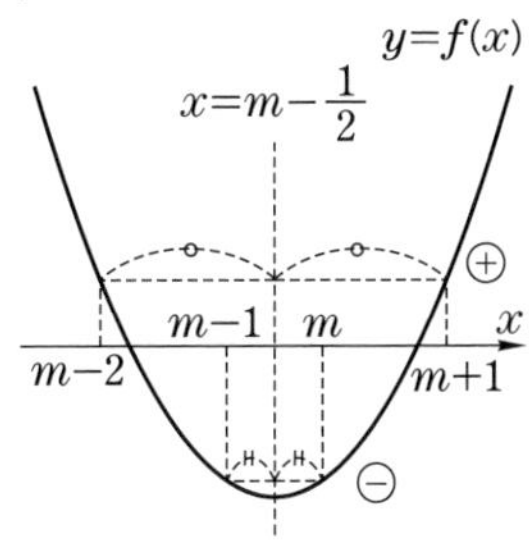

②，③より

$$m^2-m-2<q<m^2-m$$

ここで，q は整数であるから

$$q=m^2-m-1 \quad \cdots\cdots ④$$

①，④より

$$\beta-\alpha$$
$$=\sqrt{p^2-4q}$$
$$=\sqrt{(2m-1)^2-4(m^2-m-1)}$$
$$=\sqrt{5} \quad \cdots\cdots \text{答}$$

別解

解と係数の関係から

$$\alpha+\beta=-p,\ \alpha\beta=q \quad \cdots\cdots ⑤$$

これより，α が整数でないとき，β も整数でないので，区間 $[\alpha,\ \beta]$ に整数がちょうど2個含まれるとき

$$1<\beta-\alpha<3 \quad \cdots\cdots ⑥$$

である。

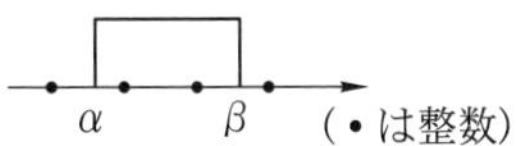

⑤，⑥より

$$1<(\beta-\alpha)^2<9$$
$$\therefore\quad 1<(\alpha+\beta)^2-4\alpha\beta<9$$
$$\therefore\quad 1<p^2-4q<9 \quad \cdots\cdots ⑦$$

平方数 p^2 を4で割った余りは0，または1であるから，p^2-4q も同様である。

したがって，⑦より

$$D=p^2-4q=4,\ 5,\ \text{または}\ 8$$

$D=4$ のとき，p は偶数であり，

$$\alpha,\ \beta=\frac{-p\pm\sqrt{D}}{2}=-\frac{p}{2}\pm1$$

は整数となるので不適である。

$D=8$ のとき，p は偶数であり

$$\alpha,\ \beta=\frac{-p\pm\sqrt{D}}{2}=-\frac{p}{2}\pm\sqrt{2}$$

となり，区間 $[\alpha,\ \beta]$ には3つの整数 $-\frac{p}{2}$，$-\frac{p}{2}\pm1$ が含まれるので不適である。

$D=5$ のとき，p は奇数であり，

$$\alpha,\ \beta=\frac{-p\pm\sqrt{D}}{2}=\frac{-p\pm\sqrt{5}}{2}$$

となり，区間 $[\alpha,\ \beta]$ に含まれる整数は $\frac{-p\pm1}{2}$ の2つである。

以上より，$D=(\beta-\alpha)^2=5$ であり

$$\beta-\alpha=\sqrt{D}=\sqrt{5}$$

3 $f(x)=(x+a)(x+2)$

$$=x^2+(a+2)x+2a$$
$$=\left(x+\frac{a+2}{2}\right)^2-\left(\frac{a-2}{2}\right)^2$$

x がすべての実数値をとるとき，$X=f(x)$ の取り得る値の範囲は

$$X\geqq-\left(\frac{a-2}{2}\right)^2 \quad \cdots\cdots ①$$

である。

したがって，“すべての実数 x に対して，$f(f(x))>0$ である”は，“①において，$f(X)>0$ である”……(☆) と同値である。

$$a\geqq2 \quad \cdots\cdots ②$$

であるから，$Y=f(X)$ のグラフより，

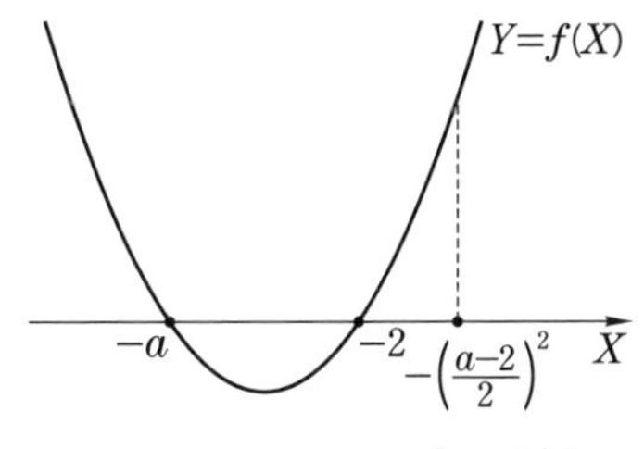

$$(☆) \iff -2<-\left(\frac{a-2}{2}\right)^2$$
$$\iff a^2-4a-4<0$$

②と合わせて

$2 \leqq a < 2+2\sqrt{2}$ …… 答

(別解)

$f(x)=(x+a)(x+2)$
$=x^2+(a+2)x+2a$

より

$f(f(x))$
$=(f(x)+a)(f(x)+2)$
$=\{x^2+(a+2)x+3a\}$
$\times\{x^2+(a+2)x+2a+2\}$ ……③

$a=2$ のとき

$f(x)=(x+2)^2 \geqq 0$

$\therefore\ f(f(x))=\{f(x)+2\}^2>0$

より，条件を満たす。

$a>2$ のとき

$x^2+(a+2)x+3a$
$>x^2+(a+2)x+2a+2$

であるから，③に注意すると，“すべての実数xに対して，$f(f(x))>0$ である”は“すべての実数xに対して，

$x^2+(a+2)x+2a+2>0$

である”と同値である。その条件は，

$(a+2)^2-4(2a+2)<0$
$a^2-4a-4<0$

であり，$a>2$ を考え合わせると

$2<a<2+\sqrt{2}$

したがって，$a=2$ と合わせて

$2 \leqq a < 2+2\sqrt{2}$

4 (1) $u=\sqrt[3]{\sqrt{\dfrac{28}{27}}+1}$，$v=\sqrt[3]{\sqrt{\dfrac{28}{27}}-1}$

とおく。

$\alpha=u-v$

$uv=\sqrt[3]{\left(\sqrt{\dfrac{28}{27}}+1\right)\left(\sqrt{\dfrac{28}{27}}-1\right)}$

$=\sqrt[3]{\dfrac{28}{27}-1}=\dfrac{1}{3}$

であるから，

$\alpha^3=(u-v)^3$
$=u^3-3uv(u-v)-v^3$
$=\sqrt{\dfrac{28}{27}}+1-3\cdot\dfrac{1}{3}(u-v)$
$-\left(\sqrt{\dfrac{28}{27}}-1\right)$
$=2-\alpha$

$\therefore\ \alpha^3+\alpha-2=0$

これより，α は3次方程式

$x^3+x-2=0$ ……①

の解である。 (証明おわり)

(2) ①は

$(x-1)(x^2+x+2)=0$

となるので，①の実数解は $x=1$ に限る。α は実数であるから，(1)で示したことより

$\alpha=1$ …… 答

5 $-1 \leqq x \leqq 1$，$-1 \leqq y \leqq 1$ ……① において，

$f(x,\ y)=1-ax-by-axy$

とおく。

まずyを固定して，xだけを$-1 \leqq x \leqq 1$ の範囲で動かしたときの最小値を $m(y)$ とおくと，

$f(x,\ y)=(-a-ay)x+1-by$

はxの1次関数(または定数)であるから，最小値 $m(y)$ は

$f(-1,\ y)=(a-b)y+a+1$ ……②

$f(1,\ y)=-(a+b)y-a+1$ ……③

の小さい方(大きくない方)である。

次に，yを $-1 \leqq y \leqq 1$ で動かしたときの $m(y)$ の最小値が①における $f(x,\ y)$ の最小値Mであるが，$m(y)$ が②，③のいずれであっても，上と同じ理由で，Mは $m(1)$，$m(-1)$ のいずれか，すなわち，

$f(-1,\ -1)=b+1$
$f(-1,\ 1)=2a-b+1$
$f(1,\ -1)=b+1$

$$f(1,\ 1)=-2a-b+1$$

の最小のものである。したがって，a，b の満たすべき条件，つまり，$M>0$ は

$$b+1>0,\ 2a-b+1>0,$$
$$-2a-b+1>0$$

となり，図示すると下図の斜線部分（境界を除く）となる。

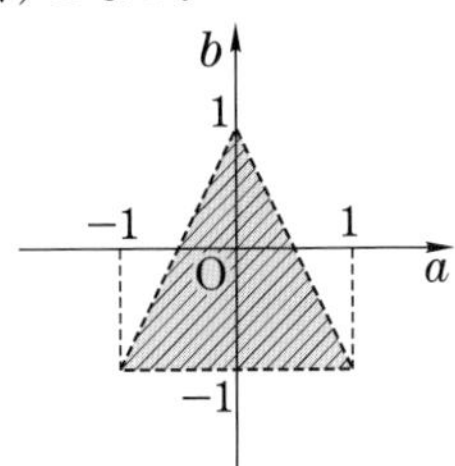

6 (1) $P(x)=(x+1)(x+2)^n$

$P(x)$ を $x-1$ で割った余りは

$P(1)=2\cdot3^n$ ……答

(2) 二項定理より

$$(x+2)^n$$
$$=\sum_{k=0}^{n}{}_n\mathrm{C}_k x^{n-k}\cdot2^k$$
$$=x^n+{}_n\mathrm{C}_1x^{n-1}\cdot2+\cdots$$
$$+{}_n\mathrm{C}_{n-2}x^2\cdot2^{n-2}+{}_n\mathrm{C}_{n-1}x\cdot2^{n-1}+2^n$$
$$=x^2Q(x)+n\cdot2^{n-1}x+2^n \quad \cdots\cdots①$$

（$Q(x)$ は x の多項式）

これより，余りは

$n\cdot2^{n-1}x+2^n$ ……答

(3) ①の両辺に $x+1$ をかけると

$$(x+1)(x+2)^n$$
$$=(x+1)\{x^2Q(x)+n\cdot2^{n-1}x+2^n\}$$
$$=x^2\{(x+1)Q(x)+n\cdot2^{n-1}\}$$
$$+(n+2)2^{n-1}x+2^n$$

これより，余りは

$(n+2)2^{n-1}x+2^n$ ……答

(4) $P(x)$ を x^2 で割ったときの商を $F(x)$ とおくと，(3)より

$$P(x)=x^2F(x)$$
$$+(n+2)2^{n-1}x+2^n \quad \cdots\cdots②$$

両辺で，$x=1$ とおくと

$$P(1)=F(1)+(n+2)2^{n-1}+2^n$$

(1)の式から

$$F(1)=2\cdot3^n-(n+4)2^{n-1}$$

したがって，

$$F(x)=(x-1)G(x)$$
$$+2\cdot3^n-(n+4)2^{n-1}$$

（$G(x)$ は x の多項式）

②に代入すると

$$P(x)=x^2(x-1)G(x)$$
$$+\{2\cdot3^n-(n+4)2^{n-1}\}x^2$$
$$+(n+2)2^{n-1}x+2^n$$

これより，余りは

$$\{2\cdot3^n-(n+4)2^{n-1}\}x^2$$
$$+(n+2)2^{n-1}x+2^n$$

……答

第2章

7 (1) 加法定理を用いると

$$(\cos\alpha+i\sin\alpha)(\cos\beta+i\sin\beta)$$
$$=\cos\alpha\cos\beta-\sin\alpha\sin\beta+i(\sin\alpha\cos\beta+\cos\alpha\sin\beta)$$
$$=\cos(\alpha+\beta)+i\sin(\alpha+\beta)$$

(証明おわり)

(2) (1)より

$$\left(\cos\frac{2\pi k}{n}+i\sin\frac{2\pi k}{n}\right)\times\left(\cos\frac{2\pi}{n}+i\sin\frac{2\pi}{n}\right)$$
$$=\cos\left(\frac{2\pi k}{n}+\frac{2\pi}{n}\right)+i\sin\left(\frac{2\pi k}{n}+\frac{2\pi}{n}\right)$$
$$=\cos\frac{2\pi(k+1)}{n}+i\sin\frac{2\pi(k+1)}{n}$$

したがって,

$$z\left(\cos\frac{2\pi}{n}+i\sin\frac{2\pi}{n}\right)$$
$$=\sum_{k=1}^{n}\left\{\left(\cos\frac{2\pi k}{n}+i\sin\frac{2\pi k}{n}\right)\times\left(\cos\frac{2\pi}{n}+i\sin\frac{2\pi}{n}\right)\right\}$$
$$=\sum_{k=1}^{n}\left\{\cos\frac{2\pi(k+1)}{n}+i\sin\frac{2\pi(k+1)}{n}\right\}$$
$$=\sum_{j=2}^{n+1}\left(\cos\frac{2\pi j}{n}+i\sin\frac{2\pi j}{n}\right)=(*)$$

ここで, $j=n+1$ に対応する項は

$$\cos\frac{2\pi(n+1)}{n}+i\sin\frac{2\pi(n+1)}{n}$$
$$=\cos\left(2\pi+\frac{2\pi}{n}\right)+i\sin\left(2\pi+\frac{2\pi}{n}\right)$$
$$=\cos\frac{2\pi}{n}+i\sin\frac{2\pi}{n}$$

となり, $j=1$ に対応する項に等しいので,

$$(*)=\sum_{j=1}^{n}\left(\cos\frac{2\pi j}{n}+i\sin\frac{2\pi j}{n}\right)$$
$$=z$$

すなわち,

$$z\left(\cos\frac{2\pi}{n}+i\sin\frac{2\pi}{n}\right)=z \quad \cdots\cdots①$$

が成り立つ。(証明おわり)

(3) ①より

$$\left(\cos\frac{2\pi}{n}+i\sin\frac{2\pi}{n}-1\right)z=0$$

nは2以上の自然数であるから

$$\cos\frac{2\pi}{n}+i\sin\frac{2\pi}{n}-1\neq0$$

したがって,

$$z=0$$

であるから, zの実部, 虚部は0である。すなわち,

$$\sum_{k=1}^{n}\cos\frac{2\pi k}{n}=\sum_{k=1}^{n}\sin\frac{2\pi k}{n}=0$$

(証明おわり)

8 中心O, 半径1の球に内接する正四面体ABCDの1辺の長さをaとする。

四面体OABC, DABCにおいて,

$$OA=OB=OC=1,$$
$$DA=DB=DC=a$$

であるから, O, Dから平面ABCに下ろした垂線の足はいずれも△ABCの外心と一致する。△ABCは1辺の長さaの正三角形であるから, その外心は重心Gと一致する。

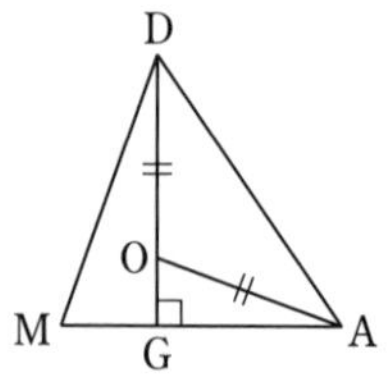

BCの中点をMとし, 直線AGM, DOGを含む断面図を考える。△ADGにおいて,

$$AD=a,$$
$$AG=\frac{2}{3}AM=\frac{2}{3}\cdot\frac{\sqrt{3}}{2}a=\frac{\sqrt{3}}{3}a$$

より

$$\mathrm{DG}=\sqrt{\mathrm{AD}^2-\mathrm{AG}^2}=\frac{\sqrt{6}}{3}a$$

△AOG において,

$$\mathrm{AO}=1,$$

$$\mathrm{OG}=\mathrm{DG}-\mathrm{OD}=\frac{\sqrt{6}}{3}a-1$$

であるから, △AOG において, 三平方の定理より

$$\left(\frac{\sqrt{6}}{3}a-1\right)^2+\left(\frac{\sqrt{3}}{3}a\right)^2=1^2$$

$$\therefore \quad a\left(a-\frac{2\sqrt{6}}{3}\right)=0$$

よって, (1辺の長さ a)$=\dfrac{2\sqrt{6}}{3}$

……答

第3章

9 $\log_{10}\left(\dfrac{10^x\cdot 10^y}{10}+10000\cdot\dfrac{100^x}{100^y}-1000\cdot\dfrac{10^{3x}}{10^y}\right)\geqq 0$

$$\iff \frac{10^x\cdot 10^y}{10}+10^4\cdot\frac{(10^x)^2}{(10^y)^2}-10^3\cdot\frac{(10^x)^3}{10^y}\geqq 1 \quad \cdots\cdots①$$

ここで

$$10^x=X(>0),\ 10^y=Y(>0)$$

とおくと

$$① \iff \frac{XY}{10}+10^4\cdot\frac{X^2}{Y^2}-10^3\cdot\frac{X^3}{Y}\geqq 1$$

両辺に $10Y^2(>0)$ をかけて

$$XY^3+10^5X^2-10^4X^3Y\geqq 10Y^2$$

$$Y^2(XY-10)+10^4X^2(10-XY)\geqq 0$$

$$(XY-10)(Y^2-10^4X^2)\geqq 0$$

$$\therefore \quad (XY-10)(Y-10^2X)(Y+10^2X)\geqq 0$$

$Y+10^2X>0$ であるから,

$$(XY-10)(Y-10^2X)\geqq 0$$

$$\therefore \quad \begin{cases} XY\geqq 10 \text{ かつ } Y\geqq 10^2X \\ XY\leqq 10 \text{ かつ } Y\leqq 10^2X \end{cases}$$

x, y の式に戻すと

$$\begin{cases} 10^{x+y}\geqq 10 \text{ かつ } 10^y\geqq 10^{x+2} \\ 10^{x+y}\leqq 10 \text{ かつ } 10^y\leqq 10^{x+2} \end{cases}$$

$$\therefore \quad \begin{cases} x+y\geqq 1 \text{ かつ } y\geqq x+2 \\ x+y\leqq 1 \text{ かつ } y\leqq x+2 \end{cases}$$

求める領域は下図の斜線部分(境界を含む)である。

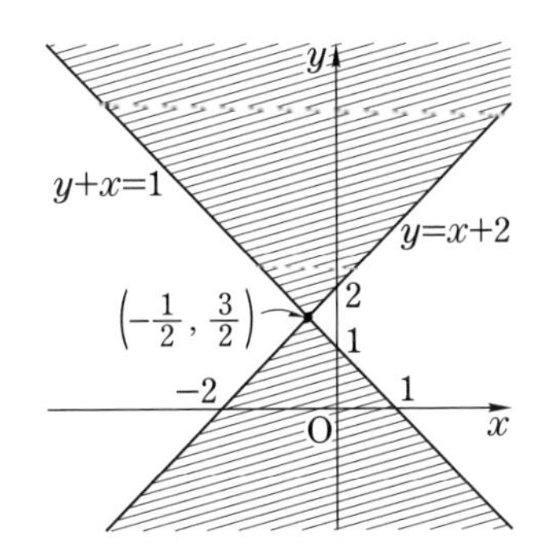

第4章

10 A_1, A_2, …, A_6 が反時計回りに並んでいるとする。O を原点とし，A_6 が x 軸の正の部分にあるように座標軸をとると，

$$\mathrm{A}_k\left(r\cos\frac{k}{3}\pi,\ r\sin\frac{k}{3}\pi\right)$$
$$(k=1,\ 2,\ \cdots,\ 6),$$

すなわち，

$$\mathrm{A}_1\left(\frac{r}{2},\ \frac{\sqrt{3}}{2}r\right),\ \mathrm{A}_2\left(-\frac{r}{2},\ \frac{\sqrt{3}}{2}r\right),$$
$$\mathrm{A}_3(-r,\ 0),\ \mathrm{A}_4\left(-\frac{r}{2},\ -\frac{\sqrt{3}}{2}r\right),$$
$$\mathrm{A}_5\left(\frac{r}{2},\ -\frac{\sqrt{3}}{2}r\right),\ \mathrm{A}_6(r,\ 0)$$

となる。原点Oを通る直線 l が

$$ax+by=0\quad(a^2+b^2\neq 0)$$

と表されるとすると，

$$d_1=d_4=\frac{\left|a\cdot\frac{r}{2}+b\cdot\frac{\sqrt{3}}{2}r\right|}{\sqrt{a^2+b^2}}$$

$$d_2=d_5=\frac{\left|a\cdot\frac{r}{2}-b\cdot\frac{\sqrt{3}}{2}r\right|}{\sqrt{a^2+b^2}}$$

$$d_3=d_6=\frac{|ar|}{\sqrt{a^2+b^2}}$$

となるから，

$$D=\frac{2}{a^2+b^2}\left\{\left(\frac{r}{2}a+\frac{\sqrt{3}}{2}rb\right)^2+\left(\frac{r}{2}a-\frac{\sqrt{3}}{2}rb\right)^2+(ra)^2\right\}$$
$$=\frac{2}{a^2+b^2}\cdot\frac{3}{2}r^2(a^2+b^2)$$
$$=3r^2$$

これより，D は一定であり，その値は $3r^2$ である。 …… 答

11 (1) $z=\dfrac{w-1}{w+1}$

より

$$z(w+1)=w-1$$
$$\therefore\quad w(z-1)=-(z+1)$$

$z=1$ のとき，この式は成り立たないので，$z\neq 1$ であり

$$w=-\frac{z+1}{z-1}\qquad\cdots\cdots \text{答}$$

これより

$$s+ti=-\frac{x+1+yi}{x-1+yi}$$
$$=-\frac{(x+1+yi)(x-1-yi)}{(x-1+yi)(x-1-yi)}$$
$$=\frac{-(x^2+y^2-1)+2yi}{(x-1)^2+y^2}$$

実部，虚部を比較して

$$s=\frac{-(x^2+y^2-1)}{(x-1)^2+y^2}$$
$$t=\frac{2y}{(x-1)^2+y^2}\qquad\cdots\cdots① \text{答}$$

(2) ①を

$$0\leqq s\leqq 1\ \text{かつ}\ 0\leqq t\leqq 1$$

に代入して

$$0\leqq-\frac{x^2+y^2-1}{(x-1)^2+y^2}\leqq 1\qquad\cdots\cdots②$$

かつ

$$0\leqq\frac{2y}{(x-1)^2+y^2}\leqq 1\qquad\cdots\cdots③$$

ここで，$z\neq 1$ つまり，

$$(x,\ y)\neq(1,\ 0)\qquad\cdots\cdots④$$

のもとで，$(x-1)^2+y^2>0$ であるから，②，③は

$$0\leqq-(x^2+y^2)+1\leqq(x-1)^2+y^2$$

かつ

$$0\leqq 2y\leqq(x-1)^2+y^2$$

であり，これを整理すると

$$x^2+y^2\leqq 1,\ \left(x-\frac{1}{2}\right)^2+y^2\geqq\frac{1}{4}\qquad\cdots\cdots⑤$$

かつ

$$y\geqq 0,\ (x-1)^2+(y-1)^2\geqq 1\qquad\cdots\cdots⑥$$

Dは④かつ⑤かつ⑥を満たす部分であるから，下図の斜線部分（境界を含む）である。

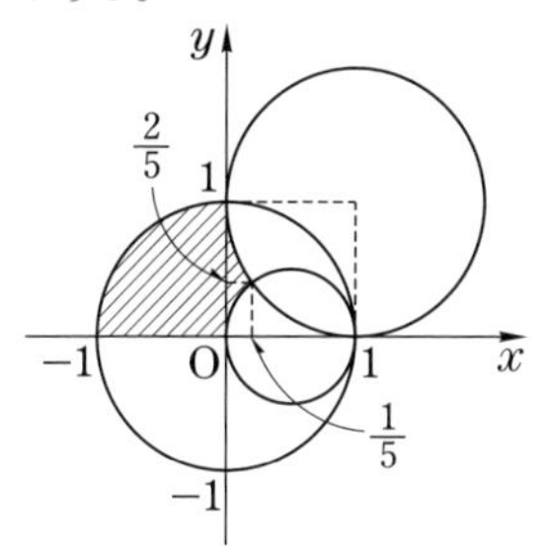

12 $C_1 : y=x^2$，$C_2 : y=-(x-6)^2$ とするとき，C_1 上の点と C_2 上の点の距離の最小値を考える。

C_1 上の点 $A(\alpha,\ \alpha^2)$，C_2 上の点 $B(\beta,\ -(\beta-6)^2)$ をとり，A，B における接線を l，m とするとき，右上図より，

$l /\!/ m$ ……①，$l \perp AB$ ……②

となる α，β があれば，AB が求める最小値である。そこで，①，②を満たす α，β を求める。

①より

$2\alpha=-2(\beta-6)$

$\therefore\ \beta=6-\alpha$ ……③

②より

$$2\alpha\cdot\frac{-(\beta-6)^2-\alpha^2}{\beta-\alpha}=-1$$

③を代入して

$$2\alpha\cdot\frac{-2\alpha^2}{6-2\alpha}=-1$$

$\therefore\ 2\alpha^3+\alpha-3=0$

$\therefore\ (\alpha-1)(2\alpha^2+2\alpha+3)=0$

αは実数であるから，

$\alpha=1$，$\beta=5$

であり，$A(1,\ 1)$，$B(5,\ -1)$ が得られる。

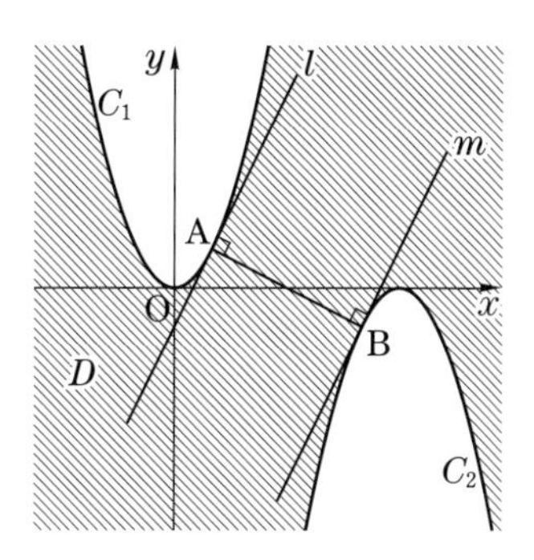

領域 $D : y \leqq x^2$，$y \geqq -(x-6)^2$ 内で半径 r の円 S を自由に動かすことができるとき，S の中心が線分 AB 上にある場合を考えると，

（Sの直径）$\leqq$AB ……④

$\therefore\ 2r \leqq 2\sqrt{5}$　　$\therefore\ r \leqq \sqrt{5}$

でなければならない。逆に，④のもとでは，上図からわかるように，S は線分 AB を越えてD内を自由に動ける。よって，

（r の最大値）$=\sqrt{5}$ …… 答

13 $A(\alpha,\ 2\alpha^2)$，$B(\beta,\ 2\beta^2)$ $(\alpha \neq 0,\ \beta \neq 0)$ とおくと，直線 OA，OB の傾きはそれぞれ 2α，2β であり，∠AOB が直角であるから，

$2\alpha\cdot 2\beta=-1$

$$\therefore\ \alpha\beta=-\frac{1}{4} \quad \cdots\cdots①$$

直線 AB は

$$y=\frac{2\alpha^2-2\beta^2}{\alpha-\beta}(x-\alpha)+2\alpha^2$$

$\therefore\ y=2(\alpha+\beta)x-2\alpha\beta$

であり，①より

$$y=2(\alpha+\beta)x+\frac{1}{2} \quad \cdots\cdots②$$

となる。

②は，つねに $C\left(0,\ \dfrac{1}{2}\right)$ を通るので，∠OPC$=90°$ であり，P$=$C の場合を含めて，P は OC を直径とする円：

$$x^2+y\left(y-\frac{1}{2}\right)=0$$

$$\therefore\quad x^2+\left(y-\frac{1}{4}\right)^2=\frac{1}{16}\qquad\cdots\cdots③$$

上にある。

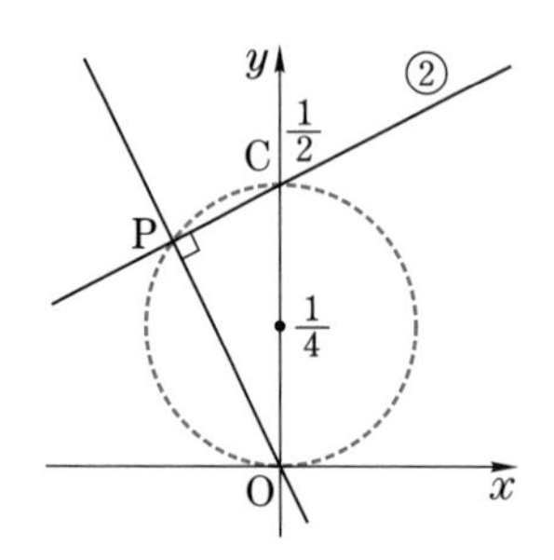

ここで，②の傾き $2(\alpha+\beta)=m$ とすると，①と $\alpha+\beta=\frac{m}{2}$ より，α，β は

$$t^2-\frac{m}{2}t-\frac{1}{4}=0\qquad\cdots\cdots④$$

の2解と一致する。

したがって，m の取りうる値は，④が異なる2実数解をもつ，すなわち，

$$(\text{判別式})=\left(-\frac{m}{2}\right)^2-4\left(-\frac{1}{4}\right)$$

$$=\frac{m^2}{4}+1>0\qquad\cdots\cdots⑤$$

を満たすものである。⑤はつねに成り立つから，m はすべての実数値をとれる。つまり，②は y 軸を除いて，点Cを通るすべての直線となりうる。したがって，直線OPは x 軸を除いて，原点Oを通るすべての直線となりうる。

以上より，Pの軌跡は円③から原点O(0, 0)を除いた部分である。 ……答

第5章

14 $y=\sin 2\theta\cos\theta+a\sin\theta$

$=2\sin\theta\cos\theta\cdot\cos\theta+a\sin\theta$

$=2\sin\theta(1-\sin^2\theta)+a\sin\theta$

$=-2\sin^3\theta+(a+2)\sin\theta$

ここで，$x=\sin\theta$ とおいて，

$$f(x)=-2x^3+(a+2)x$$

を考える。

$0\leqq\theta<2\pi$ より，x の変域は

$$-1\leqq x\leqq 1\qquad\cdots\cdots①$$

$a>-2$ より

$$f'(x)=-6x^2+(a+2)$$

$$=-6\left(x+\sqrt{\frac{a+2}{6}}\right)\left(x-\sqrt{\frac{a+2}{6}}\right)$$

①における $y=f(x)$ の増減を調べる。

(i) $\sqrt{\frac{a+2}{6}}<1$，つまり，

$-2<a<4$ ……② のとき

x	-1	$\cdots$	$-\sqrt{\frac{a+2}{6}}$	$\cdots$	$\sqrt{\frac{a+2}{6}}$	$\cdots$	1
$f'(x)$		$-$	0	$+$	0	$-$	
$f(x)$		↘		↗		↘	

これより，“①における $f(x)$ の最大値が $\sqrt{2}$ となる”……(＊)のは

$$f(-1)\leqq f\left(\sqrt{\frac{a+2}{6}}\right)=\sqrt{2}\qquad\cdots\cdots③$$

または

$$f\left(\sqrt{\frac{a+2}{6}}\right)\leqq f(-1)=\sqrt{2}\qquad\cdots\cdots④$$

の場合である。ここで，

$$f\left(\sqrt{\frac{a+2}{6}}\right)=4\left(\sqrt{\frac{a+2}{6}}\right)^3$$

$$f(-1)=-a$$

である。

③のとき

$$4\left(\sqrt{\frac{a+2}{6}}\right)^3=\sqrt{2}$$

$$\therefore\quad\sqrt{\frac{a+2}{6}}=\frac{1}{\sqrt{2}}\qquad\therefore\quad a=1$$

$a=1$ は②を満たし，$f(-1)=-1$ となるので，③は成り立つ。

④のとき

$$-a=\sqrt{2} \quad \therefore \quad a=-\sqrt{2}$$

$a=-\sqrt{2}$ は②を満たし，

$$f\left(\sqrt{\frac{a+2}{6}}\right)=\frac{2}{3\sqrt{6}}(\sqrt{2-\sqrt{2}})^3$$
$$<\frac{2}{3\sqrt{6}}<\sqrt{2}$$

となるので，④は成り立つ。

(ii) $\sqrt{\dfrac{a+2}{6}} \geqq 1$，つまり，

$a \geqq 4$ ……⑤ のとき

①において，$f'(x) \geqq 0$ であり，$f(x)$ は増加するので，(＊)のとき

$$f(1)=\sqrt{2}$$

$$\therefore \quad a=\sqrt{2}$$

$a=\sqrt{2}$ は⑤を満たさないので不適である。

以上より，求める a の値は

$$a=1,\ -\sqrt{2} \quad \cdots\cdots \text{答}$$

15 (1) 2つの直角三角形△PQR，△PQSにおいて，PQは共通で，PR＝PS であるから，これらは合同である。そこで，

$$PQ=x,\ QR=QS=y$$

とおくと，

$$x^2+y^2=a^2 \quad \cdots\cdots①$$

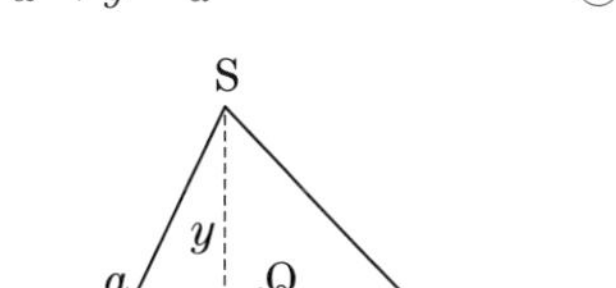

PQ⊥△QRS より，四面体の体積 V は

$$V=\frac{1}{3}\cdot\triangle QRS\cdot PQ$$
$$=\frac{1}{3}\cdot\frac{1}{2}y^2\cdot x$$
$$=\frac{1}{6}(a^2-x^2)x$$

$$\frac{dV}{dx}=\frac{1}{6}(a^2-3x^2)$$
$$=\frac{1}{2}\left(\frac{a}{\sqrt{3}}+x\right)\left(\frac{a}{\sqrt{3}}-x\right)$$

①より，x の変域は

$$0<x<a$$

であり，

x	(0)	…	$\frac{a}{\sqrt{3}}$	…	(a)
$\frac{dV}{dx}$		＋	0	−	
V		↗		↘	

これより，$x=\dfrac{a}{\sqrt{3}}$ のとき，Vは最大となり，

$$(V\text{の最大値})=\frac{\sqrt{3}}{27}a^3 \quad \cdots\cdots \text{答}$$

(2) BDの中点をMとする。△ABD，△CBDはいずれもBDを底辺とする二等辺三角形であるから，

$$AM\perp BD,\ CM\perp BD$$

よって，

$$\triangle ACM\perp BD$$

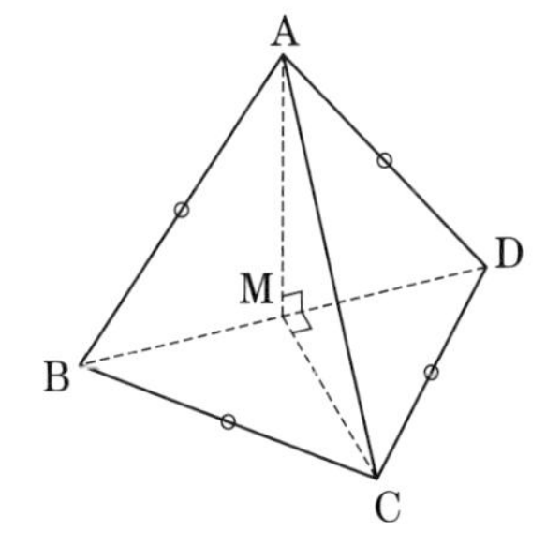

したがって，この四面体の体積を U とすると，

$$U=\frac{1}{3}\cdot\triangle\mathrm{ACM}\cdot\mathrm{BD}\quad\cdots\cdots②$$

ここで，BDが一定，したがって AM=CM が一定のもとで，$\angle\mathrm{AMC}=\theta$ を変化させるとき，②において，変化するのは

$$\triangle\mathrm{ACM}=\frac{1}{2}\mathrm{AM}\cdot\mathrm{CM}\sin\theta$$

における $\sin\theta$ だけであり，△ACM は $\theta=\frac{\pi}{2}$ のとき最大となる。

このとき，四面体BMAC，DMAC はいずれも，(1)で考えた四面体の条件を満たしているので，

(Uの最大値)

$$=2\cdot(V\text{の最大値})=\frac{2\sqrt{3}}{27}a^3$$

…… 答

16 (1) $y(y-|x^2-5|+4)\leqq 0$

は

$$\begin{cases} y\geqq 0 \text{ かつ } y\leqq |x^2-5|-4 \\ y\leqq 0 \text{ かつ } y\geqq |x^2-5|-4 \end{cases}$$

となる。これより，さらに

$|x|\geqq\sqrt{5}$ のとき

$0\leqq y\leqq x^2-9$

または $x^2-9\leqq y\leqq 0$

$|x|<\sqrt{5}$ のとき

$0\leqq y\leqq -x^2+1$

または $-x^2+1\leqq y\leqq 0$

となる。また

$$y+x^2-2x-3\leqq 0$$

は

$$y\leqq -x^2+2x+3$$

であるから，Dは図の斜線部分（境界を含む）である。

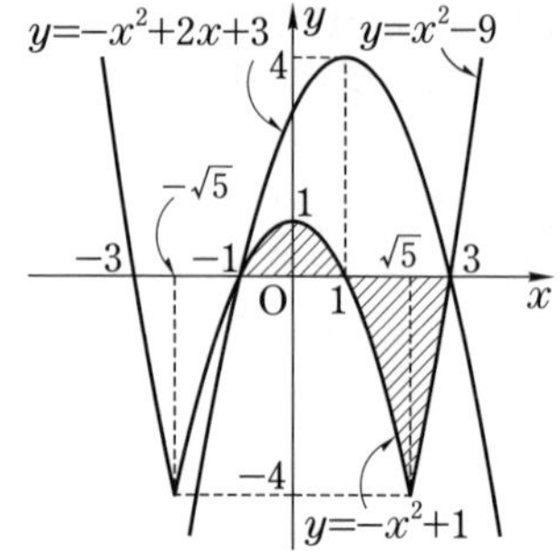

(2) (Dの面積)

$$=\int_{-1}^{1}(-x^2+1)\,dx+\int_{1}^{\sqrt{5}}-(-x^2+1)\,dx+\int_{\sqrt{5}}^{3}-(x^2-9)\,dx$$

$$=2\left[-\frac{1}{3}x^3+x\right]_0^1+\left[\frac{1}{3}x^3-x\right]_1^{\sqrt{5}}+\left[-\frac{1}{3}x^3+9x\right]_{\sqrt{5}}^3$$

$$=\frac{4}{3}+\left(\frac{2}{3}\sqrt{5}+\frac{2}{3}\right)+\left(18-\frac{22}{3}\sqrt{5}\right)$$

$$=20-\frac{20}{3}\sqrt{5}$$

…… 答

17 $f(x)$ は $f(0)=0$ を満たす2次関数であるから，p，q を実数として

$$f(x)=px^2+qx\quad(p\neq 0)$$

$$f'(x)=2px+q$$

とおける。また，

$$g(x)=\begin{cases} ax & (x\leqq 0) \\ bx & (x>0) \end{cases}$$

より

$$g'(x)=\begin{cases} a & (x<0) \\ b & (x>0) \end{cases}$$

したがって，

$$I=\int_{-1}^{0}\{f'(x)-g'(x)\}^2dx+\int_{0}^{1}\{f'(x)-g'(x)\}^2dx$$

$$=\int_{-1}^{0}(2px+q-a)^2dx+\int_{0}^{1}(2px+q-b)^2dx$$

$$=\int_{-1}^{0}\{4p^2x^2+4p(q-a)x+(q-a)^2\}dx+\int_{0}^{1}\{4p^2x^2+4p(q-b)x+(q-b)^2\}dx$$

$$=\frac{4}{3}p^2-2p(q-a)+(q-a)^2+\frac{4}{3}p^2+2p(q-b)+(q-b)^2$$

$$=a^2+2(p-q)a+b^2-2(p+q)b+\frac{8}{3}p^2+2q^2$$

$$=(a+p-q)^2+\{b-(p+q)\}^2+\frac{2}{3}p^2$$

これより，I を最小にする a，b は

$a=-p+q$ ……①

$b=p+q$ ……②

である。

$g(-1)=-a$，$f(-1)=p-q$

であるから，①より

$-g(-1)=-f(-1)$

$\therefore\ g(-1)=f(-1)$

である。また，

$g(1)=b$，$f(1)=p+q$

であるから，②より

$g(1)=f(1)$

である。 （証明おわり）

第6章

18 (1) 「1回目の目は何でもよくて，残り $(n-1)$ 回は直前の回の目と異なる目が出る」 ……(＊) 確率であるから，

$$a_n=1\cdot\left(\frac{5}{6}\right)^{n-1}=\left(\frac{5}{6}\right)^{n-1}$$ …… 答

……①

(2) 事象 (＊) を

(i) 1回目と n 回目の目が異なる

(ii) 1回目と n 回目の目が同じである

場合に分けて考える。

(i)の確率は b_n であり，(ii)では $(n-1)$ 回目と1回目の目は異なるので，$(n-1)$ 回目までの確率は b_{n-1} であり，n 回目に1回目と同じ目が出る確率は $\frac{1}{6}$ であるから，(ii)の確率は

$b_{n-1}\cdot\frac{1}{6}=\frac{1}{6}b_{n-1}$ である。

したがって，

$$a_n=b_n+\frac{1}{6}b_{n-1}$$ …… 答

……②

(3) ①，②より

$$b_n+\frac{1}{6}b_{n-1}=\left(\frac{5}{6}\right)^{n-1}$$ ……③

ここで，$b_2=\frac{5}{6}$ であるから，$b_1=0$ と考えると，③は $n=2$ でも成り立つ。

③$\times\left(\frac{6}{5}\right)^n$ より

$$\left(\frac{6}{5}\right)^n b_n+\frac{1}{5}\left(\frac{6}{5}\right)^{n-1}b_{n-1}=\frac{6}{5}$$

ここで

$$c_n=\left(\frac{6}{5}\right)^n b_n\ (n=1,\ 2,\ \cdots)$$

とおくと，$n\geqq2$ のとき

$$c_n+\frac{1}{5}c_{n-1}=\frac{6}{5}$$

$$\therefore\ c_n-1=-\frac{1}{5}(c_{n-1}-1)$$

数列 $\{c_n-1\}$ は公比 $-\frac{1}{5}$ の等比数列であるから，

$$c_n-1=\left(-\frac{1}{5}\right)^{n-1}(c_1-1)$$

$c_1=\frac{6}{5}b_1=0$ であるから，

$$c_n=1-\left(-\frac{1}{5}\right)^{n-1}$$

したがって，

$$b_n=\left(\frac{5}{6}\right)^n c_n$$

$$=\left(\frac{5}{6}\right)^n+5\left(-\frac{1}{6}\right)^n \quad (n \geqq 2)$$

……答

19 $n=2,\ 3,\ \cdots$に対して，命題 R_n「n 個の正の数の和が n であるとき，それらの積は1以下である」を数学的帰納法で証明する。

(I) $n=2$ のとき

$$x_1+x_2=2$$

を満たす正の数 x_1，x_2 に対して

$$x_1x_2=x_1(2-x_1)$$

$$=1-(x_1-1)^2 \leqq 1$$

よって，R_2 は成り立つ。

(II) R_n (n は2以上の整数) が成り立つとして，

$$x_1+x_2+\cdots+x_n+x_{n+1}$$

$$=n+1 \quad \cdots\cdots ①$$

を満たす $(n+1)$ 個の正の数 x_1，x_2，$\cdots$，x_n，x_{n+1} について調べる。

必要ならば順序を変えて，これらの最大のものを x_n，最小のものを x_{n+1} とすると，

$$x_n \geqq 1,\ 0<x_{n+1} \leqq 1 \quad \cdots\cdots ②$$

であるから

$$x_n+x_{n+1}-1>0$$

である。このとき，n 個の正の数

$$x_1,\ x_2,\ \cdots,\ x_{n-1},$$

$$x_n+x_{n+1}-1$$

を考えると，①よりこれらの和は n であるから，帰納法の仮定より

$$x_1x_2\cdots x_{n-1}(x_n+x_{n+1}-1) \leqq 1$$

……③

である。ここで，②より

$$(x_n+x_{n+1}-1)-x_nx_{n+1}$$

$$=(x_n-1)(1-x_{n+1}) \geqq 0$$

$$\therefore \quad 0<x_nx_{n+1} \leqq x_n+x_{n+1}-1$$

……④

であるから，③，④より

$$x_1x_2\cdots x_{n-1}x_nx_{n+1}$$

$$\leqq x_1x_2\cdots x_{n-1}(x_n+x_{n+1}-1) \leqq 1$$

となるので，R_{n+1} が成り立つことが示された。

(I)，(II)より $n=2,\ 3,\ \cdots$について，R_n が成り立つ。　(証明おわり)

20 (1) $(a_1+a_2+\cdots+a_n)^2$

$$=a_1^3+a_2^3+\cdots+a_n^3 \quad \cdots\cdots ①$$

$$a_{3m-2}>0,\ a_{3m-1}>0,\ a_{3m}<0$$

……②

②より $a_1>0$ であり，①で $n=1$ とおくと，

$$a_1^2=a_1^3 \quad \therefore \quad a_1=1 \quad \cdots\cdots 答$$

②より $a_2>0$ であり，①で $n=2$ とおくと，

$$(1+a_2)^2=1+a_2^3$$

$$\therefore \quad a_2(a_2+1)(a_2-2)=0$$

$$\therefore \quad a_2=2 \quad \cdots\cdots 答$$

②より $a_3<0$ であり，①で $n=3$ とおくと

$$(1+2+a_3)^2=1^3+2^3+a_3^3$$

$$\therefore \quad a_3(a_3+2)(a_3-3)=0$$

$$\therefore \quad a_3=-2 \quad \cdots\cdots 答$$

同様にして，

$$a_4=2,\ a_5=3,\ a_6=-3 \quad \cdots\cdots 答$$

である。

(2) (1)の結果から，$m=1,\ 2,\ \cdots$に対して

$$a_{3m-2}=m,\ a_{3m-1}=m+1,$$

$$a_{3m}=-(m+1) \quad \cdots\cdots ③$$

と予想できる。③をmに関する数学的帰納法で示す。

(I) $a_1=1,\ a_2=2,\ a_3=-2$

であるから，$m=1$ のとき，③は成り立つ。

(II) $m \leqq k$（kは正の整数）を満たすすべての正の整数mについて③が成り立つ ……(*)とする。

$n=1,\ 2,\ \cdots$に対して

$$S_n=\sum_{j=1}^{n}a_j,\quad T_n=\sum_{j=1}^{n}a_j^{\ 3}$$

とおくと，①は

$$S_n^{\ 2}=T_n \quad \cdots\cdots ④$$

と表される。④でnの代わりに$n+1$とおくと

$$S_{n+1}^{\ \ 2}=T_{n+1}$$

$$\therefore\quad (S_n+a_{n+1})^2=T_n+a_{n+1}^{\ \ 3} \quad \cdots\cdots ⑤$$

⑤−④より

$$2a_{n+1}S_n+a_{n+1}^{\ \ 2}=a_{n+1}^{\ \ 3}$$

$$\therefore\quad a_{n+1}(a_{n+1}^{\ \ 2}-a_{n+1}-2S_n)=0$$

②より，$a_{n+1} \neq 0$ であるから

$$a_{n+1}^{\ \ 2}-a_{n+1}-2S_n=0 \quad \cdots\cdots ⑥$$

ここで，⑥は①，②だけから導かれ，一般に $n=1,\ 2,\ \cdots$に対して成り立つ関係式であることに注意する。

帰納法の仮定(*)を用いると

$$S_{3k}=\sum_{j=1}^{k}(a_{3j-2}+a_{3j-1}+a_{3j})$$

$$=\sum_{j=1}^{k}\{j+(j+1)-(j+1)\}$$

$$=\sum_{j=1}^{k}j=\frac{1}{2}k(k+1)$$

である。したがって，⑥で $n=3k$ とおくと

$$a_{3k+1}^{\ \ \ 2}-a_{3k+1}-k(k+1)=0$$

$$\therefore\quad \{a_{3k+1}-(k+1)\}(a_{3k+1}+k)=0$$

$a_{3k+1}=a_{3(k+1)-2}>0$ であるから

$$a_{3(k+1)-2}=a_{3k+1}=k+1 \quad \cdots\cdots ⑦$$

これより，

$$S_{3k+1}=S_{3k}+k+1$$

$$=\frac{1}{2}(k+1)(k+2)$$

したがって，⑥で $n=3k+1$ とおくと

$$a_{3k+2}^{\ \ \ 2}-a_{3k+2}-(k+1)(k+2)=0$$

$$\therefore\quad \{a_{3k+2}-(k+2)\}(a_{3k+2}+k+1)=0$$

$a_{3k+2}=a_{3(k+1)-1}>0$ であるから

$$a_{3(k+1)-1}=a_{3k+2}=k+2 \quad \cdots\cdots ⑧$$

これより，

$$S_{3k+2}=S_{3k+1}+k+2$$

$$=\frac{1}{2}(k+2)(k+3)$$

したがって，⑥で $n=3k+2$ とおくと

$$a_{3k+3}^{\ \ \ 2}-a_{3k+3}-(k+2)(k+3)=0$$

$$\therefore\quad \{a_{3k+3}-(k+3)\}(a_{3k+3}+k+2)=0$$

$a_{3k+3}=a_{3(k+1)}<0$ であるから

$$a_{3(k+1)}=a_{3k+3}=-(k+2) \quad \cdots\cdots ⑨$$

⑦，⑧，⑨より，③は $m=k+1$ のときに成り立つ。

(I)，(II)より，$m=1,\ 2,\ \cdots$について③が成り立つ。

以上より，$m=1,\ 2,\ \cdots$に対して

$$a_{3m-2}=m,\quad a_{3m-1}=m+1,$$

$$a_{3m}=-(m+1) \quad \cdots\cdots \text{答}$$

である。

第7章

21 (1) 1000から9999までの自然数全体の集合をUとし，Uの要素で1が使われていないものの全体をAとする。

Uの要素の個数$n(U)$は

$$n(U)=9000$$

である。Aに属する数の千の位は2から9までの8通りで，百，十，一の位はそれぞれ1以外の9通りであるから

$$n(A)=8\cdot9\cdot9\cdot9=5832$$

よって，1が使われているものは

$$n(U)-n(A)=3168\ (\text{個})$$ …… 答

(2) Uの要素で2が使われていないものの全体をBとすると，1，2のいずれかが使われていないものの全体は$A\cup B$である。

$A\cap B$に属する数の千の位は3から9までの7通りで，百，十，一の位はそれぞれ1，2以外の8通りであるから，

$$n(A\cap B)=7\cdot8\cdot8\cdot8=3584$$

また，

$$n(B)=n(A)$$

である。よって，

$$n(A\cup B)=n(A)+n(B)-n(A\cap B)=2\cdot5832-3584=8080$$

よって，1，2の両方が使われているものは

$$n(U)-n(A\cup B)=920\ (\text{個})$$

…… 答

(3) 3が使われていないものの全体をCとすると，1，2，3のいずれかが使われていないものの全体は$A\cup B\cup C$である。

(2)と同様に考えると，

$$n(A\cap B\cap C)=6\cdot7\cdot7\cdot7=2058$$

であるから，

$$\begin{aligned}&n(A\cup B\cup C)\\&=n(A)+n(B)+n(C)\\&\quad-\{n(A\cap B)+n(A\cap C)+n(B\cap C)\}\\&\quad+n(A\cap B\cap C)\\&=3\cdot5832-3\cdot3584+2058\\&=8802\end{aligned}$$

よって，1，2，3のすべてが使われているものは

$$n(U)-n(A\cup B\cup C)=198\ (\text{個})$$

…… 答

(3) 別解

使われる4つの数を1，2，3，aとして，条件を満たす4桁の整数を数える。

aが0のとき，

$$3\cdot3!=18\ (\text{個})$$

aが1，2，3のとき，

$$3\cdot\frac{4!}{2!}=36\ (\text{個})$$

aが4から9までの数のとき

$$6\cdot4!=144\ (\text{個})$$

以上より，

$$18+36+144=198\ (\text{個})$$

22 (1) $x\geqq0$，$y\geqq0$

$$x+2y\leqq m \quad \cdots\cdots①$$

$m=2l$，$2l+1$（lは0以上の整数）の場合に分けて調べる。

$m=2l$（偶数）のとき，①は

$$x+2y\leqq 2l \quad \cdots\cdots②$$

となり，yの取り得る値は0，1，2，…，lである。

$y=i$（$i=0$，1，2，…，l）のとき，②より

$$x\leqq 2l-2i$$

であり，$x=0$，1，2，…，$2l-2i$の$(2l-2i+1)$通り

よって，条件を満たす組$(x,\ y)$の個数は，等差数列の和の公式を用いると

$$\sum_{i=0}^{l}(2l-2i+1)$$

$=\frac{1}{2}(l+1)\{(2l+1)+1\}$
$=(l+1)^2$
$=\left(\frac{m}{2}+1\right)^2$ (個) ……③

$m=2l+1$ (奇数) のとき，①は
$x+2y \leqq 2l+1$ ……④
となり，y の取り得る値は 0, 1, 2, …, l である。

$y=i$ ($i=0$, 1, 2, …, l) のとき
④より
$x \leqq 2l+1-2i$
であり，$x=0$, 1, 2, …, $2l-2i+1$ の $(2l-2i+2)$ 通り

よって，条件を満たす組 $(x,\ y)$ の個数は

$\sum_{i=0}^{l}(2l-2i+2)$
$=\frac{1}{2}(l+1)\{(2l+2)+2\}$
$=(l+1)(l+2)$
$=\frac{(m+1)(m+3)}{4}$ (個) ……⑤

以上より

$$\begin{cases} m\text{ が偶数のとき } \left(\frac{m}{2}+1\right)^2 \text{ 個} \\ m\text{ が奇数のとき } \frac{(m+1)(m+3)}{4} \text{ 個} \end{cases}$$
……答

(2) $\frac{x}{6}+\frac{y}{3}+\frac{z}{2} \leqq n$

$\therefore\ x+2y+3z \leqq 6n$
$\therefore\ x+2y \leqq 6n-3z$ ……⑥

$x \geqq 0$, $y \geqq 0$, $z \geqq 0$ であるから，⑥より z の取り得る値は，
$6n-3z \geqq 0$ より $0 \leqq z \leqq 2n$

ここで，$6n-3z$ の偶奇，つまり，z の偶奇で場合分けをして，⑥を満たす $(x,\ y)$ の組の個数Nを調べる。

(i) $z=2j$ ($j=0$, 1, …, n) のとき
⑥は
$x+2y \leqq 6n-6j$
となり，①で $m=6n-6j$ の場合に対応するから，③より

$N=\left(\frac{6n-6j}{2}+1\right)^2$
$=(3n+1-3j)^2$ (個)

(ii) $z=2j-1$ ($j=1$, 2, …, n) のとき
⑥は
$x+2y \leqq 6n-6j+3$
となり，①で $m=6n-6j+3$ の場合に対応するから，⑤より

$N=\frac{(6n-6j+4)(6n-6j+6)}{4}$
$=(3n+2-3j)(3n+3-3j)$ (個)

(i), (ii)より，条件を満たす整数の組 $(x,\ y,\ z)$ の個数は

$\sum_{j=0}^{n}(3n+1-3j)^2$
$+\sum_{j=1}^{n}(3n+2-3j)(3n+3-3j)$
$=(3n+1)^2$
$+\sum_{j=1}^{n}\{(3n+1-3j)^2$
$+(3n+2-3j)(3n+3-3j)\}$
$=(3n+1)^2$
$+\sum_{j=1}^{n}\{18j^2-3(12n+7)j$
$+18n^2+21n+7\}$
$=(3n+1)^2+18\cdot\frac{1}{6}n(n+1)(2n+1)$
$-3(12n+7)\cdot\frac{1}{2}n(n+1)$
$+(18n^2+21n+7)n$
$=\left(6n^3+\frac{21}{2}n^2+\frac{11}{2}n+1\right)$ (個)
……答

23 (1) k 番目の箱を選び，かつ，1 球目に赤球が取り出される確率は
$\frac{1}{n}\cdot\frac{k}{n}=\frac{k}{n^2}$ であるから，

$$P(A_1)=\sum_{k=1}^{n}\frac{k}{n^2}$$
$$=\frac{1}{n^2}\cdot\frac{1}{2}n(n+1)=\frac{n+1}{2n}$$
……答

(2) $P(A_1\cap B_k)=\frac{1}{n}\cdot\frac{k}{n}=\frac{k}{n^2}$

であるから，

$$P_{A_1}(B_k)=\frac{P(A_1\cap B_k)}{P(A_1)}$$
$$=\frac{k}{n^2}\cdot\frac{2n}{n+1}=\frac{2k}{n(n+1)}$$
……答

(3) k 番目の箱を選び，かつ，1球目，2球目にいずれも赤球が取り出される確率は

$$\frac{1}{n}\cdot\frac{k}{n}\cdot\frac{k-1}{n-1}=\frac{k(k-1)}{n^2(n-1)}$$

であるから，(この結果は $k=1$ のときにも成り立つことに注意する)

$$P(A_1\cap A_2)=\sum_{k=1}^{n}\frac{k(k-1)}{n^2(n-1)}$$
$$=\frac{1}{n^2(n-1)}\cdot\frac{1}{3}(n+1)n(n-1)$$
$$=\frac{n+1}{3n}$$

したがって，

$$P_{A_1}(A_2)=\frac{P(A_1\cap A_2)}{P(A_1)}$$
$$=\frac{n+1}{3n}\cdot\frac{2n}{n+1}=\frac{2}{3}$$
……答

第8章

24 (1) $X=X_1+X_2+\cdots+X_l$

……① 答

(2) ①より

$$X^2=(X_1+X_2+\cdots+X_l)^2$$
$$=\sum_{i=1}^{l}X_i^2+2\sum_{1\leqq i<j\leqq l}X_iX_j$$
……②

ここで，$\sum\limits_{1\leqq i<j\leqq l}$ は $1\leqq i<j\leqq l$ ……③

を満たすすべての整数の組 $(i,\ j)$ についての和を表すものとする。

平均に関して成り立つ性質より，②から

$$E(X^2)$$
$$=E\left(\sum_{i=1}^{l}X_i^2+2\sum_{1\leqq i<j\leqq l}X_iX_j\right)$$
$$=\sum_{i=1}^{l}E(X_i^2)+2\sum_{1\leqq i<j\leqq l}E(X_iX_j)$$
……④

が成り立つ。ここで，X_i^2，X_iX_j の取りうる値は1または0であり，③のとき，X_i，X_j は独立であるから，

$$P(X_i^2=1)=P(X_i=1)=\frac{1}{n}$$

$$P(X_iX_j=1)$$
$$=P(X_i=1\text{ かつ }X_j=1)$$
$$=P(X_i=1)P(X_j=1)$$
$$=\frac{1}{n}\cdot\frac{1}{n}=\frac{1}{n^2}$$

である。よって，

$$E(X_i^2)=1\cdot\frac{1}{n}+0\cdot\left(1-\frac{1}{n}\right)=\frac{1}{n}$$
$$E(X_iX_j)=1\cdot\frac{1}{n^2}+0\cdot\left(1-\frac{1}{n^2}\right)$$
$$=\frac{1}{n^2}$$

であるから，④より

$$E(X^2)=\sum_{i=1}^{l}\frac{1}{n}+2\sum_{1\leqq i<j\leqq l}\frac{1}{n^2}$$
……⑤

である。③を満たす整数の組 $(i,\ j)$ は ${}_l\mathrm{C}_2=\frac{l(l-1)}{2}$ 組あるから，⑤から

$$E(X^2)=\frac{1}{n}\cdot l+2\cdot\frac{1}{n^2}\cdot\frac{l(l-1)}{2}$$
$$=\frac{l(l+n-1)}{n^2} \quad \cdots\cdots ⑥ 答$$

(3) ⑥より，$E(X^2)>2$ ……⑦ は
$$l(l+n-1)>2n^2 \quad \cdots\cdots ⑧$$
と同値である。⑧の左辺を，
$$a_l=l(l+n-1) \ (l=1,\ 2,\ \cdots)$$
とおくと，a_l は l に関して単調増加であり，
$$a_n=2n^2-n,\ a_{n+1}=2n^2+2n$$
である。したがって，⑦，つまり，⑧となる最小の l は $l=n+1$ である。
……答

25 標本数 $n=100$，標本平均 $\overline{X}=2.57$，標本標準偏差 $\sigma=0.35$ であるから，母平均 m の信頼度95％の信頼区間は
$$2.57-1.96\times\frac{0.35}{\sqrt{100}}\leqq m$$
$$\leqq 2.57+1.96\times\frac{0.35}{\sqrt{100}}$$
$$2.57-0.0686\leqq m\leqq 2.57+0.0686$$
より
$$2.50\leqq m\leqq 2.64 \quad \cdots\cdots 答$$

第9章

26 (1) $2^n>n^2+7$ ……①

$n\geqq 6$ のとき，①を数学的帰納法で示す。

(Ⅰ) $n=6$ のとき
左辺$=2^6=64$，右辺$=6^2+7=43$
①は成り立つ。

(Ⅱ) $n=k$（k は6以上の整数）のとき，①は成り立つとする。つまり，
$$2^k>k^2+7 \quad \cdots\cdots ②$$
が成り立っているとする。
②×2より
$$2^{k+1}>2(k^2+7) \quad \cdots\cdots ③$$
ここで，
$$2(k^2+7)-\{(k+1)^2+7\}$$
$$=(k-1)^2+5>0$$
であるから，③と結ぶと
$$2^{k+1}>2(k^2+7)>(k+1)^2+7$$
よって，①は $n=k+1$ でも成り立つ。

(Ⅰ)，(Ⅱ)より，$n\geqq 6$ のとき，①が成り立つ。（証明おわり）

(2) $p^q=q^p+7$ ……④

p，q がいずれも奇数の素数とすると，④の左辺は奇数，右辺は偶数となり，④は成り立たないので，p，q の一方は偶数の素数，つまり2である。

$p=2$ のとき，④は $2^q=q^2+7$ ……⑤ となる。(1)で示したことから，q は5以下の素数である。$q=2,\ 3,\ 5$ のうち，⑤を満たすのは，$q=5$ だけである。

$q=2$ のとき，④は $p^2=2^p+7$ ……⑥ となる。(1)で示したことから，$p\geqq 6$ のとき，$p^2<2^p$ であり，⑥は成り立たない。また，$p=2,\ 3,\ 5$ は⑥を満たさない。

以上より，$(p,\ q)=(2,\ 5)$ に限る。
……答

27 (1) Sの要素x, yを

$x=a^2+b^2$, $y=c^2+d^2$

(a, b, c, dは整数)とするとき,

$$xy=(a^2+b^2)(c^2+d^2)$$
$$=(ac-bd)^2+(ad+bc)^2\in S$$

(証明おわり)

(注) $xy=(ac+bd)^2+(ad-bc)^2$ としてもよい。

(2)
$$290=10\cdot 29$$
$$=(1^2+3^2)(2^2+5^2)$$
$$=(1\cdot 2-3\cdot 5)^2+(1\cdot 5+3\cdot 2)^2$$
$$=13^2+11^2\in S$$

または

$$290=(1\cdot 2+3\cdot 5)^2+(1\cdot 5-3\cdot 2)^2$$
$$=17^2+1^2\in S$$ ……答

$$1885=5\cdot 13\cdot 29$$

において,上と同様に考えて

$$5\cdot 13=1^2+8^2,\ 4^2+7^2$$

とすると,

$$5\cdot 13\cdot 29=(1^2+8^2)(2^2+5^2)$$
$$=38^2+21^2,\ 42^2+11^2$$
$$5\cdot 13\cdot 29=(4^2+7^2)(2^2+5^2)$$
$$=27^2+34^2,\ 43^2+6^2$$ ……答

いずれにしても,

$1885\in S$ (証明おわり)

(3) 平方数n^2を8で割った余りは,

0, 1, 4のいずれかである ……(＊)

ことを示す。

nは$n=4m$, $4m\pm 1$, $4m+2$ (mは整数)のいずれかで表されて,

$$(4m)^2=8\cdot 2m^2$$
$$(4m\pm 1)^2=8(2m^2\pm m)+1$$
$$(4m+2)^2=8(2m^2+2m)+4$$

であるから,(＊)が成り立つ。

ここで,

$$7542=942\cdot 8+6$$

より,7542を8で割った余りは6である ……(＊＊)

一方,7542がSに属するとすると

$$7542=a^2+b^2$$

となる整数a, bが存在し,(＊)より,8を法とする合同式では

$$a^2+b^2\equiv 0+0,\ 0+1,\ 0+4,$$
$$1+1,\ 1+4,\ 4+4$$
$$\equiv 0,\ 1,\ 4,\ 2,\ 5,\ 0$$

となる。これより,a^2+b^2を8で割った余りは6とはならないので,(＊＊)と矛盾する。

したがって,7542はSに属さない。

(証明おわり)

(4) 以下, 5を法とする合同式を用いる。

$p\equiv 1$, $q\equiv 2$ より

$$2p-q\equiv 0,\ p+2q\equiv 5\equiv 0$$

であるから,

$$2p-q=5k,\ p+2q=5l$$ ……①

(k, lは整数)

とおける。①より

$$(2p-q)^2+(p+2q)^2=(5k)^2+(5l)^2$$
$$\therefore\ \frac{p^2+q^2}{5}=k^2+l^2\in S$$

(証明おわり)

(4) 別解

$$p=5e+1,\ q=5f+2$$

(e, fは整数)

とおけるから

$$p^2+q^2$$
$$=(5e+1)^2+(5f+2)^2$$
$$=5(5e^2+2e+5f^2+4f+1)$$

これより,

$$\frac{p^2+q^2}{5}$$
$$=5e^2+2e+5f^2+4f+1$$
$$=(2e-f)^2+(e+2f+1)^2\in S$$

(証明おわり)

(5) $n\in S$ より,整数p, qを用いて,

$$n=p^2+q^2$$ ……②

と表される。

ここで,平方数を5で割った余りは0, 1, 4のいずれかであるから,nが5の倍数であるとき

(i) $p^2\equiv 0$, $q^2\equiv 0$

(ii) $p^2\equiv 1$, $q^2\equiv 4$

（$p^2\equiv4$，$q^2\equiv1$ は(ii)と同じ）

のいずれかであるとしてよい。

(i) のとき

$$p=5k,\ q=5l$$

（k，l は整数）

とおけるので，②より

$$\frac{n}{5}=\frac{(5k)^2+(5l)^2}{5}$$
$$=5(k^2+l^2)$$
$$=(2k-l)^2+(k+2l)^2\in S$$

(ii) のとき

$$p\equiv1 \text{ または } 4,\ q\equiv2 \text{ または } 3$$

である。

$p\equiv1$，$q\equiv2$ のときは(4)で示したように，

$$\frac{n}{5}=\frac{p^2+q^2}{5}\in S$$

$p\equiv1$，$q\equiv3$ のときは

$$2p+q\equiv0,\ 2q-p\equiv0$$

$p\equiv4$，$q\equiv2$ のときは

$$2p+q\equiv0,\ 2q-p\equiv0$$

$p\equiv4$，$q\equiv3$ のときは

$$2p-q\equiv0,\ p+2q\equiv0$$

であるから，①と同様の置き換えによって

$$\frac{n}{5}=\frac{p^2+q^2}{5}\in S$$

が示される。（証明おわり）

28 (1) $35x+91y+65z=3$ ……①

$\therefore\ 7(5x+13y)+65z=3$

$5x+13y=w$ ……②とおくと

$7w+65z=3$ ……③

③を $7(w+9z)+2z=3$ と変形して，$7\cdot1+2\cdot(-2)=3$ より，$z=-2$，$w=19$ が得られる。このとき，②は

$5x+13y=19$ ……④

となり，$5\cdot(-4)+13\cdot3=19$ であるから，①を満たす整数の組の一つは

$(x,\ y,\ z)=(-4,\ 3,\ -2)$ ……答

(2) (1)で示したことから，

$7\cdot19+65\cdot(-2)=3$ ……④

③－④ より，

$7(w-19)=-65(z+2)$

7 と 65 は互いに素であるから，

$w-19=65n$，$z+2=-7n$

（n は整数）

$\therefore\ w=65n+19$，$z=-7n-2$ ……⑤

⑤のとき，②に戻ると，

$5x+13y=65n+19$

$\therefore\ 5x+13(y-5n)=19$

ここで，$5\cdot(-4)+13\cdot3=19$ を用いて書き換えると，

$5(x+4)=-13(y-5n-3)$

5 と 13 は互いに素であるから，

$x+4=13m$，$y-5n-3=-5m$

（m は整数）

以上より，①を満たす整数の組は

$(x,\ y,\ z)$
$=(13m-4,\ 5(n-m)+3,\ -7n-2)$ ……⑥

である。m，n は整数であるから，

x^2+y^2
$=(13m-4)^2+\{5(n-m)+3\}^2$
$=(13m-4)^2+\{5(n-m+1)-2\}^2$
$\geqq4^2+2^2=20$

不等号における等号は，$m=0$，$n-m+1=0$，つまり，$m=0$，$n=-1$ のとき成り立つ。

よって，x^2+y^2 が最小となる組は，⑥より

$(x,\ y,\ z)=(-4,\ -2,\ 5)$ ……答

であり，最小値は 20 である。……答

29 $7\times11\times13=1001$

であるから，

$$N=(2\times3\times5\times7\times11\times13)^{10}$$
$$=3^{10}\times1001^{10}\times10^{10} \quad \cdots\cdots①$$

二項定理より

$$1001^{10}=(1000+1)^{10}$$
$$=1000^{10}+{}_{10}C_1\cdot1000^9+{}_{10}C_2\cdot1000^8+\cdots+{}_{10}C_9\cdot1000+1$$

であり，

$${}_{10}C_1\cdot1000^9=10\times1000^9$$

$2\leqq k\leqq9$ のとき

$${}_{10}C_k\leqq{}_{10}C_5=252<1000$$

より

$${}_{10}C_k\cdot1000^{10-k}<1000\cdot1000^{10-k}\leqq1000^9$$

であるから，

$$1001^{10}<1000^{10}+10\times1000^9+1000^9+\cdots+1000^9+1$$
$$<1000^{10}+10\times10\times1000^9$$
$$=1.1\times10^{30}$$

$\therefore\quad 10^{30}<1001^{10}<1.1\times10^{30}$ ……②

また，

$$3^{10}=(3^5)^2=(243)^2$$

より

$$(200)^2<3^{10}<(300)^2$$

$\therefore\quad 4\times10^4<3^{10}<9\times10^4$ ……③

②，③の辺々どうしをかけて

$4\times10^{34}<3^{10}\times1001^{10}<9.9\times10^{34}$ ……④

④$\times10^{10}$ より

$$4\times10^{44}<3^{10}\times1001^{10}\times10^{10}<9.9\times10^{44}$$

①に戻ると，Nの桁数は 45。 …… 答

30 正の整数を m で割ったときの余りは 0, 1, …, $m-1$ の m 通りであるから，Uの $(m+1)$ 個の要素

$$1,\ 11,\ 111,\ \cdots,\ \underbrace{11\cdots\cdots1}_{(m+1)\text{個}}$$

をとると，この中にはmで割ったときの余りが等しい 2 つの数の組が少なくとも 1 つ存在する。それらを 1 がそれぞれ p 個，q 個 $(1\leqq p<q)$ 並んだ数とすると，

$$\underbrace{11\cdots\cdots1}_{q\text{個}}-\underbrace{11\cdots\cdots1}_{p\text{個}}$$
$$=\underbrace{11\cdots\cdots1}_{(q-p)\text{個}}\underbrace{0\cdots\cdots0}_{p\text{個}}$$
$$=\underbrace{11\cdots\cdots1}_{(q-p)\text{個}}\cdot2^p\cdot5^p$$

はmの倍数である。ここで，mは 2，5 を約数にもたないので，Uの要素 $\underbrace{11\cdots\cdots1}_{(q-p)\text{個}}$ がmの倍数である。

（証明おわり）

31 $7(x+y+z)=2(xy+yz+zx)$ ……①

において，$x\geqq4$ とすると

$$4\leqq x\leqq y\leqq z$$

であり，

$$xy\geqq4y,\ \ yz\geqq4z,\ \ zx\geqq4x$$

より

$$(\text{①の右辺})\geqq2(4y+4z+4x)=8(x+y+z)$$

となるので，①は成り立たない。

したがって，$x\leqq3$ である。

$x=1$ のとき，①より

$$2yz-5y-5z=7$$

$\therefore\quad (2y-5)(2z-5)=39$

$1=x\leqq y\leqq z$ より

$$-3\leqq2y-5\leqq2z-5$$

であるから

$$(2y-5,\ 2z-5)=(1,\ 39),\ (3,\ 13)$$

$\therefore\quad (y,\ z)=(3,\ 22),\ (4,\ 9)$

$x=2$ のとき，①より

$$2yz-3y-3z=14$$

$\therefore\quad (2y-3)(2z-3)=37$

$2=x\leqq y\leqq z$ より

$$1\leqq2y-3\leqq2z-3$$

であるから

$$(2y-3,\ 2z-3)=(1,\ 37)$$

$\therefore\quad (y,\ z)=(2,\ 20)$

$x=3$ のとき，①より

$$2yz-y-z=21$$

$\therefore\quad (2y-1)(2z-1)=43$ ……②

$3=x\leqq y\leqq z$ より

$$5\leqq 2y-1\leqq 2z-1$$

であるから，②は成り立たない。

以上より

$$(x,\ y,\ z)=(1,\ 3,\ 22),\ (1,\ 4,\ 9),\ (2,\ 2,\ 20)$$ ……答

（注） $x\leqq 3$ を次のように導いてもよい。

$x\leqq y\leqq z$ より $x^2\leqq yz$

であるから，

$$7(x+y+z)=2(xy+yz+zx)$$
$$\geqq 2(xy+x^2+zx)$$
$$\geqq 2x(x+y+z)$$

∴ $7\geqq 2x$

x は自然数であるから，$x\leqq 3$ である。

32 ${}_{2015}C_m=\dfrac{{}_{2015}P_m}{m!}$

$$=\frac{2015\cdot(2015-1)(2015-2)\cdot\cdots\cdot\{2015-(m-1)\}}{m!}$$

$$=\frac{(2016-1)(2016-2)(2016-3)\cdot\cdots\cdot(2016-m)}{1\cdot2\cdot3\cdot\cdots\cdot m}$$

$$=\frac{2016-1}{1}\cdot\frac{2016-2}{2}\cdot\frac{2016-3}{3}\cdot\cdots\cdot\frac{2016-m}{m}$$ ……①

ここで，$2016=2^5\cdot63$ であり，2^5 より小さい正の整数 l は

$$l=2^p\cdot q$$

（p は整数で $0\leqq p\leqq 4$，q は正の奇数）

と表されるので，

$$\frac{2016-l}{l}=\frac{2^5\cdot63-2^p\cdot q}{2^p\cdot q}$$
$$=\frac{2^{5-p}\cdot63-q}{q}$$ ……②

となる。$5-p\geqq 1$ より，②の右辺の分子，分母はいずれも奇数となる。

したがって，$1\leqq m<2^5$ のとき，①に現れる分数はいずれも 2 のべき乗に関する約分を行うと，分子，分母がともに奇数の分数となるので，${}_{2015}C_m$ は偶数にはならない。

一方，$m=2^5=32$ のとき，

$$\frac{2016-m}{m}=\frac{2^5\cdot63-2^5}{2^5}$$
$$=\frac{63-1}{1}=\frac{62}{1}$$

の分子は偶数であるから，①で $m=2^5=32$ とおいたとき，①に現れるすべての分数について 2 のべき乗に関する約分を行ったあとに，右端の分数の分子 $62=2\cdot31$ が偶数であるから，${}_{2015}C_{32}$ は偶数である。

以上より，求める m の値は 32 である。

……答

別解 ${}_{2015}C_1=2015$，${}_{2015}C_2=2015\cdot1007$，…，${}_{2015}C_{m-1}$ はすべて奇数であり，${}_{2015}C_m$ は偶数であるとする。

このとき，$m\geqq 3$ であり，

$$\frac{{}_{2015}C_m}{{}_{2015}C_{m-1}}$$
$$=\frac{2015!}{m!(2015-m)!}\cdot\frac{(m-1)!\{2015-(m-1)\}!}{2015!}$$
$$=\frac{2016-m}{m}$$ ……①

ここで，

$${}_{2015}C_m=a,\quad {}_{2015}C_{m-1}=b$$

とおくと，a は偶数で，b は奇数であり，①より

$$\frac{a}{b}=\frac{2016-m}{m}$$

∴ $am=b(2^5\cdot63-m)$

∴ $(a+b)m=2^5\cdot63\cdot b$ ……②

となる。②において，$a+b$ は奇数であるから，m は $2^5=32$ の倍数でなければならない。

そこで，$m=32$ の場合を調べる。①に代入して整理すると，

$${}_{2015}C_{32}=\frac{2016-32}{32}{}_{2015}C_{31}=62\,{}_{2015}C_{31}$$

となるので，${}_{2015}C_{32}$ は偶数である。

以上より，${}_{2015}C_m$ が偶数となる最小の m は 32

33 (1) $a_1=1,\ a_{n+1}=a_n{}^2+1$ ……①

①より

$$a_1=1,\ a_2=2,\ a_3=5\equiv 0 \pmod 5$$

であり，$a_m\equiv 0 \pmod 5$ とすれば，①より

$$a_{m+1}=a_m{}^2+1 \equiv 0+1=1 \pmod 5$$
$$a_{m+2}=a_{m+1}{}^2+1\equiv 1^2+1=2 \pmod 5$$
$$a_{m+3}=a_{m+2}{}^2+1\equiv 2^2+1=5\equiv 0 \pmod 5$$

である。したがって，a_n ($n=1,\ 2,\ 3,\ \cdots$) を5で割った余りは1，2，0の繰り返しであるから，nが3の倍数のとき，a_nは5の倍数である。

(証明おわり)

(2) ①より

$$1=a_1<a_2<a_3<\cdots<a_k<a_{k+1}<\cdots \quad \cdots\cdots②$$

である。よって，a_k を法とする合同式を考えると

$$a_{k+1}=a_k{}^2+1 \equiv 1=a_1 \pmod{a_k}$$
$$a_{k+2}=a_{k+1}{}^2+1 \equiv a_1{}^2+1=a_2 \pmod{a_k}$$
$$a_{k+3}=a_{k+2}{}^2+1 \equiv a_2{}^2+1=a_3 \pmod{a_k}$$
$$\vdots$$
$$a_{2k-1}=a_{2k-2}{}^2+1\equiv a_{k-2}{}^2+1=a_{k-1} \pmod{a_k}$$
$$a_{2k}=a_{2k-1}{}^2+1\equiv a_{k-1}{}^2+1=a_k\equiv 0 \pmod{a_k}$$

である。②と合わせると，a_n ($n=1,\ 2,\ \cdots$) を a_k で割った余りはk個ごとに

$$a_1,\ a_2,\ \cdots,\ a_{k-1},\ 0$$

の繰り返しである。したがって，a_n が a_k の倍数となるための必要十分条件は

nがkの倍数である ……答

ことである。

(3) 8088は2022の倍数であるから，(2)で示したことから，a_{8088} は a_{2022} の倍数である。よって，

$$a_{8088}\equiv 0 \pmod{a_{2022}}$$
$$a_{8089}=a_{8088}{}^2+1\equiv 0^2+1=1 \pmod{a_{2022}}$$
$$a_{8090}=a_{8089}{}^2+1\equiv 1^2+1=2 \pmod{a_{2022}}$$
$$a_{8091}=a_{8090}{}^2+1\equiv 2^2+1=5 \pmod{a_{2022}} \quad \cdots\cdots③$$

である。③より

$$a_{8091}-5=q\cdot a_{2022} \ (q \text{は整数})$$
$$\therefore\ a_{8091}-q\cdot a_{2022}=5$$

が成り立つので，“a_{2022} と a_{8091} の公約数は5の約数である”。

また，2022，8091は3の倍数であり，(1)より，a_{2022} と a_{8091} はいずれも5の倍数であるから，“a_{2022} と a_{8091} の最大公約数は5である”。 ……(A)

ここで，(1)と同様に調べると

$$a_1=1,\ a_2=2,\ a_3\equiv 5 \pmod{25}$$

であり，$a_m\equiv 5 \pmod{25}$ とすれば，

$$a_{m+1}=a_m{}^2+1 \equiv 5^2+1\equiv 1 \pmod{25}$$
$$a_{m+2}=a_{m+1}{}^2+1\equiv 1^2+1=2 \pmod{25}$$
$$a_{m+3}=a_{m+2}{}^2+1\equiv 2^2+1=5 \pmod{25}$$

である。したがって，a_n ($n=1,\ 2,\ \cdots$) を25で割った余りは1，2，5の繰り返しであるから，“a_{2022}，a_{8091} はいずれも $5^2=25$ では割り切れない5の倍数である”。 ……(B)

(A)，(B)より a_{2022} と $(a_{8091})^2$ の最大公約数は5である。 ……答

第10章

34 (1) $a=2^{\frac{1}{4}}$, $b=2^{-\frac{1}{4}}$ のとき，$ab=1$ は有理数であり，

$$(a+b)^2=(2^{\frac{1}{4}}+2^{-\frac{1}{4}})^2$$
$$=(2^{\frac{1}{4}})^2+2\cdot2^{\frac{1}{4}}\cdot2^{-\frac{1}{4}}+(2^{-\frac{1}{4}})^2$$
$$=2^{\frac{1}{2}}+2+2^{-\frac{1}{2}}=\sqrt{2}+2+\frac{1}{\sqrt{2}}$$
$$=2+\frac{3}{2}\sqrt{2}$$

$\sqrt{2}$ は無理数であるから，$(a+b)^2$ は無理数である。

よって，主張は誤りであり，反例は $a=2^{\frac{1}{4}}$, $b=2^{-\frac{1}{4}}$ である。 ……答

別解 $a=2(\sqrt{2}+1)$, $b=\sqrt{2}-1$ のとき，

$$ab=2(\sqrt{2}+1)(\sqrt{2}-1)$$
$$=2 \text{ (有理数)}$$
$$(a+b)^2=\{2(\sqrt{2}+1)+\sqrt{2}-1\}^2$$
$$=(3\sqrt{2}+1)^2$$
$$=19+6\sqrt{2} \text{ (無理数)}$$

よって，主張は誤りである。

(注) 2は平方数でないから，**1001** 解答 における(＊)の対偶より，$\sqrt{2}$ は有理数でない。つまり，無理数である。

$\sqrt{2}$ が無理数であることを次のように示すこともできる。

$\sqrt{2}$ が有理数とすると，

$$\sqrt{2}=\frac{p}{q}$$

(p, q は互いに素である正の整数 ……(A))

と表される。

$\sqrt{2}q=p$ より $2q^2=p^2$ ……①

これより，p^2 は素数2の倍数であるから，p は2の倍数である。

よって，$p=2p'$ (p' は正の整数) を①に代入すると，

$$2q^2=(2p')^2 \text{ より } q^2=2p'^2$$

上と同じ理由から，q は2の倍数となる。よって，p, q は公約数2をもつことになり，(A)と矛盾する。

したがって，$\sqrt{2}$ は無理数である。

(2) ab, ac, bc が有理数であるから，

$\dfrac{ab\cdot ac}{bc}=a^2$ は有理数である。

同様に，b^2, c^2 も有理数であるから，

$$(a+b+c)^2$$
$$=a^2+b^2+c^2+2(ab+bc+ca)$$

は有理数である。

(証明おわり)

(3) (2)より，$(a+b+c)^2$ は有理数であるから，$(a+b+c)^3$ が有理数であることと合わせると，

$$\frac{(a+b+c)^3}{(a+b+c)^2}=a+b+c$$

は有理数である。

一方，(2)で示したことから，

$$a(a+b+c)=a^2+ab+ac$$

は有理数であるから，

$$\frac{a(a+b+c)}{a+b+c}=a$$

は有理数である。

また，$b(a+b+c)$, $c(a+b+c)$ が有理数であることから同様に，b, c は有理数である。

(証明おわり)

35 Pは辺AB上，Qは辺CD上を動くから，

$$\overrightarrow{BP}=s\overrightarrow{BA},\ \overrightarrow{CQ}=t\overrightarrow{CD}$$
$$0\leqq s\leqq 1,\ 0\leqq t\leqq 1 \quad \cdots\cdots①$$

と表される。始点をBとすると，

$$\overrightarrow{BQ}=\overrightarrow{BC}+\overrightarrow{CQ}=\overrightarrow{BC}+t\overrightarrow{CD}$$

であるから，

$$\overrightarrow{BR}=\frac{1}{3}\overrightarrow{BP}+\frac{2}{3}\overrightarrow{BQ}$$
$$=\frac{1}{3}s\overrightarrow{BA}+\frac{2}{3}(\overrightarrow{BC}+t\overrightarrow{CD})$$
$$=\frac{2}{3}\overrightarrow{BC}+\frac{1}{3}s\overrightarrow{BA}+\frac{2}{3}t\overrightarrow{CD}$$

ここで，$\overrightarrow{BG}=\frac{2}{3}\overrightarrow{BC}$ となる点G(GはBCを2:1に内分する点)をとると，

$$\overrightarrow{BR}=\overrightarrow{BG}+s\left(\frac{1}{3}\overrightarrow{BA}\right)+t\left(\frac{2}{3}\overrightarrow{CD}\right)$$

より

$$\overrightarrow{GR}=s\left(\frac{1}{3}\overrightarrow{BA}\right)+t\left(\frac{2}{3}\overrightarrow{CD}\right)$$

さらに，

$$\overrightarrow{GH}=\frac{1}{3}\overrightarrow{BA},\ \overrightarrow{GI}=\frac{2}{3}\overrightarrow{CD} \quad \cdots\cdots②$$
$$\overrightarrow{GJ}=\overrightarrow{GH}+\overrightarrow{GI}$$

となる点H，I，Jをとると，

$$\overrightarrow{GR}=s\overrightarrow{GH}+t\overrightarrow{GI}$$

これより，①のもとで点Rの通りうる範囲は，線分GH，GIを2辺とする平行四辺形GHJIの内部および周(下図の斜線部分)である。

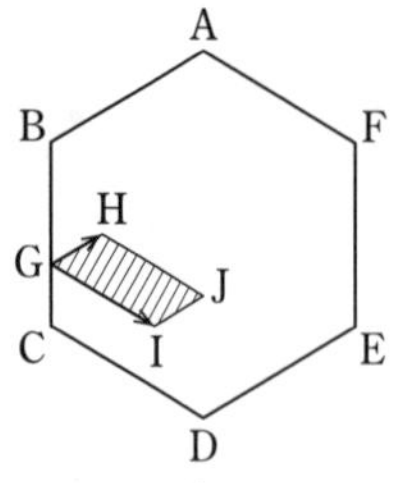

②より，$|\overrightarrow{GH}|=\frac{1}{3}$，$|\overrightarrow{GI}|=\frac{2}{3}$ であり，$\overrightarrow{GH}$ と $\overrightarrow{GI}$ のなす角は $\overrightarrow{BA}$ と $\overrightarrow{CD}$ のなす角60°に等しいから，求める面積は

$$\frac{1}{3}\cdot\frac{2}{3}\cdot\sin 60^\circ=\frac{\sqrt{3}}{9} \quad \cdots\cdots 答$$

36 正三角形ABCの1辺の長さを1として，$\overrightarrow{AB}=\vec{b}$，$\overrightarrow{AC}=\vec{c}$ とおくと，

$$|\vec{b}|=|\vec{c}|=1,\ \vec{b}\cdot\vec{c}=|\vec{b}||\vec{c}|\cos 60^\circ=\frac{1}{2}$$

APとBCの交点をQとおく。(ii)より

$$\overrightarrow{AQ}=(1-p)\overrightarrow{AB}+p\overrightarrow{AC}$$
$$=(1-p)\vec{b}+p\vec{c}$$

であるから，

$$\overrightarrow{AP}=t\overrightarrow{AQ}$$
$$=t\{(1-p)\vec{b}+p\vec{c}\} \quad \cdots\cdots①$$

と表される。

この円の中心をDとおくと，Dは正三角形ABCの重心であるから，BCの中点をMとすると，

$$\overrightarrow{AD}=\frac{2}{3}\overrightarrow{AM}$$

であり，直径AEを考えると

$$\overrightarrow{AE}=2\overrightarrow{AD}=\frac{4}{3}\overrightarrow{AM}=\frac{2}{3}(\vec{b}+\vec{c})$$

Pが円周上にあることより，

$$\angle APE=90^\circ \quad \cdots\cdots②$$

または P=E であり，②のとき，$\overrightarrow{AP}\perp\overrightarrow{EP}$，すなわち，$\overrightarrow{AQ}\perp\overrightarrow{EP}$ であるから，P=E の場合を含めて，

$$\overrightarrow{AQ}\cdot\overrightarrow{EP}=0$$
$$\therefore\ t|\overrightarrow{AQ}|^2-\overrightarrow{AQ}\cdot\overrightarrow{AE}=0 \quad \cdots\cdots③$$

ここで，

$$|\overrightarrow{AQ}|^2=|(1-p)\vec{b}+p\vec{c}|^2$$
$$=(1-p)^2|\vec{b}|^2+2(1-p)p\vec{b}\cdot\vec{c}+p^2|\vec{c}|^2$$
$$=(1-p)^2+(1-p)p+p^2=p^2-p+1$$
$$\overrightarrow{AQ}\cdot\overrightarrow{AE}=\{(1-p)\vec{b}+p\vec{c}\}\cdot\left\{\frac{2}{3}(\vec{b}+\vec{c})\right\}$$
$$=\frac{2}{3}\{(1-p)|\vec{b}|^2+\vec{b}\cdot\vec{c}+p|\vec{c}|^2\}$$
$$=\frac{2}{3}\left(1-p+\frac{1}{2}+p\right)=1$$

であるから，③より

$$t=\frac{\overrightarrow{AQ}\cdot\overrightarrow{AE}}{|\overrightarrow{AQ}|^2}=\frac{1}{p^2-p+1}$$

これより，①に戻って

$$\overrightarrow{AP}=\frac{1}{p^2-p+1}\{(1-p)\overrightarrow{AB}+p\overrightarrow{AC}\}$$

……答

(別解)

円の半径を a とおく。正弦定理より正三角形ABCの1辺の長さは $\sqrt{3}a$ であるから，

$$A(0,\ 0),\ B\left(\frac{3}{2}a,\ \frac{\sqrt{3}}{2}a\right),$$

$$C\left(\frac{3}{2}a,\ -\frac{\sqrt{3}}{2}a\right)$$

となる座標軸をとれる。このとき，円の方程式は

$$x(x-2a)+y^2=0 \qquad ……④$$

また，APとBCの交点をQとおくと，

$$\overrightarrow{AQ}=(1-p)\overrightarrow{AB}+p\overrightarrow{AC}$$

$$=\left(\frac{3}{2}a,\ \frac{\sqrt{3}}{2}(1-2p)a\right)$$

であるから，直線AQの方程式は

$$y=\frac{1}{\sqrt{3}}(1-2p)x \qquad ……⑤$$

Pは④，⑤の原点A以外の交点であるから，その x 座標は

$$x(x-2a)+\left\{\frac{1}{\sqrt{3}}(1-2p)x\right\}^2=0$$

$$\therefore\quad \frac{2}{3}x\{2(p^2-p+1)x-3a\}=0$$

より

$$x=\frac{3a}{2(p^2-p+1)}$$

よって，

AP：AQ＝(Pの x 座標)：(Qの x 座標)

$$=\frac{3a}{2(p^2-p+1)}:\frac{3}{2}a$$

$$=\frac{1}{p^2-p+1}:1$$

であるから，

$$\overrightarrow{AP}=\frac{1}{p^2-p+1}\overrightarrow{AQ}$$

$$=\frac{1}{p^2-p+1}\{(1-p)\overrightarrow{AB}+p\overrightarrow{AC}\}$$

37　△PQRが正三角形のとき，PQの中点をMとすると，RMはPQと垂直であり，正三角形PQRの面積が最小となるのは高さRMが最小のときである。

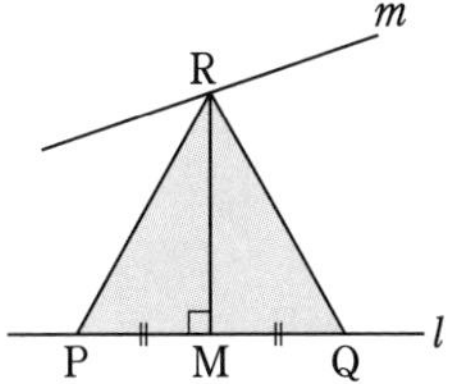

Rは直線 m 上にあるから，

$$\overrightarrow{OR}=\overrightarrow{OB}+s\overrightarrow{BC}$$

$$=(-2s,\ 2,\ -4s+1)$$

と表され，Mは直線 l 上にあるから，

$$\overrightarrow{OM}=t\overrightarrow{OA}=(0,\ -t,\ t)$$

と表される。

$\overrightarrow{RM}=(2s,\ -t-2,\ t+4s-1)$ が l と垂直，つまり，$\overrightarrow{OA}=(0,\ -1,\ 1)$ と垂直であるから，

$$\overrightarrow{RM}\cdot\overrightarrow{OA}=0$$

$$\therefore\quad -(-t-2)+t+4s-1=0$$

$$\therefore\quad t=-2s-\frac{1}{2}$$

これより，

$$\overrightarrow{RM}=\left(2s,\ 2s-\frac{3}{2},\ 2s-\frac{3}{2}\right)$$

であり，

$$|\overrightarrow{RM}|^2$$

$$=(2s)^2+\left(2s-\frac{3}{2}\right)^2+\left(2s-\frac{3}{2}\right)^2$$

$$=12s^2-12s+\frac{9}{2}$$

$$=12\left(s-\frac{1}{2}\right)^2+\frac{3}{2}$$

よって，$|\overrightarrow{RM}|$ は $s=\frac{1}{2}$，$t=-\frac{3}{2}$ のとき，つまり，

$$R(-1,\ 2,\ -1),\ M\left(0,\ \frac{3}{2},\ -\frac{3}{2}\right)$$

のとき，最小となり，$RM=\sqrt{\frac{3}{2}}$ である。

このとき，正三角形PQRにおいて

$$\mathrm{MP}=\mathrm{MQ}=\frac{1}{\sqrt{3}}\mathrm{RM}=\frac{1}{\sqrt{2}}$$

であるから，直線 l の単位方向ベクトル

$$\vec{u}=\frac{\overrightarrow{\mathrm{OA}}}{|\overrightarrow{\mathrm{OA}}|}=\left(0,\ -\frac{1}{\sqrt{2}},\ \frac{1}{\sqrt{2}}\right)$$

をとると，$\overrightarrow{\mathrm{MP}}$，$\overrightarrow{\mathrm{MQ}}$ はそれぞれ

$$\pm\frac{1}{\sqrt{2}}\vec{u}=\pm\left(0,\ -\frac{1}{2},\ \frac{1}{2}\right)$$

のいずれかとなる。これより

$$\overrightarrow{\mathrm{OP}}=\overrightarrow{\mathrm{OM}}+\overrightarrow{\mathrm{MP}}$$
$$=\left(0,\ \frac{3}{2},\ -\frac{3}{2}\right)\pm\left(0,\ -\frac{1}{2},\ \frac{1}{2}\right)$$
$$\overrightarrow{\mathrm{OQ}}=\overrightarrow{\mathrm{OM}}+\overrightarrow{\mathrm{MQ}}$$
$$=\left(0,\ \frac{3}{2},\ -\frac{3}{2}\right)\mp\left(0,\ -\frac{1}{2},\ \frac{1}{2}\right)$$

（複号同順）

であるから，求める P，Q，R の座標は，

P(0，1，−1)，Q(0，2，−2)

または

P(0，2，−2)，Q(0，1，−1)

であり，R(−1，2，−1) ……答